戦前期
日豪通商問題と
日豪貿易

1930年代の日豪羊毛貿易を中心に

秋谷紀男

日本経済評論社

目　　次

凡　　例　vi

序　章　1930年代における日豪貿易 …………………………… 1

　　第1節　日豪貿易の特徴　1
　　　（1）日豪貿易額の推移　1
　　　（2）豪州羊毛輸出と日本　6
　　第2節　日豪通商問題と豪州関税　10
　　　（1）保護貿易主義の台頭　10
　　　（2）日豪通商問題および日豪貿易の研究史　14
　　　（3）本書の構成　16

第1章　日豪通商条約をめぐる日豪関係 …………………………… 19

　　第1節　日豪貿易と英国　19
　　　（1）1930年代の日豪貿易品目と貿易額　19
　　　（2）日本の人絹織物輸出の増大　25
　　第2節　豪州関税制度の変遷　28
　　　（1）英帝国特恵関税制度の確立　28
　　　（2）オタワ会議の開催と豪州関税改正　39
　　　（3）オタワ協定の改訂問題　43
　　第3節　豪州東洋使節団の日本親善訪問　45
　　　（1）豪州東洋使節団の日本滞在と日豪外相会談　45

　　　　（2）日豪通商問題の協議　49

　　第4節　日豪通商交渉の停滞と豪州答礼親善使節団の出発　51

　　　　（1）日豪通商交渉の準備　51

　　　　（2）豪州答礼親善使節団の目的　54

　　　　（3）日豪通商交渉の難航と再開　57

　　第5節　日豪通商交渉の挫折　60

　　　　（1）日豪通商交渉の停滞　60

　　　　（2）豪州における日本脅威論　66

第2章　1936年豪州貿易転換政策と日本の対応　…………　81

　　第1節　豪州政府の高関税の導入　81

　　　　（1）日豪通商交渉の再開　81

　　　　（2）輸入制限に関する豪州内での議論　85

　　　　（3）日本国内の対応　86

　　第2節　通商擁護法発動までの日豪両国　91

　　　　（1）日豪貿易関係団体の動向　91

　　　　（2）通商擁護法発動の最終的局面　95

　　第3節　通商擁護法の発動　104

　　　　（1）通商擁護法の内容　104

　　　　（2）通商擁護法に対する豪州側の反応　108

　　　　（3）日本側の強硬姿勢と国内産業界　114

　　第4節　日豪通商紛争の一時的妥結　118

　　　　（1）日豪通商交渉の再開と羊毛市場　118

　　　　（2）日豪通商紛争の解決　127

　　第5節　通商擁護法による日豪貿易への影響　130

  (1) 日豪貿易の変化　130

  (2) 日豪貿易と英帝国経済ブロック　133

第3章　日豪羊毛貿易における日本商社の企業活動 ………… 149

 第1節　日本商社の豪州進出と活動　149

  (1) 兼松商店　149

  (2) 三井物産　153

  (3) 高島屋飯田　155

  (4) 岩井商店　158

  (5) 日本綿花　160

  (6) 大倉商事　161

  (7) 三菱商事　162

 第2節　豪州羊毛市場とバイヤー　165

  (1) 豪州羊毛買付人組合と羊毛市場　165

  (2) 各国バイヤーの豪州羊毛買付　166

 第3節　豪州羊毛市場の取引慣習　170

  (1) 大口物と小口物　170

  (2) 豪州羊毛の競売過程　172

 第4節　各国バイヤーと日本商社　173

  (1) 1910年代後半　173

  (2) 1920年代前半　174

  (3) 1920年代後半　178

  (4) 1930年代前半　182

  (5) 1930年代後半　187

第4章　1930年代の豪州羊毛輸送と国内羊毛工業 …………… 201

第1節　海運会社の日豪航路の開設　201
（1）日本郵船　201
（2）大阪商船　204
（3）山下汽船　206

第2節　日本商社の豪州羊毛買付　209
（1）日本商社による豪州羊毛買付の最盛期　209
（2）日本商社の豪州羊毛買付市場　211

第3節　豪州羊毛輸入と日本の輸入港　214
（1）日本商社と輸入港　214
（2）海運会社と輸入港　220
（3）海運会社と日本商社　220

第4節　日本商社の豪州羊毛輸入と羊毛工業会社　227
（1）1930年代の羊毛工業会社　227
（2）日本商社と羊毛工業会社　232

第5章　高島屋飯田株式会社の企業活動と日豪貿易 ………… 241

第1節　高島屋飯田の系譜と豪州貿易　241
（1）高島屋の創業　241
（2）高島屋の発展と官庁御用　242
（3）高島屋貿易部の独立と海外進出　243
（4）高島屋飯田合名会社への改組　244
（5）高島屋飯田株式会社の設立　247
（6）豪州羊毛輸入と高島屋飯田　252

第2節　1930年代の事業内容と羊毛取引　263
  (1) 株主構成　263
  (2) 経営内容　265
    ①支店および部門別決算　265
    ②営業報告書による経営内容　292
  (3) 事業内容　301
  (4) 豪州貿易と羊毛取引　306
  (5) 日本毛織との関係　313
第3節　高島屋飯田の豪州羊毛貿易に関わる諸問題　320
  (1) 対豪通商擁護法発動による影響　320
  (2) 羊毛バイヤーの問題　325
  (3) 輸出に関わる諸問題　330
  (4) 日豪通商交渉妥結と羊毛割当制　332

むすびにかえて　347
参考文献　351
あとがき　363
索　引　369

凡　例

1．年号は、史料・文献からの引用をのぞき西暦を用いた。

2．引用史料については原則として常用漢字に改め、史料読解のために適宜句点、読点などを付した。また、明らかな史料の誤りについては（　）で補足した。なお、地名、固有名詞、専門用語については例外として旧字のままとしたところもある（例：豪洲など）。

3．引用文献については基本的に西暦に改めた。ただし、書名あるいは調査年月に元号が使用されている場合はそのままとした。

4．オーストラリア国立公文書館（National Archives of Australia）の史料については、NAAの略称を用いた。

5．豪州羊毛の単位を表わす俵（bale）は、1俵＝310ポンド前後を示している。日本では脂付羊毛1俵＝300ポンド（136.077kg）に換算していた。

序　章　1930年代における日豪貿易

第1節　日豪貿易の特徴

(1) 日豪貿易額の推移

　戦前期において日本と豪州連邦（以下、豪州）の通商問題が最も深刻化した時期は1930年代である。また同時に、日豪貿易が最も活発に行われたのも1930年代である。本書では戦前期の日豪通商問題と日豪貿易の象徴的な1930年代に焦点をあて、日豪通商問題の経過とその本質を明らかにするとともに、日豪貿易の中心でもあった日豪羊毛貿易の実態を日本商社の豪州内での羊毛買付活動から考察する。

　では、なぜ1930年代は日豪通商問題と日豪貿易を考察する上で戦前期を象徴する時期といえるのであろうか。まず、この点から述べておこう。1877年から1907年までの日本の対豪輸出入額（表序-1）によれば、1882年の対豪輸出額は16万333円、対豪輸入額は7万4,302円であり、日本の対豪輸出額は対豪輸入額を上回っていた。しかし、貿易額は少なく、日本の総輸出額の0.4％、総輸入額の0.3％にとどまっていた。1902年には対豪輸出額が317万2,093円、対豪輸入額が167万2,218円まで増加した。この時点でも対豪輸出額が対豪輸入額を上回っていたが、日本の総輸出額の1.2％、総輸入額の0.6％と低かった。しかしながら、1907年になると対豪輸出額479万3,903円、対豪輸入額781万8,753円と対豪輸入額が対豪輸出額を約302万円上回り、日豪貿易は日本側の出超状態から入超状態となったのである。

表序-1　日豪貿易額の推移 (1)

(単位：円)

	対豪輸出額 (a)	対総輸出額	対豪輸入額 (b)	対総輸出額	入超額 (b-a)
1877 (明治10)	26,259	0.1	23,238	0.1	-3,121
1882 (　　15)	160,333	0.4	74,302	0.3	-86,031
1887 (　　20)	525,082	1.0	32,265	0.1	-502,817
1892 (　　25)	731,659	0.8	272,787	0.4	-458,872
1897 (　　30)	1,875,170	1.1	897,050	0.4	-978,120
1902 (　　35)	3,172,093	1.2	1,672,218	0.6	-1,499,875
1907 (　　40)	4,793,903	1.1	7,818,753	1.6	3,024,850

出所：『本邦対豪洲貿易状況』(商工省商務局貿易課、1925年) 4頁による。
注：1877年の輸入額は1878年の金額を示した。

　1910年代から1930年代までの日豪貿易の推移(表序-2)によれば、1910年代以降の日本と豪州との貿易収支は、日本の入超状態が続いていた。日本の豪州輸出額が豪州からの輸入額を上回ったのは1918年のみである。この年は、第一次世界大戦による日本の好景気を背景として輸出が拡大し、対豪輸出額は6,482万7,000円を記録し、対豪輸入額4,887万4,000円を上回って1,595万3,000円の黒字となった。しかし、1918年は日豪貿易の推移からみれば例外的な年であり、1920(大正9)年にバブル経済が崩壊すると対豪輸出額は急減し、翌1921年には2,155万8,000円まで輸出額が落ち込んだ。

　この当時の日本から豪州への主要輸出品は、絹織物、綿織物、木材、陶磁器、莫大小製品、硝子及硝子製品、玩具、ブラシ、制帽用真田、鈕釦、樟脳等であった。とくに絹織物は1924年に2,328万円を輸出し、輸出額の55％を占めた。絹織物の大部分を占めたのは富士絹であり、豪州では衣類、寝衣などの日用品として使用された。富士絹は羽二重ほど高価でなく、洗濯をすることによりその特質を発揮するなど経済的であった[1]。また富士絹と同様に、ジョーゼット(Georzette)およびクレープ・デ・シン(Crepe de Chine)の需要も高かった。日本品はフランス製品と比較して染色方法で劣っていたが、生地が強く、比較的洗濯に耐えることができることから、愛用者が増加していた。一方、羽二重は目方の不平均と生地のむら等により取引上苦情を受けることもあり、富士絹、ジョーゼット、クレープ・デ・シンに次ぐ輸出絹織物製品となっていた[2]。綿

表序-2　日豪貿易額の推移（2）

(単位：千円)

	日本の対豪輸出（a）		日本の対豪輸入（b）		入超額（b-a）	
	価額	指数	価額	指数	価額	指数
1912（大正元年）	8,628	100	12,791	100	4,163	100
1913（大正2年）	8,637	100	14,943	117	6,306	151
1914（大正3年）	10,868	126	14,580	114	3,712	89
1915（大正4年）	18,098	210	28,571	223	10,473	252
1916（大正5年）	27,776	322	43,332	339	15,556	374
1917（大正6年）	27,289	316	32,934	257	5,645	136
1918（大正7年）	64,827	751	48,874	382	-15,953	-383
1919（大正8年）	30,825	357	56,630	443	25,805	620
1920（大正9年）	58,115	674	62,459	483	4,344	104
1921（大正10年）	21,558	250	36,398	285	14,840	356
1922（大正11年）	36,746	426	62,090	642	45,344	1,088
1923（大正12年）	32,638	378	96,623	755	63,948	1,536
1924（大正13年）	41,909	486	119,968	938	78,059	1,875
1925（大正14年）	47,495	550	149,969	1,172	102,474	2,462
1926（大正15・昭和元年）	51,611	598	128,396	1,038	76,785	1,844
1927（昭和2年）	50,566	586	122,840	960	72,274	1,736
1928（昭和3年）	43,000	498	130,494	1,020	87,494	2,102
1929（昭和4年）	44,075	511	132,600	1,037	88,525	2,126
1930（昭和5年）	25,486	295	94,215	737	68,729	1,653
1931（昭和6年）	18,405	213	113,337	886	94,932	2,280
1932（昭和7年）	36,895	428	134,277	1,050	97,328	2,338
1933（昭和8年）	51,416	596	204,586	1,599	153,170	3,679
1934（昭和9年）	64,462	747	197,758	1,546	133,296	3,202
1935（昭和10年）	74,793	867	235,128	1,838	160,334	3,851

出所：『濠洲の対日高関税と通商擁護法発動迄の経緯概略』（日豪協会、1936年）75-76頁、『最近豪州の保護関税政策』（日本商工会議所、1931年）169-170頁により作成。
　　　原典は外務省通商局編纂『海外経済事情』、大蔵省『大日本外国貿易年表』同月報。

製品は主としてコットン・ダック（Cotton Duck）、コットン・クレープ（Cotton Crape）、シーティング（Sheeting）、コットン・ツウイード（Cotton Tweed）、カーキ・ドリル（Khaki Drill）、綿ネルであった。コットンダックは袋、帆等に使用されるもので、元来は英国品が流通していたが、戦時中に日本が市場を奪ったものの、1920年代には再び英国に奪還された。コットン・クレープは木綿縮である。日本からは戦時中から輸出向けに染色され売れ行きが良好となった。婦人衣服（寝衣）用として価格が安く、製品が比較的長持ちする上に変色

しなかった。シーティングはベッド用に用いられたが、麦粉の袋として大量の売れ行きがあった。コットン・ツゥイードは小倉織の類であり、カーキ・ドリルと同様に労働者の被服等に用いられた。豪州の綿製品および綿織物類の市場は、元来英国に独占されていたが、第一次世界大戦中に米国および日本が市場に参入して英国のシェアを奪っていった。この当時、豪州における英本国輸入品の関税は絹物、綿布、綿製品に関して他外国品より5分低率であったばかりでなく、英帝国圏の豪州では為替、金融関係において他国より有利な面があった[3]。こうしたところから、横浜正金銀行では「英国ノ豪洲ニ於ケル綿布綿製品市場奪回戦ハ既ニ開始セラレタリトセバ日本製同種製品ノ豪洲ニ於ケル現時ノ地位ハ余リニ薄弱ナルニ過ギテ到底之ニ対抗シ能ハザルベシ」[4]と報告し、「日本製品の輸出危うし」という見解を表明していた。

　一方、豪州から日本へ輸入されていたのは、羊毛、小麦、亜鉛、鉛、粗製硫酸アンモニウム等であった。輸入額の最も多かったのは羊毛である。日本は1913年に豪州から799万円の羊毛を輸入しており、これは羊毛総輸入額の67％を占めていたが、1924年には6,614万円を輸入して羊毛総輸入額の75％を占めるに至った。豪州からは主としてメリノ種羊毛が輸入されたが、日本のモスリン製織には必需的な材料であった。また、日本と豪州の距離的関係は、日本とロンドン、あるいは南阿連邦と比較して距離が短いため輸送上の危険が少なく、1カ月内外で輸入できたことも豪州から多くの羊毛を輸入した理由である[5]。

　1920年代から1930年代前半に至っても、日本は金融恐慌、昭和恐慌の影響で対豪輸出は不振となり、1931（昭和6）年には1,840万5,000円まで対豪輸出額が落ち込んだ。しかし、1931年12月の金輸出再禁止を契機として円対ポンドの為替相場が円安状態となり日本の輸出が増加した。1932年以降、対豪輸出額は急増し、1933年に5,141万6,000円に増加したのち、1934年6,446万2,000円、1935年7,479万3,000円まで増加した。日本からの主要輸出品目は綿布、人絹布等であった。ただし1930年代における日本の総輸出に占める対豪輸出比率は低く、1931年には1.6％にすぎなかった。また、輸出が好調となった1935年でも僅かに3.0％であり、日本から豪州への輸出は低水準にとどまっていた（表序

表序-3　日本の総輸出入と対豪貿易額

(単位：千円)

	日本の対豪輸出額（a）	日本の対豪輸入額（b）	入超額（b-a）	a/b（％）	b/c（％）	a/d（％）	日本の総輸入額（c）	日本の総輸出額（d）
1926（大正15・昭和元年）	51,611	128,396	76,785	40.1	2.8	2.5	4,422,212	2,044,727
1927（昭和2年）	50,566	122,840	72,274	41.1	5.6	2.5	2,179,153	1,992,317
1928（昭和3年）	43,000	130,494	87,494	32.9	5.9	2.1	2,196,314	1,971,955
1929（昭和4年）	44,075	132,600	88,525	33.2	5.9	2.0	2,216,240	2,148,618
1930（昭和5年）	25,486	94,215	68,729	27.0	6.0	1.7	1,526,070	1,469,852
1931（昭和6年）	18,405	113,337	94,932	16.2	9.1	1.6	1,235,672	1,146,981
1932（昭和7年）	36,895	134,277	97,382	27.4	9.3	2.6	1,431,461	1,409,991
1933（昭和8年）	51,416	204,586	153,170	25.1	10.7	2.7	1,917,219	1,861,045
1934（昭和9年）	64,462	197,758	133,296	32.6	8.7	2.9	2,282,531	2,171,925
1935（昭和10年）	74,793	235,128	160,335	31.8	9.5	3.0	2,472,236	2,499,073

出所：『最近日豪貿易統計』（通商局第三課、1936年）193頁により作成。

-3)。しかしながら、日本国内の低賃金と円安によって国際競争力が強化された日本の安価な綿布、人絹布の豪州輸出は、豪州の宗主国たる英国にとっては豪州への繊維製品輸出の大きな妨げとなった。このため、1930年代は英国が主導した英帝国ブロックの強化が図られることになり、豪州では高関税政策が強行されることになった。

　一方、日本の対豪輸入額は1910年代から1930年代にかけて増加し続けた。その額は、1924（大正13）年に1億円を突破し、1925年には1億4,996万9,000円となった。1925年の対豪輸入額は、1912年比でみると約11倍に達したことになる。さらに、日本の対豪輸入額は1933年には2億円を突破し、1935年には2億

3,512万8,000円まで達した。1935年の輸入額は1912年比で約18倍に達した。その原因は、日本において羊毛工業が発展し、有力紡績会社も羊毛工業へ進出したため豪州羊毛の需要が高まったことに加え、輸出用の小麦粉を国内で製粉するために大量の豪州産小麦を買い付けるようになったことにある。こうした国内産業の発展に伴って、豪州内で羊毛や小麦の買付を行ったのは兼松商店、三井物産、高島屋飯田、三菱商事などの日本商社である。これらの商社は、各国バイヤーとの競争のなかで豪州から大量の脂付羊毛を輸入した。その結果、日本の貿易構造においても日豪貿易は一段と重要性を増し、日本の総輸入額に占める対豪輸入額比率は1926年には2.8％にすぎなかったが、1933年には10.7％まで増加し、1935年においても9.5％を維持した。こうした対豪輸入の活発化により、日本の対豪貿易における入超額は増加し続け、1933年に1億5,317万円、1935年に1億6,033万5,000円の入超となった。

(2) 豪州羊毛輸出と日本

ここで豪州羊毛の輸出額をみると、1918-19年度には4,276万6,755ポンドであったが、1927-28年度には6,609万7,118ポンドまで増加した。この間、日本への豪州羊毛輸出額は増加し、1921-22年度には443万8,672ポンドとなり、日本は英国、フランスに次いで第3位となった。1927-28年度には日本への輸出額が1,031万6,846ポンドまで増加し、輸出国順位でも第3位を維持していた（表序-4）。さらに、1930年代の豪州羊毛の輸出額（表序-5）は1930-31年度に3,200万3,305ポンドであったが、1932-33年度から増加に転じ、1933-34年度には5,712万5,526ポンドまで増加した。1934-35年度は一転減少に転じたものの、1935-36年度には5,231万5,561ポンドまで増加した。1936-37年度には6,250万4,567ポンドまで増加し、1927-28年度の水準まで回復した。日本の対豪輸入額が急増する時期に、豪州からの各国への羊毛輸出額も増加したといえるが、豪州の羊毛輸出額は、1937-38年度には4,698万3,561ポンドまで減少し、1938-39年度も4,273万7,096ポンドと4,000万ポンド台まで減少した。

豪州羊毛の輸出額を国別にみると、1910年代から1930年代を通して英国が第

1位を維持した。豪州は英国に対して1919-20年度に3,725万6,915ポンドを輸出したが、1929-30年度に1,264万8,045ポンドまで減少した。英国は1932-33年度に至るまで1,000万ポンド台から1,100万ポンド台を維持していたが、フランス、日本、ドイツ、米国などの国々への輸出額が増加する一方で、豪州から英国への羊毛輸出は停滞的であった。しかし、1933-34年度には1,776万2,789ポンド、1935-36年度には1,837万9,416ポンド、1936-37年度には2,302万5,184ポンドと回復しており、豪州と英国との通商関係が密接化する中で、徐々に英国への豪州羊毛輸出額が増加したものと見ることができる。

英国以外の豪州羊毛輸出国順位をみると、1929-30年度の第2位はフランス（807万5,006ポンド）、第3位はドイツ（462万6,041ポンド）であり、日本は第4位（443万4,746ポンド）であった。しかし、1930-31年度には日本が647万8,587ポンドで英国に次いで第2位に躍り出た。日本への豪州羊毛輸出額は1933-34年度に1,213万1,655ポンドまで増加し、1934-35年度には輸出額が減少したものの1935-36年度まで第2位を維持した。1935-36年度には日本への輸出額が1,459万4,465ポンドと過去最高となり、英国との差も378万4,951ポンドまで縮まった。この時期は英国への輸出額は減少していないことから、日本への豪州羊毛輸出が急激に増加したといえる。

しかし、1936-37年度には日本への豪州羊毛輸出額が急激に減少し、708万509ポンド減の751万3,956ポンドとなり、順位もベルギーに抜かれて第3位となった。さらに、1937-38年度には日本への輸出額が404万2,266ポンドに減少し、この年度の順位は第1位英国、第2位フランス、第3位ベルギー、第4位日本、第5位ドイツとなった。日本は1930-31年度から1935-36年度まで多くの豪州羊毛を輸入したが、1936-37年度から一転減少に転じ、1937-38年度には1929-30年度の輸入水準に戻った。また、英国は1936-37年度には2,302万5,184ポンドとなり、1935-36年度の1,837万9,416ポンドから増加した。一方、日本は1935-36年度の1,459万4,465ポンドから753万3,956ポンドに急減した。さらに、1937-38年度には404万2,266ポンドへと減少した。

このように1910年代から1930年代の日豪貿易は、日本側の入超による片貿易

表序-4　豪州の

	1918-19	1919-20	1920-21	1921-22
英　国	34,563,566	37,256,915	21,889,438	23,013,128
フランス	304,410	2,352,749	1,357,358	6,842,265
日　本	1,400,192	2,010,732	2,107,473	4,438,672
米　国	4,982,056	2,516,142	3,836,987	4,347,360
ドイツ			364,196	2,404,833
ベルギー		3,356,349	2,380,519	3,784,065
イタリア	548,142	2,832,951	1,164,280	2,667,081
オランダ				
カナダ	238,924	63,520	79,588	245,421
インド	78,336		45,198	50,243
エジプト	613,814			8
その他	37,315	154,445	555,723	184,167
合　計	42,766,755	50,543,803	33,780,760	47,977,243

出所："Commonwealth Bureau of Census and Statistics, Official Year Book of

表序-5　豪州の

	1929-30	1930-31	1931-32	1932-33
英　国	12,648,045	10,257,653	11,841,995	11,479,976
他の大英帝国圏				
フランス	8,075,006	5,479,746	4,004,983	4,996,227
日　本	4,434,746	6,478,587	7,513,519	7,969,600
米　国	1,154,433	1,117,533	542,728	337,215
ドイツ	4,626,041	4,165,020	3,223,083	4,561,321
ベルギー	3,316,902	2,623,906	2,284,555	3,376,311
イタリア	1,641,166	1,482,943	2,174,633	2,567,680
オランダ	44,061	41,616	36,651	119,867
カナダ	82,850	109,280	178,703	241,346
インド	74,292	41,839	64,638	94,509
ポーランド				
その他	502,968	205,182	237,408	663,881
合　計	36,600,510	32,003,305	32,102,896	36,407,933

出所："Commonwealth Bureau of Census and Statistics, Official Year Book of the
　　　により作成。

序章 1930年代における日豪貿易 9

羊毛輸出額 (1)

(単位：ポンド)

1922-23	1923-24	1924-25	1925-26	1926-27	1927-28
25,901,608	20,136,750	24,386,464	23,195,387	19,013,978	19,993,795
10,408,195	12,278,938	12,484,097	15,821,883	13,164,721	11,960,477
6,095,616	6,212,881	7,479,586	5,869,969	7,868,883	10,316,846
5,618,652	4,823,239	5,926,430	6,076,012	4,080,960	3,105,212
	3,576,436	4,929,589	5,034,599	7,920,677	9,080,643
2,514,717	4,951,127	3,844,335	4,221,646	5,507,034	6,186,070
2,498,733	2,634,990	3,327,166	2,523,541	2,156,454	2,944,103
	1,625,493	367,651	117,408	89,078	13,527
3,448,031	154,323	162,395	121,359	69,695	79,137
11,487	123,550	108,522	14,897	23,670	53,026
48					
457,312	179,431	246,910	213,175	159,210	2,364,282
57,138,764	56,197,158	63,263,145	63,209,876	60,054,360	66,097,118

the Commonwealth of Australia", No. 17 (1924), No. 22 (1929) により作成。

羊毛輸出額 (2)

(単位：ポンド)

1933-34	1934-35	1935-36	1936-37	1937-38	1938-39
17,762,789	16,007,777	18,379,416	23,025,184	20,247,877	18,513,175
	409,286	657,572	948,495	834,619	675,143
4,691,624	3,558,066	4,413,359	5,441,316	7,111,406	7,566,458
12,131,655	8,680,119	14,594,465	7,513,956	4,042,266	3,804,120
494,294	352,466	2,102,066	7,039,771	391,356	1,346,187
8,698,744	1,511,094	2,052,436	3,578,244	3,877,114	1,994,320
6,864,243	5,433,157	6,184,099	8,195,565	4,782,798	4,720,537
4,237,212	807,775	273,549	2,594,586	1,846,631	1,175,304
303,844	825,971	1,058,533	707,361	466,198	826,198
409,798					
106,873					
	617,064	968,108	918,665	1,056,739	403,446
1,424,450	1,063,165	1,661,958	2,541,424	2,326,557	1,712,208
57,125,526	39,265,940	52,315,561	62,504,567	46,983,561	42,737,096

Commonwealth of Australia", No. 22 (1929), No. 28 (1935), No. 33 (1940), No. 37 (1946-1947)

の状態にあったが、羊毛、小麦などを中心とした輸入の活発化によって貿易額は増大し、日本商社が豪州内で積極的な活動を展開した時期でもあった。しかしながら、1936年5月の豪州政府の貿易転換政策に基づく関税改正と同年6月に日本政府が発動した対豪通商擁護法は、日本に対する豪州羊毛輸出を急激に減少させるとともに、英国に多くの羊毛が輸出されるに至った。日豪貿易は1930年代半ばまで急激な発展を遂げたが、一転して停滞的な様相を呈したのである。こうした1930年代の日本への豪州羊毛輸出の急激な増加と減少は、英国を中心とした経済ブロックの強化および豪州の関税政策の転換が大きく影響していた。この豪州の関税政策の転換は、羊毛貿易に関連していた日本商社に大きな影響を与えるとともに、日本の羊毛工業会にも大きな波紋を広げたのである。

第2節　日豪通商問題と豪州関税

(1) 保護貿易主義の台頭

1930年代は日豪貿易の発展期であるが、同時に、豪州内で関税の大幅な引き上げが行われた時期でもある。また、英国は1932（昭和7）年8月にカナダのオタワで英帝国経済会議（オタワ会議）を開催し、この決議によりカナダ、豪州、ニュージーランド、インドとの間に広範な互恵協定を制定した。この英帝国間の特恵関税によって自治領以外の国は大いなる影響を受けた。この特恵関税設定上、必要ある場合には外国品に対する一般関税又は中間関税をとくに引き上げることになったからである。英国は1932年3月1日の輸入税法とオタワ会議の結果として、1860年以来の自由貿易主義を完全に抛棄し、外国に対しては互恵求償、英帝国内においては特恵関税の設定と英帝国産品に対する優先的輸入割当の付与を与えることとなった[6]。

数度にわたる豪州政府の関税改正は、日本の対豪輸出に大きな影響を与えていたが、オタワ会議以降、日本の貿易は英国のみならず豪州とも不利な状態が

増長していった。こうしたなか、日本側としても豪州と通商条約を締結し、円滑な貿易関係を維持したいと考えていたが、なかなか交渉は進展しなかった。こうしたなか、1934（昭和9）年4月、豪州連邦政府副総理兼外務大臣のジョン・グレイク・レーサム（J. G. Latham）一行が「豪州東洋使節団（The Australian Eastern Mission）」として極東地域を訪問し、日本にも約2週間滞在した。この滞在中、日本政府は通商関係の改善を積極的に要望したのに対して、豪州側は日豪親善友好関係の増進を中心に交流を図った[7]。一方、日本からは1935（昭和10）年7月に豪州答礼親善使節団が両国関係の緊密化を図ることを目的にキャンベラの豪州連邦政府当局を正式訪問した。日本としては、この使節団の渡豪を契機として日豪通商交渉を推し進めたいと考えていた。

しかし、豪州政府は1936（昭和11）年5月に貿易転換政策（Trade Diversion Policy）に基づく関税改正を行い日本商品に対して輸入禁止的高関税を課した。これに対して、日本政府ならびに繊維関係団体は反発し、政府は同年6月24日に対豪通商擁護法を発動するに至った。この通商擁護法に関しては、新聞紙上でも多くの見解と業界の対応が報告され、日豪関係は悪化の一途をたどったのである。

ところで、豪州最初の統一的な関税法は、1901年10月8日に連邦議会に提出され、即日その仮施行をみた。この関税法は1902年に施行されたが、軽微ながらも保護主義的政策を採っていた。さらに、1908年には新関税法が制定され、保護政策を確立したのち、1914年から1917年の関税改正により保護主義の程度を高め、英国特恵を拡張した。第一次世界大戦後、豪州連邦は戦争による莫大な負債により財政困難をきたしたが、これに加え物価昂騰、製品の輸入杜絶、外国ダンピング品の流入により新産業は打撃を受け、一層の産業保護、輸入防遏に取り組むことになり、1921年には保護主義的色彩の濃厚な新関税法が制定された。豪州政府は、これ以降も1930年代を通して度々関税改正を行い、関税改正のたびに国内産業保護の観点から課税品目を拡大し、多くの品目で課税額を引き上げた[8]。

このように、1929年の世界大恐慌を契機として、世界経済は経済不況に陥っ

ていったが、その結果として各国の通商交渉は一変し、経済的国家主義とブロック経済の形成へと向かっていくこととなった。各国は自国の産業保護のために輸入阻止策を講じ、自国の製品販路について特定の経済地域を独占的に確保して輸出の増進に努めることになった。関税については、1930年の米国のスムート・ホーリー法（Smoot-Hawley Tariff Act）が保護関税強化の先達となり、1932年の英国保護関税設定によって保護主義は各国でも採用されるに至った。これに加えて、多数の国で金本位制離脱による自国通貨の下落をみると、フランス、カナダ、フィリピン、南阿連邦などでは為替補償税を導入し、為替下落国からの商品に為替補償税を賦課した。また、関税独裁権を政府に付与する国が増加し、関税の変更に関する広範な権限、すなわちダンピング税の適用、一般関税の増減についても行政府に権限を付与した。英国、米国、フランス、ドイツ、インドなども関税法の規定、あるいは特別立法などによって関税に関する広範な権限を政府に付与した。英国の関税法（1932年）、フランスの関税独裁権法（1934年）、ドイツの関税独裁法（1934年）、インドの産業保護法（1934年）などがその事例であり、これにより各国で関税引き上げが頻繁に行われる結果となった。さらに、キューバ、ドミニカ、ハイチなどの中南米諸国では、対手国との輸出入貿易のバランスによって当該国の商品に対する関税率に差等を設ける「求償主義に基づく複関税制度」を導入した。また、関税政策と並行して輸入制限措置を採用する国が増加したのもこの時期の特徴である。これは、多数の国の通貨が下落したために保護関税の効果が少なくなったこと、関税率が条約上固定されたために引き上げの余地が少なくなったことなどが導入の理由として考えられる。各国では輸入制限に関する広範な権限を行政府に付与したため、この方法は最も的確に外国品の輸入を阻止できた。具体的には、輸入許可制度がそれである。これは、輸入に際して予め政府の関係機関の特別許可を取得すべきことを要求するものである。各国では許可の制度を公表しないため、当該機関の裁量によって諸般の事情を考慮して強化を与えるか否かを決定できる。場合によっては、事実上輸入禁止に等しい事態を生ずることもあり、国内産業の特殊事情に基づき許可制度を採用する国が増加したのである。さら

序章　1930年代における日豪貿易　13

に、輸入割当制度は1931年にフランスが採用して以来、急速に欧州諸国に普及を見た。この制度は許可制度と同様に輸入を制限する目的のもとに行われるが、割当制度のもとでは一定期間の輸入量が固定され、かつ公表されることが許可制度との大きな相違点である。さらに、アルゼンチン、チリ等のように為替取組の制限または為替割当制度によって輸入統制を行っている国もあった。これに加えて、英国は英帝国諸邦の結束を固めるとともに英帝国以外のアルゼンチン、スカンジナビア諸国等と密接な関係を構築してスターリング・ブロックを形成し、米国は中米諸国、南米諸国を包含したアメリカンドル・ブロックの形成に努力した。また、フランス、オランダ、ポルトガルなどは自国の属領、植民地との結束を強めて対抗し、日本も日満支経済ブロックの形成を着々と準備しつつあった[9]。

　このように、1930年代の世界経済および貿易は、関税政策および輸入制限措置の採用、英国、米国等の経済ブロック形成によって保護主義的傾向が顕著となった。各国の通商交渉も難航を極めることになった時代であり、日豪通商交渉も同様であったが、皮肉なことに、日豪貿易はこの時期に輸出入額ともに増加し、日本の豪州羊毛輸入が活発に行われると同時に、日本からの綿布・人絹布が豪州をはじめ英国、米国に輸出された時期でもあった。日本の綿布・人絹布の輸出が好調の中で、英国の国内綿業が危機に瀕してきたのもこの時期であり、1932年のオタワ会議を契機として、英国は外国に対しては互恵求償、英帝国内においては特恵関税の設定と英帝国産品に対する優先的輸入割当の付与を与え保護主義政策を強く打ち出す結果となった。すなわち、1930年代の日豪通商関係は、日本と豪州の間で羊毛、綿布・人絹布を中心とした貿易がピークを迎えると同時に、英国との関係から豪州が日本繊維製品の排除のための高関税を導入した時期である。また、日本が豪州に対豪通商擁護法を1936年に発動したことにより、日豪関係が最も深刻な状態に陥ったのもこの時期である。1930年代の日豪通商関係および日豪貿易の様相を考察することは、ある意味で、この時代に展開された世界の通商関係および経済戦争の一端を垣間見ることができるといえよう。

(2) 日豪通商問題および日豪貿易の研究史

日豪通商問題に関しては、谷口吉彦「日濠貿易の危機」(『経済論叢』第43巻第1号、1936年7月)、外務省監修『通商条約と通商政策の変遷』(世界経済調査会、1951年)、成田勝四郎『日豪通商外交史』(新評論、1971年)、福島輝彦「「貿易転換政策」と日豪貿易紛争 (1936)——オーストラリア政府の日本織物に対する関税引上げをめぐって——」(『国際政治』68号、1981年8月)、石井修「大恐慌期における日豪通商問題」(『一橋論叢』114 (1)、1995年7月)、拙稿「豪州保護関税政策と日豪貿易 (1)・(2)——1936年豪州貿易転換政策をめぐって——」(『政経論叢』第77巻第1・2号、2008年11月・第77巻第5・6号、2009年3月)などが主たるものである。また、1936年の対豪通商擁護法については、『濠洲の対日高関税と通商擁護法発動迄の経緯概略』(日豪協会、1936年)にも日豪通商交渉の経緯が述べられている。

一方、日豪貿易に関しては兼松商店、三井物産など日本商社の羊毛貿易研究を中心に行われてきた。日本商社の豪州での活動に関しては、宇田正「日本・オーストラリア両国間羊毛取引関係の形成と展開——1930年代中期までの素描——」(『オーストラリア研究紀要』第2号、追手門学院大学オーストラリア研究所、1976年3月)、神戸大学経済経営研究所編『日豪間通信大正期シドニー来状』第1-5巻(兼松商店資料叢書・神戸大学経済経営研究所、2004-2009)、遠山嘉博「日豪羊毛貿易の起源と発展」(『日豪経済関係の研究』日本評論社、2009年、所収)、天野雅敏『戦前日豪貿易史の研究——兼松商店と三井物産を中心に——』(2010年、勁草書房)、拙稿「日豪貿易と日本商社——日豪貿易商社の系譜と1930年代前半の羊毛買付——」(『政経論叢』第79巻第1・2号、2010年10月)などがある。

日豪通商問題および日豪貿易史関連の研究は、近年活発化してきている。その理由としては、戦時中に豪州政府が接収した日本企業関係文書が National Archives of Australia (NAA) の各ブランチで公開されるようになったからである。これにより、日豪貿易に関連した日本企業の経営史料等の多くが閲覧

可能となり、詳細が不明であった日豪貿易の実態が解明されつつある。この一連の史料については、Pam Oliver, *Allies, Enemies and Trading Partners-Records on Australia and Japanese*, National Archives of Australia, 2004. が刊行され、多くの研究者に日本商社に関する文書が豪州内に保管されていることが周知された。こうした豪州政府接収文書を利用したものとしては、前掲『戦前日豪貿易史の研究──兼松商店と三井物産を中心に──』、市川大祐「三菱商事在オーストラリア支店の活動について──羊毛取引を中心に──」(『三菱史料館論集』第11号、財団法人三菱経済研究所、2010年2月)、拙稿「1930年代の豪州における日本商社の羊毛買付」(『オーストラリア研究』第24号、2011年3月)、拙稿「1930年代前半における日本商社の豪州羊毛輸入──海運会社と羊毛工業会社との関連を中心に──」(『政経論叢』第79巻第3・4号、2011年3月) などがある。今後は、同文書の活用により豪州で事業を展開してきた日本企業の経営活動を中心とする日豪貿易史研究が活発化するものと考えられる。

　本書もその多くを National Archives of Australia のシドニーブランチに所蔵されている豪州政府の接収文書を利用している。とくに、高島屋飯田株式会社の企業活動と豪州羊毛貿易の分析については、これらの史料を活用した。従来、高島屋飯田に関する研究は近世および明治大正期に限られ、1930年代を含む昭和戦前期の詳細な経営分析等は行われてこなかった。また、豪州における同社の経営活動については兼松商店や三井物産の陰に隠れ、ほとんど研究されてこなかったといっても過言ではない。なお、高島屋飯田株式会社に関する文献・研究としては、『貳拾周年記念高島屋飯田株式会社』(高島屋飯田株式会社、1936年)、武居奈緒子「高島屋飯田貿易店沿革」(奈良産業大学『産業と経済』第20巻第1号、2005年3月)、同「貿易商社の発生史的研究──明治・大正期の高島屋飯田を中心として──」(奈良産業大学『産業と経済』第20巻第2号、2005年6月)、末田智樹「明治・大正・昭和初期における百貨店の設立過程と企業家活動 (1) (2) (3) ──高島屋の経営発展と飯田家同族会の役割──」(中部大学人文学部『研究論集』Vol. 18・19・20、2007年7月・2008年1・7月)、拙稿「1930年代における高島屋飯田株式会社の経営と日豪貿易」(金子光男編

『ウエスタン・インパクト』東京堂出版、2011年)、拙稿「高島屋飯田株式会社の豪州羊毛買付――1920年代から1930年代に至る豪州羊毛市場の競売室席順の考察を中心に――」(『政経論叢』第80巻第1・2号、2012年1月)、拙稿「戦前期日豪羊毛貿易における諸問題――高島屋飯田株式会社の書簡類の分析を中心に――」(『政経論叢』第81巻第1・2号、2012年12月) が主たるものである。

一方、日豪通商問題や日豪貿易に関しては、1930年代前後に政財界を中心として関心が高まり、関税問題、通商条約問題、羊毛輸入関連の報告書類が日本商工会議所、日本工業倶楽部、日本経済連盟会などから多く刊行された。また、豪州兼松商店では『濠洲羊毛年報梗概』において各羊毛年度の概況を報告している。しかし、1930年代の日豪通商問題および日豪羊毛貿易について、日豪両政府の通商交渉、日本商社の豪州内での企業活動、日本国内の羊毛工業を相互に関連付けている研究は少ない現状である。

(3) 本書の構成

このように、1930年代は「日豪貿易の大発展期」であるとともに、英国を中心とした保護貿易主義の強化とそれに影響された豪州貿易および関税政策の転換のなかで「日豪貿易の大転換期」としてとらえることができる。本書では、戦前期における日豪貿易の大発展期であると同時に大転換期ともいえる1930年代において、日本商社は豪州の羊毛買付にどのように参画し、各国バイヤーおよび日本商社間でどのような競争が展開されたかを明らかにする。同時に、日本商社に羊毛買付を依頼した日本国内の羊毛工業会社および羊毛を日本に輸送した海運会社との関係についても考察を加えた。本論を各章ごとに概観すると次のようになる。

第1章は、日豪通商関係について日本、豪州、英国の3国の貿易関係がどのような関係にあったのかを考察する。とくに、1932(昭和7)年8月の英帝国経済会議(オタワ会議)によって豪州政府が英国と結んだ互恵協定が日豪貿易にどのような影響を与えたかをみる。さらに、豪州関税政策が日豪間の通商関係を悪化させるなかで、1934年4月から日本を含む極東地域を親善訪問した豪

州東洋使節団の行程をたどりながら、この訪問の目的と成果について考える。また、1935年7月に日本から豪州を訪問した豪州答礼親善使節団の目的と日豪通商協定のゆくえについて追った。

　第2章は、1936年の豪州貿易転換政策を紹介し、この政策が日豪貿易にどのような影響を与えたのかを考察した。また、豪州の貿易転換政策が実行に移された後の日豪通商関係について、日本側の強硬な通商擁護法の発動とこの発動の中で外務省はどのような対応を行い、また国内経済団体はどのような運動を展開したかについても明らかにした。

　第3章は日豪貿易に参画した日本商社について述べるとともに、豪州羊毛市場のなかで日本商社は世界の羊毛バイヤーとどのように競争したのかに焦点をあてた。1930年代に豪州で羊毛買付を展開していた日本商社は、兼松商店、三井物産、高島屋飯田、三菱商事、大倉商事、岩井商店、日本綿花などであった。これらの日本商社は豪州国内に支店や出張所を設けて、日本国内の羊毛工業会社からの注文に基づいて豪州羊毛を買い付けた。本章では、日本の羊毛買付商社が豪州の各市場でどのような位置を確保したのか、について各羊毛市場の競売室席順に注目して1930年代前後の時期について分析を試みた。

　第4章は1930年代前半の日本商社の豪州羊毛輸入に関して、日本商社、海運会社、国内羊毛工業会社がどのような関連のもとに活動を展開したかについて考察を加えた。各地の羊毛市で買い付けられた豪州羊毛は、日豪航路に進出していた海運会社によって日本国内の港に運搬され、ここから各羊毛工業会社の工場に納入された。本章では日本商社が買い付けた豪州羊毛を日本まで運搬した海運会社について紹介し、さらに各商社、各海運会社、日本の羊毛工業会社とはどのような相関関係にあったのかを分析した。

　第5章は羊毛買付商社のひとつであった高島屋飯田株式会社を取り上げ、同社の企業活動のなかで、豪州羊毛貿易はどのような位置づけにあったのかを分析した。高島屋飯田は兼松商店、三井物産に遅れて日豪貿易に参画したが、1930年代には飛躍的に豪州羊毛の買付を増加させた商社である。高島屋飯田は日豪貿易の後発商社として、どのようにして兼松商店、三井物産、三菱商事な

どと競争を展開したのか、また同時に当時の羊毛貿易の拡大のなかで同社は豪州羊毛買付に関連して如何なる諸問題に直面していたのか、について分析を加えた。

注
1) 『本邦対豪洲貿易状況』(商工省商務局貿易課、1925年) 5-6頁。
2) 『戦時及戦後ニ於ケル南洋貿易事情』(横浜正金銀行調査部、1936年) 11-12頁。
3) 同上、13-16頁。
4) 同上、16頁。
5) 前掲『本邦対豪洲貿易状況』14-15頁。
6) 外務省監修『通商条約と通商政策の変遷』(世界経済調査会、1951年) 836頁。
7) The Australian Eastern Mission, 1934, "Report of The Right Honorable J. G. Latham Leader of The Mission", National Achives of Australia, A 981, FAR 5 PART 16.
8) 『最近豪州の保護関税政策』(日本商工会議所、1931年) 1-3頁。
9) 外務省通商局編纂『昭和十三年度版各国通商の動向と日本』(日本国際協会、1938年) 1-12頁。

第1章　日豪通商条約をめぐる日豪関係

第1節　日豪貿易と英国

(1) 1930年代の日豪貿易品目と貿易額

　日豪貿易が豪州の輸出超過の傾向にあったことは前述したが、第一次世界大戦による日本経済の好景気を背景として、日豪貿易は様相を異にするようになった。それまでの日本は、洗い上げ羊毛を輸入し、少量の小麦粉を輸入していた。しかし、1930年代には国内羊毛工業の勃興に伴い大量の脂付羊毛を輸入し、輸出用の小麦粉を国内で製粉するために大量の豪州産小麦を買い付けるようになったのである。

　日本の豪州輸入品金額は1931年に1億1,333万7,000円であったが、1933年には一気に2億458万6,000円に急増した（表1-1）。なかでも、豪州産小麦輸入金額は1931年の2,246万6,051円から翌32年には4,005万8,261円へとほぼ倍増した。豪州産小麦輸入金額の全小麦輸入金額に占める割合は、1930年には20.9％にすぎなかったが、32年には80.8％となった（表1-2）。また、羊毛は1920年代から豪州産の輸入比率が高かったが、1927年から1933年までは90％以上を占め、羊毛の輸入金額は1933年以降には1億5,000万円以上となった（表1-3）。序章で述べたように、豪州からの羊毛輸出は、1920年代から1930年代にかけて英国が第1位を維持していた。1926-27年をみても、第1位は英国（80万3,589俵）であり、第2位フランス（57万8,942俵）、第3位ドイツ（32万2,573俵）と続いていた。日本は26万6,543俵で第4位であったが、1928-29年に第3位に

表 1-1　日本の豪州輸入品目および金額

(単位：千円)

品　目	1931年	1932年	1933年	1934年
大　麦	62	—	310	831
小　麦	22,466	40,058	33,886	22,032
牛　肉	378	447	275	276
コンデンスミルク（乾）	744	826	168	380
牛皮及水牛皮	210	166	484	866
獣　骨	60	38	102	112
獣　蹄	36	39	81	112
貝　殻	797	913	1,550	1,994
牛　脂	2,382	2,437	3,250	2,588
オレイン	99	59	50	32
カゼイン	387	398	354	976
羊毛（カード又はコーム済）	93	3	58	—
羊毛（その他）	83,202	84,241	156,455	159,241
屑及故繊維	117	150	333	327
鉄鉱石	128	170	211	1,107
亜鉛鉱	—	870	1,916	—
鉄　屑	35	693	1,410	2,223
鉛（塊及錠）	195	322	249	579
鉛（その他）	—	5	0	22
亜鉛（塊、錠、粒）	1,198	1,594	2,102	2,293
飼　料	62	42	53	33
その他の商品	686	806	1,289	1,733
合　計	113,337	134,277	204,586	197,757

出所：『最近日豪貿易統計』（通商局第三課、1936年）197-198頁により作成。
注：合計の合わないところもあるが、原史料のまま掲載した。

上昇した後、1930-31年以降は第2位を占めるに至った。また、1935-36年には英国の95万7,983俵に対して日本は77万9,857俵となり、英国との差を縮めつつあった。なお、日本の豪州輸入金額で1934年に100万円以上に達したのは、羊毛、小麦、貝殻、牛脂、鉄鉱石、鉄屑、亜鉛であった。

　一方、日本から豪州への輸出品金額は、1931年の1,840万5,000円から34年には6,446万1,000円へと3.5倍に増加した。品目別に見ると、1931年には絹織物が873万3,000円で首位であった。次いで、綿織物（284万円）、生糸（192万8,000円）が続いていた。しかし、1934年には人絹織物が1,693万7,000円で首位となり、綿織物（1,478万4,000円）、絹織物（884万円）、生糸（401万7,000円）、陶

第1章 日豪通商条約をめぐる日豪関係

表1-2 日本の小麦輸入総額に占める豪州小麦輸入金額の推移

(単位:円)

	豪 州		カナダ		米 国		小麦輸入総額(d)
	金額(a)	(a)/(d)	金額(b)	(b)/(d)	金額(c)	(c)/(d)	
1925(大正14)	31,242,908	44.3	13,507,955	19.2	25,580,975	36.3	70,522,733
1926(大正15・昭和元)	35,102,804	37.6	32,833,812	35.2	25,293,251	27.1	93,346,185
1927(2)	13,982,289	25.9	19,272,986	35.7	18,365,952	34.1	53,929,115
1928(3)	9,710,762	14.3	31,740,134	46.8	15,915,665	23.5	67,787,017
1929(4)	15,407,863	21.7	35,273,301	49.8	15,044,782	38.5	70,896,184
1930(5)	8,689,501	20.9	24,856,554	59.9	17,961,913	43.2	41,509,081
1931(6)	22,466,051	68.2	7,937,725	24.1	2,524,134	7.7	32,935,940
1932(7)	40,058,261	80.8	8,762,250	17.7	751,475	1.5	49,572,437
1933(8)	33,886,627	76.3	10,243,355	23.1	238,372	0.5	44,384,000
1934(9)	22,032,782	54.0	7,119,710	17.5	9,869,363	24.2	40,748,550
1935(10)	30,935,530	71.6	6,257,769	14.5	283,765	0.7	43,199,110

出所:『最近日濠貿易統計』(通商局第三課、1936年) 198-199頁により作成。

表1-3 日本の羊毛輸入総額に占める豪州羊毛輸入金額の推移

(単位:円)

	豪 州		アルゼンチン		南阿連邦		羊毛輸入総額(d)
	金額(a)	(a)/(d)	金額(b)	(b)/(d)	金額(c)	(c)/(d)	
1925(大正14)	96,826,188	79.9					121,073,526
1926(大正15・昭和元)	74,151,137	86.1					86,024,160
1927(2)	94,601,472	93.0					101,676,732
1928(3)	105,254,718	94.0	2,832,429	2.5	24,809		111,872,293
1929(4)	99,059,017	97.2	662,290	6.5	22,361		101,815,826
1930(5)	72,336,018	98.2	620,954	0.8	19,083		73,609,916
1931(6)	83,299,123	96.6	873,816	1.0	64,504	0.1	86,145,716
1932(7)	84,245,799	96.2	481,106	0.6	1,031,553	1.2	87,559,423
1933(8)	156,513,509	95.3	2,427,232	0.5	2,529,467	1.5	164,191,832
1934(9)	159,241,408	85.4	7,552,655	1.1	5,780,699	0.8	681,455,460
1935(10)	182,007,020	94.9	611,568	0.3	1,872,253	1.0	191,760,871

出所:『最近日濠貿易統計』(通商局第三課、1936年) 198頁により作成。

磁器(233万円)、玩具(176万5,000円)と続いた(表1-4)。この1930年代の数年間で、日本の豪州向け繊維輸出は、人絹織物と綿織物が中心となったのである。

ここで、日本の繊維商品の主要輸出国についてみることにしよう。まず、

表1-4　日本の豪州輸出品目および金額

(単位：千円)

品　目	1931年	1932年	1933年	1934年
玉　葱	—	243	—	—
寒　天	62	94	86	87
蟹缶詰	24	184	209	487
鮭及鱒缶詰	16	24	108	263
毛　皮	13	62	10	17
豚　毛	31	89	207	296
菜子油	62	45	83	118
魚　油	162	144	154	154
除虫菊	32	35	68	86
硫　黄	—	605	1,307	791
沃度加里	11	65	47	30
殺虫粉	22	39	61	74
蚊取線香	13	40	56	44
鉛　筆	4	44	67	54
樟　脳	70	119	80	111
薄荷脳	29	62	52	58
綿織糸	147	354	331	955
生　糸	1,928	3,164	3,296	4,017
人造絹糸	297	866	313	44
テグス	96	144	179	167
屑綿及屑綿糸	145	187	312	365
綿織物	2,840	4,852	10,027	14,784
絹織物	8,733	13,720	10,788	8,840
人絹織物	589	2,896	9,133	16,937
打紐真田紐類	22	106	125	149
綿タオル	172	383	656	720
敷　布	61	117	96	144
綿製ブランケット	6	38	99	128
地　氈	3	45	115	150
リボン及レース類	6	48	140	175
綿手巾	3	57	96	46
蒲　団	11	33	146	171
麻　袋	321	77	—	3
模造パナマ帽子	81	480	413	254
靴（護謨製）	3	14	161	5
靴　紐	62	130	143	131
鈕　釦	68	282	317	366
セルロイド櫛	48	160	244	258
紙　類	135	206	176	66
石　炭	—	141	721	—
陶磁器	665	1,768	2,707	2,330

硝子器	55	245	568	569
琺瑯鉄器	41	128	124	143
刃物類	—	15	117	87
安知母尼製品	6	21	107	119
漆器	1	8	52	63
護謨製品	7	20	61	85
ランプ護謨部分品及附属品（除電球及提灯）	21	101	268	362
置時計	—	55	155	204
ベニヤ板	16	67	57	173
その他の木材	51	93	146	184
真田	32	218	284	396
木製品	15	68	76	133
セルロイド	7	44	124	169
セルロイド製品	126	226	351	468
電球	138	328	333	218
玩具	205	857	1,808	1,765
その他の商品	981	2,239	4,104	5,438
合計	18,405	36,895	51,416	64,461

出所:『最近日濠貿易統計』（通商局第三課、1936年）194-196頁により作成。
注：合計が合わないところもあるが、原史料のまま掲載した。

　1930年には日本の人絹織物輸出額は3,493万3,000円であったが、1932年には6,054万円、1935年には1億2,826万円まで増大し、30年代前半を通して急速な輸出拡大をみた。国別に見ると1930年から1934年までは英領インドが首位であった。豪州は1930年にはわずかに17万5,000円にすぎなかったが、1932年から急増し1934年には1,693万7,000円で第2位となり、1935年に2,280万6,000円で首位となった（表1-5）。次に綿織物をみると、1930年の綿織物輸出額は2億7,211万7,000円であり、1935年には4億9,609万7,000円まで増加した。1930年には国別で中華民国が首位（8,691万5,000円）であり、英領インドが第2位（6,121万6,000円）であった。豪州は244万2,000円で日本からの輸出が不活発であったが、1935年には1,717万6,000円まで急増した。全体的には中華民国への輸出が減少する中で、英領インド、蘭領インド、エジプトへの輸出が上位を占め、その次に豪州が位置していた（表1-6）。また、絹織物輸出についてみると、1930年の輸出額は6,577万円であったが、1935年は7,744万4,000円であり、

表1-5　日本人絹織物の主要国輸出額

(単位：千円)

	1930年	1931年	1932年	1933年	1934年	1935年
豪　州	175	589	2,899	9,136	16,937	22,806
英領インド	10,526	16,528	22,554	17,654	22,422	22,454
蘭領インド	7,767	7,970	13,644	14,973	13,068	12,683
エジプト	104	912	5,726	4,328	8,076	5,448
南阿連邦	464	2,934	3,126	3,873	6,250	5,149
その他	15,897	10,778	22,591	27,418	46,731	59,720
合　計	34,933	39,711	60,540	77,382	113,484	128,260

出所：『最近日豪貿易統計』(通商局第三課、1936年) 196-197頁により作成。
注：表1-4の数値と異なるところもあるが、原史料のまま掲載した。

表1-6　日本綿織物の主要国輸出額

(単位：千円)

	1930年	1931年	1932年	1933年	1934年	1935年
豪　州	2,442	2,857	4,875	10,030	14,784	17,176
中華民国	86,915	43,074	38,229	25,605	13,030	11,912
英領インド	61,216	49,866	80,654	7,163	66,815	85,182
蘭領インド	28,284	28,279	50,229	68,273	82,828	66,578
エジプト	20,526	14,957	27,069	38,351	46,834	31,683
その他	72,734	59,699	87,697	159,793	268,060	283,566
合　計	272,117	198,732	288,713	383,215	492,351	496,097

出所：『最近日豪貿易統計』(通商局第三課、1936年) 196頁により作成。
注：表1-4の数値と異なるところもあるが、原史料のまま掲載した。

表1-7　日本絹織物の主要国輸出額

(単位：千円)

	1930年	1931年	1932年	1933年	1934年	1935年
豪　州	13,790	8,733	13,724	10,799	8,840	6,690
蘭領インド	7,247	4,990	10,403	15,259	20,087	18,074
英　国	6,563	4,218	4,642	7,619	10,588	12,062
米　国	6,465	4,520	3,810	5,563	5,258	6,777
南阿連邦	3,843	4,016	2,531	4,738	4,651	4,008
その他	27,862	16,570	15,178	19,567	28,064	29,831
合　計	65,770	43,047	50,288	63,545	77,488	77,444

出所：『最近日豪貿易統計』(通商局第三課、1936年) 196頁により作成。
注：表1-4の数値と異なるところもあるが、原史料のまま掲載した。

この時期に大きな輸出増をみることはなかった。豪州は1930年に1,379万円であり、国別輸出国では第１位であった。しかし、1930年代前半には英領インドと英国への輸出が伸びる一方で、豪州への輸出は減少した（表１-７）。

このように、日本の対豪貿易が活発化すると、日本からの優良低廉な綿織物、人絹織物、雑貨の輸入は豪州経済に影響を与えるばかりでなく、豪州における英国の地盤を急速に低下させることになり、英国の機業家、各種製造工業品の輸出業者は豪州市場の喪失に関して大きな危惧を抱くことになった[1]。また、豪州政府は1929年11月に中央銀行条例の改正と金輸出制限に関する法案を議会に提出し、12月12日に成立させた。さらに、1930年４月には経済界救済および輸入防遏を理由に関税改正を行った。この関税改正による輸入禁止品は67品目に及び、日本に関係する輸出品目としては玉葱、毛布、アルミニウム類が絶対的禁止となった。輸入半額制限は６品目、輸入半額制限および附課税を賦課されたものは５品目、全体では78品目が禁止および制限品目となった。附加税を課せられた日本輸出品は、造花類、傘類、タンブラー等の硝子器などであった[2]。こうした豪州の非常的関税政策について、日本国内では批判がでてきた。1931年11月４日、商務書記官若松虎雄は「最近の各国関税政策及関税率改正情況」に関する公演の中で、1929年11月成立の労働党内閣以来の豪州関税改正について言及した。若松は1930年に数度にわたって実施された関税改正とプライメージ税の創設・改正[3]について、その税率は禁止的高率であり、関税改正のたびに日本の対豪貿易は漸次萎靡沈衰したと述べ、日豪間に関税協定を締結して両国の貿易が進展することを希望すると強調した[4]。このように、1930年代に入ると日本は豪州との関税協定を締結し、日豪貿易の円滑化を図りたいという機運が高まっていった。

(2) 日本の人絹織物輸出の増大

日本の人絹生産高は1927（昭和２）年に1,050万ポンドであった。この年には米国が7,552万2,000ポンドで世界最大の人絹生産国であり、これにイタリア、英国、ドイツ、フランスが続いていた。ところが、1931年には日本の人絹生産

表1-8　世界主要人絹糸生産国別人絹生産高

(単位:千ポンド)

	米国	英国	イタリア	日本	ドイツ	フランス	オランダ	スイス	ベルギー	その他	合計
1927 (昭和2)	75,522	38,802	49,720	10,500	36,000	26,400	16,500	9,000	13,200	13,100	288,744
1928 (3)	97,700	50,388	50,380	16,500	43,000	30,000	18,000	12,000	15,000	14,972	347,940
1929 (4)	123,130	56,900	64,680	27,000	55,000	37,650	20,500	12,250	14,520	22,770	434,400
1930 (5)	119,000	48,770	59,300	36,000	58,500	40,000	18,500	10,670	10,450	22,610	414,800
1931 (6)	140,800	54,571	76,120	46,750	55,000	36,366	19,800	9,900	10,395	21,087	470,789
1932 (7)	131,087	72,512	70,147	64,394	64,680	47,256	19,404	11,055	9,779	28,259	518,573
1933 (8)	172,106	84,084	82,038	89,925	68,200	57,200	23,650	10,560	9,603	28,105	625,471
1934 (9)	213,310	93,100	106,154	156,000	91,410	64,900	21,010	10,450	9,416	30,884	796,634

出所:『日本人絹発達史』上巻(日本人絹聯合通信社本部、1935年)59頁により作成。

高が4,675万ポンドまで増大した。この年の第1位は米国の1億4,080万ポンドであり、米国との差は大きかった。しかし、日本は米国、イタリア、ドイツ、英国に次いで世界第5位の人絹生産国となり、1933年には8,992万5,000ポンド、1934年には1億5,600万ポンドへと飛躍的に生産高を伸ばした。これにより、日本は1933年に生産高世界第2位となり、1934年にはイタリア、英国、ドイツとの生産高の差を広げつつあった(表1-8)。さらに、日本は1937年に3億3,500万ポンドを突破して世界第1位に躍り出た。

日本の人絹生産額は1932年に586万512円であったが、1935年には2,285万2,167円、1936年には2,917万350円まで増大した[5]。日本の人絹生産額は1930年代に飛躍的に伸びたが、同時期に躍進した人絹織物輸出は、絹織物業における力織機の普及と人絹糸コストの大幅な低下に基づいている。すなわち、人絹工業が本格的発展を開始した日本の絹織物工業は、羽二重、絹紬・富士絹等の輸出を通じて輸出向け産地での力織機化をほぼ完了していた。1925年の力織機台数は8万9,000台であり、1924年のフランスの力織機台数4万5,454台を上回っていた。また、日本の絹織物工の賃金は、スイスの3分の1、フランスの70%でしかなかった。しかも、昭和農業恐慌によって工場労働者の賃金は大きく下落したこともあり、1933(昭和8)年には日本の人絹糸生産コストは世界最低となった。日本の人絹工業は、高度に発展していた絹織物工業の力織機を活用するとともに、低賃金による生産コストの低下を利用して急激な発展を示

表1-9　各国の日本人絹製品に対する輸入制限措置

1931（昭和6）年	9月	インド、人絹織物輸入関税引き上げ
1932（昭和7）年	8月	中国、人絹関税高率引き上げ（人絹糸100斤当たり73金両、人絹織物従価7割）
	同	オタワ会議、南阿・豪州等英国属領、特恵関税発表、日本品とくに人絹布・綿布に対し輸入禁遏
1933（昭和8）年	3月	インド、人絹織物関税引き上げ
	6月	インド、イギリス以外の綿糸布、人絹に対し7.5割の関税引き上げ
1934（昭和9）年	2月	蘭印、人絹サロン・人絹綿サロンについて禁止的輸入制限
	3月	日英会商決裂
	6月	英領各地、日本品、主として綿布・人絹布に対し輸入制限
1935（昭和10）年	6月	蘭印、人絹織物輸入制限　4,250千kg（グロス）
	7月	日本、対加通商擁護法発動
	11月	蘭印、人絹織物輸入制限　2,708千kg（ネット）
1936（昭和11）年	5月	エジプト、人絹糸・人絹織物輸入関税を引き下げ
	5月	日豪通商交渉決裂
	6月	日本、対豪通商擁護法発動
	8月	日本人絹糸布輸出組合連合会、人絹織物の全面的輸出統制実施
	9月	蘭印、人絹織物輸入制限　3,250千kg（連合）
	12月	日豪新協定成立

出所：『日本化学繊維産業史』（日本化学繊維協会、1974年）132頁をもとに作成。

した[6]。たとえば、120デニール100ポンド当たりの製造費は1926（昭和元）年には125円であったが、1930年には61円に低下した。また、生産費合計も原料費と製造費の低下などによって1926年の250円から1930年には126円に低下したのである[7]。

　日本の人絹織物輸出は、力織機の普及、低生産コスト、為替相場の有利性などを背景として増大した。すなわち、日本の人絹織物は1920代後半から1930年代にかけてイギリス、イタリアなど人絹織物輸出国が開拓していた人絹織物市場に低コストなどを武器として流入したのである。1928-29年度のインドの人絹織物輸入高は、第1位のイタリアが1,780万5,000ヤード、第2位のイギリスが1,261万9,000ヤードであり、第3位の日本は上位2国と大きく差が開いた379万9,000ヤードであった。蘭印では1928年にイギリスが80万3,000グルテン、オランダが50万9,000グルテン、ドイツが40万9,000グルテン、シャムが36万9,000グルテンで日本は第5位の33万3,000グルテンの輸出にとどまっていた。

豪州では1930-31年の人絹織物輸入総額のうち日本の人絹織物は4％程度であった。また、上海の人絹織物輸入高でも1927年にはイギリスが271万4,761ヤードで首位を占め、日本は第4位の12万1,642ヤードにすぎなかった。しかし、上海では翌1928年には日本が397万4,520ヤードを輸出して首位となり、第2位のイギリス（227万9,929ヤード）を大きく引き離すに至った。また、インドでは1929-30年度、蘭印では1929年、豪州でも1932-33年度に日本が首位に躍り出た[8]。

日本の人絹製品の外国市場への流入は、各国の反発を招くことなり、関税引き上げをはじめとする輸入制限措置が採られた（表1-9）。豪州でも日本製品防遏のための関税引き上げが実施されるに至った。

第2節　豪州関税制度の変遷

(1) 英帝国特恵関税制度の確立

1788年の豪州植民地開設から1901年の豪州連邦（the Commonwealth of Australia）[9]成立までの豪州関税制度は、各州特殊の関税法を定めており、外国輸入品のほか他州よりの輸入品にも関税を課していた。1901年の豪州連邦成立により各州関税は廃止され、1902年に関税定率法が制定された。豪州では、憲法において他国および諸州との通商貿易、生産または輸出に対する課税および奨励金に関して法律を制定する権限を付与された。この憲法では、関税の徴収および統制、奨励金の支出については、連邦政府の権限に移すことが決められた。しかし、連邦成立後10ヵ年間および連邦議会が異なる決議を為すまでは、関税および消費税の歳入額のうち4分の3は各州に交付することが規定されていた。各植民地は、当初からそれぞれ独自の財政制度と関税制度を有していたが、連邦成立後も各州の事情により保護貿易あるいは自由貿易の政策をとることになった。たとえば、ニュー・サウス・ウェールズ州は自由貿易政策を取っていたのに対して、ビクトリア州は保護主義的色彩が強かった。こうしたとこ

ろから、州予算は連邦政府よりも大きく、豪州連邦とビクトリア州の両方の首都だったメルボルンでは、州政府の公務員数が連邦政府の公務員数を大きく上回っていた。鉄道、刑務所や警察、教育、土地や鉱山、社会福祉などの多くの分野が州政府の権限として残されていたためである[10]。なお、連邦政府は成立後2年以内に統一的関税を制定すべきことを命ぜられたが、その制定にあたり各州間の貿易は自由であることも規定されていた

前述のように、豪州最初の統一的関税法案は、1901年10月8日に連邦議会に提出され即日仮施行されたのち、1902年9月16日に関税定率法として公布された。この関税定率法は保護主義と自由主義とを協調按配して制定された。特恵に関する規定は含まれていなかったが、この法案提出以降、各州間の貿易は関税が廃止された。その後、豪州の関税制度は1932年8月のオタワ会議以前において数回にわたって改正された。

1907年8月9日に提出され即日仮施行された関税法は、1902年関税定率法を全般的に改正し、税率水準も引き上げられた。課税品目は1902年の139から444に増加した。また、有税品の約半数について、英本国からの輸入品に対する従価5％の特恵税率が設けられた[11]。

さらに、1920年3月から仮施行され1921年に正式承認された改正関税法は、爾後の関税法の基礎となったもので、第一次世界大戦中および大戦後に発達した鉄、塗料、化学薬品、セメント、機械類、船舶、自動車車両などの各種工業の保護を目的としていた。このとき、3種別の税率（一般税率、中間税率、特恵税率）が採用され、豪州における英帝国特恵関税制度が確立された[12]。この関税法案が提出された理由は、主として次の4点であった。

(1) 第一次大戦の結果、豪州は英国に対して莫大な負債を生じ、財政上の困難をきたした。
(2) この負債を償却するためには、未開の富源を開拓して、その産業の発展を図ることが緊要となった。
(3) 戦後、外国競争品の輸入が増加し、国内産業の維持のために外国品の輸

入を防遏する必要が生じた。
(4) 豪州において国家的感情の高調がおこり、自給自足政策を必要とする世論が勃興した。

当時、豪州政府は英国陸軍省に約3,700万ポンドの負債を抱え、さらに英国政府が戦時中豪州勘定として立替払いをした軍事費は約875万ポンドに達していた。英国政府は弁済を要求したが、この当時の豪州経済の状況下において返済は難しい状態であった。さらに、ヒューズ（W. M. Hughes）首相は、豪州国内産業の保護のため労働賃金の低い国よりの輸入を防止することを内閣組閣時に公約していた[13]。

1920-21年の改正新関税の主たる要点は、次の点が挙げられる[14]。

(1) 豪州生産品に対する保護を増進した。
(2) 豪州生産品に対して互恵的待遇を与える諸国に適用すべき中間税率を設定した。
(3) 英国生産品に対する特恵の割合を拡張した。
(4) 豪州において将来起るべき産業を奨励するため停止税率を新設した。
(5) ダンピング防止のためとくに付加関税を課する権限を定めた。
(6) 補助金を受ける外国船舶によって輸入される貨物に対して、特別付加関税を課する権限を定めた。

このように、豪州は第一次世界大戦中に勃興した諸産業の保護と英帝国特恵の拡大を目的として関税制度を作り上げた。なお、1921年には関税委員会制度が改正関税制度の公布と同時に設置された。関税委員会（Tariff Board）は貿易および国税に関する事項について大臣に建言することを目的とした。委員会は４人の委員から構成され、その中の１人は貿易関税官の行政官でなければならなかった。この行政官が議長として任命された。委員の任期は１年ないし３年であった。大臣はこの委員会に対して、新関税の必要性や対英特恵関税また

は中間関税を英国自治領あるいは第三国に適用する提案などに関する調査、報告を諮問した。委員会の機能と重要性は1932年の英本国・豪州通商協定により高まり、この協定によって委員会の勧告以上に英本国生産物に対して新課税または現関税の増加をしないことが規定された。こうして、豪州関税改正は関税委員会の調査、建言に基づいて議会で審議され決定されることになったのである[15]。

また、1906年に制定され、その後数次にわたって改正された豪州産業保護法（The Australian Industry Preservation Act）は、不当競争に基づく輸入品に対して直接禁止ないし輸入制限を行い豪州に対するダンピングを防止した。この豪州産業保護法のダンピングに関する主要条項は次のとおりであった[16]。

(1) 不当競争とは常に関税長官または高等法院判事が生産者、労働者および消費者の利益について考慮を払ったうえで、当該産業の保護が豪州にとり有益なりと認める産業に対して行われるものをいう。
(2) 競争は以下の反対証明がない限り不当競争とみなす。
　（i）自国労働賃金の低下および失業を来たすような場合
　（ii）生産費および正当市価以下にて正当の利潤なくして輸入せられる場合
　（iii）関税大臣または判事において不正方法と認める場合

このような競争が不正かどうか決定する場合には、豪州産業の採用している経営、工程、装置および機械が有効的能率的かつ新式かなどの点に考慮が払われるものとした。また、不正競争品の輸入禁止および制限ならびに布告についても他の諸条項に規定が設けられた。

さらに、1921年には産業保護関税率法（Customs Tariff [Industries Preservation] Act）が制定された。この法律は1922年、1933年に改正が行われたが、主要条項の概要は次のとおりであった[17]。

(1) ダンピング税　公正市場価格以下の輸出貨物にして豪州産品と同種類のものに属し、豪州の輸入者に対し輸出当時の公正市場価格以下にて売られ、これがために豪州産業を害すると認めたるときはこの物品を官報に公告して公正市場価格と輸出価格との差額を附加関税として課す。
(2) 運賃ダンピング税　輸入品にして豪州産品と同種のものに属し、(i) 補助金支給の船により、又は (ii)「バラスト (ballast)」代わりとして、又は (iii) 割戻附の運賃により船積され積出当時の正当船賃より低廉なる運賃若しくは無賃にて輸入され豪州産業が害される虞ある場合、関税大臣は「タリフボード」に諮問の上、これらの物を官報に公告し、積出当時の正当なる輸入品価格に対する５％を附加関税として課す。
(3) 為替ダンピング税　貨物生産国貨幣の為替相場下落国よりの輸入品にして豪州産業に害を及ぼす虞ある場合、関税大臣は「タリフボード」に諮問の上、その国名および品名等を官報に公告し附加税を課す。
(4) 特恵ダンピング税　豪州の対英貿易保護の趣旨を延長し、諸外国よりの輸入品にして英国品と同種の貨物および英本国品にして豪州に輸出せられる貨物が為替関係により正当なる英国品より低廉に輸入される場合、関税大臣は「タリフボード」に諮問の上、その品名を官報に公告し正当価格との差額を附加税として課す。
(5) 為替下落原料品を使用する物品に対するダンピング税　為替相場下落国の原料品をもって製造する輸入品にして製造国の材料を使用する同種の品名より低廉なる場合、関税大臣は「タリフボード」に諮問の上、その品名を官報に公告しその国にて製造する正当価格との差額を附加税として課す。

　産業保護関税率法は附加税を賦課して間接的にダンピングを防止しようとしたものであり、こうしたダンピング税によって豪州の関税収入は改正新関税の実施後に著しく増加した。1919-20年の関税収入は1,400万ポンドであったが、1920-21年には2,200万ポンドに増加し、さらに1926-27年には3,200万ポンドと

なり、1919-20年の2倍以上に増加した[18]。新関税が国内産業の保護を目的としていたこともあり、豪州産業も生産額を伸ばした[19]。

その後、豪州の関税法は1925年、1926年、1927年、1928年と毎年のように改正され、1929年には8月、11月、12月の3度にわたって改正された。8月の改正では、人絹織物の一般税率が25％から35％、絹織物の一般税率が10％から30％へと引き上げられた。さらに、12月の改正では関税品目104項の改正が行われたが、8月に引き上げられた人絹織物、絹織物の税率は維持された[20]。

また、1929年10月の総選挙の結果、豪州は保守党から労働党に政権が移行すると、つぎつぎと関税改定案を議会に提出した。この頃の豪州経済は、主要産業の羊毛輸出が激減し、小麦輸出も不振を極めていた。さらに、英本国の金融難のために起債が意の如くならず、加えて貿易は入超の趨勢が止まらず、対外為替は暴落し、金流出の傾向も憂慮すべき事態に陥っていた。政府は1929年11月28日に中央銀行条例の改正および金輸出制限に関する法案を議会に提出し、12月12日から施行した。この結果、大蔵大臣は Common Wealth Bank of Australia に次の権限を付与した。

(1) 金貨及金塊の所有者に対しては、内外人を問わず、その明細を申告せしめる義務を負わせること。
(2) 金貨及金塊は強制的に兌換券と引き換えることとする。その交換価格は、金貨に対しては紙幣の額面価格、金塊に対しては標準金塊1オンスにつき3ポンド17シリング10ペンス50とする。

さらに、1930年7月以降には、諸銀行間の申し合わせにより対外為替の割当制度を実施した[21]。また、政府は国内経済界救済、輸入貨物防遏を理由として未曾有の緊急決議案を1930年4月3日に議会に提出し、翌4日から実施した。この緊急決議案では、非常関税手段として4項目を設けた。すなわち、第1項は輸入禁止品、第2項は前年度の輸入額を標準として輸入を半額に制限するもの、第3項は輸入関税のほかに5割の附加税を賦課するもの、第4項は輸入を

半額に制限の上、さらに附加税を賦課するものである。第1項の輸入禁止品は67品目に及び、このうち日本の輸出に関係した玉葱、毛布、アルミニウム製品等はいずれも輸入禁止となった。第2項の輸入半額制限は6品目、第4項の輸入半額制限の上に附加税を附加されたものは5品目で、これら禁止および制限品目総数は78に達した。また、第3項および第4項の附加税を課せられたもののうち、日本からの輸出品に関係あるものは、造花類、傘類、ファンシー・グッズ、遊戯用品及玩具、人造宝石、模造真珠及養殖真珠、ストロー、エンヴェロープス、タンブラー等の硝子器、竹製品、ストロウボード、カラーボックス類、刷子類、着物類、文房具類であった[22]。

　豪州政府は1930年6月19日にも関税改正案を議会に提出し、慣行によって翌20日から実施した。この改正は新旧項目合わせて600項目に達したが、内容的には1929年11月、12月、1930年4月の関税改正案を一括し、これに訂正と新規増税項目を加えたものであった。この改正では、従来無税であった外装箱代（Outside Package）に対して、従価税品の場合は一般税率3割、特恵税率2割を一律課税した。なお、内容品が無税品もしくは従量税品の場合は無税とした。この6月の関税改正においては、日本からの輸出品に関係するものとして玉葱、アルミニウム製品、セメント、綿毛布が4月改正と同様に輸入禁止となった。また、新規増税として木材（丸太材）は従価1割から3割へと引き上げられた。タオルについては、1929年11月の関税改正で3割5分から4割5分に引き上げられていたが、さらに5割5分に引き上げられた。英国品のタオルについても関税が引き上げられ、豪州政府は国内綿工業に保護を与えつつあったといえる。板硝子については、停止税（Deferred Duty）の取り扱いによって旧税率で賦課されてきたが、この改正で新税率（1ポンドにつき2シリング、もしくは従価6割のいずれか）で課税されることになった。なお、1930年4月3日以降に積み出し、6月19日以後の輸入貨物に対しては、現行税率の5割を附加税として賦課する改正案を別途提出した[23]。この関税改正は、貿易額の大きかった英国、米国にも打撃を与えた。英国製品に関しては鋼材の引き上げを筆頭に、機械類、薬品、織物、時計類、蓄音機、各種インキ等が打撃を受けた。米国製品

では各種職業用道具をはじめ木材、時計類、蓄音機、ドイツ製品では置時計を筆頭に懐中時計、革類、インキ類の税率が引き上げられて影響を被った[24]。

　こうした関税引き上げに関しては、国内に賛否両論が出ていた。関税引き上げ賛成論者は国内製造業者および労働者等であった。金属貿易雇用者協会（Metal Trade Employers' Association）は新税案を喜び、連邦政府とくに関税大臣が豪州産業を保護奨励するために尽力した努力に対して深謝すると同時に、新関税は確実に諸機械、自動車部品、電気器具等の国内製造業を隆盛に導き、長期にわたって衰退してきた製造業に大きな援助を与えると述べた。一方、ニュー・サウス・ウェールズ州小売業者組合（N. S. W. Retail Trades' Union）は、現下の生産費低廉によって生活費の低下を図るべき際にもかかわらず、政府は豪州で十分生産していない製品の税率までも引き上げ、関税障壁を一層高く築きたるは徒に国内生産費を昂騰するとして大反対を唱えた。さらに、ニュー・サウス・ウェールズ州牧羊業者協会（Grazier's Association of N. S. W.）の書記長は、経済学者ブライデン教授（Professor Brigden）の調査を援用して、客年来の増税により羊毛関係の生産費は1割5分方騰貴しており、政府は羊毛関係産業の利得を犠牲として関税引き上げを断行していると述べ、羊毛市場の一大華客たる日本は新税案中のある種目に対して抗議し、フランス、イタリアは報復の手段を取りつつあるとして政府の措置を非難した。また、豪州国内有力紙は世界各国中で豪州のごとく関税改正を繰り返している国は外にないとし、矢継ぎ早な改訂のために営業上の安定は期しがたい。関税引き上げは生活費の向上、もしくは生活程度の引き上げを招来するにすぎず、輸入品により生活するものは資力を制限されることになり、この結果として危害を伴うとも裨益するところなしと酷評した[25]。

　なお、豪州では1930年7月に歳入増加の目的からプライメージ税を導入した。当初は従価2.5％であったが、その後数次にわたり改正され、1934年7月にはプライメージ税法（Primage Act）を制定した。また、1930年8月には歳入増加のため販売税法（Sales Tax Act）を制定した。当初、この税率は2分5厘であったが、1931年7月から6分に引き上げられ、1933年10月の財政救済法に

より5分となった。販売税法は国内消費税であったが、一定条件のもとに輸入品に対して課税する規定もあり、豪州の財源にとっても重要であった[26]。

さらに、1931年3月には関税増益のために税制整理を行い、59品目の引き上げ、32品目の引き下げが行われた。引き下げ品目は硝子製品、木材、ベニヤ板などであるが、英国特恵税率のみで日本品は引き上げのまま据え置かれた。引き上げ品目は綿織物、釦、タオル、亜鉛引鉄板等であり、綿織物は特恵税率無税を従価5分とし、その他の税率は1割5分から2割5分に引き上げられ、英国品と日本品との税率格差は拡大した。また、タオルは従価5割5分から6割5分に、貝釦は従価1割5分から5割に引き上げられた。さらに、1931年5月にも関税引き上げがあり、日本の綿小倉は従価2割5分から従価5割または6割となり、蟹缶詰も1ポンド2ペンス半から4ペンスに引き上げられた[27]。

このように、1920年代から1930年代にわたって豪州政府は関税改正を繰り返した。この関税改正の中心は、英国との関係強化に基づく英特恵税率の設置およびその引き下げにあるといえる。またこの一方で、豪州政府は豪州国内産業保護の観点から英国製品にも関税引き上げを行った。1926年に自治領は英連邦体制における自治的国家と定義されており、こうした関係において豪州も英国からの自立を開始していたともいえる。英国経済は、1920年代から1930年代において英国綿製品の衰退がみられた時期であり、英国は自治領との関係を強化する必要も増してきていたといえる。この時期の英国経済についてみると、1932年の英国総輸出額は3億6,500万ポンドであり、そのうち綿製品輸出額は6,300万ポンドで総輸出額の17.3％を占め首位であった。第2位の石炭輸出額は3,100万ポンドであるから、綿製品は英国総輸出額の中で最も重要であり、綿製品輸出の減退は英国経済の衰退に直結するものであった。しかしながら、1920年代以降の英国綿業は衰退の一途をたどっていた。1913年の英国綿糸生産高は19万5,000ポンド、綿糸輸出高は生産高の11％から13％であった。綿布生産高は80億ポンド、綿布輸出高は生産高の85％から87％を占めていた。しかし、第一次世界大戦後は不景気の影響で1924年には綿糸生産高は13億5,000万ポンド、綿布生産高は55億9,000万ポンドに減退した。その後も綿糸生産高および

綿布生産高ともに減少し、1930年には綿糸生産高10億3,100万ポンド、綿布生産高31億ポンドまで落ち込み、綿糸輸出高は1913年の65％に、綿布輸出高は1913年の35％まで減少した[28]。1929年8月には英国政府が英国政府綿業調査委員会を結成し、1930年7月に英国綿業の実情と振興策についての報告書を発表した。同委員会はこの報告書の中で、ランカシャーが最も打撃を受けた市場は極東方面、殊にインド、支那および日本の市場であると報告した。とくに日本の綿業は極めて有力に発達し、日本国内市場の需要を充たしているのみならず、脅威すべき輸出産業になっていると指摘した[29]。事実、日本の綿布輸出は技術的進歩と低賃金に支えられて1920年代後半から1930年代にかけて増加し、1931年12月に金輸出再禁止が行われると円為替の下落によって急激な増加をみた。1923年と1932年を比較すると、日本綿布輸出高は約2.5倍に増加した一方で、英国は約半分に輸出高が落ち込み日本とほとんど同じレベルとなった[30]。また、1934年度の英国綿布輸出は19億9,350万平方ポンドであったが、1927年の41億1,690万平方ポンドと比較すると、その輸出量は半分以下に減少していた。英国は英帝国諸市場から日本製品を阻止したものの、日本はアジア諸国のうち英領以外のオランダ領東インド、フィリピンなどの新市場に綿布輸出を拡大したばかりでなく、アメリカ大陸および欧州向けの輸出を伸ばし、英国綿業の衰退に拍車をかけることとなったのである[31]。

また、日本の円下落によって豪州に日本からの輸出品が増加を示すと、英国品の取扱業者より日本製品輸入抑制の声が高まった。とくに、1933（昭和8）年4月の日印通商条約廃棄の報道以後は、豪州内において日本品の不当廉売を宣伝し、日本の低労働賃金、長時間労働が豪州産業はもちろん英本国工業に甚大な損害を与えているとして、産業保護法に日本品を適用して輸入を抑圧しようとする運動が展開された。シドニー、メルボルンの新聞紙上でも日本品の不当廉売問題が取り上げられ、日本品の輸入防遏の声はさらに高まっていった[32]。同年7月のシドニー総領事村井倉松から外務大臣内田康哉宛への報告の中でも日本品のダンピング問題にふれ、豪州では産業保護法第5条および第8条に適用すべく、ゴム裏上靴、ゴム長靴、エナメル品、陶器、電球、蝋製色鉛筆、男

子用靴下止、ズボン吊等をすでに関税委員会に付議し、その他の諸商品についても目下係官の手において審査を進めていると報告した[33]。

ところで、英本国ではロイド・ジョージ（D. Lloyd George）内閣が1921年に保護・帝国特恵的色彩の強い産業防衛法を発布し、基軸工業の保護、通貨価値暴落による諸外国品進出によるダンピングを防止した。さらに、第一次ボールドウィン（Stanly Baldwin）内閣は国内産業保護を強調し、1923年に開催された英帝国経済会議においては、帝国内の経済的強化の方法として帝国特恵制の拡張を主張した。また、第二次ボールドウィン内閣時代には、1925年の新財政法によるマッケナ関税（Mckenna Duties）[34]の復活、さらには産業防御法の存続を延長した。英国では労働者は自由貿易を支持してきたが、1930年6月の労働組合大会では「自由貿易の放棄を意味する帝国的政策」の擁護を決議した。また、1930年7月のマンチェスター商業会議所の貿易政策に関する投票では、総数2,343票のうち自由貿易賛成は607票であり、保護貿易賛成は1,736票にのぼった。さらに、同年11月の英国工業連盟の投票も、現行関税政策を支持するものが96.1%を占めた。とくに、ランカシャーの綿業およびシティの銀行家たちも保護関税を要求し始めたことは重要であり、英本国においては自由貿易主義が消え去り、保護貿易主義が大半を占めるようになった[35]。さらに、1931年1月にはマンチェスター綿業連盟がランカシャー選出議員チョールトンその他数名で設立された。この団体はランカシャー綿業の擁護を標榜し、とくに対日本競争問題、対インド貿易補償問題に対する強硬派であり、諸外国との通商条約中の最恵国条約の廃棄、英植民地の日本品駆逐、インド輸入英国綿布の保護に確実なる保障取り付けなどを主張した。この団体は、英国政府、マンチェスター商業会議所の態度を微温的とし、政府を鞭撻し世論を喚起するために結成された[36]。こうした保護・帝国特恵貿易政策要求への世論に支えられて、マクドナルド内閣は1932年5月に輸入税法（Import Duties Act）、同年6月に保護関税法を制定し、保護関税、帝国特恵関税が制度化されるに至った。

(2) オタワ会議の開催と豪州関税改正

　1926（昭和元）年、英帝国会議が開催され、「英帝国」体制から「英共和連邦」を組織すべき原則を取り決め、自治領は英連邦体制における自治的国家と定義された。さらに、英国は1931（昭和6）年に英帝国会議の決定に基づいてウェストミンスター法を発布し、英帝国は正式に英連邦へと改編された。これにより、英本国はカナダ、豪州、ニュージーランド、南阿連邦、アイルランド、ニュー・ファウンドランドの自治領6カ国と上下の別なく自由対等な立場で提携することになった。すなわち、英国と自治領は共和連邦体制を構成し、同一人格の元首に推戴するというほかには英国と各自治領のつながりは公式上少なくなったといえる。英帝国体制時代の英国は直轄植民地、属領のみならず自治領諸国を自己の一存で動かしえたが、英連邦体制時代に入ると英国は自治領諸国へ一方的な号令をかけられなくなったのである。すでに、自治領諸国では第一次世界大戦によりカナダや豪州で工業化が開始され、大戦後には国際連盟の成立とともに英本国の代表とは別に独立国並みの代表をジュネーブに派遣するまでに至っていた。こうした自治領諸国の政治的自主化運動を英本国が抑圧することは事実上不可能となっており、英本国は英連邦体制の組織をとることにより、自治領諸国は英本国と同一人格の元首を共通に仰ぎ、自発的に対英協調の継続を有利とする態度を示すようになったのである。ただし、英本国側は公式の場合以外は英連邦（British Commonwealth of Nations）の名称を使用することを好まず、一般の場合は英帝国（British Empire）と自称し続けていた[37]。

　こうしたなかで、英帝国経済会議は1932年7月21日から8月20日にかけてカナダのオタワで開催された。この会議の通称であるオタワ会議は、1930年の英帝国会議の議題であった恐慌克服の検討審議および決議を受けて開催された。オタワ会議は世界恐慌による英帝国全体の不況克服、景気回復をめざしていたが、工業生産物価格の暴落、農産物および原料価格の惨落によって大打撃を被っていた英国経済を立て直し、英本国と自治領の経済を結合して恐慌脱出の方法を見出すことが主眼となっていた。また、繊維製品の輸出等で急成長してい

たドイツや日本に対抗する方法を見出すことも含まれていた。オタワ会議の開催前に発表された議題は次のものであった[38]。

1. 一般通商問題
   ① 英帝国内貿易に関する通商政策および関税政策の審議
      (ア) 特恵貿易主義および特恵関税主義の承認問題
      (イ) 現行および将来の特恵関税を帝国内全体に拡大する件
      (ウ) 外国に与えている関税上の利益を帝国内の諸地域に許与する件
      (エ) 特恵税率享受に必要な帝国的要素割合決定の件
      (オ) 帝国内における輸出奨励金およびダンピング課税の件
   ② 外国に対する通商政策の審議
      (ア) 外国に許与する通商上の利益と帝国特恵との関係問題
      (イ) 帝国内の地方的特恵関税および輸入割当制と最恵条款の解消問題
   ③ 帝国内各地域の協力方法の審議
      現存機構の再検討、産業協力委員会報告書の審査、交通通信、規格統一の件
2. 通貨および金融問題
   帝国内各種通貨および貨幣本位の関係審査、物価の恢復および為替安定
3. 特恵関税協定問題

　オタワ会議の議事内容にみるように、この会議は英本国が自治領の協力によって英帝国経済ブロックの形成を図ることを目的としたものであった。また、金融政策の上では、英本国による英帝国統一の紐帯としてスターリング・ブロックを形成することも重要課題の一つと考えられていた。この会議では特恵関税協定について、英本国とカナダ、豪州、ニュージーランド、南阿連邦、南ローデシア、ニュー・ファウンドランド、インドの7協定が成立した。この7協定は、法律的にはオタワ協定の附属協定の地位にあるが、実質的にはオタワ協定の最重要な内容をなすものであった。こうした特恵関税に関する協定は、自治

領にとっては、従来の英本国の一方的な特恵許与による特恵関税政策から、相互特恵に基づく画期的な通商協定が成立したことを意味した[39]。

1932年8月のオタワ会議後、英本国と豪州間に関税協定が締結され、英本国と豪州間の貿易がより密接になった。オタワ会議による英本国と豪州間の協定は、本文16カ条、付属表8葉からなり、有効期間5カ年の後は、6カ月の予告をなして廃棄しうる旨が規定されていた。英本国では1932年10月25日に法案が提出され、11月3日に下院、11月15日に上院を通過して即日施行された[40]。

豪州政府は1932年10月13日にオタワ協定に基づく関税改正案を連邦議会に上程し、翌14日から仮施行したのち、11月29日に議会を通過させた[41]。この改正では、3種別の税率（一般税率、中間税率、特恵税率）のうち中間税率を廃止して、一般税率と英特恵税率とした。この改正では英帝国特恵を増大するために英帝国品に対する関税を引き下げ、他方、外国品に対する関税を引き上げた。日本の輸出品では、人絹織物、貝釦、絹靴下、ブラシ、綿糸、文房具、絹糸、ハンカチーフなどが影響を受けた。

豪州関税が引き上げられる中で、日本政府は英国のように豪州との通商協定を締結することが長年の懸案となっていた。1933（昭和8）年5月10日、シドニー総領事に就任した村井倉松は、ライオンズ（J. A. Lyons）首相、レーサム（J. G. Latham）外相に新任の挨拶をした際、日豪通商協定に言及した。豪州政府は日本との通商取決は希望するところだが、目下連邦下院で審議中の関税改正案の決定を見るまでは諸国より申し込まれた通商条約の締結は不可能だと述べた。村井総領事は翌10日にホワイト関税大臣と会談した。ホワイト関税大臣は、スカリン（J. H. Scullin）内閣時代に多数の関税改正案を提出したものの正式の法律として公布されなかったために豪州関税は極めて不安定になっている状況であり、関税法の全般的整理の断行後でなければ交渉の方針も定められない。したがって、日本との通商条約締結は豪州政府の最も希望するところだが、関税改正の終了を待つほかないと述べ、9月頃には通商条約交渉を開始できる見込みだと語った[42]。

豪州政府は、1933年10月に為替調節関税法（Customs Tariff [Exchange Adjustment] Act)[43] を制定した。この関税率法は、豪州ポンドが下落したため豪州産業が貨幣価値の高い国の商品に対する関係において不当に高度の保護受けうることを調節する目的をもって、貨幣価値の高い国の商品に対する関税を軽減しようとするものである。この関税軽減の利益を享受できるのは、保護関税を適用しうる品目と英国産品であり、具体的に利益を受けたのは英国とカナダであった。したがって、日本の輸出品たる電球、硝子、陶磁器などは、英国およびカナダの輸出品と競争する関係上、不利益を生じた。

1934年8月には豪州国内の綿作および綿業助成のため綿糸および綿布に関する税率引き上げを実施したが、一般税率のみならず特恵税率をも引き上げたため、英国品にも打撃が大きく及んだ。34年12月には豪州が広範な関税改正を行い、日本の輸出品としては靴下止（従価6割5分）、ジップ・ファスナー（従価5割7分5厘）、電気器具および部分品（従価5割7分5厘）などが関税引き上げの対象となった[44]。

豪州政府は1935年3月に関税改正を実施し、英特恵税率9品目、一般税率13品目の関税を引き上げ、英特恵税率86品目、一般税率33品目の関税を引き下げた。この改正では莫大小製衣類、帽子、手堤袋など日本の輸出関係品目も相当含まれた。しかし、豪州の高関税のために従来から輸出が途絶していたものや、品目の性質上から金額が多額にのぼらないものが多く含まれていたため日本にとっては大きな影響はないものと考えられた[45]。さらに、1935年11月にも関税改正が行われ、多数の税目に中間税率を設定した。この関税改正で日本製品ではタオル類、ランプ、ランタン等の税率が引き上げられ、硝子製品、包装用紙、刷毛類等の関税が引き下げられた[46]。

また、1935年9月にはプライメージ税を58品目にわたって引き下げた。その品目は主として原料品、工業用および化学研究用品であり、英特恵および一般に対して引き下げたのは43品目、英特恵のみを引き下げたのは115品目であった。この中には綿織糸、人絹織糸、絹糸もしくは絹人絹混糸、薬品が含まれ、英特恵のみ無税となり、一般は旧税率が据え置かれた[47]。プライメージ税は1935年11月、1936年3月、5月、9月にも改正が行われた[48]。さらに、1937年1月1

日にもプライメージ税の改正が行われ、多数のプライメージ税が減免された。この時点では日豪通商問題が解決されたこともあり、日本輸出品では織物類11品目のプライメージ税が免除となった[49]。

一方、1936年3月の関税改正（3月21日実施）では、26品目の関税を改正した。税率引き下げのものは16、引き上げのものは10であった。日本に関係する品目としては、糸護謨を英特恵税率22.5％、中間税率55％、一般税率62.5％（従来は糸護謨、護謨入布〔幅1寸未満〕に対し、英特恵税率35％、一般税率55％）、糸護謨1寸未満のものグロスヤードに付き英特恵税率10ペンス、中間税率1シリング3ペンス、一般税率1シリング6ペンス50または従価英特恵税率22.5％、中間税率55％、一般税率62.5％とした[50]。この関税改正ではプライメージ税も改正され、英特恵税率に関する免税2、英特恵税率の引き下げ1、一般税率引き下げ2が行われた[51]。

このように、豪州では1930年代に数次にわたり関税改正を行った。これら一連の関税改正では、英特恵税率を全体的に引き下げ、一般税率を据置いたものとなったため、豪州と英帝国以外の国々の貿易関係はより大きな影響を受けることとなった[52]。

(3) オタワ協定の改訂問題

オタワ協定の有効期限は5年間であったが、協定の満期を迎える頃になると協定改訂を求める声が出てきた。1936年2月、英国産業連盟は英帝国調査委員会を組織して調査を進め次のような覚書を発表した[53]。

(1) 英国産業連盟は、最近のオタワ協定の成果につき慎重な審議をした結果、もし英国産業が英帝国貿易上で正当な利益を享受するためには該協定の一部改訂を必要とする見解に達した。
(2) 該協定は1937年以前には協定改訂の機会がないが、改訂交渉に際してはとるべき一般方針を発表しておくべきである。
(3) 該協定成立以来、英本国以外の英帝国諸国が享受した利益は英本国の利

益よりも大きい。本連盟は将来の協定に関し英国産業が他の英帝国諸国と同等の利益を享受確保すべきであると信じる。
(4) 本連盟は英国政府がオタワ協定にもとづく完全なる実施を英領諸国政府と商議すべきことを主張する。
(5) 英帝国諸国より英国に輸入される製造品は産業保護法およびマッケナ税その他の収入税に関するものの他は無税である。本連盟は、これらの無税輸入の特権は良とするも、これが再考する時期であることを主張する。
(6) 本連盟はオタワ協定の精神が英国製造業者は英帝国製造品の競争に対して保護を享受すべからずということにあるものではないと考える。
(7) 本連盟は自治領産、植民地産たるとを問わず、英国市場で不当なる競争を惹起することを防ぐため、政府は関税、割当などによって英国製造業者のために有効的な保護政策を採用せんことを力説する。
(8) 本連盟は英国産業界が英帝国製造品の侵入により、その地位を危なくすることを防止する要求は当然の権利と思考す。

また、英国商業会議所連合会は1936年3月にオタワ協定改訂の意見書の中で次のように述べた[54]。

(1) オタワ協定は自治領品の無税英国輸入を約束した結果、その輸入は著しく増加したが、ある種の英国製造業は輸出上の利益を受けず、同種品が英国では無税、自治領では有税という差別待遇をきたした。ゆえに、英国政府は将来において国内産業保護のためには何時にても自治領品に課税または割当賦課をなす権限を保留すべきである。ただし、相互的待遇の存する限り、自治領には特恵を認めること。
(2) 英帝国会議のように一同に集まり会議することなく、個々別々に改訂協議を進めること。
(3) 英国政府は国内農業保護政策の限度を明示し、自治領側に安心を与えるとともに、英国品購入に努める必要がある。

このように、オタワ協定の改訂時期には英本国の産業界からさらなる保護主義的傾向を求める声が高まり、それは自治領、植民地に対しても要求を求めていったことは注目できる。こうしたなか、1937年5月から6月にかけてロンドンで英帝国会議が開催された。しかし、英国政府はオタワ協定の再検討は短期間で妥結をみることが不可能と判断し、会議の議題から除外し、英国と各自治領との個別的協商に委ねた。英国と豪州との協商については、1938年5月から7月の2カ月間にわたってロンドンで行った。しかし、双方の見解に一致をみることはできず、具体的な協定は得られなかったため、オタワ協定を存続させることに決定した[55]。

オタワ協定によって英本国の貿易は輸出入ともに帝国内への比重を高め、帝国外へのそれを低下させることになった。しかしながら、各自治領では諸外国との貿易をめぐって諸問題を抱えることとなり、諸外国の報復的貿易政策によって貿易が滞ることになった。さらに、英本国では協定成立後に英本国農業保護政策を進め、食糧の輸入制限、割当制などの政策がとられた。これらの政策は自治領（とくにニュージーランド）との軋轢を生むことになったのである[56]。

第3節　豪州東洋使節団の日本親善訪問

(1) 豪州東洋使節団の日本滞在と日豪外相会談

オタワ会議後、日豪貿易関係は豪州関税の引き上げによって悪化していたが、日本からの綿織物、人絹織物などの日本品輸出は円為替安を背景として豪州国内に流入した。豪州政府では、オタワ協定による英本国と豪州との関係から何らかの対策を取る必要が生じてきた。1933（昭和8）年7月、豪州政府はロンドン駐劄政府代表ブルースに対して、日本品の豪州進出阻止対策について英国政府と協議を行うよう訓令を発した。一方、1933年6月末日で終了した1932-33羊毛年度の豪州羊毛競売において日本羊毛工業会加盟会社の買付高は60万

3,000俵、これに加盟会社以外の買付高を加算すると69万俵に達し、前羊毛年度より5万俵増加となり、フランスおよび英国を凌駕して世界第1位となった。豪州政府としては、オタワ協定によって英本国製品対して特恵待遇を与えなければならない一方で、羊毛の大得意先の日本にも配慮しなければならないというジレンマに陥っていたといえる。日本政府からは在シドニー村井総領事を通じ、豪州政府の関税引き上げによる差別的かつ非友誼的措置を遺憾として道義的抗議が提出され、日豪関係の前途は憂慮すべき事態に直面した。豪州政府は、有力閣僚を日本に派遣し、通商貿易問題のほか日豪両国間の重要懸案について日本政府および関係団体との協議が必要との観点から1933年12月末にはレーサムを対日親善使節として日本に派遣することに決定した。豪州政府にとって極東諸国との貿易関係は重要であったが、太平洋の現状維持は豪州領土保全の観点から不可欠の条件であり、豪州政府は英本国外務大臣と交渉の結果、英本国政府も豪州使節の東洋諸国派遣を正式に発表した[57]。

1934（昭和9）年4月、豪州連邦政府副総理兼外務大臣のレーサムを団長とする豪州東洋使節団（The Australian Eastern Mission）が蘭領東インド、マラヤ、仏領インド・チャイナ（サイゴン）、香港、上海、北京、日本、フィリピンを回る約2カ月間の訪問に出発した。この使節団は、豪州連邦が外交使節団として送った最初のものであった。日本には5月9日から21日までの約2週間にわたって親善訪問し、長崎、神戸、東京、日光、鎌倉、京都、奈良、山田、大阪、雲仙・下関を回った[58]。豪州側は来日以前からこの訪問は日豪親善友好関係の増進においていたが、片貿易に悩む日本側では日豪通商条約関係の調整等についても交渉を行いたいというのが本音のところであった。

レーサム一行は、5月7日午前に上海発長崎丸で日本に向かった。上海から同船した東京朝日新聞特派員は、この親善訪問について「今回の親善訪問の本当の目的は日濠通商条約問題を解決するためではないのか」[59]と質問をした。レーサム外相は「決してその使命を帯びてゐない。この点余の立場をいつて置くが、余はこの問題に対し責任ある地位にはゐない。同行のモーア君は商務省関係の人で多分日本では関係実業家も会ふだらうが、余はかりにこの問題を日

本政府から提出されてもこれに応じ得る立場にはゐない。目下濠洲で日本総領事と濠洲政府との間にある種の協定条件を交渉してゐるのは事実だ。それは関税引下のことも含んでゐるだらう。しかし決してまとまった通商条約といふものではない。一歩一歩それに近いものを造るより外にない。日本の羊毛買付は濠洲の大問題ではあるが、要するに濠洲は通商関係によつてその外交関係を決定するやうなことはしないのが伝統的政策である」[60]と回答した。レーサム外相は、日本親善訪問にあたって、日豪交渉について外交問題と通商問題とは切り離して考えていく方針であることを来日以前から表明していたのである。

5月9日に神戸に上陸したレーサム一行[61]は、神戸オリエンタルホテルで兵庫県、神戸市、商工会議所、日豪協会等が主催する歓迎晩餐会に出席した。レーサム外相は「余は商相でないからとくに日濠の経済的新条約を締結し或は具体的に或種の協定を遂行する等の用向で来訪したものではない」[62]と述べ、日豪親善友好関係を前面に出した内容の訪日第一声を上げた。

レーサム一行は5月10日夜に東京に入り、11日に廣田弘毅外相を訪問し来日の挨拶をしたのち、12日には両国外相会談が行われた。この外相会談は、日本政府の外務大臣が他国の外務大臣と外交関係を審議する初めての会談であり、この結果は日豪親善関係の将来に対し重要な進路をもたらすものとして注目されていた。この会談で日本政府は、(1) 日豪通商条約締結に関する問題、(2) 片貿易調節に関する問題、(3) 日本臣民の豪州における入国旅行、居住に関する特待問題、(4) 公使交換問題、(5) 日豪無電連絡問題、(6) 日豪関係の一般的政治問題等について政府見解を述べ、レーサム外相の諒解を求める方針であった[63]。

5月12日、日豪両外相会談は英国代理大使、ドイツ代理大使同席のもとに午前10時から約1時間半にわたって行われた。会談では、まず廣田外相が「日豪親善関係を緊密ならしむることはもとより根本問題であるが今後太平洋方面における文化の発展に伴ひ、日本としては特に濠洲との友好関係を密接ならしむることをもつとも熱望するものである」と述べた。これに対して、レーサム外相は「濠洲としては日本との友好関係を緊密ならしむることを希望してゐるこ

とは勿論であるが、濠洲人民の間には政府においてはほとんど問題視し居らざるに拘らず濠洲に対し将来における日本の危険を感ずるものがある」と述べ、豪州における日本に対する軍事的脅威が両国の親善関係に大きなネックとなっていることを強調した。廣田外相は日本の平和的外交方針を述べ、さらに日本の対豪貿易強化の方針を述べると、レーサム外相は「濠洲としては自国の産業保護を計らなければならぬが日本品の如何なる品物につき輸入を増進するか、この問題については日本と十分話合をなしたい。また、このためには濠洲としては日本に対し通商代表者を派遣する考へである」と通商代表者の派遣によって両国の通商問題を解決したいと提議した。しかし、レーサム外相は通商問題について「自分或はロイド顧問、モーア随員と来栖局長との間にこれを行ふとしたい」と述べるにとどまった。レーサム外相は日本の委任統治区域の南洋諸群島についてもふれ、この群島に日本が防備を施すとの記事があるが、この真偽について質問した。廣田外相は南洋諸群島については委任統治条項に沿うよう進め、委任統治の状況は正確に通知する方針であることを表明した[64]。

このように、日豪両外相会談において、両国の懸念材料であった諸問題についての意見交換はできたといえる。しかし、豪州側は日本の軍事的進出について明確なる日本の方針を聞き出したいのに対して、日本側は日豪通商問題の解決を第一優先として会談に臨んでおり、両国の外交的関心にはずれがあった。これはレーサム外相が豪州通信社特派員に語った会談内容にも現れている。レーサム外相が語った内容の要旨は次のとおりである[65]。

一、シンガポール要塞に関しては、マレー、インド、オーストラリア、ニュージーランドの防備の目的を以て構築されたものである。これは日本が防備計画のために諸軍港を構築することと同じである。
一、オーストラリアを始め諸外国において折々関心の的となつているのは、日本がマーシャル及びカロリン群島に防備を加えつゝあるとの報道である。世界の誤解を正すために、日本は南洋諸島に防備を施せることなく将来も防備をなす意図を有せず、又日本が連盟より脱退せる前と後たることを問

はず、委任統治の条文により南洋諸島に防備構築は不可能なる旨を詳述せる声明を発表すべきである。また、日本は世界の異論を正すために毎年連盟に報告書を提出すべきである。

レーサム外相が豪州通信社特派員に語った内容をみても、豪州国内での関心事は日本の軍備拡張、南洋諸島での防備構築問題であった。日豪両外相会談では、日本側が強く望んでいた日豪通商問題の具体的事項が話し合われなかったのも両国の会談へ望むスタンスの違いがあったからである。1934年5月14日には日豪協会主催の歓迎茶会が約200名の出席者をもって日本工業倶楽部で開催された。この席上、レーサム外相は関税問題について「濠洲の関税は日本に不公平であるとの声を聞くが、濠洲は関税表を見れば明かな如く英国に対する特恵関税は別として米国、オランダ等その他の諸国に対しては平等である。もちろん日本には日本の立場があり濠洲には濠洲の立場があるが、両国間には出来るだけ柔かい空気を漂はすやう努めなければならない」[66]と述べた。

(2) 日豪通商問題の協議

通商問題に関しては、来栖通商局長とレーサム外相ならびにモーア随員との会談によって日を改めて折衝が行われることになった。日本側が折衝を求めた通商問題とは（1）日本人の豪州入国施行居住に関する問題、（2）その他の日豪通商条約締結に関する問題、（3）日豪通商増進に関し殊に片貿易調整に関する問題、（4）日豪無線連絡問題等であった[67]。1934年5月15日、レーサム外相随員の関税省書記官モーアと来栖通商局長、井上通商第一課長が外務省通商局長室において約2時間にわたって会談した。来栖通商局長は日豪貿易調整に関する日本側の方針を説明し、豪州が日本の如何なる製品の輸入額を増加できるかについて豪州側の意見を聴取した。また、日豪貿易の片貿易について日本側の具体的意見を述べ、これはシドニーで交渉中の日豪通商条約問題商議の際に考慮することとなった。さらに、来栖三郎通商局長は通商条約締結問題に関連して、日本臣民の豪州における入国旅行、居住に関する特待問題などについて

もふれた[68]。このように、日豪通商条約問題をめぐって会談が行われたが、日本側の意見を表明することが主体であり、これが通商条約の締結に具体的につながるかといえば甚だ疑問であった。また、豪州政府は単独で通商条約を締結したことはなかったため、日本が最初に通商条約を締結することは極めて困難と見られていたことも事実である。

レーサム外相は5月21日午後4時長崎発の郵船北野丸で帰国したが、日本を去るにあたり、「余は日本を去るに臨んで日本と濠洲の政治的問題について語ることを欲せぬ。余は訪日以前において日本を知ってゐたが今回の訪日によつて更に日本に対する認識を深めた。余のこの際望むことは日本がより以上世界を知ると、もに諸外国が更に日本に対する認識を深めることでありお互ひに諒解を増進することは即ち友情親善を進めることである。然して日濠間の諒解親善を深めつゝあることは余の欣快とするところである。日本に商務官を派遣することは余が帰国の上でなければこゝで確言することは出来ぬ。余としては商務官派遣を希望してゐるがそれは未決の問題である」[69]と述べた。

レーサム外相は、1934年6月12日にブリスベンに帰豪した。その際、訪日旅行の印象について、「今回の訪日旅行はオーストラリア連邦の抱懐し居る理想経論に対する日本の理解を一層増進せしめた効果があり余は甚だ欣快としている。但し日濠通商問題に関しては連邦商務長官スチュアート氏と日本の総領事間に折衝が監視されてゐる事故今回の訪日に於ては議論しなかった。従って同問題に関し直接且つ具体的なる結果を只今憶測することは出来ない」[70]と語った。レーサム外相の日本訪問は日本の軍事的進出の状況を探るとともにその牽制を行うことにあったといえよう。さらに、レーサム外相は、日本親善訪問の報告書[71]を1934年7月3日付で作成し、7日に連邦下院に提出した。この日本に関する報告書は、(a)全般、(b)満州、(c)「日本脅威」に関する議論、(d)日本・中国・アメリカ合衆国・ロシア、(e)日本と南方、(f)日本と豪州、(g)日本の政治、(h)外交上の説明の項目に分かれていたが、レーサム外相は天皇・皇后、斎藤実首相、廣田弘毅外相ほか多くの大臣、日本の政府関係者、財界関係者など日本のリーダー達と会談できたことが大変利益的であった、と述

べている[72]。また、この報告書の中で、レーサム外相は日本への外交使節派遣に反対し、「既に英本国の外務省が日本における濠洲の権利を十分見守つてくれて居るから特に日本に外交使節を派遣する必要はない。寧ろバタヴィア、上海および東京更に場合によつては香港に通商代表を任命するのが適当だと信ずる。濠洲連邦の将来は今や極東の情勢と不可分の状態にあり濠洲政府としては極東に戦禍を惹起するやうな行動に出ることは到底考へられない。若し極東に戦争が起れば濠洲自身が該戦争に参加すると否とを問はず、濠洲は必ずや右戦争から重大な影響をうけるだらう。更に濠洲の経済的運命は主として濠洲と極東との貿易額によつて決定するだろう」[73]と述べた。豪州連邦政府にとって極東は外交通商上重要であることを認識しているが、日本だけを特別視するものではなかった。また、日本と豪州との貿易上の相違点について、レーサムは「私は大英帝国の一部分である濠洲において、我々の政策は最初に濠洲産業の保護に当てられ、次に英国産業の援助に向けられ、最終的に外国諸産業とそのような国での貿易にむかう」[74]と指摘した。豪州は大英帝国と不可分の関係にあり、豪州の工業、貿易を最優先することは勿論、英本国との関連も大切であることを強調したのである。

第4節　日豪通商交渉の停滞と豪州答礼親善使節団の出発

(1) 日豪通商交渉の準備

　レーサム外相の日本訪問によって日豪親善関係は良化された。横浜正金銀行シドニー支店長の浅田振作は、のちに「レーサム氏の訪日が俄然両国の間に緊密な関係を醸成するに至つたことは、もつともよく世界経済情勢の変局に応じ、その機に投じたものといふを得べく、従来下積みであつた両国の経済関係の重要性が白日の下に認識を新にせられたものであつて、更に言葉を換へていへば、睡眠状態であつた国交関係に覚醒を與へたものといふことが出来ると同時に発展したものといひ得るのであつて、訪日親善使節の派遣は確かに濠洲連邦政府

の外交上の一大成功と認むべきものである」[75]と評価した。しかしながら、レーサム訪日後の日豪関係は、日本側の望むような日豪通商条約問題には進展しなかった。日豪通商条約締結に向けて日豪会商の本交渉が開始されたのは1935（昭和10）年2月であり、約9カ月にわたる空白期間を生んだ。

　日本国内では日豪通商条約締結に向けて関係各省で連絡協議が開催されていた。1935年2月13日には外務省通商局、大蔵省主税局、商工省貿易局、同工務局、拓務省殖産局などの関係者によって対豪州通商商議対策協議会が開催された。この協議会では「対濠洲通商商議対策案」の審議が行われ[76]、その後も修正がなされた[77]。2月20日には外務次官重光葵より大蔵次官、農林次官、商工次官、拓務次官宛てに「対濠洲通商々議対策案ニ関スル件」が出され、豪州政府が日本政府の回答を急いでいるため各省の意見を至急開示するよう指示が出された[78]。このとき、2月19日付の「対濠洲通商商議対策案」には次のような対策案が示された。

　　対濠洲通商商議対策案　　　　　　　　　　　（一〇、二、一九）
　一、我商品ニ対スル課税上其他ニ関スル最恵国待遇ノ獲得ハ絶対ニ必要ナルコト
　　　但シ英特恵ニ均霑セントスルノ意思ナキモ此点ハ文書ニハ表ハサルコト
　二、（イ）為替補償税ニ関シテハ日印通商協定第三条ノ規定ニ則ルコト但シ条約署名ノ日ヲ基準トシ其時ヨリ二割以上邦貨カ低落シ且右カ一定ノ期間継続シタル場合ニ之ヲ課シ得ルコトトスルコト
　　　（ロ）右増徴ノ場合本邦ニ於ケル物価ノ騰貴其他邦貨低落ノ影響ヲ緩和スヘキ事項ヲ参酌スヘキコト且形式ヲ双務的トスルコト亦日印条約第三条ニ則ルヘキコト
　　　（ハ）前記（イ）ノ場合ニ於テモ国内産業保護ニ関係ナク且従量税ニ服シ居ルモノハ之ヲ除外スルコト
　三、（イ）輸入制限措置防止方ニ関シテハ両国ハ輸入ノ禁止又ハ制限ニ依リ相互ノ通商ヲ妨害セサル意響ナルコトヲ明ニシタル上若シ一方カ輸入制限又ハ禁止ヲ行ハントスル場合ハ相手国ト協議スヘキ義務ヲ有スル旨ヲ規定シ且三ヶ月ニシテ纏ラサル時ハ右制限又ハ禁止ヲ行ハントスル一方ハ一ヶ月内ニ一ヶ月ノ予告ヲ以テ右制限又ハ禁止ヲ行フヘキコトヲ相手国ニ通告スヘク相手国ハ右通告ノ日附ヨリ一ヶ月内ニ前記制限又ハ禁止ノ実施ト同時ニ本条約第……条ノ

規定ニ拘ラス之ヲ失効セシムルコトヲ通告シ得ルコトトスルコト
　　　　但シ日仏間通商航海条約第六条、日伊間通商航海条約第九条及日墨間通商航海条約第十一条、日暹羅間通商航海条約第四条ノ除外例ニ関スル規定ト同様ノ規定ヲ挿入スルコト
　　(ロ)　濠洲産小麦及羊毛ノ本邦ヘノ輸入ニ対シ禁止又ハ制限ヲ行ハムトスル場合ニハ前記所定三ヶ月ノ協議期間ヲ短期間ニ限ルコトトシ日本政府ハ右濠洲産小麦及羊毛ニ対スルモノト異ナル差別ノ待遇ヲ與フルコトナキコトヲ保障スルコト
　　(ハ)　本件協定ノ失効ニ至ラスシテ（イ）所定ノ手続ヲ経テ実行セラレルタル輸入ノ制限又ハ禁止ニ潤シテハ両国ハ相互ニ最恵国待遇ヲ與フルコト
四、(イ)　本邦品に対スル税率引下ヲ「オッタワ」協定ニ反セサル範囲内ニ於テ極限迄実行セシムルコト
　　(ロ)　我方提案ニ対スル先方承諾品目ハ極メテ少数ニシテ且ツ割引程度僅小ナルニ付先方承諾品目ニ付テハ更ニ右（イ）ニ依リ極度迄引下シムルコト
　　(ハ)　別添附属書記載品目ヲ追加要求スルコト
　　　　但シ右品目ニハ先方ノ研究中ニ属スル品目ヲ掲記セサリシニ付之ニ関シテハ前記別添品目提出ノ際我要求ノ受諾方ヲ督促スルコト
　　(ニ)　先方申出ノ特別税ハ之ヲ廃止セシムルコト
　　(ホ)　本邦要求品目以外ニ先方ヨリ自発的ニ関税引下方ヲ申出テタル品目ニ付テハ右ノ中ヨリ我希望品目ヲ抽出ノ上回答スルコト
五、(イ)　先方方要求品目ニ関シテハ如何ナル程度迄我方カ其希望ヲ容認シ得ルヤヲ決定スルコト
　　(ロ)　羊毛ノ無税据置ニ関シテハ前年度ノ対濠洲我輸出総額迄ハ無税据置ヲ容ルルコトトシ夫レ以上ノ羊毛ニ対シテハ前記三ノ形式ニ依リ我方ニ於テ税率引上ノ場合先方ト協議スル程度ニ譲歩スルモ已ヲ得サルコト
　　(ハ)　牛肉ノ輸入ニ関シ本邦ト外国トノ間ニ何等取極ノ有無
六、税率協定ノ形式ニ関シテハ我方ハ飽迄固定ヲ希望スルモ先方事情ニ依リ不可能ナル時ハ濠洲新西蘭間条約第四条ノ形式ニ依ルコト已ムヲ得サルコト此場合本邦側ノ協定税率モ同様ノ形式トスルコト
七、「プライメージ」税ハ少ク共我重要品タル絹織物、綿織物、人絹織物、生糸、陶磁器ノ五品ニ関スル限リ之ヲ撤廃セシムルコト
八、硫黄輸入許可制度ニ対スル本邦側態度決定ノコト
　　　　　　　　　　　　　　　　　　　　　　　（附属ハ之ヲ省略セリ）

この「対豪洲通商商議対策案」には、最恵国待遇の獲得、為替補償税の課税条件、オタワ協定に基づく日本品の税率引き下げ、日本の重要輸出品5品目のプライメージ税の撤廃などを含んでいた。「対豪洲通商商議対策案」は、その後、各省から意見が出された。商工省からは為替補償税の課税条件について、邦貨2割以上の低落を著しく低落した場合に修正することなどの意見が出された[79]。また、農林省からは小麦と米穀の輸入制限または禁止について、別段の協議なく直ちに行えるようにという意見が出された[80]。このように、日本側では豪州との通商交渉再開とともに着々と準備が進められていたのである。

しかしながら、日豪通商交渉は停滞状態にあった。こうしたなか、ライオンズ豪州首相は英国皇帝銀冠式列席と英豪通商問題のために渡英し、1935年6月7日から10日間にわたって英国商工都市を訪問した。マンチェスターではランカシャー綿業諸団体連合委員会およびマンチェスター商業会議所の代表者が懸案であった豪州関税および日本の競争問題についてランカシャーの立場を開陳した。ライオンズ首相はこれらの主張を十分に理解し、その詳細を本国政府に報告することを約束した[81]。さらに、豪州側代表のガレット（H. S. Gullett）通商条約大臣も英国皇帝の銀冠式出席のためにロンドンに赴いたのち、欧州各国に立ち寄って豪州との通商に関して交渉を重ね帰国が著しく遅れた。このため、日豪通商条約の本交渉はさらに1年間に渡って遷延し、1936（昭和11）年1月になってようやく開始されるという事態となった。

(2) 豪州答礼親善使節団の目的

この間、日豪関係の修復とレーサム外相の日本親善訪問に対する答礼として、1935（昭和10）年7月2日、日本から親善答礼特命全権大使出淵勝次を特派することが閣議決定された。この豪州答礼親善使節団は、出淵大使のほか首藤安人商務書記官、豊田薫三等書記官などが同行し、キャンベラの豪州政府当局を正式訪問し廣田外相の親善メッセージを提出して両国関係の緊密化を図ることが大きな目的であった[82]。

同年7月8日には日豪協会主催の豪州答礼親善使節団一行の送別会が日本工

業俱楽部で開催された。この席上、日豪協会会長の阪谷芳郎は、次のような送別の辞を送った[83]。

　　出淵大使一行が帝国政府を代表してこの十七日神戸出帆プレジデント・ウイルソン号にて濠洲政府に答礼親善使節として赴かれることは両国親善並に通商上に一新紀元を創するものである。従来濠洲は日本と無条約関係にあつたがレーサム外相一向訪日の機会を捉へ帝国政府より両国通商条約締結交渉の促進方について意見の交換を行つた結果昨年十月よりキヤンベラ並にシドニーにてわが村井総領事と濠洲政府との間に交渉は進行中にて、唯現在は濠洲側代表ガレット通商相が英国皇帝銀冠式に参列しまだ帰濠せられざるため遅延してゐるがガレット氏帰濠の上は万事円滑に促進するものと聞いてゐる。其間特に濠洲政府が日本駐在の商務官を任命されたのは我々の最も満足するところである。日濠協会は創立以来八年、両国の親善並びに貿易増進に努力してゐるがこゝに出淵特命大使一行の重大使命が大々的に成功あらんことを衷心より祈るしだいである。

豪州答礼親善使節団は、両国通商条約締結のためにも重大な任務を負っており、豪州側代表ガレット通商相の帰豪を待って本格的な交渉にあたることが予想されていた[84]。同年7月11日午後には出淵大使が外務省で来栖通商局長と会見し、キャンベラで交渉中の日豪通商条約に関する経過報告ならびに渡豪後における日本の通商方針の徹底策に関して協議し、次のような通商方針を豪州政府に対して強く説明することを決定した[85]。

一、日濠両国は太平洋平和の確立に共同責任を有する国家として多年親善関係を維持し来つたとはいふものゝ両国間の国民的感情は必らずしも双方の猜疑から完全に脱却し得たものといふを得ず、濠洲政府が今日尚執拗に固執するところの白濠主義に基づく濠洲全土の東洋人全体に対する極端なる門戸の閉鎖は日本国民の如何としても理解し得ざる所である。仮に今両国間において通商調節につき何等かの根本的協定に到達することあるとしても濠洲政府が日本国民に対して尚依然白濠主義の殻の内に閉ぢこもつてゐる以上両国民の真実の国民的理解は永遠に不可能と断ぜざるを得ざるべく、此点濠洲政府の今後における深甚なる考慮を求むるものである。

一、更にまた日本の不利なる両国の片貿易の調整問題に関しても交渉中の通商条約問

題に関連して濠洲政府の深甚なる注意を喚起するの外なく、濠洲が日本に対する関係と同じく、日本が輸出超過となれる中央諸国の如きは進んで対日通商条約を破棄して条例による羈絆を脱し以て日本に対し不当の措置を取りつゝあるが、日本としては自らは他国にありてかくの如き待遇をうけつゝあるに拘らず独り濠洲に対しては両国の親善関係に鑑み却て逆に条約の締結によって濠洲の日本における市場を確保せんとしつゝあるに鑑み濠洲政府に於ても対日片貿易の根本的調整に就き特に誠意ある態度に出られんことを特に切望する

このように、日本政府は白豪主義を標榜する豪州政府に対して東洋人の門戸開放を要望するとともに、対豪貿易で入超が続いていた日本と豪州の貿易不均衡について豪州政府側の誠意ある対応を望んだのである。出淵大使と来栖三郎通商局長の会談後、午後7時から外相官邸で廣田外相主催の送別晩餐会が開催され、出淵大使をはじめ英協会、日豪協会、日本羊毛協会の代表者が出席した。この席上、廣田外相は日豪親善の増進を力説した[86]。

同年7月15日、豪州答礼親善使節団は東京駅を出発、神戸からフィリピン、豪州、ニュージーランドの3カ国を回ることとなった。出淵大使は「濠洲とは目下通商条約締結の交渉中であるから各方面にわが通商方針を理解せしめることに努力する考へである。現在友好関係の著るしき阻害となつてゐる日本人入国の制限問題海底電信料金の引下げ方を要望して他方日濠無線電信の開設を実現したい。而して日本人として今後発展すべき天地は東亜と同時に南太平洋にあることは明瞭で、今後は何といつても太平洋時代へ確実なる歩みを進めることを以て国策の基調としなければならぬ。それには日英米三国の強調なくしては絶対に不可能であるからこの点につき相互の理解に努めたい」[87]と述べた。また、出淵大使は東京朝日新聞に寄せた手記の中で「今回の使節はいはゆる親善大使として濠洲及びニュージーランドを訪問して友好親善の空気を作り、彼我伝統的親交関係に一歩を進めることを目的とするものであつて、別段一定の外交問題を交渉し、または特殊の経済案件を商議するためではない」[88]と使節団の親善的目的を強調した。この一方で、出淵大使は「日濠間の貿易は著しく増進しつゝあり、昨年の貿易額は二億六千万円に達し、欧州大戦前に比すれば

正に十数倍に達してゐる。これを対外国貿易の全般より見れば、豪洲との貿易はアメリカ、英領インド、関東州、満洲国についで第5位をしめてをり、四億の民衆を抱有する中華民国との貿易よりも多いのである。しかも輸入貿易だけについて見るに豪洲はアメリカ、英領インドについで第3位を占めてをり、即ち豪洲は我国に取り三大原料供給国の一であることは特に注意を要する点である。世上しばしば耳にする日満経済ブロックや日満支経済ブロックは誠に結構なことには相違ないが、仮りにかゝる「ブロック」が出来上がつたとしても、近き将来にこれらの方面において躍進日本の工業諸原料を調達し、その製品を始末することは到底不可能であると思ふ。我々はこの際限界を広くし、太平洋全域に向つて経済的進出を図ることを心掛けなければならぬ。就中従来比較的閑却せられてゐた南太平洋方面に向つて進出することが必要であると思ふ」[89]と述べ、満州や中国における経済的経営的観点からみても、将来、豪州を含む南太平洋諸国は経済的に重要であり、来たるべき太平洋時代に備えて豪州との友好的関係を締結することが重要だと強調したのである。

(3) 日豪通商交渉の難航と再開

出淵大使一行は、フィリピンを訪問した後、シドニーに到着し、その後8月15日から2週間にわたってニュージーランドを訪問し、19日にはフォーブス首相主催の午餐会が開催されるなど大歓迎を受けた。9月3日にはシドニーに戻り、4日にキャンベラに向かった。豪州でも親日熱が高まり、メルボルンで日豪協会が設立されることとなった[90]。豪州に戻った一行は豪州政府と通商条約交渉にあたらなければならなかったが、肝心の豪州側代表ガレットはいまだ欧州各国との通商条約交渉のためにいまだ帰国していなかった。結局、出淵大使一行が帰国した後、シドニー総領事と関税長官アボットとの間で条約交渉が進められることとなった。

こうしたなか、9月26日着の在シドニー村井総領事発電報のなかで、日豪通商交渉のうち関税問題に関して9月30日からキャンベラで商議を再開することに決定した旨が廣田弘毅外務大臣に報告された[91]。外務省では関係各省との協

議の結果、次の点を今後の交渉の争点とすることに決定した[92]。

一、日本側の提案である豪州関税引下については、現在までの交渉経過において豪州側が一部商品の関税引下を認めている。しかし、日本の対豪輸出品の主要なる綿布、人絹織物、絹織物、陶磁器等については引下げの意思を示していない。今後は、これら主要商品に対する現行関税を英本国特恵税率若しくはそれと極めて接近したる税率まで低下せしめんとする従来からの主張を貫くやう交渉すること。

二、豪州側よりの提案については、そのうちに豪州特産物の関税引下のごとき日本側としても商品の種類如何によつては応諾し得るものもある。しかし、元来が日豪間の通商状態は片貿易となつているため、両国間の貿易調整を目的とする本交渉においては豪州側が譲歩すべきであるとの理由から、豪州羊毛に対する無税措置、小麦其他に対する輸入制限不実施などに関する日本政府の保障要求はこれを受諾せず、その代りに当分羊毛は無税措置とし輸入制限は実施する意思なきことを豪州側に言明するに止めること。

9月28日の『東京朝日新聞』には、日本と豪州との関係も良く、交渉も順調なことから1935年末までには通商条約が成立するのではないかとの楽観的な予想が掲載された[93]。さらに、10月10日には外務省通商局長より大蔵省主税局長・商工省貿易局長に対して日豪会商のために出張していた新納事務官が豪州連邦関税総務官アボットおよびその他の係官と会談を行ったことが報告され、会談要領を送付した上で意見を求めた[94]。同様に、11日には外務次官から農林次官に向けてもこの報告がなされ、会談要領を送付して意見開陳を求めた[95]。この会談要領では、まず豪州小麦の輸入禁止制限が取り上げられた。豪州側は日本の国内消費小麦の生産保護政策に支障を来たすような問題を提起する考えはないが、小麦は豪州の重要輸出品であることから、小麦を留保されることがあれば豪州国民および下院では条約の価値が少なしとの感を与えるため、日本

の小麦留保と同様な効果を上げ、条約の価値を下げる感触を与えない形式を研究したいと述べた。日本側ではこの問題については充分好意的考量を払うべき旨を述べている。また、小麦の割当制度について、豪州側から最恵国待遇を与えられるか、また差別的待遇をしないという保障のもとで割当制度を実施する場合は過去の貿易統計を標準とするか、といった質問がなされた。一方、日本側は輸出品目について、豪州側の重要輸出品である羊毛について絶対に輸入禁止、制限を行わず、また豪州側は日本側の重要視する特定商品に対し絶対に禁止制限を行わないこととし、その他のものは一般条項によってカバーすることを提案した。豪州商務省係官は直ちに賛同したが、日本側では豪州産品と競争関係に立つものはこのような保障を取り付けることは困難だが、綿布の大部分、絹布、人絹布、陶磁器の大部分、鮭蟹缶のような品目については豪州に競争産業がないことから英国との関係において折衝如何によっては保障の取り決めの見込みがあるかもしれないと述べている[96]。

　以上のように、1935年10月以降、日本側の村井在シドニー総領事と豪州側アボット関税長官の間で通商条約の内容たる関税、輸入割当等について折衝が重ねられた。日本側は日本製品の豪州関税引き下げと輸入制限の不実施保障を要求した。一方、豪州側は一部の関税引き下げに応諾したが、絹織物、人絹製品、綿製品、陶磁器、玩具など日本の重要製品の関税引き下げには応じなかった。また、豪州側は羊毛に対する無税据え置き、小麦の関税不引き上げ、輸入制限の不実施の保障を日本側に要求したが、日本側は当分の間は保障するにとどまっていた。このように、日豪間の通商条約交渉は豪州連邦通商条約大臣ガレットの帰豪まで下交渉が進められていたが、日豪通商条約締結の本筋には入ることはできなかった[97]。なお、ガレットの帰豪については、11月初旬のシドニー在総領事からの電報により、12月2日にメルボルン到着予定であることが明らかにされた[98]。

第5節　日豪通商交渉の挫折

(1) 日豪通商交渉の停滞

1936（昭和11）年1月8日、約1年ぶりに日豪会商がキャンベラで再開された。日本側からは村井総領事、新納領事、豪州側からはガレット通商条約大臣以下各代表が出席した。ガレット不在中に日本側と豪州側では予備交渉を行っていたが、豪州関税の引き下げ要求などほとんどは結論が出ていない状況のかで難航が予想された。また、日本側は当時日本が締結していた通商航海条約と同様に関税協定、両国民の営業、居住、航海等の自由を通商条約にも盛り込もうとしていたが、豪州側は白豪主義、英国本国との関連から関税協定のみを要望していた[99]。

1936年1月17日、ガレット通商条約大臣は「会商は極めて好調に進捗し近く新通商条約草案を作成して日濠両国政府に提示することとならう」[100]と、楽観的な見解を発表した。一方、日本の外務省では遅くとも3月頃までに条約締結をめざしていたが、日本の重要商品の関税引き下げなどについては依然として締結は困難な状況にあった[101]。それでも、同年1月23日までの会商で次のような双方の意見の一致を見た。

(1) 日豪新通商条約は関税協定のみとする
(2) 新条約は最恵国条款を原則とする
(3) 相互に輸入制限、輸入割当など通商を阻害すべき措置を執らざることを確約する
(4) 為替補償税について豪州政府は日本商品に対する適用停止しているが両国とも将来実施せざることを確約する
(5) 豪州側は日本よりの輸入商品に対する関税は中間税率を適用する

日本側は綿布、絹織物、人絹、陶磁器、鮭缶詰食料品等の重要輸出品について現行関税の5分ないし1割の引き下げ、対日協定関税および英特恵関税の据置確認を要求した。これに対し、豪州側は日本からの輸入は増加しており、関税引き下げは意味がなく、豪州にとっては関税収入の減少を招くと反論し、関税率および特恵税率据置に関しても国内と英本国との関係から困難であると主張した。さらに、日本側に対して豪州羊毛に対する日本の関税無税据置の確認と円為替低落の場合の措置として為替条項の条約への組み入れなどを要望した。こうした両国の主張状況から、当初の予想とは裏腹に、条約交渉はさらに1、2カ月かかると予想されていた[102]。

日豪間通商条約締結に向けての日豪会商の交渉再開は、新聞紙上でも大きく報道された。『東京朝日新聞』は、1936(昭和11)年1月14日の社説「日豪会商の再開について」のなかで、「日豪会商の場合においても、他の場合と等しく其背後にイギリスの介在があつて、濠洲独自の意思を以て問題を解決出来ない情勢にあるといふことは了解せねばならない。単に我国としても濠洲よりの輸入の多寡を以て日濠通商関係を有利に転換せしめることの困難なる理由はその点にある。即ち英国と濠洲との通商関係においても、又原料と製品の交換を本質とする点において日濠関係のそれに近似しており、加之両国の政治的関係によつて、濠洲は英国の意思に屈従して邦品に対する差別待遇の如きもこれを実行せざるを得ないのである。若し日濠間の通商関係が今日の如き片貿易の状態でないならば、恐らく日本品に対する重課は遥に極端なるものであつたであらう。即ち濠洲は日英両国の間に挟まつてサンドウイッチとなつて苦しい立場にあることは了解出来る。けれど濠洲自らとしては考へなくてはならないのは、最近東洋諸国と濠洲との間における貿易の非常に重要性を増して来た事実である。濠洲政府もその点に注目し、先に我国を始め東洋諸国に商務官を送り一段とその通商関係を緊密ならしめんとしてゐるが、かくの如き希望も濠洲が依然として英国との三角関係にのみ支配せられ、その自由を失つた状態であるならば到底円滑なる展開を望み得べくもないのであつて、この点は吾人が日濠会商の成立を希望すると同時に濠洲政府当局に対して一段と反省を求めておきたい

ところである」[103]と述べている。この社説には豪州に対して英国との関係に縛られることなく、東洋諸国との関連の中で日本との貿易関係を構築すべきだという日本側の主張が強くこめられている。

　しかしながら、その後の日豪間の通商条約締結交渉は進展しなかった。2月4日のシドニー在総領事から外務大臣宛の報告書には、豪州の主張する英特恵とのマージン増加について述べられている。これによれば、豪州政府は外国産品との競争に対して国内産業を保護する必要があるところから「オタワ協定」の制限の下に英特恵税率を決定し、これに「オタワ協定」のマージンを加えているが、これだけでは保護不十分の事態を生じることがあり、日本品の場合は価格が甚だ低廉なことからこうした事態を生じることが多いという。従価税を賦課する場合、まずその価格を英貨で計算し、これに税率をかけた金額を豪貨にて徴収するが、日本品は低廉のため同種英国品と比較してその税額をみると何等の差がなく、事実上、英特恵の効果を無にしている状態である。豪州政府の関税改正案に「オタワ協定」所定のマージン以上の税目があるのは、国内工業保護の必要に起因している、というのが豪州側の主張であった[104]。これに対して、外務大臣は2月6日にシドニー在総領事に電報を送り、日本の要求する固定税率品目名を明記するとともに、為替補償問題、輸入禁止制限問題、羊毛無税据置、原産地証明及輸送時期、中間税率問題、条約の範囲について意見を述べた。羊毛無税据置については、豪州側が日本の要求する品目に対する税率軽減の程度および日本の重要輸出品に対する税率および英特恵との「マージン」据置を承認するか否かに関係しており、この根本方針を見ざる以上何ら進捗を見ることは難しいという意見が述べられていた[105]。

　2月20日には豪州連邦政府の交渉主任大臣が日本代表のシドニー在総領事に対して、日本製品があまりに低廉であるために現行従価税では関税収入が減少するとの理由から、綿布および人絹布に対し近く高率の従量税を賦課することになろうと語った。3月10日には豪州側より高率従量税を賦課する代わりに豪州へ輸入する本邦綿布および人絹布をそれぞれ5,000万平方ヤード、2,500万平方ヤードに自制するよう求めてきた[106]。シドニー在総領事は3月17日に外務

大臣宛電報において、豪州の輸入綿布および人絹布の日英両国品価格について報告し、日本品と英国品は品質、幅の相違などがあるものの、日本の人絹布は1935年6月以降に著しい低下を示したことを具体的統計によって示し、豪州側が人絹布の輸入対策に乗り出した理由の一端を指摘した[107]。さらに、豪州側の提案した制限数量については、3月19日のシドニー在総領事から外務大臣宛の報告の中で、この数量は1932年から1934年までの3年間の数字の平均を調整したものだと指摘した。具体的には、本邦綿布5,000万平方ヤードは3年間平均から500万平方ヤード減じたるものであり、人絹布に関しては羽二重以外の人絹布平均2,014万2,000平方ヤードおよび人絹羽二重62万4,800斤（約511万平方ヤード換算）の合計約2,525万平方ヤードから少し削減したものだと指摘した。豪州側はこの数量が日本側に容認されるものとは考えてはおらず、少なくとも1935年の数字を加算することくらいのことは予期しており、駆け引きの意味合いから今回のような数量を提議してくるものと想像できると述べている。また、シドニー在総領事は綿布について生地、晒、その他の3種類に分類した統計を作成し、日印通商条約同様、豪州側は品種別の数量制限を希望していることは明らかであり、この件について商議を開催する場合は論議しておくべきと予想されると指摘した[108]。

一方、廣田外務大臣は3月17日のシドニー在総領事宛電報のなかで、豪州側の不満の重点は日本の人絹布の急激な値下がりにあると考えられ、出淵使節の帰朝以来、この問題に関して人絹布業者の注意を喚起してきた。最近の従量税の賦課問題発生以来、当業者も急速な統制の必要を痛感し、すでに商工省当局と協議の上、組合法の発動により相当高率の価格引き上げを図ることとなり目下引き上げ率を協議中であると述べている。また一方で、綿布は人絹布の場合と異なり、急激な値下がりにより市場に衝動を与えているのではなく、豪州側が専ら対英関係から統制を申し出ているものと考えられるから、人絹布の価格引き上げにより綿布に対しては当分静観的態度をもって望むことにするよう指示を送っている[109]。さらに、3月25日の廣田外務大臣発シドニー在総領事宛電報の中では、豪州側の素っ気ない回答に対して諒解に苦しむと述べ、豪州側

の提案する数量協定に反対の理由として、日本の重要産業は生産、機械、就業、労働等の関係から輸出の活発、不活発に限らず生産縮小が困難であることを挙げ、輸出商の観点からは賛成できるが、日本産業の大局からはにわかに賛同できないと主張した。日本側では対豪輸出人絹織物幅40寸を超えないものは1ポンドにつき7銭、幅40寸以上のものには1ポンドにつき10銭の統制料を徴収することに決定しており、廣田外務大臣は通商交渉において村井総領事には豪州側に関税引き上げを放棄するよう尽力してもらいたいと強調した[110]。さらに、3月31日の廣田外務大臣発シドニー在総領事宛電報の中では、交渉条件として(1) 人絹布は日本輸出量を1935年対豪輸出数量の6,500万平方ヤードに自制すること、(2) 綿布および人絹布に対しては豪州側が関税引き上げないしは割当を行わないこと、の2点を挙げた。この上で、「我対策カ否定セラレタル場合ハ我方ニ於テモ通商擁護法ヲ発動シ濠洲産羊毛及小麦ニ対シ輸入許可制度ヲ採用シ以テ先方ニ相当ノ痛手ヲ與ヘ同時ニ濠洲一般ニ日濠関係ノ重要性ヲ知悉セシムル要アル趣旨ニテ目下右発動方ニ付協議中」と強固な姿勢を表明した[111]。また、4月2日の廣田外務大臣発シドニー在総領事宛電報では、日本側の主張する人絹布輸出数量自制などの条件の理由として、(1) 綿布は世界的市場を有する綿花を原料とする関係上、本邦品に限り市価が不当に低廉なことはない、(2) 人絹布の低廉が綿布の市価伸び悩みの一原因たる事実に鑑みると、人絹布の数量又は価格統制の結果、綿布市価は必然的に昂騰する、という2点を挙げた。日本側はこれらの理由から豪州側の綿布数量制限要求には今後とも商議に応ずる意向はなく、豪州側が本邦品目に不当な関税引き上げ又は割当制度を実施する場合は、日本側も豪州産品に対して何らかの措置をとるが、これに対して豪州側は抗議する理由はないことを付言として交渉にあたられたい旨を伝えている[112]。

こうしたなか、マンチェスター商業会議所の後援によるランカシャーの通商使節団が1936年3月初めから4月末まで豪州国内を遊説して日本製綿布および人絹布の数量制限を訴え、英本国と豪州間の提携による相互貿易増進の必要性を力説した。英本国のランカシャーでは、繊維産業が豪州市場への日本製綿布

および人絹布輸出によって打撃を受けており、この使節団は英国の綿布製造業者および輸入業者のあらゆる団体の支持を得ていた。3月12日の豪州連邦政府閣員歓迎会では、団長のトムソン（Sir Ernest Thompson）が「人絹織物輸入の異常な増加によって英帝国相互通商貿易はいまや破壊されんとしている。これは豪洲織物工業に対する大なる脅威となり、最近の値下がりはランカシャー織物製品に対する競争の機会を皆無ならしめている。さらに綿製品までも駆逐されつつある実情であり、このままではランカシャーの豪洲市場は絶滅を免れない」と述べた。また、3月18日のシドニー小売業者協会午餐会において、トムソンは（1）織物工業がランカシャーの最重要産品にもかかわらず対豪輸出貿易は次第に萎縮している、（2）英本国は国内産業保護のため日本品の侵入防止を目的とする従量税をとっている、（3）豪州が自衛のため英本国のような方法をとることを希望する、（4）ランカシャーは豪州と競争関係にあらざる商品につき輸出増加を希望する、ことなどを主張した[113]。一方、3月18日にN・S・W州牧畜業協会会議において同協会長のアボット（S. P. Abbott）は、当時伝えられていた政府の対日措置に反対する動議を提出し、ランカシャー実業代表の主張に対抗して、「最近日本は逐年当市場の大顧客となり、諸外国が買入競争に落伍しつゝあるに対し日本は独り買進み、高値の維持に貢献し其購買旺盛にして前数箇月間の日本は豪洲羊毛市場の支柱たるの観あり、斯の如き顧客に対し伝へらるゝが如き禁止制限を為さんとするが如きは豪洲の国家的見地よりして之による損失夫自体は別とするも洵に狂気の沙汰と謂はざるべからず」と述べ、羊毛業者の立場から日豪自由貿易の必要を力説した[114]。

　このように、豪州中を回ったこの使節団は、「織物は英帝国内から輸入すべし」という主張をしたが、豪州国内での反応は良好で、連邦政府閣僚からも支持が寄せられた。また、団長のトムソンによって「日本に輸入割当制度を実施すべし」という宣言を発せられると、日豪間の通商協議は急速に悪化していった。豪州政府は何らかの措置によって日本製織物の輸入を規制しようと考えており、最終的には豪州の対英肉類輸出拡大と引き換えに日本製織物の関税引き上げによる恩恵を英国に与えようとしたのである[115]。こうした中で、日本人

絹糸布輸出連合会では4月15日から豪州向商品に統制手数料を課し、輸出価格の引き上げを行っている[116]。

(2) 豪州における日本脅威論

日本の経済的脅威が英国ならびに豪州で高まるなか、1936年2月以降は日本の軍事化に対する脅威も浸透していった。その原因となったのが、石丸藤太『日英必戦論』[117]および石原廣一郎『新日本建設』[118]の著書にあるといわれている。

海軍少佐石丸藤太の『日英必戦論』は、1933（昭和8）年9月に春秋社より発行された。この著書は、日本が英国に宣戦して豪州を攻撃する様子をリアルに仮想して、次のように記している。

> 開戦となるや否や、日本は迅雷耳を蔽ふの暇なき敏速を以て、香港とシンガポールを攻略するであらう。だが日本の艦隊が攻撃を加へねばならぬ英国の領土は只だにこの二つのみでない、例へば英領ボルネオの如き、或は又豪洲の如きも、日本艦隊の活動範囲内にあつて、自然に攻撃の目標となるのである。
>
> 豪洲、新西蘭を占領せんとならば、日本が英艦隊を撃破して南太平洋の海権を握つた暁でなければ之を行ふを得ない。故に南支那海に於ける日英両艦隊の決戦が起るまでに、日本の為し得るところは、満洲の一部を海上より砲撃するか、又は空中攻撃を加へて、その施設を破壊し、又豪洲人を威嚇する程度を以て満足せねばならぬ。
>
> 豪洲に対するこの種の攻撃は、距離の関係上多くはその北部一帯に限られ、それ以上の行動は潜水艦を以てする以外、如何なる日本軍艦も之を行ふことは出来ない。例へばシドニーは豪洲艦隊の主たる根拠地であり、豪洲の頭脳とも云ふべきところであるから、之を攻撃するの価値は素よりある。然るに同地に達するには少くも十日間を要するので、印度洋を越へて来東しつゝある大敵を前に控ふる日本艦隊としては、同地の攻撃は冒険であり寧ろ危険である。故にシドニー、メルボルンの如き、豪洲東岸及南岸の都市に対する攻撃は、我が潜水艦の力に依頼する外はない。従つてその與へ得る損害も大きを望むを得ない。
>
> 之に反して豪洲北岸の攻撃は、距離の上からは、日本艦隊の可能的活動範囲内にあり、我が艦隊は攻撃を加へた後、悠々として引揚げ、次で来東する英国の増援艦隊を攻撃することが出来る。

次に開戦の初期における濠洲に対する日本艦隊の攻撃を想像してみよう。

一九三六年九月三日、日本は英国に対して宣戦した。それから六日目の九月九日の早朝、日本の一萬噸巡洋艦三隻は、航空母艦三隻を伴ふて濠洲北岸のポート・ダーウキン沖に現はれ、先づ航空母艦から飛行機十数機を放つて空中より同港を爆撃した。寝耳に水の同港住民が右往左往して逃げ惑ふその中を、日本の飛行機は息もつがずに港口の砲台、海軍用建物、無線電信所、倉庫等に爆弾を投下し、忽ちにして火災は港内に起つた。

警備の軽巡洋艦は三隻の駆逐艦と共に直ちに出動して港外に出たが、そこには日本の大巡洋艦が待ち受けてゐて、頗る遠距離から大きな砲弾を浴せかけた。偶ま一弾は英艦に命中して火災を起したので、敵はゐぬと見た英艦は砲台の射程内に退却した。

すると日本の大巡洋艦は港口に近づいて、二万米の距離から八寸砲を以て砲台と港内を攻撃した。

日本の飛行機が爆撃を開始してから凡そ二十分程たつと、同港にあつた英の飛行機十数機も亦地上を離れ、こゝに日英飛行機の猛烈なる空中戦が始まつた。英国側はだんだんに機数を増加したが、日本の航空母艦からも亦飛行機を増加して之に答へ、これらの飛行機は互に入り乱れて戦つた。英国側の飛行機数機は日本の巡洋艦に近づき爆弾を投下した。然るに投下が正確でないのと、日本巡洋艦からの高射砲の為めに妨げられて一つも奏功せなかつた。

凡そ四十分も戦つた後、日本の飛行機は引揚げて西方の洋上に去り、巡洋艦も亦砲撃を止めて同方向に去つた。英機数機は之を追撃したが、日本飛行機の反撃に逢て、或るものは射墜され、或るものは逃げ帰つた。

北方のポート・ダーウキンでこれ等の戦闘が行はれつゝある間に、その南方六一〇哩のところにある濠洲西岸の一港ダービーも亦日本の軍艦と飛行機の攻撃を受けた。即ち同日払暁、日本の軽巡洋艦二隻はキングスサウンド沖に現はれ、飛行機を飛ばしてダービーを爆撃し、次で巡洋艦からも港を目がけて六寸砲弾の雨を降らせた。ここでは日本軍艦からの攻撃を予期してゐなかつた為め、港口の防御は極めて貧弱であり、且老朽の駆逐艦が一隻港の警備に任じてゐるに過ぎなかつた。そういふ状態であるから、日本の巡洋艦は殆んど何等の妨害を受けずに、凡そ三十分間攻撃を継続した後、飛行機を引上げてこれ亦西方洋上に姿を没した。

ポート・ダーウキンとダービーが日本軍の攻撃を受けたといふ警報は全濠洲人を戦慄させた。彼等は今まで不法にも日本人の入国を排斥しながら、天恵の沃土に飽衣暖食の楽しい夢を貪つてゐたので、日本軍の不意の襲来には、それだけ驚きと悲しみが深かつた119)。

一方、石原廣一郎『新日本建設』は、1934（昭和9）年11月17日に立命館出版部より発行された。この著書では日英関係に関して次のように述べている。

> 最近、日英関係が好転し、或は日英同盟説迄噂に登つて来たが、之は考へねばならぬ。
> 豫て日英同盟を結んだことがあつたが、其の間日本は英国の東洋殖民地の番犬として、英人の極東に於ける護衛をさせられ、遂には欧州大戦の火中に捲込れ、大なる犠牲を払はさせられたが、大戦後英国に取つて日英同盟の継続は米国に対して都合が悪いので進んで破棄したのである。
> 然るに今日亜細亜に於ける英国の殖民地が聊か不安となつたので、殖民地の安全を図る彼の御都合と、便宜が必要となつて来たものであるが、この手に乗つてはならぬ。
> 日、英の経済関係は、利害の一致の出来ない対立的なものである。我対英外交は彼の殖民地の日貨排斥及関税障壁の撤廃を要求し、豪洲其他の門戸開放を実現し、日本人の自由入国を承認する迄対抗するにある。即ち、英国が翻然自覚し、自由貿易と、入国の自由を認めれば、初めて日英同盟も意義を為すものである[120]。

石原は、この著書のなかで、英国は放棄した自由貿易を復活し、関税障壁を撤廃すべきことを強調した。さらに、豪州に関しては「濠洲は東洋人の入国を禁止してゐるから産業は発展しない。某英人が濠洲を開発せんとせば東洋人に開放するより外に途なしと論じて居るのは当然である。（中略）濠洲の中央には砂漠あるを以て、一平方粁に三十人を収容するものと仮定せば、約二億三千万人の収容力を有する。故に現在の人口六百四十万人を差引けば今後の収容力実に一億六千七百万人の大多数に達する」[121]と述べ、豪州を東洋人に開放し、日本人が東洋人の先鞭をつけなければならないと主張した。また、この著書では、今後の日本外交政策について、次の5項目を提起している[122]。

一、日、露、独の握手を図ること。
二、自主的強硬外交により、英、米其他列強に当ること。
三、軍備平等権を獲得すること。
四、人種平等権を獲得し、列強殖民地の門戸解放、貿易の自由を徹底せしむること。

五、大亜細亜主義を徹底し、米英其他列強の搾取より有色人種を救ふこと。

さらに、この著書では満州に約2,400万人、南洋に約8,400万人、豪州に約1億6,700万人の合計2億7,566万人が殖民できると仮定していた[123]。また、同書の巻尾にある付録の地図の表題には「斯く新日本を建設せよ」[124]と記され、この地図には日本、満州国、シベリヤ、蒙古、支那、インド、フィリピン、ジャバ、スマトラ、ボルネオ、セレベス、ニューギニア、豪州、ニュージーランドが移植民地として同色に塗られ、日本はこれらの地域から原料を輸入して工業中心地になるものと想定されていた。

このように、両書とも日本の海外殖民および海外侵略について、大東亜主義、大陸主義、南進主義に基づいて実行すべきことを強く主張していた。とくに、1936年2月6日に『日英必戦論』が *Japan must fight Britain*[125] の英文題名で英国ロンドンにおいて翻訳出版されると、日本の海外侵略に対して警戒感を強めていくこととなった。この出版を契機として、ロンドンの各新聞はその内容を報じ、英国、豪州、米国、フランス、ドイツ等の諸国でも有力新聞紙がその著書の一部を連日掲載した。フランスでもこの著書はフランス語に全訳されたという。2月8日発の時事新報ロンドン特派員は、この著書は「果然大センセーションを捲起し、同書の内容はロンドンの各紙に掲載され、これを以て日本の野心を暴露したものとなし、イギリス政府の大軍備計画を拍車づけるものであると評してをり、イギリスの対日輿論に重大変更を加ふべき形勢にある」[126]と特電した。豪州の新聞でもこの著書が取り上げられるようになり、日豪関係は急激に悪化する結果となった。日本政府も1936年5月13日に有田外務大臣から在シドニー総領事宛の電報の中でこの問題について報告を求めている。すなわち、豪州政府の綿布人絹布輸入許可制度実施に関する日本の関税調査会幹事会において、豪州の強硬的態度が問題となった。阪谷芳郎はこの問題に関して、当時来日中のメルボルン教授は『日英必戦論』のロンドン出版が豪州官民を刺激し経済上の利益を超越して英本国依存の念を深めたことを上げているというが、そのような事情があるかどうかについて質問している[127]。

一方、日本では1936年3月に廣田弘毅内閣が成立し、「国策の基準」を決定して日満支3国の提携を掲げてソ連に対抗し、東南アジアの資源確保のために南方進出が国策となった。軍部は帝国国防方針を決定し、大規模な軍備拡張計画を開始した。同年5月、廣田内閣は軍部大臣現役武官制を復活させ、軍部大臣に現役の大将・中将を置くことになり、軍部ファシズム体制を形成するきっかけとなった。このように、日豪関係は日本脅威論を背景に、豪州政府が日本との通商関係を大幅に修正するという方向に向かっていった。

注
1) 西川忠一郎『最近の豪洲事情』（三洋堂書店、1942年）257-258頁。
2) 『最近諸国に於ける為替管理及貿易制限』（日本商工会議所、1932年）176-178頁。
3) プライメージ税は歳入増加の目的で1930年7月に創設されたもので、有税品、無税品を問わず輸入品に課税された。当初の税率は従価2分5厘であり、同年11月に4分となり、さらに1931年7月の改正で大多数の品目が1割に引き上げられた。1934年7月にはプライメージ税法が制定され、1933年10月5日に遡及して効力を発揮した。その税率は免税、従価4分、従価5分、従価1割の4種に分けられた。免税、従価4分、従価5分については一々品目が列挙され、それ以外は従価1割となった（外務省通商局『昭和十二年度版　各国通商の動向と日本』日本国際協会、1937年、385頁）。
4) 『諸外国に於ける関税改正の現況・商務書記官若松虎雄君講述』（日本経済連盟会・日本工業倶楽部、1931年）22-25頁。
5) 『人絹計表』（日本人絹連合会、1936年）6頁。
6) 日本化学繊維協会編『日本化学繊維産業史』（日本化学繊維協会、1974年）130-131頁。
7) 『日本絹人絹織物史』（日本絹人繊織物工業会内日本絹人絹織物史刊行会、1959年）281頁。
8) 前掲『日本化学繊維産業史』129頁。
9) 豪州連邦は、1901年1月1日に植民地6州が結集して成立した。連邦の首都はメルボルンとされ、連邦最初の首相にはエドモンド・バートンが指名された。
10) ジェフリー・ブレイニー著／加藤めぐみ・鎌田真弓訳『オーストラリア歴史物語』（明石書店、2000年）178頁。
11) 『最近豪洲の保護関税政策』（日本商工会議所、1931年）29-32頁、62-68頁。

12)　『世界重要資源調査第二号・羊毛』（外務省調査部、1939年）360-361頁。
13)　前掲『最近豪州の保護関税政策』82-85頁。
14)　同上、87-88頁。
15)　コプランド著／徳増栄太郎訳『豪洲経済論』（経済図書株式会社、1943年）151-154頁。
16)　外務省調査部編纂『世界各国の関税制度』（日本国際協会、1937年）187-188頁。
17)　同上、188-190頁。
18)　前掲『最近豪州の保護関税政策』101頁。
19)　同上、102-103頁。
20)　同上、123-132頁。
21)　『最近諸国に於ける為替管理及貿易制限』（日本商工会議所、1932年）176-177頁。
22)　同上、177-178頁。
23)　『豪洲聯邦関税改正に関する調査資料』（日本経済連盟会調査課、1930年）3-11頁。
24)　同上、12頁。
25)　同上、12-15頁。
26)　前掲『世界各国の関税制度』191頁。
27)　商工省「一九三一年に於ける各国関税改正の概要」（『内外調査資料』第4年第7輯、調査資料協会、1932年）52-53頁。
28)　『英国綿業の衰退と其対策』（全国産業団体連合会事務局、1934年）1-9頁。
29)　『英国政府綿業調査委員会報告書』（日本経済連盟会調査課、1930年）43頁。
30)　前掲『英国綿業の衰退と其対策』38-39頁。
31)　「日英綿業競争と英国経済誌の論調」（『外務省通商局日報』1935年第58号、1935年3月19日発行）。
32)　「日本品不当廉売問題ニ関スル件」（機密公第102号、1933年7月6日）、JACAR（アジア歴史資料センター）Ref. B08062024500（第172画像目）、各国貿易政策関係雑件／英国ノ部　第二巻（B-E-3-1-1-2-3-002）（外務省外交史料館）。
33)　「日本品「ダンピング」ニ関スル件」（公第104号、1933年7月10日）、JACAR：B08062024500（第176画像目）。
34)　マッケナ関税は第一次世界大戦中の1915年に消費規制、軍需向船腹の確保の名のもとに設けられ、自動車、映画フィルム（従量）、時計、楽器および帽子等の一連の輸入品に対して、従価3割3分3厘を賦課した（『日本経済年報』第56輯、東洋経済新報社出版部、1939年、213-214頁）。
35)　『日本経済年報』第56輯（東洋経済新報社出版部、1939年）212-220頁。
36)　「マンチェスター綿業聯盟の年次総会」（『外務省通商局日報』1935年第101号、

635-637頁、1935年5月11日発行)。
37) 伊東敬「英本国の頽勢と植民地の離反」(毎日新聞社編『崩れ行く英帝国二十年史』毎日新聞社、1943年) 43-46頁。
38) 前掲『日本経済年報』第56輯、221-224頁。
39) 同上、224頁、235-236頁。
40) オタワ協定による英本国と豪州間の協定は以下のとおりである。
    甲　英本国の豪洲に與えた利益
    (一) 濠洲品は英本国に於て一九三二年十一月十五日以後に於ても同年制定の輸入関税法に定むる従価一割の輸入税及同法に基づき課せらるべき附加関税を免除せらる。
    (二) 英本国政府は外国産の小麦、バター、チーズ、林檎、梨、オレンヂ、ザボン、葡萄 (何れも生のもの)、果実缶詰、乾果実、卵 (殻付き)、コンデンス・ミルク、粉ミルク、蜂蜜、銅等に対し附属乙表に規定する限度迄現行輸入税を引上げ若しくは新たなる輸入税を設くる但し粒小麦及銅に対しては (四) に述べる留保条件がある。
    (三) 英本国政府は濠洲政府の同意なき限り外国産の左記貨物に対し一九三二年の輸入関税法により課せらるべき従価一割の輸入税を軽減することはない。
    　　革、脂、肉缶詰、亜鉛、鉛、大麦、小麦粉、マカロニ、乾豌豆、家禽、乾　酪素、ユーカリ油、肉越幾斯及肉精、コブラ乳糖、腸詰用腸管、ワットル皮、石綿、乾果実、但し鉛及亜鉛に付ては (四) に掲ぐる条件がある。
    (四) 前項の (二) 及 (三) の取極中粒小麦、銅、鉛及亜鉛に対する国税は英帝国内の是等の生産者が右貨物の英本国への輸入に際し世界的価格を以て提供することを条件となす。
    (五) 濠洲産の葡萄酒に対し一ガロンに付二志の特恵マーヂンを與ふ。
    (六) 英本国政府は英本国内及自治領に於ける畜産業の保護助長の為オタワ協定の存続中冷凍肉、冷凍仔羊肉、冷凍牛肉及冷蔵牛肉の英本国への輸入を制限すべく而して是が第一着手として英、濠両政府は夫々左記の措置 (省略) を講ずる。
    (七) 英本国政府は非自治植民地及保護領が現に英帝国内の何れかの地方に対して與へつゝある特恵を濠洲に対しても與ふるやう取計ふべし但し一九三〇年の関税協定に基き北部ローデシヤ及南阿高級委員会地域に対して與ふる特恵は此限りでない。

(八) 英本国政府は附属表に掲ぐる植民地及保護領が濠洲産の左記貨物に対し同表に掲ぐる特恵を興ふるやう取計らふ。
　　(イ) バター、チーズ、ベーコン、肉缶詰、コンデンス・ミルク、粉ミルク。
　　(ロ) 果実缶詰、野菜缶詰、乾果実、生果実、ジャム、ゼリー。
　　(ハ) ブランデー、葡萄酒。
　　(ニ) ビスケット、糖果、粉類、木材、其他。

乙　濠洲側の英本国に興えた利益
　(一) 濠洲に輸入せらるる英本国品に対しては左記の特恵を興へ濠洲政府は右原則に副はざる現行関税を速に改正すべきである。
　　(イ) 英本国品が無税なるか又は従価一割九分を超へない関税を課せられたものであるときは英特恵税率と最恵待遇を受くる外国よりの輸入の同種の貨物に課せらるる税率との差額は最少従価一割五分となす。
　　(ロ) 英本国品が従価一割九分を超へ且従価二割九分を超ゆざる関税を課せらるるものであるときは英特恵税率と最恵待遇を受くる外国より輸入の同種の貨物に課せらるる税率との差額は最少従価一割七分五厘となす。
　　(ハ) 英本国品が従価二割九分を超ゆる関税を課せらるるものであるときは英特恵税率と最恵待遇を受くる外国よりの輸入の同種の貨物に課せらるる税率との差額は最少従価二割となす但右差額を維持する結果従価七割五分を超ゆる関税を設くることなきものと定むる。
　(二) 前項の原則に対しては左記の例外を設くる。
　　(イ) 商業でない目的で生産した貨物には右の原則を適用しない。
　　(ロ) 英、濠両政府に依り右原則の適用を不必要と認められた特殊貨物は之を除外する。
　　(ハ) 附属表第二部に掲げらるる貨物に対しては原則は適用されない但右貨物に対しては大体現行の特恵マージンを維持するものである。
　(三) 濠洲政府は現行関税中の英本国品に対する特恵マーヂンで前述（一）に掲ぐる原則を超過するものを其儘維持するものである但し附属表第三部に掲ぐる貨物に付ては右特恵マージンを該表下段に掲ぐる限度迄縮小するの権利を保留するものである。

(四) 濠洲にて保護関税を設くるに当りては左記の原則に従ふべきものとなす。
　(イ) 保護を与へらるる産業は確実に且合理的に成功の見込あるものに限るべきである。
　(ロ) 保護税率は経済的且能率的に生産せらるる場合に於て必要であると認めらるる生産費を基礎となして英本国品が充分合理的に競争し得る限度を超えざることを要するものである尤も未だ基礎の確立しない産業に就ては特殊の考慮を加ふべきである。

(五) 濠洲政府は速に関税委員会をして濠洲の現行保護関税が前記（四）項の原則に合致して居るか然らざるかを審査せしむべきで若し合致し居らざるものある場合は英本国品に対する右税率を之に合致するやう改正すべきである。
前記の関税委員会の審議に際しては英本国の生産者は之に出席して意見開陳をなすことが出来る。

(六) 濠洲政府は英本国品に対して新たに保護関税を設け若くは之に対する現行関税を増加する場合には関税審議会の勧告せる額を超ゆることない様になすべきである。
英本国の生産者は此の関税審議会に出席して其意見を開陳することが出来るのである。

(七) 濠洲政府は英本国品に対し左記の取扱をなすべきことを約するものである。
　(イ) 或貨物の輸入を禁止した一九三二年五月十九日の布告は之を成るべく速に廃止すること。
　(ロ) 一九三二年五月二十四日濠洲議会に提出された決議に依り賦課せらるる付加課金を成るべく速に撤廃すること。
　(ハ) 濠洲政府の財政の許す限り速に割増税を軽減又は廃止すること。

(八) 濠洲政府は非自治植民地、保護領、タンガニイカ委任統治地域、カルメン及トーゴーランド英委任統治地域に対し
　(イ) 英本国政府の要求あるときは現に英本国に与へつつある一切の特恵を与へ
　(ロ) 附属表に掲げた是等地方の産品に対し同表に定めた特恵を与ふべきものとなす。

(前掲『世界重要資源調査第二号・羊毛』362-367頁)。

41) 豪州の関税委員会は、関係業者から関税改正の陳情があるたびに調査し、その

結果を政府に報告して、政府は必要により改正案を建議した。また、同委員会は政府の諮問に応じ、意見を回申した。豪州政府は関税委員会の意見を重視し、これに従う傾向があった。豪州では関税改正案が提出されると、その法律施行を待たず即時これを仮施行した。ただし、法案は議会提出後6カ月以内にその審議を終了して法律として公布することが必要であり、期間内に手続きが終了しない場合は、特別の法律を持って仮施行の期間を延長するか、または法律案を廃止することになっていた（『豪洲ノ政治経済概要』欧亜局第二課、1935年、87頁）。

42)「日豪通商協立（定）ニ関スル件」（機密公第71号、1933年5月15日）、JACAR：B08062024500（第170-171画像目）、各国貿易政策関係雑件／英国ノ部　第二巻（B-E-3-1-1-2_3_002）（外務省外交史料館）。

43) この為替調節関税法は1934年12月、35年3月、11月、36年3月、4月、5月、37年1月の数回にわたって改正された（前掲『昭和十二年度版　各国通商の動向と日本』384-385頁）。

44) 外務省通商局『昭和十一年度版　各国通商の動向と日本』日本国際協会、1936年、264-265頁。

45)「豪洲関税改正と本邦品」（『外務省通商局日報』1935年第71号、1935年4月15日発行）。

46) 前掲『昭和十一年度版　各国通商の動向と日本』265頁。

47)「豪洲のプライメージ・デューテイ関税引き下げ」（『外務省通商局日報』1935年第223号、1935年10月2日発行）。

48) 前掲『昭和十二年度版　各国通商の動向と日本』385-386頁。

49) 同上、386頁。

50)「豪洲連邦ノ関税改正ニ関スル件」（通三普通合第1016号、1936年3月23日）、JACAR：B04013564200（第84画像目）、日豪通商条約関係一件　第一巻（B-2-0-0-002）（外務省外交史料館）、「豪洲関税改正と邦品引上」（『外務省通商局日報』1935年第68号、1936年3月26日発行）。

51)「連邦「プライメージ」税変更報告ノ件」（普通公方第94号、1936年3月25日）、「豪洲連邦「プライメージ」税変更ニ関スル件（通三普通合第1488号、昭和11年4月18日）」所収、JACAR：B04013564300（第110-第111画像目）、日豪通商条約関係一件　第一巻（B-2-0-0-002）（外務省外交史料館）。

52) 前掲『世界重要資源調査第二号・羊毛』368頁。

53)「オタワ協定改訂交渉方針と英国産業聯盟の意見」（『外務省通商局日報』1936年第73号、1936年3月26日発行）。

54)「英国商業会議所連合会発表オタワ協定改訂意見書要約」（『外務省通商局日報』

1936年第61号、1936年3月16日発行)。
55) 前掲『日本経済年報』第56輯、237-238頁。
56) 同上、240-241頁。
57) 「太平洋上の平和確保と経済的繁栄の確立——日濠両国間の友誼的親交を助長・レーサム使節の訪日事情」(『日濠新親善号』大阪毎日新聞社、1936年、42-43頁)。
58) 豪州東洋使節団の日本訪問については、The Australian Eastern Mission, 1934, op. cit., "Report of The Right Honorable J. G. Latham Leader of The Mission," National Archives of Australia, A 981, FAR 5, PART 16, pp. 16-22 に詳しく報告されている。なお、使節団はレーサム団長のほか、エリック・エドウィン・ロングフィールド・ロイド(Eric Edowin Longfield Lloyd:アドバイザー)、アーサー・クロード・モーア(Arthur Claude Moore:情報書記官)、ヘンリー・オースティン・スタンディシュ(Henry Austin Standish:秘書)、ジョン・レスリー・ファーガスン(John Leselie Ferguson:副秘書)、マジョリー・ミリセント・グロブナー(Marjory Millicent Grosvenor:速記者)であり、レーサム夫人と娘も同行していた。また、E. E. ロングフィールド・ロイドは1935年に豪州最初の東京駐在商務官に任命された。なお、豪州東洋使節団の上海、北京への訪問については、「レーサム視察団対支報告書」(『資料通信』通信第百号記念、1934年11月29日発行第9号、中国通信社)に詳細に報告されている。
59) 「外交代表交換より先づ通商代表」(『東京朝日新聞』1934年5月8日)。
60) 同上。
61) レーサム外相の日本親善訪問は、各方面で大歓迎された。1934年5月8日午後に長崎入港すると官民多数の出迎えを受けた後、開催中であった国際産業観光博覧会を視察した(「レーサム外相長崎着」『東京朝日新聞』1934年5月9日)。9日午後に神戸入港すると、真木外務事務官、蔵重兵庫県内務部長、勝田市長をはじめ市内小中学校約1,600名の盛んな歓迎を受けた(「レーサム外相一行、けふ神戸上陸」『東京朝日新聞』1934年5月10日)。10日夜に東京に入ると、翌11日には天皇陛下に謁見し、その後、天皇皇后両陛下ならびに秩父宮ほか皇族が出席して午餐をともにした(「レーサム特使、晴れの参内」『東京朝日新聞』1934年5月12日)。11日夜には廣田外相主催の歓迎晩餐会に出席した(「特使夫妻を招き親善の歓談」『東京朝日新聞』1934年5月12日)。12日には日豪両外相会談が行われたが、日英協会での午餐会の後、午後からは日光に向かい、翌13日まで日光見物に出かけた(「歓迎午餐会、日英協会で」『東京朝日新聞』1934年5月10日)。
62) 「国際的友好は人類繁栄の基礎」(『東京朝日新聞』1934年5月10日)。
63) 「日濠両外相愈々けう会見」(『東京朝日新聞』1934年5月12日)。

64)「日豪間の根本的問題双方の了解成る」(『東京朝日新聞』1934年5月13日)。
65)「シンガポール要塞は英領防備が目的」(『東京朝日新聞』1934年5月15日)。
66)「日豪の親善を深めて通商円滑を図りたい」(『東京朝日新聞』1934年5月15日)。
67)「具体的交渉来週から開始」(『東京朝日新聞』1934年5月13日)。
68)「日豪通商条約締結に一歩を進む」(『東京朝日新聞』1934年5月16日)。
69)「レーサム外相日本を去る」(『東京朝日新聞』1934年5月22日)。
70)「レーサム外相帰国して語る」(『東京朝日新聞』1934年6月13日)。
71) The Australian Eastern Mission, 1934, "Far East. Report presented to Parliament of the Australian Eastern Mission, 1934, by the Right Hon J. G. Latham," National Achives of Australia, A981, FAR 5 PART 17.
72) Ibid., p. 15.
73)「濠洲通商代表を東京に常置せん」(『東京朝日新聞』1934年7月8日)。
74) The Australian Eastern Mission, 1934, "Far East. Report presented to Parliament of the Australian Eastern Mission, 1934, by the Right Hon J. G. Latham," p. 27.
75) 浅田振作「日豪親善と貿易」(『日豪新親善号』大阪毎日新聞社、1936年4月、30頁)。
76)「通商問題ニ関スル協議会開催ノ件」(通一機密合第589号、1935年2月9日)、JACAR：B04013564200 (第7-第23画像目)、日豪通商条約関係一件　第一巻 (B-2-0-0-002) (外務省外交史料館)。
77)「対濠洲通商々議対策案ニ関スル件」(通一機密合第641号、1935年2月15日)、「対濠洲通商商議対策案ニ関スル件」(通一機密合第88号、1935年2月19日)、JACAR：B04013564200 (第27-第28画像目)、日豪通商条約関係一件　第一巻 (B-2-0-0-002) (外務省外交史料館)。
78)「対濠洲通商々議対策案ニ関スル件」(通一機密合第720号、1935年2月20日)、JACAR：B04013564200 (第29-32画像目)、日豪通商条約関係一件　第一巻 (B-2-0-0-002) (外務省外交史料館)。
79)「対濠洲通商々議ニ関スル件」(十貿第1648号、1935年2月22日)、JACAR：B04013564200 (第33-第34画像目)、日豪通商条約関係一件　第一巻 (B-2-0-0-002) (外務省外交史料館)。
80)「対濠洲通商商議対策案ニ関スル件」(一〇文第139号、1935年2月23日)、JACAR：B04013564200 (第36-第37画像目)、日豪通商条約関係一件　第一巻 (B-2-0-0-002) (外務省外交史料館)。
81)「濠洲首相の英国商工業都市訪問」(『外務省通商局日報』1935年第184号、1194-

1195頁、1935年7月28日発行)。「ランカシア綿業代表の対濠洲貿易に関する陳情」(『外務省通商局日報』1935年第194号、1241頁、1935年8月28日発行)。

82) 「濠洲答礼使節出淵大使　閣議正式に決定」(『東京朝日新聞』1935年7月3日)。
83) 「日濠親善通商に一新紀元を画す」(『東京朝日新聞』1935年7月9日)。
84) 「出淵使節の使命　我通商方針の徹底」(『東京朝日新聞』1935年7月9日)。
85) 「濠洲官民に対し我真意徹底せしむ」(『東京朝日新聞』1935年7月12日)。
86) 「外相官邸の送別宴」(『東京朝日新聞』1935年7月12日)。
87) 「出淵遣濠大使けふ鹿島たち」(『東京朝日新聞』1935年7月16日)。
88) 「特命全権大使出淵勝次　渡豪に際して」(『東京朝日新聞』1935年7月16日)。
89) 同上。
90) 「日濠協会設立」(『東京朝日新聞』1935年9月5日)。
91) 「在シドニー村井総領事より廣田外務大臣宛電報」(会商第40号、1935年9月26日着)」、JACAR：B04013564200（第45画像目）、日濠通商条約関係一件　第一巻（B-2-0-0-002）(外務省外交史料館)。
92) 「日濠通商条約交渉順調に進み来週早々再開」(『東京朝日新聞』1935年9月28日)。
93) 同上。
94) 「日濠会商ニ関スル件」(通三機密合第3979号、1935年10月10日)、JACAR：B04013564200（第45画像目）、日濠通商条約関係一件　第一巻（B-2-0-0-002）(外務省外交史料館)。
95) 「日濠会商ニ関スル件」(通三機密第446号、1935年10月11日)、JACAR：B04013564200（第46画像目）、日濠通商条約関係一件　第一巻（B-2-0-0-002）(外務省外交史料館)。
96) 「日濠会商ニ関スル件」(通三機密第446号、1935年10月11日)、JACAR：B04013564200（第46-48画像目）、日濠通商条約関係一件　第一巻（B-2-0-0-002）(外務省外交史料館)。
97) 「日本通商交渉一月八日から会商を再開」(『東京朝日新聞』1935年12月15日)。
98) 「濠洲連邦通商条約大臣「ガレット」帰濠期日ノ件」(通三機密合4350号、1935年11月6日)、JACAR：B04013564200（第50画像目）、日濠通商条約関係一件　第一巻（B-2-0-0-002）(外務省外交史料館)。
99) 「日濠会商再開！関税引下要求」(『東京朝日新聞』1936年1月12日)。
100) 「日濠通商条約近く成立の運び」(『東京朝日新聞』1936年1月18日)。
101) 「対濠通商策決定に近く六省会議召集」(『東京朝日新聞』1936年1月24日)。
102) 同上。
103) 「日濠会商の再開について」(『東京朝日新聞』1936年1月14日)。

104)「在シドニー総領事の外務大臣宛電報」(機密公第25号、1936年2月4日)、「濠洲関税改正案是正ニ関スル件」(通機密合第867号、1936年3月11日)所収、JACAR：B04013564200（第78-79画像目）、日濠通商条約関係一件　第一巻（B-2-0-0-002）（外務省外交史料館）。

105)「廣田外務大臣の在シドニー総領事宛電報」(会商第44号、1936年2月6日)、「日濠間通商条約締結交渉ニ関スル件」所収、JACAR：B04013564200（第62-64画像目）、日濠通商条約関係一件　第一巻（B-2-0-0-002）（外務省外交史料館）。

106)「断乎、濠洲に対し通商擁護法発動」(『東京朝日新聞』1936年6月25日)。

107)「濠洲ヘ輸入セラルル綿布及人絹布ニ関スル日本品及英国品ノ価格ニ関スル件」(機密公第78号、1936年3月17日)、「濠洲ノ輸入綿布及人絹布日英両国品価格ニ関スル件」(通三機密第1386号、1936年4月15日)所収、JACAR：B04013564200（第101-104画像目）、日濠通商条約関係一件　第一巻（B-2-0-0-002）（外務省外交史料館）。

108)「濠洲向本邦輸出綿布及人絹布数量ニ関スル件」(機密公第82号、1936年3月19日)、「濠洲向本邦輸出綿布及人絹布数量ニ関スル件」(通三機密合第1387号、1936年4月15日)所収、JACAR：B04013564300（第105-109画像目）、日濠通商条約関係一件　第一巻（B-2-0-0-002）（外務省外交史料館）。

109)「廣田外務大臣の在シドニー総領事宛電報」(会商第48号、1936年3月17日)、「濠洲ニ於ケル絹布人絹布輸入制限ニ関スル件」(通機密合第996号、1936年3月20日)所収、JACAR：B04013564200（第82-83画像目）、日濠通商条約関係一件　第一巻（B-2-0-0-002）（外務省外交史料館）。

110)「廣田外務大臣の在シドニー総領事宛電報」(会商第50号、1936年3月25日)、「濠洲ニ於ケル綿布人絹布輸入制限ニ関スル件」(通三機密合第1127号、1936年3月30日)所収、JACAR：B04013564200（第85-87画像目）、日濠通商条約関係一件　第一巻（B-2-0-0-002）（外務省外交史料館）。

111)「廣田外務大臣の在シドニー総領事宛電報」(会商第51号、1936年3月31日)、「濠洲ニ於ケル綿布人絹布輸入制限ニ関スル件」(通三機密合第1227号、1936年4月6日)所収、JACAR：B04013564200（第87-89画像目）、日濠通商条約関係一件　第一巻（B-2-0-0-002）（外務省外交史料館）。

112)「廣田外務大臣の在シドニー総領事宛電報」(会商第52号、1936年4月2日)、「濠洲ニ於ケル綿布人絹布輸入制限ニ関スル件」(通三機密合第1270号、1936年4月7日)所収、JACAR：B04013564200（第91画像目）、日濠通商条約関係一件　第一巻（B-2-0-0-002）（外務省外交史料館）。

113)「ランカシヤ綿業代表滞濠中の演説概要」(『外務省通商局日報』1936年第100号、

729-732頁、1936年5月4日発行)。

114) 同上。

115) 豪州の織物関税引き上げと英国との関連については、福島輝彦「「貿易転換政策」と日豪貿易紛争(1936)——オーストラリア政府の日本織物に対する関税引上げをめぐって」(『国際政治』68号、1981年8月)63-67頁、および石井修「大恐慌期における日豪通商問題」(『一橋論叢』114 (1)、1995年7月) 9-11頁を参照。

116) 平尾彌五郎「日豪通商紛争と其の対策」(『外交時報』1936年6月15日、外交時報社、109頁)。

117) 石丸藤太『日英必戦論』(春秋社、1933年)。なお、石丸藤太の一連の著書は、日米対立と日英対立を中心としたものに大きく分かれ、これに関連した著書として『戦雲動く太平洋』(春秋社、1933年)、『大英国民に輿ふ』(春秋社、1936年)、『日英戦争論』(春秋社、1937年)などがある。

118) 石原廣一郎『新日本建設』(立命館出版部、1934年)。

119) 前掲『日英必戦論』404-408頁。

120) 前掲『新日本建設』72-73頁。

121) 同上、34頁。

122) 同上、74-75頁。

123) 同上、35頁。

124) 「斯く新日本を建設せよ」(前掲『新日本建設』付録地図)。

125) *Japan must fight Britain* は、G. V. Rayment の訳で Telegraph Press 社および Hurst & Blackett 社より1936年に出版された。

126) 「改装版発行に際して」1頁(前掲『日英必戦論』所収)。

127) 「有田外務大臣の在シドニー総領事宛電報」(会商第55号、1936年5月13日)、「濠洲ニ於ケル綿布人絹布輸入制限ニ関スル件」(通三機密合第1929号)所収、JAC-AR：B04013564300(第139-140画像目)、日豪通商条約関係一件 第一巻(B-2-0-0-002)(外務省外交史料館)。

第2章　1936年豪州貿易転換政策と日本の対応

第1節　豪州政府の高関税の導入

(1) 日豪通商交渉の再開

　日本政府は、1934（昭和9）年4月7日に法律第四十五号「貿易調節及通商擁護ニ関スル件」を公布した。この第1条には、「政府ハ外国ノ執リ又ハ執ラントスル措置ニ対応シテ貿易ヲ調節シ又ハ通商ヲ擁護スル為特ニ必要アリト認ムルトキニハ勅令ノ定ムル所ニ依リ国税調査委員会ノ議ヲ経テ期間及物品ヲ指定シ関税定率法別表輸入税表ニ定ムル輸入税ノ外其ノ物品ノ価格ト同額以下ノ輸入税ヲ課シ若ハ輸入税ヲ減免シ又ハ輸出若ハ輸入ノ禁止若ハ制限ヲ為スコトヲ得」[1]と規定されていた。この法律は同年5月1日から施行され、日本政府は外国の貿易調整に対して報復的行動に出ることが可能となっていた。

　実際、日本政府は1935（昭和10）年7月20日（勅令第208号）にカナダに対して通商擁護法を適用し、カナダからの重要輸入品に対して従価5割の附加税を課した。これにより、カナダの日本向輸出は途絶した。また、日本からの人絹、綿織物の輸出も激減したが、カナダ西海岸からの重要輸出品も激減することとなり、両国の経済的打撃は甚大であった。とくに、カナダは通商擁護法発動前の1935年4月から7月までの4カ月間平均月額日本輸出額は488万5,000円であったが、通商擁護法発動後の5カ月間平均月額日本輸出額が238万2,000円へと半減した[2]。しかし、同年10月にカナダ総選挙で保守党が自由党に敗北して第3次キング（W. L. Mackenzie King）内閣が出現すると、日本の要求にカ

ナダが応じることとなり、1936年1月1日から対加通商擁護法の適用は廃止になった。日本政府にとって、通商擁護法の発動は有効であるという雰囲気は、カナダへの発動で実証済であったといえる[3]。

こうしたなか、日豪通商交渉は1936年1月8日に再開され、日豪双方が主要輸出品に対する輸入税率の据え置きを要求したが、当初は交渉が順調に進展するものと予想されていた。しかし、同年2月20日に豪州通商大臣ガレットは村井総領事に対して、綿布については日本が豪州側の要求する数量に統制すればその輸入税率を据え置くが、人絹布については従来の従価税を廃止して従量税に改める旨の提案を申し出た。ガレットは、人絹布を従量税に改める理由として次の3点を挙げた[4]。

(1) 豪州は対英輸出確保のために英本国の利益を考慮しなければならない。
(2) 豪州国内の同種産業保護。
(3) 日本製品があまりに低廉なために、従価税では関税収入の増加を期待できない。

さらに、豪州側は3月10日に高率従量税賦課を緩和する代わりに、豪州に輸入される日本製綿布および人絹布をそれぞれ5,000万平方ヤード、2,500万平方ヤードに自制するよう求めてきた。日本側は応急策として豪州向け人絹布に高率の輸出統制料を徴収してその価格を引き上げ、当分は新規注文を取らないことなどの対応を行った[5]。

日豪通商交渉が不調となるなかで、3月19日に村井倉松総領事は問題となっている綿布及人絹布の輸出統制問題の参考資料として各種統計を外務大臣に送付し、両国間で問題となっている点を次の11点にまとめて指摘した[6]。

(1) 豪州の綿布輸入量は大体において安定し、輸出小麦および肉包装用のものを除くと年額約1億9,000万ポンド程度にあるが、最近は減少傾向にある。

(2) 輸出品包装用綿布量は年により大きな差異がある。
(3) 小麦包装用綿布は日本がほとんど独占し、内包装用メリヤス地は英国がほとんど独占している。
(4) 日本綿布の輸入量は激増しており、とくに晒、色塗、捺染においてその増加が顕著となっている。
(5) 英国綿布の輸入量は、逐年減少しつつある。
(6) 豪州における人絹布輸入量は逐年激増しつつある。
(7) 日本人絹布の対豪輸出はその数量が激増しているにとどまらず、総輸入数量における比率においても顕著な増加を示している。ただし、価格については、その比率はさほど大きくない。
(8) 英国人絹布の対豪輸出量は豪州の輸入数量の激増にもかかわらず、大体1,000万平方ポンドに定着し、その結果輸入総量に対する比率においては著しき低落を来たしつつある。
(9) 日本綿布の値段は、大体において安定しているが、英国品に比較すると値段が著しく低い。
(10) 日本人絹布値段の低落は異常である。
(11) 日本人絹の相場は著しく低落しつつある。人絹布の値段は人絹の値段に左右されることが甚大であることから、適当な対策を講じない限り人絹布値段の引き上げは困難である。さらに、将来人絹増産に伴ってその価格低落の影響を受け、一層の低下を見ることがあると予想される。

村井総領事の指摘に見るように、豪州への日本の綿布、人絹布輸入は無視できないほど大きくなり、英国との関係からも早急な対策が急がれていた。こうしたなかで、豪州は3月21日に関税改正を実施したのである。さらに、豪州側は4月4日に綿布および人絹布の数量制限を絶対必要と主張し、日本側がこれらの数量制限の商議に応じられないならば、豪州側は輸入量を制限するに足る高率関税を賦課する意向であるとして期限付きの回答を要求してきた[7]。この豪州側の提案に対して、日本政府は数量制限には応じ難く、綿布については現

状維持、人絹布については価格統制をもって対応すべしとの回答を行った。一方、豪州側は4月27日に、次の内容の回答を行った[8]。

(1) 日本の提議は日本織物輸入制限に関する友好的取決めの基礎として受諾しがたい。
(2) 連邦政府において何等かの措置を採用する際には村井総領事に通告する。
(3) 連邦政府はこれ等の措置に拘わらず、日本政府が一般通商交渉を継続することを希望する。

このように、日本国内では順調と見られていた日豪間の通商条約交渉は、1936（昭和11）年4月頃になると一転して交渉妥結は不可能と予想されるようになった。1936年4月23日の『東京朝日新聞』は、社説で「日豪、日埃両会商の危機」[9]を掲載した。この社説では、通商調整に関する日本の対豪州並にエジプトとの交渉は、これまで比較的順調に進んでその成立も近いと予想されていたが、最近になって両会商とも俄然暗礁に乗り上げ、ほとんど絶望視すべき状態となったと報じている。さらに豪州の通商交渉の急変について、「何故か濠洲政府は最近俄に非協調的態度に急変し、本邦綿布並びに人絹に対し高度の輸入税倍徴を企図するに至つたのである。就中人絹織物に対する重圧的課税は誠に極端なものであつて、さような無理解な態度を表明し全面的に輸入阻止の方策執らんとする以上、会商はこゝに絶望的であり、我国としても速かにこれが対応策を講ぜざるを得ないことゝなり、即ち我報復的決意のあるところを示して濠洲政府の反省を促す結果となつたのも、また已むを得ぬとせねばならぬ」と記している。また、交渉の決裂の原因としては、「その背後におけるイギリスの支配によつて動く限り、到底彼等独自の意思をもつて問題を解決し難いと思はねばならなかつた。濠洲との場合にしても単に我国が濠洲より輸入超過であるといふ点をもつて日濠の通商協定を有利に展開せしむることの難事であるはこの理由に基く」と記し、豪州やエジプトのように英国を背後とする諸国との通商交渉が困難であることを強調している。

(2) 輸入制限に関する豪州内での議論

　豪州政府のとった日本の綿織物、人絹織物の輸入制限問題については、豪州国内でも多くの議論が巻き起こっていた。1936年4月22日には、豪州の英国製造家協会頭のS. F. ファーガスンがメルボルンで「濠洲産品に対し制度的手段を講じて、他国より之を求むべしとの日本の威嚇は左して意に介するの要無し。日本は羊毛及小麦を除く外濠洲産品の輸入は殆ど見るべきもの無し、此等両商品は世界の平準価格にて取引さるゝものなり。されば一国が買付先を特定の市場以外に求むるとも単に買付市場の変化を来す外何等の効無し、例へば日本が小麦の買付を突然亜国に変更するとせば、一時的に亜国の小麦は異常なる需要を喚起して其価格を世界平準価格以上に暴騰せしめ、他方濠洲の価格を下落せしむることあらんも常に最低廉の市場を求むる買手は直に濠洲市場に殺到し、軈て其価格を平準価格に復せしむべし。羊毛に就ても同様なるが濠洲は最良質の羊毛の供給国たるの差あるのみ、右は日本も既に認むる所にして、日本の外務当局も羊毛に就ては市場を他国に変更すと云ふが如き威嚇を為さゞるによりても、此間の事情を察知し得べし」[10] と述べ、豪州政府の導入しようとしている高関税政策に対する日本の威嚇は恐れるに足らずと主張した。

　4月23日には豪州連邦議会上院において、ニュー・サウス・ウェールズ選出地方統一党上院議員アボットが、政府党のピアース外相との質疑応答の中で「濠洲の農牧業者は、日本商品に対し更に制限を加ふべしとの提案に驚けり」[11] と述べ、貿易制限に対する豪州国内羊毛業に対する打撃を危惧した。翌24日、連邦労働党首領カーティン（J. J. Curtin）は日本との通商交渉が不調であることに関して「濠洲は或国に対して殊に良き顧客に対して差別待遇を為し得べき地位に非ず、血縁関係に基き英国に対し特恵関税を附与する以外には、濠洲は世界を一体と考ふべきものなり。右は国家的にも必要なるのみならず、箇別的に通商条約を締結し、或は米国及日本商品に対して差別的制限を為すが如き政策よりも遥に得策なり。斯かる政策は何等の利益を齎さずして、反て此等の国の好意を損すること疑無し。日本に対する差別的制限の濠洲の輸出貿易に与ふ

る影響は、政府にとり極めて重大問題なるのみならず、濠洲全体にとって更に一層重大なり。尤も輸入の一般的制限ならば一国が特に軽侮されたりと感ずる理由無きを以て斯かる憂ひ無かるべし」[12]と述べ、英国に対する特恵関税以外は米国、日本といえども差別的関税を付与すべきでないと主張した。

　一方、4月下旬になると濠洲の主要新聞は、高関税政策に対する日本政府や主要新聞の反応を掲載した。『シドニー・モーニング・ヘラルド』紙は、天羽英二外務省情報部長の言として「若し濠洲が其提唱通り日本人絹及綿布に対し苛酷なる輸入制限を加ふれば、本品の貿易は破壊すべきを以て、此情勢に応ずる為政府は最善の手段を考究中なるが、或は濠洲産品の日本輸入を制限し、之を他国より求めざるを得ざるやも計られずと語れり。（中略）天羽部長は日本の毛織工場は何時にても、三井、三菱、兼松等の数社の輸入商に買付を註文し之より買ひ得る立場にあり、此等輸入業者は濠洲羊毛市場に於て相互に競争し居る為羊毛の価格を引上、濠洲の利益となり居れりと述べ斯かる組織は日本の自由取引事情に起因するものなれども、若し濠洲が現在の術策を固執すれば廉価買付の為其買付方法を合理化すること必要を見るに到るべく、右は或は対濠報復手段となるやも計られずと語れり」[13]と掲載した。日本の羊毛輸入商は濠州羊毛市場で価格引上において重要な役割を果たしており、濠洲が輸入制限を実施すれば濠州羊毛貿易市場は混乱する恐れもあると示唆している。

(3) 日本国内の対応

　日本側の新聞紙上でも対豪貿易問題は大きく取り上げられた。『東京日日新聞』は、1936（昭和11）年4月23日の社説において、1935年度に日本は濠州より2億3,500万円（うち羊毛1億8,000万円）の商品を輸入しており、羊毛に関して日本は濠州にとって英国に次ぐ最大顧客である。しかしながら、濠州は日本から7,400万円を輸入しているにすぎず、さらに日本からの輸入を制限しようとしている。もし、濠州がこれを実行するならば、日本はまず羊毛および小麦に対して輸入制限の行動に出るべきであるという内容の強硬論を展開した[14]。また、人絹輸出組合は濠州およびその背後にいる英国が反省して反日計画を放

棄しなければ、同組合はこの差別待遇に対して反対するという強硬なステートメントを発表した[15]。

豪州政府の高関税政策が実施される可能性が高まるとともに、日本政府も対応に乗り出した。1936年5月1日には大蔵省に関税調査委員会幹事会を召集し、外務当局から最近の情勢に関する報告を求めて最後の通商擁護法発動に関する具体的考究をすることに決定した。通商擁護法発動に関しては、人絹輸出業者などから早期実施の要望が出されていたが、国内毛織業にとって豪州羊毛の有する役割が大きかったため、政府としては発動には慎重であった。しかし、毛織業関係者および製粉業関係者も国策という大局的観点から通商擁護法発動には必ずしも反対しない情勢となりつつあった。こうしたなかで、政府も通商擁護法発動に向けて具体策を検討し始めるに至った[16]。

一方、日豪関係の悪化を懸念した日豪協会は、1936年5月5日に理事会を開催し、その悪化の原因は日本が南太平洋に領土的野心を有しているという一部の無責任な言説（前述の石丸藤太の出版物など）にあると結論づけた[17]。日豪協会は、豪州ならびに各国の誤解を一掃せんがために理事会決議を行い、5月12日には阪谷芳郎会長名で「最近の日豪関係に関する日豪協会の声明」および「最近の日豪関係に関する日豪協会理事会の決議」を日本文と英文で発表し、これを豪州、英本国および日本国内の関係各方面に通牒した。両国の誤解を解くために決議された内容は次のとおりである[18]。

昭和十一年五月十二日
日濠協会
会　長　男　爵　阪　谷　芳　郎

最近の日濠関係に関する日濠協会理事会の決議

一、日濠両国間に従来特殊的に持続し来りたる日濠親善関係を最近の情勢に於ては、之を撹乱するが如き傾向にあることを感知するは、日濠協会として甚だ遺憾とするところである。

二、日濠両国間に蟠る現在の情勢悪化は主として、日濠両国間の誤解に起因するものにして、之が是正に就ては日濠両国の同情的協調により両国の要求を慎重に考慮し、両国の利益を図ることは最善の方法なりと日濠協会は信ずるものである。

三、濠洲及び日本の国策は他国の国策と同様であつて、日濠両国は政治的安定並に経済的繁栄を基調とし国家の安全保障を確立する事を企図せざるべからず。

四、濠洲に於ける或一部人士の観る処に依れば「日本の国家安全保障は南太平洋に於て広大なる領土を獲得することに依つてのみ得らるゝものなり。」と云ふが如き或る日本人の言辞並に出版物等が濠洲人に危惧の念を抱かしむるに至つた様に伝聞することは誠に遺憾である。

五、斯る不安の念を抱かしめたることは、結局誤解に起因するものである事を日濠協会は確信する。
日本は原料の供給並に輸出販路を海外市場に需めざる可からざる国情である。従つて日本は対外的に経済的発展を慎重に南太平洋並に世界各国に求めてゐるのであるが、日濠協会は日本が南太平洋に於て領土を獲得するが如き野心を有するものにあらずと確信する。

六、日本と濠洲との貿易関係は他国よりも従来一層緊密なりしを以て、此際日濠両国は虚心坦懐、現存する誤解を一掃し、更に上述の言辞並に出版物は無責任なる人士の所為であると言ふことが判明すれば、日濠両国間の関係は従前通り良好関係を継続するものなりと日濠協会は確信する。

　この当時、豪州連邦議会では日本綿布、人絹織物を含む関税改正案が下院で審議されていた。しかし、豪州政府は日本との通商問題に関する議員からの質問に対して説明を避けていた。これは、(1) 日本政府が「貿易調節及通商擁護ニ関スル件」を公布して日豪通商関係が抗争状態になることも辞さなかったこと、(2) 豪州内の羊毛業者が日本の輸入制限を憂慮して豪州政府に態度の緩和を要求していること、(3) ロンドンで進行中であった英豪間牛肉協定の更改交渉の成り行きを注視していたからであった。こうしたことから、5月23日の議会閉会まで審議が間に合わず次期議会まで持ち越されるのではないかという予想も出てきた[19]。実際、5月21日には、豪州連邦議会では日本製綿布類に対する輸入増税または割当に関する議事は今議会では上程されず、次の議会まで持ち越し延期になると観測される、という電信が兼松商店に対して入った。しか

し、翌22日に豪州連邦議会下院においてガレット通商条約大臣は、豪州連邦政府は国内産業および対外輸出貿易振興のために、輸入関税改正案および輸入許可制案等の採用を決定したという、次のような内容の演説を行った[20]。

　豪洲連邦政府は国内産業及対外輸出貿易振興の為、輸入関税改正案及輸入許可制案等の採用を決定せり。英国は羊毛以外の豪洲原始産品に対する唯一の大市場にして、又羊毛に就ても第一の市場なり。諸外国は其門戸を閉鎖し、差当り豪洲原始産品に対する旧市場恢復の見込なし、豪洲の発展の為には原始産品輸出の増加を必要とする処、是等は英国に売込の外なし、他方英国品は外国品との置換に依らざれば是等を買入るゝことを得ず、之が為許可制度の実施及関税改正に決定したものなり。輸入許可制度を実施するも豪洲が輸出超過となり居る国に対しては、其許可は自由に与へらるべく、又豪洲が、輸入超過となり居る国に対しても、連邦政府が満足なる状態にありと認むる国に対しては之を自由に与ふべし。尚輸入の許可を制限する国に対しても、当該国の豪洲品購買増加に比例し、輸入の許可を加減する考なり。許可制度及関税改正に依り変更せらるゝ差当りの輸入金額は、連邦政府の研究に依れば二百二十九万磅なるが、其中八十四万五千磅は国内産業に依り、百三十一万磅は英国に依り、十三万五千磅は好顧客たる外国に依り取得せらるべし。右の外自動車シャッシーの金額四百万英貨磅は、当年中に大部分は豪洲産業の取得する所となるべし。他の競争を許さゞる安値に依る織物の輸入は英国の妥当なる割合保留の為の措置採用を必要ならしめたり、オタワに於て英政府は綿布及び人絹布に対する特恵を極めて重要視せるが、英国品は逐年低廉なる、外国製品の為駆逐せられつゝあり、人絹布の如き一九三五年に於ては九〇％迄外国品なり、綿布も人絹布の如き運命に陥ること遠からざるべし。現行税率の下に於ては人絹布は綿布以下の価格に於て売られつゝあり。豪洲は最早此事態を静視することを得ざるを以て、関税引上に至れるものが、右は全く英国産業及豪洲産物の英国市場への依存性保護の必要に出でたるものなり。本品の主たる供給国が日本なるに付、同国よりの輸入量を協定総量に削減する為、総ゆる試を為したるが妥結に至らず、遂に連邦政府は関税改正の已むなきに至れるものなり。低廉なる外国産織物に対する此種措置は殆ど総ての国に於て採用し居る所にして、日本も人絹布に一〇〇％の重税を賦課し居れり。次に新関税の及ぼす影響を予測すること困難なるも、人絹に就ては日本が依然主たる供給国たるべし。綿布は英国は大なる輸出増加を見るべきも、日本は依然相当大なる額を輸出し得べしと思考せらる。新関税は毫も差別的のものにあらず、総ての国に同様に適用せらるゝものにして、最恵国主義は維持せらるべし。

一方、『東京朝日新聞』紙上では、1936年5月22日発の「キャンベラ特電」としてヘンリー・ガレットの演説にふれ、「濠洲連邦貿易次官ヘンリー・ガレット氏は二十二日下院にて政府は二百万ポンド以上の輸入品を従来の輸出国から英本国並に濠洲品の顧客国に振り向けるため外国品に対し広汎なる関税引上げ並びに特許制の創設を行ふ旨を声明した。その結果我が綿布並びに人絹は現行の従価税の代りに特別税が課せられることになつた。又特許制を布かれる商品中には自動車を含みこの改正が主として日米商品の輸入を抑制して英本国品を優遇するものなることは明かで同次官はこれによって英国品の優遇を受ける金額約百万ポンドと称してゐる」21)と報道した。同新聞は、人絹布と綿布の改正関税率を掲載し、人絹布は従来の従価40％から従価換算400％ないし約100％、綿布に対しては従来の従価25％から約100％の高率になるとされた。一方、英国品に対しては特恵税率を強めて税率の優遇を図り、今回の関税引き上げで日本からは数量6,580万平方ヤード、価格2,280万円の対豪人絹輸出に禁止的抑圧を加え、数量8,660万平方ヤード、価格1,700万円の綿布輸出を不可能にさせると見積もった。さらに、「濠洲の露骨な排日貨政策はランカシャ代表トムソン氏一行が去る三月渡濠して活躍を試みて以来のことであることを省察すればこれは単に日濠の経済問題にあらずして世界市場における日英の基本的対立関係の重要なる露呈といふべく今後来るべき日印第二次会商、日埃会商にしても無視し得ざる連関性を有するものである」22)と述べた。日本の大東亜主義、大陸主義、南進主義といった政策は、日本の対外的な通商問題にも影響し、これは日印および日埃との通商交渉でも今後大きく影響を及ぼすことが予想されだしていたのである。

　英国では、豪州政府の英国産業保護および貿易促進を主眼とした関税改正について、オタワ協定に基づいた大英帝国内貿易の促進策だとして歓迎された。1936年5月の関税改正については、英国本国の対豪貿易で受ける利益が1年に300万ポンドと予測され、そのうち綿布製品の改正により英国綿布の対豪輸出の増加は4,100万平方ヤード（120万ポンド）、人絹は700万平方ヤード（40万ポンド）と見積もられた。これによって、ランカシャーは安価な日本製品で脅威

を受けた豪州市場を確保しうると考えられた。これは、豪州における英国の立場を強化するばかりでなく、豪州の製造工業の発展を間接に援助し、豪州の対外信用の基礎を強化し、さらに豪州連邦の失業を緩和すると予想されていた[23]。

1936（昭和11）年5月22日、豪州政府は関税を改正し、日本商品に対して輸入禁止的高関税を課した。この関税改正によって、従来の従価税を廃して従量税とし、人絹1ヤード平方につき9ペンス、絹布は旧税率据置、綿布は1ヤード平方につき2ペンス4分の3、晒は3ペンス、染布は3ペンス半に増税された[24]。また、豪州政府は、86商品を輸入許可制とした。日本との関連で重要と見られるのは、綿布、人絹布、本絹布、鉄針金（15番およびそれより細いもの）、ブリキ板、ランプ類、眼鏡およびその枠、靴、スリッパ、ゴム紐、筆記およびタイプライター用紙、綿糸、人絹製糸、セルロイド板、自動車の車体であった。なお、英国品に対しては輸入許可制度を適用しなかった[25]。

第2節　通商擁護法発動までの日豪両国

(1) 日豪貿易関係団体の動向

この豪州政府の輸入禁止的高関税により、国内の関係団体は政府の報復的行動に同調する動きが活発化し、日本国内では官民を挙げて報復行動の早期実施を求める声が高まった。横浜輸出絹人絹織物組合では1936年5月23日に理事会を開催し、「今回豪洲政府の本邦絹、人絹織物に対する関税改正はわが対豪貿易に致命的打撃を与へ日豪間の親善関係を根本的に破壊するものなるを以て政府は速に通商擁護法を発動せられ豪洲よりの輸入品に対し徹底的報復手段を講ぜられんことを要望す」[26]という決議を行った。5月24日には政友会の有田鐐五郎が衆議院本会議の席上で発言し、豪州に対しては通商擁護法を発動して断固たる措置を行うと断言した[27]。5月25日には人絹紡績関係6団体（人絹連合会、日本絹人絹糸布輸出組合連合会、紡績連合会、輸出綿工連、棉花同業会、輸出綿糸布同業界）が、合同協議会を開催し報復的措置を講じるべきことを声

表 2-1　日本羊毛工業会々員（1930年7月26日現在）

正会員	准会員
株式会社伊丹製絨所	瀧定合名会社大阪支店（モス）
日本毛糸紡績株式会社	株式会社岩井商店（毛糸）
日本毛織株式会社	日商株式会社
東洋モスリン株式会社	合資会社中谷商店
東京モスリン紡織株式会社	株式会社松本商店
中央毛糸紡績株式会社	株式会社藤井商店
大阪毛織株式会社	株式会社安宅商会
羊毛整製株式会社愛知工場	株式会社芝川商店毛糸部
名古屋織物整理合資会社	大倉商事株式会社（輸入）
栗原紡織合名会社	株式会社兼松商店
山保毛織株式会社	高島屋飯田株式会社
共同毛織株式会社	東神倉庫株式会社大阪支店（倉庫）
共立モスリン株式会社	川西倉庫株式会社
新興毛織株式会社	三菱倉庫株式会社
	株式会社住友倉庫
	日本郵船株式会社（船）
	山下汽船株式会社
	マッキンノン・マッケンジー商会

出所：『日本毛織三十年史』（日本毛織株式会社、1931年）269頁による。

明した[28]。

一方、日本羊毛工業会は5月26日に新大阪ホテルで理事会を開催し、豪州問題に関して豪毛輸入制限に応じた他国への輸入羊毛の転換や毛糸の操短などを検討した[29]。さらに、同会では5月27日に30人の正会員（加盟24社）を新大阪ホテルに集め、豪州羊毛の輸入制限高割当について協議した[30]。また、日本経済連盟会では26日に日本工業倶楽部で常任委員会を開催して対豪問題を協議し、政府が意図している通商擁護法の発動に対しては全面的に支持協力することを決議した[31]。同連盟会では5月28日に貿易対策振興委員会を日本工業倶楽部で開催し、羊毛工業、製粉業の代表4氏（京都モスリン社長、日本毛織常務、日清製粉社長、日本製粉常務）から意見を聴取した。この委員会終了後、郷会長は「対豪問題については関係業者も相当決心してゐる様だから国策に従って断然たる措置に出なくてはならない。併し乍ら単に目前惹起した対豪問題だけをとりあげて対策を樹立することは事態の核心にふれるものではない。むしろ英帝国を全体としてとりあげ、日英会商を開いて根本的解決を図るべきだといふ意見はこの際十分考慮に値しよう」[32]という意見を述べた。

また、28日には豪州に対する通商擁護法発動に関する関税調査会幹事会が東京丸の内の中央会議所で開催された。この幹事会には大蔵、外務、商工、農林、拓務、対満事務局等関係官庁の幹事が全員出席して協議を重ねた。その結果、

豪州政府の邦品圧迫に報復して通商擁護法発動の原則を全会一致で承認した後、この具体的方法について検討し次の5点を決定した[33]。

(1) 豪州よりの主要輸入品たる羊毛並びに小麦に対しては相手国を豪州に限定せず、輸入羊毛、小麦全部に対し輸入許可制を設ける。実質的には、豪州よりの輸入に対し高率の制限を加える。
(2) 皮革、牛脂、牛肉等に対しては、豪州よりの輸入品に限り関税の高率引き上げを行い、事実上、同国よりの輸入を禁止する。
(3) 日満経済提携の建前から満州に対し豪州小麦の輸入制限を行う様、日満両国間に協定を締結する。
(4) 豪州羊毛並びに小麦の輸入組合を結成し、関係者と連絡して輸入数量の自治的統制を行わせる。
(5) 輸入制限の結果生ずる羊毛市価の騰貴を防止する措置を講ずる。

この幹事会では次回に最終的な細目を打ち合わせ、関税調査委員会の議を経て6月10日頃に通商擁護法を発動すると計画していた。なお、5月30日にも関税調査幹事会が開催され、既定方針のとおり通商擁護法を発動することを確認した[34]。

また、日本毛織物輸出組合は5月30日に大阪織物同業組合事務所で役員会を開催し、豪州関税問題に関して意見交換会を行った。この結果、「濠洲政府のとりたる関税政策に対し、政府は速かに通商擁護法を発動し其貫徹を期せられたし」[35]という陳述書を首相、外相、商相および蔵相に打電した。

このように、日本国内では繊維、貿易、経済関係の団体が中心となって通商擁護法の早期発動とその後の対策が検討されており、このなかで日豪関係は悪化の一途をたどっていた。この事態に対して、日豪協会は会長の阪谷芳郎名をもって、1936年5月27日、ライオンズ首相、ガレット通商条約大臣、レーサム大審院長（元副総理兼外務大臣）に対して「日豪通商関係の悪化に関しては甚だ遺憾に堪へず、将来の成行に対しては大に憂慮す」[36]という文面の電報を発

した。この電報に対して、レーサム大審院々長は同月28日メルボルン発の電報にて「今回の濠州改正関税政策に就ては暫く其成行を見たる後然るべく対策を講ぜられんことを切望に堪へず。而して濠洲政府が日本貿易に対して採りたる行為は他国に比し頗る好条件である」[37] と伝えてきた。さらに、30日にはライオンズ首相が、日豪協会会長宛に「日濠通商問題に関する閣下の電信を深謝す。サー・ヘンリー・ガレット氏より委細電信申上ぐ」[38] という電報を送った。このガレットの電信内容は次のとおりである[39]。

　　　　日濠協会
　　　　　　会長　阪谷男爵閣下

　　　　　　　　　　　　　　　　　昭和11年5月30日　キャンベラ発
　　　　　　　　　　　　　　　　　　　同　6月1日午前8時着

　今回濠洲連邦政府が輸入織物類に対し関税引上げをなしたる事は、日本政府と友好関係を保持すべく出来得る限りの努力を払つた後、止むを得ず採りたる手段である。日本が濠洲に於て購入せざる商品に対し、英本国と濠洲との貿易利益の為めに濠洲は英本国の織物供給者に対し、濠洲織物市場の一部分を英本国に與ふる必要あり、故に濠洲連邦政府の今回採りたる政策は全く自国貿易擁護の為めにして、他国を重圧する意味にあらず。

　羊毛並に小麦以外の濠洲よりの輸出物全部は近年殆んど世界各国より除外されたるが、英本国は之れ等商品の唯一の購買者である故に今回の政策を採つたのである。

　綿布に於て日本は今後と雖も、濠洲へ莫大なる数量を供給し得るものである。而して又、人絹に於ても日本の輸出量は濠洲市場需要の半分以上を占め英本国及び他国よりの供給合計高の二倍に当る数量を濠洲へ供給しうるものと思はる。

　之れに加ふるに、日本絹織物の濠洲への輸入は非常に増加す。而してこの増加は日本に於ける絹織物の原始的産業並に製造工業に裨益する処多かるべし。

　濠洲が関税引上げを実行するに当つては、濠洲は日本との最恵国主義を遵奉したものにして、濠洲の産業保護並に英本国に対する特恵条約保護の為めに濠洲は過去多年に亘れる財政政策を踏襲したものである。

　思ふに、日本も亦多年に亘り自国並に属地産業の保護の目的を以て同様の政策を採り来たのである。

　日本の各新聞記事は濠洲に対する報復手段を云々し、今回の濠洲の高率関税の為めに、日本綿布は全部、人絹は八割方輸出が喪失するであらうと言ふが如き誇張せる記

事を掲ぐる事に関しては、本大臣は甚だ遺憾とする処である。
　濠洲連邦政府は濠洲市場より日本の織物類を駆逐せんとする意思なき事を強調せんと欲するものである。
　濠洲人の日本人に対する友情は真実且つ誠意あるものにして、この友情関係は単に貿易上にのみ基けるものに非ざる事を確信するものである。

通商条約大臣　　ガレット

　日濠協会
　　会長　阪谷男爵閣下

　ガレットの電信によれば、高関税政策は豪州政府と英本国との貿易利益のために、英本国の織物業者に対して豪州織物市場の一部を与えたものであり、日本の織物類を豪州市場から排除する意思はないと強調していた。

(2) 通商擁護法発動の最終的局面

　1936年6月2日、外務省はシドニー村井総領事に訓電して、豪州政府に対して日本商品に対する豪州関税引上の撤廃、輸入許可制の撤廃を要求し、これに応じなければ通商擁護法を発動して豪州よりの輸入品に報復的措置を行うことを通告するよう要請した[40]。これを受けた村井総領事は6月3日にメルボルンに赴き、ガレット通商条約大臣と会見し、豪州政府が反省しなければ日本政府としても通商擁護法を発動せざるを得ない旨を通告した。ガレット通商条約大臣は、6月6日に村井総領事に宛て公式の回答を送付し、そのなかで「濠洲政府は通商擁護法の発動による日本政府の対濠報復策に対しては別段抗議すべき筋合いではないと考える。即ち濠洲政府としては飽まで今回の関税引上げ及び輸入許可制の実施は日本製品に対する防遏策でなく単に国内産業を保護せんとする一方策に過ぎないとの建前を取つてゐる。従つて濠洲政府としては日濠両国が何等かの友誼的解決に到達せんことを切望するもので特に濠洲における人絹市場の半ば及び綿製品市場殆んど大部分が依然として日本品に対して解放されてゐる事実を指摘したい」[41]と述べた。

　国内では各団体の通商擁護発動への動きが活発化した。日本商工会議所は

1936年6月2日に第1回貿易対策委員会を開催し、日豪通商問題について協議を行った[42]。この委員会には六大都市以下各地15委員会議所代表が出席し、協議の結果「政府ハ此ノ際飽ク迄濠洲官民ノ反省ヲ促シ両国通商ヲシテ正道ニ復帰セシムル為メ緊急最善ノ措置ヲ講ゼラレンコトヲ望ム之ガ為通商擁護法ヲ発動スルハ勿論輸出入業者、製造業者、船舶業者等関係業者ノ緊密強固ナル結束協調ヲ図リ其ノ他必要ニ応ジ輸出入貿易ノ統制ヲ行ヒ挙国一致以テ此ノ重大事態ノ解決ヲ期スルヲ緊要ナリト認ム」[43]という趣旨の建議文を決議した。日本商工会議所ではこの建議文を関係各省に提出し、日本の根本的通商対策を樹立するために六大都市商議を委員とする特別委員会を組織し、貿易統制ならびに調整、原料政策、互恵協定、通商障害除去、新市場の開拓および新商品の進出、貿易行政機関の諸項目について研究を開始することになった[44]。

また、日豪協会も6月2日に理事会を日本工業倶楽部で開催して豪州問題について検討した。出席者は日豪協会会長の阪谷芳郎をはじめ三井物産、三菱商事、高島屋飯田、兼松商店などの商社、千住製絨所、東京モスリンなどの織物会社、日本郵船、大阪商船などの船会社、製粉業の日清製粉会社、外務省通商局長、横浜正金銀行頭取などであった。同協会ではこの理事会において協議した結果、豪州政府の高関税政策は、日豪貿易発展の上で将来非常な障害となり、日豪両国政府の利益に非らざるが故に豪州政府は速やかに反省し、両国の通商発展ならびに親善の増進を円滑にすることに努力すべしという結論に達した[45]。この上で、6月4日に「濠洲政府に於て現行法を改められざる限り、当協会としては日本政府並に貿易業者の濠洲に対する報復政策を調停斡旋する事を得ず、両国将来の貿易並に親善上憂慮に堪へず」という電報をライオンズ首相、ガレット通商条約大臣、レーサム大審院々長の3氏に対して各1通ずつ送った[46]。これに対し、レーサム大審院々長は同年6月6日に日豪協会長宛に返電した。6月8日に日豪協会が接受した内容は次の3点について日本側の考慮を求めるものであった[47]。

(1) 豪州の採りたる行為は豪州の一般政策であり、もともと日本を排斥し又

は排斥せんとする意思はない。
(2) 豪州人口一人当たりの日本商品の買入れは、日本人口一人当たりの豪州商品の買入れの五倍に当っている。
(3) 日本に対する豪州現在の感情は極めて良好である。しかし、日本が決定的に豪州を排斥する行動に出るならば豪州政府は報復手段を採ることを余儀なくせられ、日本貿易に重大なる結果を招来するかもしれない。

このレーサム大審院々長の回答は、前述したガレット通商条約大臣と同様に関税法の改正は日本だけをターゲットにしたのではなく、国内産業発展の観点から取られた政策であることを強調していた。また、6月8日にライオンズ首相は、「日濠通商問題について政府は目下日本政府との間に商議を継続中であるから国内はこれが成行を静観せられたい」[48]と演説して、豪州国内の反対勢力に対して牽制している。

また、6月6日には日本羅紗商協会が大阪綿業会館で東部、西部連合理事会を開催し、関係業者17名が参集して対豪問題に関して同協会の態度を協議し、声明書を作成した。この声明書の中では、通商擁護法の発動により断固たる態度を持って膺懲に邁進することを表明した上で、この問題が羅紗界に及ぼす影響は甚大であるが、原料相場の騰貴を招来するとも羅紗業者は既約定品については何等の影響することなく一般消費者に対し供給の円滑を図らんことを期することを述べている。また、決して豪州に乗ぜられることのなく、羅紗業者は冷静に善処し国策の完全なる遂行に参与する旨を声明した。さらに、陳情書を決議して関係大臣に陳情し、対豪報復策につき製造業者のみならず、製品販売業者の意見を聴取するとともに関係業者を以て調査機関を設置されたしとの請願を行うことを決定した[49]。

さらに、6月10日に東京駐在豪州連邦政府商務官ロイドは "Position of Japanese Cotton and Rayon Textiles in Relation to the Australian Tariff"[50] という声明書を日豪協会に送付してきた。この声明書は、8項目にわたって高関税の説明をするとともに、この関税政策が日本だけをターゲットにしたものでは

ないことを主張していた。

このように、日本側と豪州側とでは高関税をめぐって見解の相違が生じていたが、実際の羊毛取引にも高関税の影響が出始めていた。日本羊毛工業会では5月末に6月2日から開催されるブリスベンでの豪毛最終競市での買付は見送ることに決定していた[51]。実際、6月2日にメルボルンで開かれた羊毛競売にも日本商社は全く参加しなかった。このため、2日の競売成立は7割、3日は5割5分であり、相場は4月のセールに比して5分ないし1割方の低落を示した[52]。また、6月11日のアデレードの羊毛競売にも日本商社は全く参加がなかった[53]。

このように、1936年5月末から6月初頭にかけて通商擁護法の発動を決めていた日本政府では、発動に向けて政府、関係団体が一丸となって準備を整えていた。すでに、日本羊毛工業会では羊毛輸入の3分の1制限を決定していたが、日本羊毛工業会代表は関係閣僚との懇談の結果、さらなる羊毛買付高の制限を盛り込んだ対豪政策を推進し、次のような羊毛買付量等に関する点は官民一致していた[54]。

(1) 豪毛買付手控量を3分の2として結局買付高3分の1 (25万俵) とする。
(2) 豪毛代用として南阿、南米、ニュージーランド羊毛を25万俵買い付ける。
(3) 以上の50万俵の買付で尚25万俵不足するため梳毛糸3割操短を決行する。

一方、商務省では6月4日に商務官邸において貿易顧問会議を開催した。この会議では小川商工大臣から貿易振興に関して各顧問の協力を要請したのち、寺尾貿易局長より第六十九帝国議会を通過した重要輸出品取締法案などの貿易関係法案の趣旨ならびに日豪問題の経過が説明された。寺尾貿易局長は豪州政府の高関税に対して政府が通商擁護法の発動がやむなきに至った実情に対して各顧問の諒解を求め、各顧問より同意を得た。各顧問よりは、対豪対策として通商擁護法に加え、ステープル・ファイバーと羊毛との混織奨励、北海道・東北地方での緬羊飼育の積極的奨励ならびに満州における緬羊飼育の奨励などに

ついての意見が出された[55]。

商務官の首藤安人は「濠毛輸入制限問題」のなかで、豪州への羊毛依存が国防、原料、工業、商業政策上からみて極めて不得策であることを強調し、羊毛の分散買付が国策上の観点から意義あることを次のように主張した[56]。

(一) 国防上からいふも原料政策上からいふも羊毛の如き重要なる原料を主として一国に求むるはもつとも危険で欧州戦争当時僅十万俵の羊毛を需要した我羊毛工業界が当時濠洲の羊毛輸出禁止によつて如何にその受けた打撃の大であつたかは今回記憶に新たなるところで、今日七十何万俵を濠洲より需要しつゝある我羊毛工業界は将来において仮に全部の輸出禁止の如きは予想し得られないが一部の輸出制限をうくるが如き虞れ皆無とはいへない。先年ヨークシアーにおいては我羊毛工業の発展と世界市場への進出に脅威を感じ濠洲羊毛の対日輸出制限を提唱した事は注意を要する。

(二) 我羊毛工業発展上よりみるときは世界の毛織物製造国即ち英仏独其他欧大陸諸国は濠洲は勿論、ニユージーランド、南阿、アルゼンチン、ウルグアイの羊毛生産国の市場に於て相競つて之が買付を行ひこれ等諸国の原料の長所をとつて巧に消化しつゝあり。我国が濠洲羊毛以外の羊毛はなるべく避けんとするの事情にあるは我毛織物工業の技術上乃至経営上に一段の研究を要する事を示してゐる。

　我国において羊毛の需要量は年年急増し其種類も多種複雑になつてゐる。濠洲羊毛に一特長のあることは勿論であるけれども南阿、南米、ニユージーランド羊毛にも夫々独自の特色があつてこれを研究試用し巧に利用することは急務である。南阿羊毛は繊維細く手触柔く細番手の梳毛糸に適してゐるが日本にはその製品に対する十分の市場が無いけれども現在の日本の需要に達するものでも卅万俵はある。我国に将来需要大なるべき「クロス」を濠洲には余り多く算出せず価格も騰貴し不利である。手編糸、メリアス系に適する南米物、濠洲の「カムバツク」を除いた安価なニユージーランド物の利用も将来益々有望である又始めて世界の毛織物市場に於て欧米先進国と競争し得られるのである、今後行はれる分散買付により我毛織工業は画期的の発展を遂げることになるであらう。

日本経済連盟会では日豪問題に関して各方面関係業者等と数次にわたって協議を行い、豪州政府の関税引き上げおよび輸入許可制を審議してきたが、6月4日に理事会を開催し、同連盟としての最後的態度方針として「日豪通商問題

ニ関スル決議」57)を発表し、日本の対外貿易の発展と調整の大局的見地から考慮して次の3点の実施を要望した。

(1) 遅滞なく通商擁護法を発動し、相手国の不公正な通商政策を是正すべき措置をとること。
(2) 適切な輸入統制の方法を講ずること。
(3) さらに必要な場合は、満州国と密接に提携する方法を講ずること。

日本経済連盟会では6月5日にライオンズ首相およびレーサムに宛て「今次豪洲ノ執レル関税措置ハ日豪通商交渉関係ニ鑑ミ甚ダ不公正ナリト認メ、日本政府ガ目下考慮シツ、アル対策ヲ全般的ニ支持スルモノナリ」という内容の電報を打電した58)。また、三井物産、兼松商店、高島屋飯田など羊毛輸入商は、6月8日に羊毛輸入統制に関して具体策を審議した。この結果、今後の輸入は、南アフリカないし南米品（チリなど）とする。これらの羊毛相場は豪州品に比較して、南米品は12％、南アフリカ品は8～10％の割高となっており、平均1俵につき邦貨換算で30円高は免れない。両市場品を今後年額25万俵買い付けるとすれば、1カ年に750万円余分に支出しなければならないが、この補助については主要輸出品の統制手数料徴収で補う。また、今後の輸入割当については、輸入業者の過去3年間の実績平均比率を標準とすることを内容とした骨子をまとめた59)。

関西紡毛工業組合でも6月8日に総会を開いて毛襤褸、毛屑の輸出禁止を政府に陳情することを決し、直ちに外務、大蔵、商工各省に陳情した。毛襤褸や毛屑は当時ドイツに輸出され毛織物に再製されていたが、豪州羊毛の輸入許可制の実施に伴って発生すると思われる羊毛不足に対し、毛襤褸、毛屑の輸出禁止によって原料を確保しようとしたのである60)。

東京商工会議所では「豪洲関税引上対策ニ関スル建議」61)を決議し、6月9日に建議した。この中では、貿易省あるいは貿易国策を決定する通商常設特別委員会の如き最高機関を設置して連絡統一ある貿易国策の樹立を提案している

ほか、主要貿易国との互恵通商協定の締結、複関税制度および特殊商品に関する一般的輸入許可制の採用、日満両国の関係拡充などを急務とした。さらに、速やかに実行すべき事項として次の4点を掲げた。

(1) 国内および満州国の資源開発に努めること。
(2) 海外資源の徹底的調査とこれに基づく原料の分散買付を行うこと。
(3) 代用原料の生産ならびに使用を奨励すること。
(4) 輸入組合ないし輸入協会を新設し、輸出組合と連携して貿易の全面的統制強化を図ること。

さらに、この建議では通商擁護法発動によって羊毛、小麦等の輸入業者ならびに関係業者の被る損失は国家において補償をなすなどの方法を講じ、輸入制限によりこれらの商品の海外輸出に支障のないような再輸出確保の方策、外国製品の国内市場進出防止策、満州国との国策の順応などを望むと記されていた。

このように国内の商工会議所、日豪協会などの各団体は通商擁護法発動を前提として、具体的な対策を考えていた。なかでも、豪州羊毛の代用品としてステープル・ファイバー[62]が重要性を増し、関連業界でも対応に乗り出してきた。たとえば、紡績連合会加盟の有志会社は、発議によってステープル・ファイバー紡績に綿布、加工業者を加えた統制団体を組織することになり、6月10日に関係28社が出席して設立に関する協議会を開催した。これにより大日本人造繊維紡織工業会が組織され、同日の会議を創立総会とした。同日、第1回委員会（委員長・大日本紡績小寺源吾）が開催され、人造繊維紡織関係各社を網羅して統制の完璧を期することとした。このために、紡績人絹連合会、羊毛工業会、絹紡工業会の所属各社に対して加盟を勧奨し、その後に織布加工関係業者に働きかけをすることとなった。なお、当時のステープル・ファイバーの公称生産能力は日産148トン半、ステープル・ヤーンのそれは月産373万ポンドであり、1936年末には前者が日産127トン半、後者は月産592万ポンドに達すると予想されていた[63]。商工省の臨時産業合理局では6月11日に人絹織物工業改善委

員会の第1回総会を開催した。この総会では人絹織物の統制に関して協議を行い、輸出および移出の人絹織物全部について統制を行うことなどを決定した[64]。一方、日本羊毛工業会では通商擁護法の発動によって原料羊毛買付が多様化するとともに、羊毛代用品への積極的進出が不可避的状況になることから、より一層の生産統制が必要になるとの認識が高まってきた。従来、日本羊毛工業会は生産会社、輸入商、船会社などの羊毛工業関係者をもって組織されていたが、生産会社をもって結成する工業組合化も必要なのではと検討され始めた[65]。また、日本綿糸布輸出組合連合会の理事会ならびに臨時総会が6月22日に綿業クラブで開催され、輸出人絹織物の全面的統制を8月1日から実施することを決定した[66]。

日本綿織物工業組合連合会（綿工連）は、ステープル・ファイバーが羊毛代用品の一つとして注目され始めたのに際して、その生産権獲得に乗り出した。綿工連では6月23日に丸之内商工奨励館で定時総会を開催し、定款を変更して第五条中「綿織物」を「綿織物並びに人造繊維（ステープル・ファイバー）を以て製織したる織物」と変更することとした。これにより、綿工連は人造繊維を人造綿花と見做すことにより綿織物のほかにステープル・ファイバー製品の生産権を併せ持つことになった。また、この定時総会では、「速かに綿織物の全面的統制並びに検査を実施せよ」、「日本紡織工業組合の設立絶対反対」の2項目が緊急動議として提出され、満場一致で可決された[67]。このようなステープル・ファイバー増産の動きが広がる中で、人絹、毛織、紡織などの製造会社がその増産計画を発表した。これに伴い、東洋レーヨン株、倉敷紡績株、帝人株などの株式が人気を呼んだ[68]。

日本の通商擁護法発動が間近となった6月15日、ガレット通商条約相と村井総領事が会談した。豪州政府は日本政府が通商交渉を再開する用意を示せば、交渉期間中は新関税の一般税率に代わって中間税率を適用すると交渉再開を提言してきた。これにより、日本製人絹布の輸入税は1平方ヤードにつき1ペンス、綿布は4分の1ペンス低下するとし、豪州政府は日本製人絹布、綿布輸入高が現在の半分以下に減少しないようとくに保証を与えるとした。しかし、豪

州政府の提言に対する日本政府および民間対豪貿易関係者の反応は悪く、通商擁護法発動に向けて準備を急ぐことになった[69]。また、ライオンズ首相は6月19日のN・S・W牧羊者協会展覧会記念午餐会で演説を行い、「最近日本より種々の報道あるも余は未だ本問題の友好的解決交渉の基礎が数日中に達せらるべしとの希望を捨て居らず。（中略）余の率ゆる政府は従来とも再三農牧業に同情を表し来りたるが、右同情及農牧業者を援助せんとの希望は今日も従前と同じく強きものあり、政府は新織物関税に対する態度決定に当り、羊毛業の利益を等閑視し居りたるものに非ず。余は右関税の日本に及ぼすべき影響に付羊毛業者が此処両三日若は一、二週間沈黙を守られんことを希望する」[70] と述べた。ライオンズ首相は、牧羊業者に相談もなく高関税の導入を図ったとして政府の反対の立場をとっていたN・S・W牧羊者協会に対して釈明するとともに、日豪通商問題の解決に希望をもたせていたといえる。

通商擁護法発動を間近に控え、日本国内では豪州に替わる羊毛買付国との交流が活発化した[71]。大阪商工会議所では1936年6月19日に南阿連邦政府極東商務官アンドルー・テイ・ブレナンを迎えて南阿貿易懇談会を開催した。この懇談会には船会社、羊毛、綿布、雑貨関係業者約百名が出席した。ブレナンは「濠毛の一時の間に合わせとして南阿毛を購入するのでなく全面取引の上から南阿毛を買つてほしい。南阿毛は価格が高くつくといふ苦情を聞いたので昨年帰国した時政府にその旨を具申したところ濠毛にひけを取るは頗る残念だから出来るだけ日本側の要望に応じたいといつて居り、目下政府も鉄道運賃、荷役賃、艀賃等につき南阿毛の価格引下げに努力して居る。南阿毛の現生産は七十万俵で日本の買ふ濠毛の数量より少いが現在増産に努力してゐるから二三年後には生産の著増を見ること明白である。南阿毛は良品過ぎて適しない憾みがあるが日本の羊毛工業も高級化しつゝあるから南阿毛が最適品になる事は確実である。昨日日本側において南阿政府も日本商品を圧迫するのではないかといふ懸念を有つて居る人もあるがイギリス側と密接な関係があるからといつて、南阿政府自体の経済的確立を犠牲にするやうなことはない」と挨拶した。ブレナンは羊毛以外に小牛、羊の皮、革、タンニン、乾果の缶詰、金以外の鉱石購入を希望

したが、南郷日本棉花社長は業者の意向として、(一) 高級羊毛工業の確立に努力しこれが製品を南阿に輸出するようにしたい。(二) 金属工業進展に伴い鉱産品を買いたい。(三) 日本側では中南米輸出組合の例に倣って片貿易調整の意向を有するから片貿易も今しばらくの間である、と答えた[72]。

以上のように、日本政府は通商擁護法発動に先立ち、豪州羊毛途絶後の対応を着々と開始したのである。

第3節　通商擁護法の発動

(1) 通商擁護法の内容

1936 (昭和11) 年6月19日、村井総領事はガレット豪州通商条約大臣に対して「豪洲政府が織物関税引き上げの撤回を拒否した結果、帝国政府は豪洲よりの羊毛、小麦、牛脂等の輸入を制限するため通商擁護法を発動するに決した」旨を電話で通告した[73]。さらに、翌20日には、外務省が日本政府は通商擁護法を2、3日中に発動することを日豪協会に伝えた。豪州政府では6月22日に緊急閣議を開催し、日本政府より通告があった通商擁護法について協議した。この結果、日本政府の強硬手段を拒否し、日本が峻烈なる報復手段を加えるならば、豪州製造業に不可欠なものを除く一切の日本商品に対し輸入許可制を適用すべきであることで意見の一致を見た[74]。

1936年6月23日、日本政府は閣議で通商擁護法発動を正式決定した。この決定により、政府は国際経済に対応する原料国策を再検討することになった。有田八郎外相は「豪洲の邦品圧迫に対しここまで隠忍して来たが事態は豪洲よりの原料輸入品に対し輸入制限等の方法で報復的措置を採らざるを得ないまでに至った」と説明した。これに対し、各大臣が発言して代用品の使用について陸海軍をはじめ各方面に国民的注意を喚起する一方で、商工、農林等各関係省は従来の原料政策に修正を加え一転機を画さなければならないと意見の一致を見た。すでに民間では代用原料として注目していたステープル・ファイバー等の

利用が一層勧奨されることになったのである[75]。小川商工大臣は23日の閣議で原料国策の確立に関して、対外的には90％以上の羊毛輸入をしていた豪州から南米、南阿、蒙古方面に供給地を転換するという貿易政策に変更し、さらに国内的にはステープル・ファイバー工業の助成に力を注ぎ代用原料とする、という内容の善後策を講じると表明した。ステープル・ファイバーについては、陸軍の軍服、鉄道職員・学生等の制服に半強制的にこれを混織し、生産に関しては人絹業者にこの方面への進出を奨励し、また、原料のパルプの増産を図るとともに、生産技術的研究を奨励して生産の向上を推進していくものとした[76]。

このように、通商擁護法は1936年6月23日の閣議で発動が決定され、勅令第百二十四号として24日に上奏裁可を仰いだ後、24日に公布、即日施行された[77]。通商擁護法は次のとおりである。

　　勅　　令
　朕昭和九年法律第四十五号第一条ノ規定ニ依ル輸入制限等ニ関スル件ヲ裁可シ茲ニ之ヲ公布セシム
　　御　名　御　璽
　　　昭和十一年六月二十四日
　　　　　　　　　　　　　　　　内閣総理大臣　廣田　弘毅
　　　　　　　　　　　　　　　　大　蔵　大　臣　馬場　鍈一
　　　　　　　　　　　　　　　　拓　務　大　臣　永田　秀次郎
　　　　　　　　　　　　　　　　商　工　大　臣　小川　郷太郎
　　　　　　　　　　　　　　　　外　務　大　臣　有田　八郎
　勅令第百二十四号
第一条　大正十年以降外国貿易上本邦ガ各年著シク輸入超過ノ関係ニ在リ、本邦トノ間ニ通商航海条約ノ締結ナク且本令施行ノ際本邦ノ産出又ハ製造ニ対シ不当ナル輸入防遏ノ措置ヲ執ル国ノ産出又ハ製造ニ係ル物品ハ昭和九年法律第四十五号第一条ノ規定ニ依リ本令施行ノ日ヨリ一年間主務大臣ノ許可ヲ受クルニ非ザレバ之ヲ輸入スルコトヲ得ズ
第二条　前条第三項ノ規定ニ依リ告示シタル国ノ産出又ハ製造ニ係ル物品ニハ昭和九年法律第四十五号第一条ノ規定ニ依リ本令施行ノ日ヨリ一年間関税定率法別表輸入税表ニ定ムル輸入税ノ外従価五割ノ輸入税ヲ課ス

　　　　前項ノ物品ハ関税定率法別表輸入税表ニ掲グル物品ニシテ本令ノ別表乙号ニ掲グルモノニ限ル
第三条　関税定率法別表輸入税表ニ掲グル物品ニシテ本令ノ別表丙号ニ掲グルモノハ昭和九年法律第四十五号第一条ノ規定ニ依リ本令施行ノ日ヨリ一年間主務大臣ノ許可ヲ受クルニ非ザレバ之ヲ輸出スルコトヲ得ズ
第四条　第一条ノ許可ヲ受ケタル者ハ許可ノ日ヨリ三月内ニ其ノ物品ヲ輸入スベシ
　　　　主務大臣ハ正常ノ事由アリト認ムル場合ニ限リ前項ノ期間ノ延長ヲ許可スルコトヲ得
　　　　第一条ノ許可ヲ受ケタル者前二項ノ期間ニ其ノ物品ヲ輸入セザルトキハ許可ハ其ノ効力ヲ失フ
第五条　関税定率法別表輸入税表ニ掲グル物品ニシテ本令ノ別表甲号又ハ乙号ニ掲グルモノヲ輸入セントスル者ハ製産原地証明書ヲ税関ニ提出スベシ但シ郵便物ナルトキ又ハ物品ノ原価百円ヲ超エザルトキハ此ノ限ニ在ラズ
　　　　前項ノ製産原地証明書ニハ物品ノ記号、番号、品名、箇数、数量及産出又ハ製造ノ地域ヲ記載シ物品ノ産出地、製造地、仕入地又ハ積出地ノ帝国領事館、帝国領事館ナキトキハ其ノ地ノ税関其ノ他ノ官庁、公署又ハ商工会議所ノ証明アルヲ要ス但シ条約ニ別段ノ規定アルトキハ其ノ規定ニ従フ
第六条　昭和九年法律第四十五号第二条ノ規定ニ依リ主務大臣必要アリト認ムルトキハ関税定率法別表輸入税表ニ掲グル物品ニシテ本令ノ別表甲号又ハ乙号ニ掲グルモノノ輸入者、輸出者、取引業者、倉庫業者其ノ他占有者ニ対シ当該物品ノ輸入又ハ輸出ノ数量及価額、在庫数量其ノ他必要ナル事項ノ報告ヲ命ジ又ハ当該官吏ヲシテ其ノ事務所、営業所、倉庫其ノ他ノ場所ニ臨検シ帳簿其ノ他ノ物件ヲ検査セシムルコトヲ得
　　　　当該官吏前項ノ規定ニ依リ臨検検査ヲ為ス場合ニ於テハ其ノ身分ヲ示ス証票ヲ携帯スベシ
第七条　本令中主務大臣ノ職務ハ朝鮮ニ在リテハ朝鮮総督、台湾ニ在リテハ台湾総督、樺太ニ在リテハ樺太長官之ヲ行フ
　　附　則
本令ハ公布ノ日ヨリ之ヲ施行ス
本令施行ノ際現ニ本邦ニ向ケ輸送ノ途ニ在ル物品又ハ保税地域ニ蔵置中ノ物品ニハ本令ヲ適用セズ
　（別表）
　　甲号
　輸入税表番号　　品　　名

一六	小麦
二二	穀粉及澱粉類
	一 小麦粉
二八二	羊毛山羊及駱駝毛ノ内 羊毛
二九五	屑又ハ故ノ繊維、屑織糸及屑糸ノ内屑又ハ故ノ羊毛

乙号

輸入税表番号	品 名
五二	鳥獣肉類
	一 生鮮ナルモノ
	甲 牛肉
五三	バター、人造バター及ギーノ内 バター
五五	コンデンスドミルク
七一	皮類（別号ニ掲ゲザルモノ）
一〇八	獣脂
	二 牛脂
二一七	カゼイン

丙号

輸入税表番号

二八二	山羊、山羊毛及駱駝毛
二九五	屑又ハ故ノ繊維、屑織糸及屑糸ノ内毛又ハ毛入ノモノ
三四一	襤褸ノ内 毛又ハ毛入ノモノ

理由書　本邦の輸出品に対し不当なる輸入防遏の措置を執る国あるに依り本邦に於ても之に対応する措置を執る必要あるに由る

　また、24日には勅令実施に伴う輸出入許可を定めた商工省令[78]、羊毛に対する輸入統制を確立するため国内における羊毛の輸入、使用実績、在庫数量等の報告を営業者に命じた商工省告示[79]も発表された。

　この勅令第百二十四号により、日本政府は豪州連邦政府に対して報復的関税を課すことになった。具体的には、関税定率法別表輸入税表のうち、豪州産羊毛、小麦および小麦粉に対し輸入許可制を実施し、豪州産牛肉、バター、コンデンスミルク、皮類、牛脂およびカゼインの6項目に対し輸入税のほかに5割

の関税増徴をなした。また、毛艦褸等に対して輸出許可制をとった。

　外務省は 6 月25日に「今回擁護法の発動は濠洲側の不当なる措置に対応し、彼我を平等の立場に置かむとするものであつて、我方は今後交渉により一日も速に事態の解決を切望して居ることは勿論である。最近の濠洲一部には我方が濠洲政府の政策乃至は濠英通商関係に立入りたるが如き要求を為したりと云ひ触らし居るものある由なるも、我方は毫も斯かる意図を有するものに非ずして、唯日濠間の通商関係をして円滑ならしめんとするの外、他意なきは周知の通りである」80) という談話を発表した。

(2) 通商擁護法に対する豪州側の反応

　日本の通商擁護法発動は、日豪羊毛貿易の当事者たる豪州羊毛関係業者にとっては深刻な問題となった。6 月23日には羊毛関係代表機関である全豪牧羊者会議（Australian Wool-grower's Council）と牧羊者組合連合会（Grower's Federal Council）は、それぞれの会長連名で次のような声明を発表して、政府に対して特別会議の招集を要請した。また、この声明に対して、ガレット条約関税大臣は反論した81)。

（声明内容）
(1) 政府は貿易転換の政策遂行にあたり、英国と豪州の第二次産業維持および英帝国内貿易ならびに国防問題に考慮を払う必要があるという。しかし、われわれが関心を持つ点は、本政策に重大な影響を受ける原始産業が何らの相談も受けなかったことである。政府の措置はまことに不幸な事態を招いたが、これはその時機と方法によっては回避しえたものと思われる。
(2) 欧州諸国、殊に金本位国よりの羊毛買付は主としてダブル・エキスチエンヂ（豪州ポンド—スターリング—金）の負担増加により現状のまゝでは激減する。このままでは、一、二年中に主要顧客が残り少なくなる。我々は、本年初めに関税調査会に為替調整を考慮に入れた関税の決定方を建議したが政府は理由なくこれを容れなかつた
(3) 連邦政府は日本と豪州の通商円満妥結のために合理的定義を行ったと伝えられているが、不幸にも日本側の容認するところとならなかったものと了解している。

日豪通商交渉の失敗は重要なる羊毛市場の喪失となる。政府は一方に重大な羊毛輸出の門戸を閉した場合、他に之に代るべき欧州金本位国等をもって市場を確保しなければならない。
(4) 事態は緊急重大であり、この際特別議会を召集する必要がある。
(5) 最近の人造繊維（ステープル・ファイバー）の進出を考慮すれば羊毛業者の不安は益々増加する。この事態の遷延はロンドン・ファンドに悪影響し、財界の大問題となる。

（ガレット条約関税大臣の回答）
(1) 政府は日本が豪州羊毛にとって重要な市場であることは認める。しかし、日本に対し政府のとった措置は最高の国家及び英帝国的のものであり、単なる英国織物類の市場確保ないし農作産品等の英国内輸出増進のみのためならず、日本織物が英国製品の脅威のみならず、日本製品はきわめて広範囲において豪州産業にも脅威を与える。
(2) 日本政府は豪州政府の対日関税変更の権利に対して決定的挑戦をなしたが、自尊心ある如何なる政府といえども外部よりの指図を容認しうるものではない。
(3) 諸外国との貿易進展のため努力中だが、欧州の現状では困難が多く遅延することは免れない。
(4) 特別議会の召集は何等益するところがない。
(5) 日豪両国間の通商交渉関係の往復文書を全部公表し、一般の判断に委ねることは政府の欲するところであるが、暗礁に乗り上げている現状を解決するためにむしろ有害だと考える。

一方、豪州牧羊羊毛業者組合は6月24日に緊急会議を開き対策協議を行った。その結果、豪州政府の関税政策を支持し、対日羊毛輸出の激減の対策として欧州の金本位諸国へ輸出回復促進のため適当な貿易助長策を講じることを求める決議を行った[82]。また、ライオンズ首相は6月25日のラジオ放送の中で日豪通商紛争についてふれ、「今回日本と濠洲間に発生した商業上の紛争は全く日本における物価下落から起つたもので二十五日から日本政府は濠洲に対する通商擁護法を発動させたがこれはこゝ数週間来非公式ボイコットの形式で既に実施されてゐたものである。濠洲は日本の綿織物に対して十分な割当をなすだけの用意があつたのであるが益々増大しつゝある日本商品の流入は濠洲における物

価下落を招来しこれは延いて英国商業を脅威し豪洲産業を脅威することになる。そのため連邦政府は大英帝国の通称ブロックの一環として止まり併せて豪州の生活水準の維持を図ることに決したものである」[83]と述べた。このように、豪州羊毛業者にとって日本の豪毛輸入の減少は深刻な問題であり、大きな反発も出てきた。豪州政府の駐日商務官ロイドは6月27日に外務省を訪問し、通商擁護法発動に伴う日本政府の豪州羊毛輸入制限方針について質問を行った[84]。

日本の対豪通商擁護法発動に関する勅令内容に対して、ガレット通商条約大臣は6月30日に豪州国内新聞関係者に対して、「日本の対豪報復的措置は羊毛、小麦、麦粉に対する輸入制限の方法及び数量が不明のためこれらの濠洲輸出に與へる不安は極めて大きい。その他五割の付加税および日本民間の自発的不買をも併せ考へる時は日本側の措置は事実上濠洲品輸入の全禁止を意味している。これに反し濠洲側の執りたる措置は英国及び外国品の濠洲市場における競争を不可能ならしめたる日本織物の制限を目的としたに過ぎず、而かも日本織物には十分の分け前を保たしめてゐる」[85]と述べ、日本側の通商擁護法は豪洲側のとった高関税政策よりも強いという意味のコメントを発している。こうした政府の姿勢に対して、6月30日には全豪羊毛販売業者協議会（National Council of Wool Selling Brokers of Australia）は会長ヤングの名前で「本協議会は曩にライオンズ首相に対し羊毛関係業者と協議せんことを要求し、右協議の結果羊毛業者の支持を受けるために政府の立場を強固ならしめるものとしてメルボルンの羊毛関係業者大会にては円満妥結に至るべきを期待し暫く沈黙を守ることにしてゐたが事態は再検討を要することとなつた。然かも政府は羊毛業者の事情に十分の考慮を払つていない。従つて今は国民の常識と政治的公正とに頼る他なし。我羊毛市場における国際競争を阻止する措置を執るべからずとの原則は既に政府に受諾せられてゐるのである。現状は羊毛関係業者も一般国民もこれを軽視してはならない」という内容の声明を発表し、豪州政府の方針に反対を表明した[86]。

日豪貿易の途絶によって影響を受けるのは、羊毛など繊維業ばかりでなく、海運業にも及んだ。神戸市商工課では通商擁護法の神戸市に及ぼす影響を調査

した。これによれば、従来の羊毛輸入75万俵が3分の1の25万俵になれば、海運業に及ぼす影響は羊毛1俵当たり運賃10円50銭として520万円、小麦1トン当たり7円として210万円、その他雑貨の運賃100万円となり、合計830万円の運賃減となると見積もられた[87]。また、商工省では7月2日に豪州羊毛および小麦に対する輸入許可制実施後の善後処理に関して関係輸入業者、羊毛工業会ならびに毛織工業関係業者を本省に招き、輸入の手続き、取り扱いその他に関する事務的打ち合わせを行った[88]。

こうしたなかガレット通商条約大臣は7月2日に書面をもって、村井総領事に次のように提案をした。

(1) 輸入許可制度改正（5月23日の許可制度適用品目に追加）をすることに決定し、7月3日の官報に告示すべし。
(2) この告示は7月9日まで有効とならず、同日前日本積出のものは輸入しうるものとする。
(3) 日本政府が通商擁護法を発動した結果、本令の公布のやむなきに至った。
(4) 日本からの輸入の主要綿布及人絹布は新許可制適用品目には加えていない。また、商議再開の如何にかかわらず、1936年9月30日に終わる割当であり、絹布は客年同期と同金額までその輸入を許可すべし。

この提案に対して、村井総領事は7月3日にモーアに対して電話にて新許可制度公布の停止、速やかな日豪商議の再開を説得したが、豪州側としては日本側が通商擁護法の適用を中止しなければ商議に入り難き旨を語った。同日、ガレット通商条約大臣は、村井総領事が書面をもって新許可制公布延期方を要求あれば7月7日までこれを延期すると語った。日本側は7月7日に村井総領事に対し、新許可制を実施することなく商議を再開することが最も懸命であるという内容を訓電した。翌8日、村井総領事とガレット通商条約大臣はキャンベラで会見し、口頭を持って極力説得を試みた。しかし、豪州側は日本側の措置がほとんど豪州側輸出品の全禁止に等しく、豪州側の措置と比例しないなかで

商議に入るのは困難という主張を繰り返した。また、日本側は7月9日付をもって通商擁護法の適用を停止することは困難であり、豪州政府も同様の措置を取るほかなくなったのである[89]。

こうして、豪州は日本の通商擁護法に対して、報復的に7月7日に第二次輸入許可制として特別許可制を公布し、翌8日から実施した。これは、5月23日実施の関税改正に伴って行われた一般輸入許可制（英帝国品以外の各国品に適用、86品目に及ぶ）に加え、日本輸出品を対象とした輸入許可制であり、対豪輸出7,000万円のほとんどに適用されるものであった。ただし、その内容は適用品目が明示されただけで、許可数量は明らかにされていなかった。日本側の通商擁護法発動による対豪輸入許可制が制限数量を明らかにしていなかったと同様に、第二次輸入許可制でも制限数量は明らかにされていなかった[90]。豪州の第二次許可制の適用範囲は、対豪輸出の約3割8分に及んだ。主たる品目は装飾品、糸類、ファンシーグッズ、ガラス製品、陶磁器などであった。

ライオンズ首相は、7月8日の閣議閉会後にステートメントを発表し、「豪洲政府は何等報復的意図のもとに今回の措置に出たものではない、吾人の唯一の目的は問題の友好的解決のための商議の公平なる基礎を確立するにある、日本が豪洲産品の輸入を禁止した以上豪洲としては現状のまゝで商議を再開することは出来ぬ、そこでやむなく今回の措置に出た、これをもつて日豪両国は均等な立場に立つて妥協交渉を進めることのできる状態になつた、今後報復的手段を相互に一時停止するか或は相互に実施し続けるか、いずれにせよ全く同等の基礎にたつて交渉を続けたい」[91]と述べた。さらに、ライオンズ首相は「日本の措置は殆ど全部の対日輸出阻止にして且差別的なり、日本政府及民間の措置に依り日本と豪洲との貿易は片貿易となり、日本よりの輸出あるのみなり、日本の輸出は現在でも殆ど平常と異ならず、一九三六年内日本織物輸出の減少は十万磅を超過せずと見積らる、日本政府は右の如く豪洲の輸出を阻止したる後、商議再開の希望を表し居るも、現在基礎の下にては商議の再開不可能なり」[92]と述べ、豪州側の強硬姿勢をみせた。ランカシャー遣豪使節団から英国に帰国したトムソンは、7月10日の『マンチェスター・ガーディアン』のなか

で豪州の取った輸入許可制に関して、「長き海岸線と劣弱なる国防とを有し、其国防に付期待す可き英国よりは著しく近距離に日本を有する濠洲が斯かる措置に出でたるは果敢なりと云はねばならぬ」と評価した[93]。また、アイルランドの『アイリッシュタイム』は8月19日に「黄禍」と題して論説を掲げ、「ダブリンに於てさへ日本製織物は馬鹿気た廉価で買ふことが出来、之に対しては欧米の製造家は一日一握の米で生存することが出来ぬ、日本の生活程度は言語を絶して低いのである、斯かる事情が続く限り日本の輸出貿易は欧州者の競争者を犠牲として繁栄を続けるであらう、ライオンズ首相は英帝国の為に勇敢なる態度を取つた」[94]と評価した。

一方、N・S・W牧羊業者協会理事総会が7月8、9日の両日開催され、同協会は全豪牧羊者会議（Australian Wool-grower's Council）のケリイ会長と牧羊者組合連合会（Grower's Federal Council）のボイド会長およびアボットらが主張する「政府の関税引き上げ反対」を支持した[95]。また、7月15日にはクイーンズランド州の牧羊業者協会（United Graziers' Association）は、最高会議において政府の関税政策について牧羊業者と協議をせず、また議会の討議も行わず決定したことに対して非難し、政府は羊毛価格の下落による損失を補う手段を取るべきであるという決議をなした[96]。

このように豪州政府の輸入許可制が実施に移される中で、政府を支持する論調も多かったが、羊毛業者たちの高関税反対の声は大きくなっていった。しかし、豪州政府は英国との新肉類協定が1年半の交渉を経て妥結を見ており、英国はビーフに関して現在の数量を増加することを保障することになっていた[97]。7月8日には『ヘラルド』紙が新肉類協定の内容を掲載し、翌9日には論説で「今次の肉類協定にて英国が濠洲に有利なる条件を與へたるは正に濠洲側の互恵政策に依るものにして、英国市場の確保及発展は自治領側の特恵政策と対応せしむべきものなり、（中略）濠洲側の日本織物制限は他国の為したると同様のことを為し居るものにて、濠洲の輸出貿易の現在及将来は英国に繋り居り、オタワ協定の基礎の上に建設を為さゞるべからず、英国側今次の態度は英国も此事実を認めたるものと見るべしと論ず」[98]と述べた。このように、羊毛業者

たちの反対にもかかわらず日本織物に対する高関税が導入されたのは、豪州の対英国肉類貿易の拡大と引き換えに実施に移された面もあったといえる。

　1936年7月9日、ガレット通商条約大臣は村井総領事に対して、日本政府が対豪通商擁護法の適用を停止すれば豪州政府も特別輸入許可制を停止し、停止しなければ現在のまま商議を進めることを希望すると述べた。また、ライオンズ首相も、7月10日から日本商品に対して輸入許可制を拡大実施するにあたって、前日の9日に商議再開の用意があることを提議した。日本側はこうした豪州側の商議再開の希望に関して、豪州では9月の新羊毛年度が間近に迫っており、輸入制限は羊毛取引に影響を与え、豪州国内の政治問題にもなると見なしていた[99]。実際、日本の羊毛買付は、1935年度から1936年度分のうち1936年4月までに買い付けた分は66万3,000俵であり、前年同期に比して20万9,000俵の増加となっていた。前年度買付高は68万3,000俵であり、この時期までに前年度並みの買付が行われていた。新毛出回り期は9月であることから、日本の報復策に対する豪州の影響は9月以降と考えられていたのである[100]。

(3) 日本側の強硬姿勢と国内産業界

　日本側は綿布、人絹布に対する高率関税撤廃の意思を豪州側が表明しない限り、豪州側の意思が緩和したとはいえないとし、高関税撤廃まで交渉再開には応じない立場をとっていた[101]。外務省は7月13日に対豪貿易に関する日本政府の方針を談話形式で発表して、新関税を停止せぬ限り通商擁護法実施の停止には応じられないと主張した[102]。7月22日には村井総領事がガレット通商条約大臣に対して「帝国政府は現存の基礎において新通商条約締結の交渉を再開する用意がある」旨を回答し、日本側の通商擁護法と豪州側の高関税政策が同時進行する形で、交渉の開始を待つ形となった[103]。

　日本政府の豪州政府に対する強い対抗姿勢を反映して、繊維関係団体の対応も活発化していた。日本羊毛工業会では7月6日に新大阪ホテルで正会員会を開催し、7月2日の官民協議会（東京で開催）に関する川西清兵衛理事長の状況報告を聴取したのち、当面の問題について委員会を設置し具体化を図ること

になった。この当面の問題とは、第一に豪州羊毛の輸入制限にあたりこれを統制する機関を作ることであり、川西理事長、伊丹製絨所、東洋紡績、日本毛織、中央毛糸、宮川モスリン、新興毛織をもって委員会を設置し、具体案を作成することになった。また、羊毛国策の樹立にあたり今後商工局との折衝の必要が多くなるため、日本毛織、東洋モスリン、東京モスリン、沼津毛織、鐘紡、新興毛織および理事長をもって交渉委員会を常設し、同委員会は羊毛代用としてステープル・ファイバーに関する諸般の調査を実施することになった[104]。一方、南米羊毛の輸入業者は日本羊毛同盟会を組織することになり、7月6日に大阪の綿業会館で創立協議会を開催し、商工当局に対する同盟会結成の陳情書を決議した。この日本羊毛同盟会の加盟会社は、加藤合名（神戸）、日商（大阪―伊藤忠は保留）、瀧藤（名古屋）、太平洋貿易（横浜）、野澤組（東京）の各社であった。なお、南米羊毛の輸入高は1935年度で1万5,000俵（豪毛俵に換算）であり、値段は豪毛に比較して1割2、3分から5分程度高値であった[105]。また、各社、繊維関係団体は南阿、南米に駐在員あるいは出張員を送り込んで、現地調査に乗り出した[106]。

外務省通商局でも豪州以外の羊毛輸入に関して調査を開始した。7月15日には外務省通商局長から商工省貿易局長に対して、ニュージーランドは目下日本品阻止の噂があるが、これを阻止するとともに、アルゼンチンに対しては公定為替補償を有利に獲得し、南阿連邦に対しては日本品に対する為替ダンピング税の廃止と通商取極締結等の実施を期する所存であると述べた。さらに、次のような意見を求めている[107]。

(1) 日本が豪州以外の羊毛生産国から購買しなければならない羊毛の数量（ポンド及び俵）は全体としてどのくらいになるか。
(2) 豪州以外の羊毛生産国の何れの国からどのくらいの数量を購買することが日本にとって最も合理的かつ有利か。
(3) 日本がこのように羊毛を購買するに当たり何等の補償方法を講ぜられるか。

(4) 目下計画中と伝えられている日本の羊毛関係業者の羊毛輸入組合はいつ頃結成されるか、またこの組合に対して豪州羊毛以外の羊毛輸入にあたっておおよそ如何なる特典を与えられる見込みか。

(5) その他の参考となる事項は何か。

　こうした日本政府の強硬姿勢に対して、対豪通商擁護法によって影響を受ける地方の毛織業者、石鹸業者などは対応を協議し、政府に陳情を行った。たとえば、全国毛織物工業の約8割を占める愛知県毛織物業者で組織された大日本毛織工業組合連合会では、政府の羊毛輸入制限や統制によって原糸不足にならないよう1936年7月10日付で総理大臣、内務大臣、外務大臣、商工大臣宛てに陳情書を作成し、16日に陳情した[108]。また、豪州産牛脂の輸入に対して従価5割の関税を附加された石鹸業者のなかでは、東京石鹸製造同業組合が同年7月に「通商擁護法ニ依ル豪洲産輸入牛脂課税ニ付代用原料タル大豆油等ノ免税ニ関スル嘆願書」[109]を作成して外務大臣宛に提出した。一方、豪州政府の第一次・第二次の輸入許可制によって影響を受ける業界も出てきた。セルロイド関係業者もその一つであり、大阪セルロイド組合連盟の7団体（大阪セルロイド同業組合、日本輸出セルロイド櫛工業組合、日本セルロイド腕環工業組合、日本セルロイド刷子工業組合、大阪セルロイド玩具容器工業組合、大阪化粧刷子工業組合、大阪セルロイド生地卸商業組合）は1936年7月20日に陳情書を作成し、本業界は「事業形態ガ家庭工業ナルヲ以テ忽チ救済ヲ要スルモノ鮮カラザル実情ニ遭遇致居候」[110]と打撃状況を外務大臣に陳情した。さらに、7月25日には大阪セルロイド組合連盟が再び陳情書を作成し、豪州政府の輸入許可制実施によって打撃を受ける職工数は豪州向製品関係職工が752名、豪州向製品製造下請負業者使用商工が488名に上ると報告した[111]。大阪セルロイド組合連盟は8月6日にも陳情書を通商局長第三課若松虎雄に提出し、その後の個人会商によって取引先との妥協を見たところもあるが、対豪停頓荷物は解決したものが7万8,881円、妥協のものが34万8,464円53銭、解決不能のものが19万9,837円20銭になるものと報告し、融資等によって救済を求めた[112]。また、日

豪通商交渉において綿布、人絹布等の輸出、羊毛、食料品の輸入品が言及される一方で、京阪神貿易商工業者有志は輸出雑貨類の輸出についてあまり言及されてこなかったとして、1936年8月に「濠洲貿易に就いて上申書」を作成した。このなかで、京阪神では約3,000軒の商工業者は店員、職工、下請工場従業者および家族を含め約25万人に及び、これらの多数は豪州向諸雑貨製造輸出によって生計を営んでいる。したがって、豪州の輸入許可によって輸出雑貨商は多大な影響を受けており、今後の通商交渉において雑貨が無条件で輸出できるよう交渉を願いたいと述べた[113]。同様に、屑物商も毛屑、毛襤褸類の輸出禁止、輸出制限の影響を受けた。同年6月29日には愛知県屑物商組合連合会、名古屋屑物商組合などが、対豪通商法によって屑物行商人の生活が脅かされるとして外務大臣に陳情書を作成した[114]。大阪屑物小組合、名古屋屑物商組合、東京屑物商組合も連名で毛屑、毛織襤褸類の輸出禁止、輸出制限による屑物商への影響を陳情した。また、大阪屑物商組合は同年7月29日に再陳情書[115]を作成し、別紙の理由書において古羅紗屑ならびに古毛布屑類、飛毛、落毛、解毛糸屑、フェルト屑は国内紡毛工業に使用不適ならびに過剰品種として除外の対象にしてほしいと要望した[116]。このように、豪州政府の高関税実施と日本政府の対豪通商擁護法は、輸入業者のみならず輸出業者に対しても大きな影響を与え、とくに中小企業経営への打撃は甚大であった。なお、8月25日には大阪羊毛輸入統制協会の創立総会が開催され、商工省統制課長、羊毛輸入同業会および羊毛工業会の全会員が出席して定款を可決した[117]。

　こうしたなかで、日豪貿易の途絶に関して、日本側の楽観的見解を示す意見もでてきた。たとえば、対豪輸出が途絶したとしても、日本は輸出総額の3.3%を失うにすぎず、逆に豪州は対日輸出の途絶によって輸出総額の10.7%を失う。豪州の失う輸出品は羊毛と小麦であり、日本は羊毛の分散買付とステープル・ファイバー工業の振興によって毛織物工業の基礎を確実にできる。小麦に関しては、豪州の小麦輸出の55%が英国、20%が日本、支那が18%である。支那に輸出される過半は満州国に輸出されているから、豪州は日満ブロックに対して約30%の輸出を失い、日本はカナダ、米国などに代替地を求めることができる

から影響は少ないという見解である[118]。また、谷口吉彦は「日豪貿易の危機」という論文の中で、日本は豪州羊毛輸入80万俵のうち30万俵を南米およびニュージーランドに転換し、25万俵を南阿から買い付けし、残りの25万俵を豪州買付と国内対策（ステープル・ファイバーの増産、混織、消費の節約等）によって豪州羊毛買付を最大3分の1に減少できると見積もった。その上で、「羊毛工業は生糸・綿糸・人絹に次いで、吾が国民に残されたる唯一の繊維産業であり、如何なる圧迫を蒙つても、結局は世界的水準に達すべき吾国の新興工業である。なるほど今日までの所では、濠毛輸入の数量は英国に及ばないけれども、その発展の趨勢より推算するならば、遠からず英国を凌駕して、世界一の濠毛顧客となるべき運命にある。之は同時に濠洲経済の繁栄と発展に外ならぬ。原料供給国たる濠洲と、製造工業国たる吾国との間には何等の矛盾も衝突もなく、相互に永久に繁栄し発展しうる根拠がある。ただ第三国の政治的介入のために、両国の関係が歪曲されてゐるに過ぎない」[119]と述べた。ただし、羊毛の分散買付には価格面での問題もあった。東京モスリン常務取締役の楠本吉次郎は「羊毛工業と目下の濠洲問題」という講演の中で、豪州羊毛に対して南阿羊毛は1俵当たりにつき50円高、南米は35円高であり、豪州羊毛の代わりに南阿から10万俵、南米から15万俵買うとすると、南阿で500万円、南米で520万円の合計1,020万円増となると指摘した[120]。

　このように日本側では羊毛の分散買付とステープル・ファイバーなどの代替繊維の議論が進んでいたが、日豪貿易に関連していた地方の中小企業には多大な影響を与え、多くの陳情が行われることとなった。しかしながら、日豪両国の強硬姿勢によって日豪貿易断絶を解決する糸口が見出せないまま推移していた。

第4節　日豪通商紛争の一時的妥結

(1) 日豪通商交渉の再開と羊毛市場

　通商擁護法の発動は、日豪貿易および英国の輸出にも影響を与え始めた。ま

ず、日本の豪州への輸出は豪州高関税によって影響を受け始めたが、豪州政府も日本側の羊毛、小麦などに対する輸入禁止的制限によって打撃を受けた。前述のように、1936年7月に入ると村井総領事とガレット通商条約大臣との会見が重ねられていたが、豪州側の対日方針が十分誠意ありと認められない以上、日本側としては会商再開の具体的交渉には応じられないという方針をとっていた[121]。こうしたなか、7月23日にライオンズ首相は日豪通商交渉を再開すると発表した。外務省は豪州側がいかなる具体的な提案をしてくるかを見極めた上で、交渉を進展させるか、あるいは単に提案を聞くにとどめるか、を選択しようとしていた[122]。

1936年8月28日、豪州側からの再開督促に日本側も応じ、日豪通商交渉が再開された。これ以降、村井総領事とガレット通商条約大臣との間で協議が続けられ、9月2日には豪州側が通商紛糾解決に関する具体案を提示し、ガレット通商条約大臣は日本側に対して速やかな解決を要望した。この具体案は、日本織物（綿布人絹布）数量を8,000万平方ヤード（袋用「カリコ」を除く）に制限し、対豪通商擁護法に基づく勅令の廃止を条件として日本の綿布および人絹布に対し5月23日実施の改正税率を半減しようとするものであった[123]。この具体案は、日本綿布および人絹織物の輸入数量を若干緩和したものであり、綿布および人絹織物の最低輸入価格の協定を盛り込み、特定価格以上の高価人絹布に対しては関税引き下げを行い、さらに重要日本商品の輸入に対しては最高許容数量を設けることを含む内容であった[124]。この具体案提示に対して、村井総領事はこれを政府で検討することで一時的に交渉を打ち切った[125]。

日豪通商交渉が再開される中、1936年度のシドニー羊毛競売が8月31日から開始された。31日の出荷高は総計1万1,067俵で、そのうち9,664俵は競売で、323俵が個人取引で売却された。競売は専らヨークシャー筋およびドイツ筋によって行われた。日本筋の評価人も競売開始前に陳列場に現れ、競売開始後も売買状況を終始熱心に注目していたが、入札は全く行わなかった。同日の相場は、前期末と比較して上等品は5％ないし7.5％の高値であり、中等品および下等品も7.5％ないし10％の高値を示した。これは、豪州側が羊毛の出市数・

表2-2　豪州の羊毛在荷高

(単位：千俵)

	1936年10月末	1935年10月末
シドニー	522	463
ブリスベン	132	92
ビクトリア	310	274
アデレード	93	98
パース	43	63
タスマニア	1	1
合　計	1,102	993

出所：『東京朝日新聞』(1936年11月14日) により作成。

品質を制限したことに加え、イギリスと日本の競争を回避しようとするドイツならびに欧州筋が日本の初市見送りによる安値を予想して殺到した結果、高値となったのである[126]。しかし、9月1日の競市出品高は僅かに8,200俵強にとどまり、銘柄も普通品が大部分であった。英国とドイツは買い気を示したが、売れ行きは8割にすぎなかった。相場も5分程度下落して、早くも市場崩壊を示し始めた[127]。シドニー羊毛市は、9月4日に入って上値は良好なものの、中等品以下は初日に比べて5分以上の値下がりを示した。当初、新聞各社はシドニー初市を楽観視していたが、次第に状況が厳しいことを報道し始めた。『デーリー・レーバー』紙も今シーズンの損失は約775万ポンドに達し、日本の不買は豪州に重大な金融上の困難をもたらすであろうと報道した[128]。実際、1936年10月末現在の豪州における羊毛在荷高は、日本不買の影響を受けて1935年同期より10万9,000俵増加し、とくにシドニー、ブリスベン、ビクトリアでの在荷高が激増した（表2-2）。

9月14日、日豪通商交渉は再開された。しかし、日本側は豪州提案に関して承服しがたい旨を通告した。これにより、日豪通商交渉は決裂し、約3週間にわたる交渉は実を結ばなかった[129]。豪州国内では、日豪通商交渉の進展に関して不満をもつ地方党の一部議員も見られるようになり、豪州政府としても対応に迫られることとなった[130]。9月29日には労働党首領のカーティンが、豪州議会で日豪間の折衝内容と日本側の提案について質問を行い、さらに豪州の利益を考えマンチェスターの考えでこの問題を処理することには反対であると言明した[131]。

10月2日には東京朝日新聞記者の会見要求にガレット通商条約大臣が応じた。この会見において、ガレット通商条約大臣は村井総領事との交渉は続行中であ

り、羊毛の値下がりも見られるが羊毛業者は採算が取れており、豪州にとって羊毛以外の主要産品（肉類、バター、果実類など）を英国に販売しなければ豪州農村は羊毛の値下がり以上に大打撃を受けるであろうと述べた。さらに、10月3日には通商局を通じてガレットの回答文が記者に手渡された。これによると、豪州政府が対日政策を取った経済的理由は次の3点であることを主張した[132)]。

1．豪州の羊毛、小麦は勿論、その他の主要産物、すなわち肉類、バター、砂糖、果実類の輸出は大部分英国本国を市場としている。日本も羊毛、小麦の良い買い手であるが、これ等の商品においても英国の豪州商品購入は日本をはるかに凌駕している。したがって、豪州にとりこれ等の商品の英国市場喪失は豪州農民に破壊的影響がある。
2．この豪州の対英輸出に対して豪州が報恩的に英国より購入できる商品は織物類である。英国よりの対豪綿布輸出はオタワ協定における英豪関係の最も重要な点であった。豪州政府は英国の豪州産物に対する特恵的取り扱いに対して豪州における織物販売市場で英国品に特恵を与え、日本品を制限せざるを得なくなった。
3．ここ数年の日本綿布、人絹織物の対豪輸出の急激な増加に原因がある。日本の急激な輸出増加は、価格の低落と為替暴落を原因としている。日本の輸出業者が急激に価格を低落しなかったならば、このような紛争は起こらなかったであろう。

ガレット通商条約大臣は、紛争の早期解決を望みながらも、弱腰になって妥協的態度にはならないと言明しており、日豪通商交渉の前途は多難と見られていた。10月1日に豪州政府は村井総領事に通達を送って新提案をなした。これは、日本織物輸入数量を1億平方ヤードにすることを提案したものであるが、外務省は断固強硬姿勢を貫いたため進展はみられなかった。外務省としては、羊毛買付を豪州から新西蘭、南阿、南米諸国等に変更する羊毛分散買付主義に

移行しており、また国内の人造羊毛工業の発展もみられることから日本側の損失は豪州側よりも低いとして提案を却下していた133)。こうしたなか、10月4日には南阿羊毛が商船「めるぼるん丸」(5,423トン)によってポート・エリザベスから南阿羊毛第一船として1万4,718俵を詰め込んで出港した。1935年度の南阿羊毛買付総量は1万4,800俵であり、1936年度は第一船だけで1935年度分とほぼ同量の阿毛を買い付けたことになる134)。

日豪通商交渉の停滞に対して、10月末になると豪州国内の民間側は豪州政府に対して対豪織物輸出数量を1億平方ヤードからさらに2,000〜3,000万平方ヤードを譲歩して交渉を進めるべきだという機運が進展してきた。10月25日の『シドニー・サン』紙は東京特電として『東京朝日新聞』の記事を掲げ、「濠洲羊毛買付数量は大体において四十万俵を妥当とする意見に傾きつつあり之に対し濠洲政府は一億二千乃至三千万ヤードの日本織物を輸入許可して日濠折衝は一応妥協に到達するのではないか」135)と報じた。ライオンズ首相も同紙の取材に対して「日濠通商の前途は楽観され日本濠洲にとつて共に満足なる協定成立の可能性はあると思ふ。交渉はデッドロックの状態にあるのではなく引続き進行中である。然し今其数字を明示することは出来ない」136)と述べた。10月27日の『シドニー・グラフ』紙は「日濠間の紛争は十一月中に解決するであらう。最初濠洲政府が提出した日本織物輸入協数量八千万平方ヤードは駆け引きの数字に過ぎないので結局濠洲側はこの数字の引上げを行ふと思う」137)と報じた。また海運新聞『シッピング・リスト』紙は10月27日の社説で「伝えられるところによれば日本は四十万俵の羊毛を輸入せんとするが如くであるがこれに対して濠洲においても目下のところ政府は日本の織物輸入を一億平方ヤードに限定する方針である。しかし一方当地財界の観測によれば過般設立された羊毛関係業者四名及び閣僚四名より成る日濠折衝に関する政府の特別諮問委員会はこの数字を一億二千万平方ヤードにまで引き上げること建言せんとしてゐる」138)と報道し、豪州においては日豪交渉が進展するという楽観論が広がっていた。

一方、日本国内では日本羊毛工業会が「濠洲羊毛輸入ニ関スル陳情書」139)を

1936年11月4日付で作成し、外務大臣に陳情した。この陳情書のなかで、日本羊毛工業会は9月以降に南阿から10万2,000俵、南米より5万4,000俵、ニュージーランドより2,000俵を買い付けて通商擁護法発動の国威順応を示していることを強調する一方、南阿羊毛1俵当たりの買付奨励金15円は、豪毛との値鞘約60円に比較して4分の1にすぎず、南米羊毛も同様であると主張している。この一部を羊毛製品の消費者に転嫁することもできるが、こうした買付奨励金は製品価格の昂騰を招き、国内消費者の負担を加重する。また、豪州以外の少産毛市場にのみ依存すれば、南阿、南米羊毛市価の上昇を招く。羊毛工業者は豪州以外の原毛買付のほか、操業短縮、人造繊維の混紡等を行って対処してきたが、業界の困憊は豪州羊毛不買の現状を許さないところまで逼迫している。こうしたところから、豪州羊毛の輸入を許可し、羊毛工業者のみ過大の犠牲を払わせないように賢慮されることを切望すると陳情した。日本羊毛工業会でもこれ以上の豪毛輸入の断絶は経営的に苦しくなっていたのである。なお、豪州政府は10月29日にベルギー、チェコ、南阿との間に新通商条約を締結した[140]。

日豪通商交渉は9月中旬より停滞状態に入っていたが、10月末頃からの両国民間業者の間で交流促進の機運が高まってきたことと、豪州政府から再三にわたる新提案が行われたこと等により11月11日に約2カ月ぶりで交渉が再開されることになった。交渉再開において、日本側は織物輸入数量について1億5,000万平方ヤードを主張し、羊毛数量最大限度は40万俵を超えない程度を要求するものと見られていた[141]。

11月11日、村井総領事とガレット通商条約大臣の会談は午前と午後の2回にわたって行われた。日本側は新納領事、豪州側はモーア条約局長が同席した。村井総領事は日本の新回訓に基づいて日本の対案を説明し、もしこれにより解決できなければ日豪会商は到底成立の見込みはない旨を仄めかした[142]。会談終了後、村井総領事は「今日の会商は日本側の対案を声明したに過ぎない、従って濠洲側はこれを閣議に諮り回答して来るまでは果して交渉が設立するか否かは言明出来ないが話は大体において順調に推移してゐるので前途し必ずしも悲観したものではない」[143]と語った。また、ライオンズ首相は「日本の提案

を見たがこれを拒絶する理由はないと思ふ。交渉の前途は引続き有望である。しかし最後的決定を見るまでにはこゝ数日を要するであろう」[144)]と語り、日豪ともに通商交渉を楽観視する声が高まってきた。これを反映してシドニー市場の豪毛相場は、メリノ64-70番が34ペンスから35ペンスとなり前週に比して5分ないし7分の上昇を示した。出市高は1万2,000俵見当で、出来高は9割から9割6分に上昇した。買手は英国、フランス、ドイツ、ベルギーなどであり、日豪会商設立後の日本筋の買い進みによる市場昂騰を見越してのものと見られていた[145)]。

11月12日、村井・ガレット会談が関税省において午後行われた。この会談で、豪州側は日本の提案に対して多少の修正を要望したため、村井総領事は13日に一旦シドニーに戻り、外務省にこの点についての請訓を仰ぐことになった[146)]。この修正要求とは、豪州からの羊毛輸出量と日本側の織物輸出量とを数量的にリンクさせる基本数量に関するものであり、修正は微少であることから日本からの回訓をまって交渉は再開されるものと予想された[147)]。豪州政府は5月23日から実施された関税改正案の審議を延期するとともに、有効期限を11月22日よりさらに2週間延長することに決し、これを議会に提出することになった。日豪通商交渉の進捗状況が良好なことから、新関税案の審議を延期したのである[148)]。11月18日、豪州連邦議会は高率関税法案を差しあたり12月7日まで有効とする件を可決した。極めて短期間の期限を付したのは、日豪通商交渉の成立を見越してのことであった[149)]。

日本政府の回訓は11月18日にシドニー総領事館に到着し、19日からガレット通商条約大臣との交渉が再開されることになった[150)]。しかしながら、11月20日の村井・ガレット会談は僅かに30分で終了した。日本側は豪州羊毛許可数量40万俵に対して織物最高輸入数量1億3,000万平方ヤードを主張したのに対して、豪州側は1億2,000万平方ヤードを主張し、1,000万平方ヤードの開きがあった[151)]。翌21日にも村井・ガレット会談が1時間にわたって行われたが、妥協点を見出すことはできず、日本側の回答に対して豪州側は再修正を要求した。村井総領事は21日にシドニーに戻り、外務省に請訓することになった[152)]。ガ

レット通商条約大臣は、26日の豪州議会において労働党首領カーティンの質問に対して「余は今でも日豪紛争は両国に満足なる形で解決されると信じている。先週の日豪折衝の結果紛争解決は極めて間近かにあると思つてゐる。それは両国代表が始めて紛争解決のため基礎案に接近したがためである」[153)]と述べ、日豪通商交渉は解決間近であることを強調した。

　12月1日、日豪交渉が再開された。村井・ガレット会談は午後5時から夕食を挟んで2回にわたって行われた。数量問題で豪州政府は、日本織物輸入数量を1億2,500万平方ヤードまで譲歩したが、成立には至らなかった[154)]。12月2日も交渉が続けられ、この第三次村井・ガレット会談で日本織物の対豪輸出数量および関税問題について日豪間の意見はほぼ一致してきた。しかし、日本の豪毛輸入数量に関して豪州は40万俵以上の買付を要求しており、この点について外務省に請訓することになった[155)]。12月8日にも村井・ガレット会談が行われ、日本の豪毛輸入許可数量について折衝の結果、1937年は1月からの半シーズン、1938年は7月からの1シーズンで豪州羊毛80万俵を輸入許可することとし、この妥協案を外務省に請訓することになった[156)]。豪毛輸入許可数量に関しては外務省、商工省ならびに民間営業者も異議なく、大綱において両国の見解は一致した[157)]。12月12日も村井・ガレット会談が行われ、交渉は頗る友好的に進んだ。豪州側では13日に閣議を開いて日本の回答を考慮し、同日に村井・ガレット会談を開催する予定であり、これは最後の会談になるのではないかと期待されていた[158)]。

　このように、日豪通商交渉は最後の詰めに入っていた。13日の会談後には、日豪新通商協定の原案が作成され、直ちにキャンベラから長文の電報が外務省に打電した模様と見られていた[159)]。しかし、この日の会談では、織物の協定期間で問題が生じていた。豪州側は、羊毛2シーズン（1936年7月から起算して2年間、実質は1937年1月から1938年6月までの1年半）80万俵買付に対して、織物人絹の協定期間も1年半1億5,375万平方ヤードと主張してきた。日豪会商に関する回訓は15日深夜まで外務省、商工省間で慎重に打ち合わせが行われ、最後案が16日に村井総領事宛に発せられた[160)]。12月18日には村井・ガ

レット会談がメルボルンで開催され、日本側からの回答が述べられたが、両者の主張は一致を見なかった[161]。このような羊毛年度と織物年度の食い違いによって日豪交渉は暗礁に乗り上げ、最後の段階で最大の難局に直面することになった。18日夜には村井総領事の請訓が外務省に送られたが、日本からの回答が否定的であれば日豪交渉は再び決裂状態になり、村井総領事が2月に日本に帰国することもあり、交渉再開は明春に持ち越されるのではないかという意見が出てきた[162]。しかしながら、12月20日の日本政府の回訓を契機として再び和協的気運が台頭してきた。12月22日には村井・ガレット会談が行われ、最後案として羊毛輸入は2シーズン80万俵を1937年1月から1年半で80万俵に譲歩したほか、綿布・人絹布は1年半で1億5,375万ヤードにすることで両国の歩み寄りがなされた[163]。この公電は24日午前に外務省に全文が到着したため、直ちに商工、大蔵両省と協議した結果、大体において異議なきものと認め、24日夜にメルボルンの村井総領事宛に回訓した[164]。また、大蔵省では24日に関税調査会幹事会を開催し、対豪通商擁護法発動に関する勅令（六月二十四日勅令百二十四号）の件を審議し、26日午後に首相官邸に関税調査委員会を開催して右廃止に関する勅令公布の件を附議決定することになった[165]。日本政府の回訓は24日午後9時にホテル滞在中の村井総領事のもとに届いた[166]。12月25日はクリスマスにもかかわらず、ガレット通商条約大臣はメルボルン郊外の自宅に村井総領事、新納領事を午餐に招待し、正午から約1時間にわたって日豪会商を行った。この会談において、村井総領事は日本政府の回訓を述べ、日本政府は日豪妥協案に異議なき旨を伝達した。ガレット通商条約大臣は謝意を表し、その受諾を明言した[167]。

12月26日夜、関税調査委員会が首相官邸で開催され、先の幹事会案を附議した結果、異議なく可決された[168]。外務省では、メルボルンの村井総領事に対して直ちに訓電を発した。村井総領事はその旨を豪州政府に伝達したため、ガレット通商条約大臣の代理としてフレッチャー関税省事務主任が村井総領事の滞在するホテルを訪問し、通商紛争解決に関する豪州政府の通告文書を手渡した。これに対し、村井総領事も日本政府の文書を手渡し、約7カ月にわたって

行われた日豪通商紛争は円満に解決されるに至った[169]。

(2) 日豪通商紛争の解決

12月27日、外務省は12月26日にガレット通商条約大臣とシドニー村井総領事の間で交換された日豪通商紛争解決のための通告文要領[171]と外務省談話を発表した[170]。

通告文要領に示された豪州政府および日本政府の主たる妥結点は、要約すると次のようになる。

　（豪州政府側）
(1) 1936年7月8日に実施した日本品に対する輸入許可制を廃止する。
(2) 日本製綿布、人絹布に対し中間税率を付する。
(3) 綿布および人絹布に対する中間税率を1平方ポンドにつき綿布（生地1ペンス4分の1、晒1ペンス2分の1、捺染または染2ペンス）、人絹布4ペンスに引き下げる。
(4) 日本製綿布、人絹布に対し従価5分のプライメージ税を免除する。
(5) 1937年1月1日から1938年6月30日の期間において、日本製綿布及び人絹布の輸入を1カ年5,125万平方ヤードずつ、綿布と人絹布で1億250万平方ヤード許可する。すなわち、この期間に各7,687万5,000平方ヤード、合計1億5,375万平方ヤードの輸入を許可する。

　（日本政府側）
(1) 通商擁護法に基づく従価5割の付加税および輸入許可制を廃止する。
(2) 1938年6月30日に終る期間において、豪州羊毛80万俵の輸入を許可する。
(3) 1937年1月1日から1938年6月30日の期間において、輸出する日本製綿布及び人絹布を1カ年5,125万平方ヤードずつ、綿布と人絹布で1億250万平方ヤードの割り当てを以て制限する。すなわち、綿布（7,687万5,000平方ヤード）、人絹布（7,687万5,000平方ヤード）に制限する。

このように、日豪間の新しい取り決めが成立したことにより、関税は綿布が従価換算で生地（約3割9分）、晒（約4割9分）、捺染等（約5割2分）、人絹布も従価換算で約4割9分となった。日豪間の新取り決めが決定される以前は、綿布、人絹布ともに10割から14割であったことから、関税は半減されたことになった。ただし、1936年5月の新税率導入以前の綿布は付加税1割を含めて3割5分、人絹布は付加税5分を含めて4割5分であったことから、5月以前より若干の上昇をみたことになる[172]。

日豪間の通商戦は一応の解決をみたが、村井代表は「今回の取極めは必ずしも全部的に見て満足なるものとはいへない。しかし世界経済の現状に鑑み日豪通商紛争を継続することは面白くないので、兎も角今回の如き過渡的措置で紛争解決を見たのは喜ぶべきであらう。明春若松総領事の着任を待つて本格的な通商条約の折衝が開始されやうが親善関係の回復と相まって成功を望んで止まない」[173]と述べ、この通告文が不本意であったことを滲ませていた。一方、ガレット通商条約大臣は「今回の解決は合計一億二千万平方ヤードの日本織物輸入許可することによって到達されたものとしてよいであらう。新輸入税率は去る五月の税率よりも非常に引下げられて従量税に改良され且つ対英特恵関税は維持されてゐる。綿織物は英本国より濠洲に輸入される商品のうちで最も価格が大きく、オタワ会議で同商品は最も重要視された。従て過去におけるが如きイギリス綿布の対豪市場よりの後退は濠洲主要産物の対英輸出に悪影響を被らしめたのである。従て豪州政府の行動は防御的のものであり今回の解決は当初の目的を或程度まで達したといひ得るであらう」[174]と述べ、英国に対する特恵関税を維持しつつ、英国の織物業を支援し、同時に豪州羊毛業の輸出を維持した新取り決めを評価している。

12月28日、商工省では午前中に羊毛業者、綿布人絹輸出業者を招致して第2回羊毛輸入統制官民協議会を開催した。さらに、午後は綿布、人絹輸出業者とそれぞれ個別的に協議を行い対豪貿易統制の大綱方針を決定した。羊毛許可制に関しては、次の4点を決定した。

(1) 買付は1937年1月4日からのオークションより開始する。
(2) 買付の数量、方法等は羊毛輸入統制協会に一任する。
(3) 南阿、南米、ニュージーランドよりは既定方針通り1シーズン38万俵以上を買い付ける。
(4) 以上の分散買付羊毛に対する補償料率は従前どおりとする（1俵につき南阿15円、南米8円）。

　日豪会商の成立により、日本は1937年1月から1938年6月に至る1年6カ月の間に豪州羊毛80万俵を輸入することになった。この輸入割当も羊毛輸入統制官民会議で決定され、1937年1月から8月までに30万俵、9月から1938年6月までに50万俵を輸入することになった。また、1937年の月別輸入数量は、1月9万俵、2月8万俵、3月7万俵、4月から8月までが各6万俵と決定した。なお、綿布、人絹輸出統制に関しては、綿布は日本綿布大洋州輸出組合、人絹は日本絹人絹輸出組合連合会が中心となって行い、このために輸出組合第9条による統制命令を発動することになった。また、輸出の割当等に関する細目取り決めは、当業者間において協議の上決定することになった[175]。

　1936年12月30日、豪州は対日通告の内容を実施する旨の布告をなし、さらに関税規則改正を公布し、1937年1月1日午前9時から実施することが決定した[176]。1936年12月31日、ライオンズ首相はメルボルン発電報で「余は我々が日豪両国間の通商上の諸難関を克服して協定到達に成功したことを頗る欣快とする。而して余は時日の経過に従ひ本協定が両国に満足すべきものとなるであらうことを期待する。仮令将来些少な困難が生起することある場合と雖も余はこれらの困難が今回と同様な友好的精神を以て除去されること、確信する。日豪両国間の友誼的交際は最も希望すべきことであり最近完結した交渉がこの目的に寄与すべきことを余は確信するものである。」[177]と述べた。

第5節　通商擁護法による日豪貿易への影響

(1) 日豪貿易の変化

　1936年の豪州貿易転換政策と日本の対豪通商擁護法の発動は、日豪貿易に大きな影響を与えた。日本からの輸出総額は、高関税と特別輸入割当制のもとで停滞した。1935（昭和10）年の日本の対豪輸出総額は7,479万3,000円であったが、1936年には6,876万3,000円に減少した。対豪通商擁護法の影響を直接的に受けたためであり、両国の和解によって輸出再開が始まった結果、1937年には7,208万円となった。1937年の品目別輸出額では、人絹織物が1,666万7,000円で首位であり、これに次ぐものとして綿織物1,352万7,000円、生糸813万3,000円、絹織物266万4,000円であった。これらの繊維関係品目は輸出総額の約58％を占めており、貿易再開後も対豪貿易において繊維製品が日本の主要輸出品であった。また、玩具はこの3年間を通して200万円台を維持しており、繊維品とともに玩具は重要輸出品の一つであった（表2-3）。なお、日本からの豪州への綿織物輸出は、1937年に5,200万平方ヤード、1938年に6,300万平方ヤード、人絹輸出は1937年に4,200万平方ヤード、1938年に5,800万平方ヤードであり、協定量をほぼ確保した[178]。

　一方、豪州からの輸入総額は、1935年の2億3,512万8,000円から1937年には1億6,525万2,000円まで減少している。品目別輸入額では羊毛が全輸入品の約7割を占めているが、金額的には1935年の1億8,200万7,000円から1936年の1億4,749万3,000円、1937年の1億1,819万6,000円へと急減している（表2-4）。豪州貿易における羊毛輸入の減少が輸入総額に大きく反映している。日本の豪州羊毛買付量は、1937年に31万6,000俵、1938年に25万5,000俵であり、協定量40万俵には達しなかった[179]。豪州からの羊毛輸入量が減少するなかで、日本の羊毛輸入額は1935年の1億9,176万円から1937年には2億9,840万3,000円へと増加した（表2-5）。一方、羊毛の国別羊毛輸入額では、豪州が1936年には

表2-3　日本の品目別豪州輸出額

(単位：千円)

品　目	1935（昭和10）年	1936（昭和11）年	1937（昭和12）年
人絹織物	22,306	18,415	16,667
綿織物	17,176	13,986	13,527
生　糸	4,233	5,231	8,133
絹織物	6,691	4,076	2,664
陶磁器	2,805	2,291	2,599
缶瓶詰食料品	881	946	2,489
玩　具	2,010	2,137	2,276
硝子及同製品	1,048	1,114	1,412
紙　類	205	477	1,176
綿タオル	526	496	904
紐　釦	521	596	669
ランプ及同製品	652	571	565
身辺装飾用品	423	493	558
人造絹糸	1,181	1,223	518
鉄製品	454	460	493
合　計	74,793	68,763	72,080

出所：貿易局『昭和十二年本邦外国貿易状況』（1939年）115-116頁より作成。

表2-4　日本の品目別豪州輸入額

(単位：千円)

品　目	1935（昭和10）年	1936（昭和11）年	1937（昭和12）年
羊　毛	182,007	147,493	118,196
小　麦	30,936	17,392	15,623
皮　類	2,295	1,124	5,023
牛　脂	2,201	747	1,147
牛肉（生）	515	406	744
貝　類	1,332	1,461	
合　計	235,128	181,914	165,252

出所：貿易局『昭和十二年本邦外国貿易状況』（1939年）116-117頁より作成。

輸入総額の73.4％を占めていたが、1937年には39.6％と大幅に比率を落とした。1937年に豪州に次いで輸入額が多かったのは南阿連邦（27.7％）、ニュージーランド（14.4％）、アルゼンチン（6.0％）などであった。日本の分散買付が行われた結果、豪州以外の国からの輸入も増加したのである（表2-6）。なお、1936年の羊毛市価は、9月の開市以来、日本の買い控えにもかかわらず英国、

表2-5 羊毛輸入額の推移

(単位:千円)

年	上半期	下半期	合計
1935（昭和10）年	96,174	95,586	191,760
1936（昭和11）年	167,471	33,426	200,897
1937（昭和12）年	258,003	40,400	298,403

出所:貿易局『昭和十二年本邦外国貿易状況』(1939年) 521頁より作成。

表2-6 国別羊毛輸入額の推移

(単位:千円)

国別	1936（昭和11）年	1937（昭和12）年
満州国	269	526
関東州	4	
中華民国	611	381
イギリス	1,190	1,072
チリ	1,744	2,376
アルゼンチン	6,561	17,713
南阿連邦	17,388	82,762
豪州	147,493	118,196
ニュージーランド	18,316	42,821
その他	7,318	32,552
合計	200,898	298,403

出所:貿易局『昭和十二年本邦外国貿易状況』(1939年) 522頁より作成。

米国、その他の欧州諸国の買付があったため市価は昂騰を続け、11月平均相場は昨年より1割8分騰貴して16.9ペンスとなった。さらに、日豪通商交渉の進捗とともに昂騰し12月平均は17.3ペンスに達し、1928年以来の高値を記録した。豪州主要市場の1936年下半季の羊毛売上高は142万5,000俵、2,750万ポンドに達し、前年同期に比して数量は4万7,000俵減少したが、金額は240万ポンド増加した[180]。さらに、1937年には日本側の羊毛買付が活発化したため、メリノ（64-70標準品）の羊毛市価は1月の1ポンド当たり38ペンスから4月には40.5ペンスに相場が上昇した[181]。

　日本の羊毛工業会は、日豪貿易の途絶によって大打撃を受けたが、この間にステープル・ファイバー工業を育成するとともに、羊毛分散買付主義を確立した。1936年12月19日現在の原毛買付量は、南阿毛19万5,000俵、南米毛14万俵、ニュージーランド毛2万8,000俵であり、これに豪州の原毛40万俵を足せば、76万3,000俵に達した。これに代用繊維再生毛を活用すれば、80万俵以上に達することができた。また、綿布、人絹布の輸出は、日豪貿易の回復により輸出許可量が設定され輸出にも明るさを取り戻した。しかし、従量税の影響を避けるためには輸出品の高級化が必要となり、量的な減少を質的な価格上昇で補足

する必要性も生じてきた[182]。

南阿毛、アルゼンチン毛の輸入拡大は、日本と南阿、アルゼンチンとの貿易構造に変化をもたらした。1936年の日本の対南阿輸出は4,153万3,000円であり、輸入は2,256万1,000円で依然として輸出が輸入を上回っていたが、輸入額が前年に比して急激に増加している。南阿では日本の綿布、人絹、陶器などの重要輸出品に高関税を課しており、日本側からは貿易調整の声が高まった[183]。アルゼンチンも同様で、1936年に日本は2,998万9,000円を輸入していたのに対して、輸出は2,271万1,000円で輸入が輸出を上回った（表2-7）。このように、豪州羊毛に代わる羊毛分散買付の進展は、日本に新たな貿易問題を生じるきっかけとなったのである。

表2-7　日本の対アルゼンチン・対南阿の輸出・輸入額

(単位：千円)

年次	アルゼンチン		南阿	
	輸出	輸入	輸出	輸入
1934（昭和9）年	20,013	12,128	29,539	8,235
1935（昭和10）年	28,601	16,370	32,769	4,761
1936（昭和11）年	22,711	29,989	41,533	22,561

出典：外務省監修『通商条約と通商政策の変遷』（世界経済調査会、1951年）1003頁により作成。

一方、豪州は羊毛、小麦、金属等の一大供給地であり、1936（昭和11）年以来、世界的に原料品相場が高騰したことにより産業、貿易、財政など多くの分野で1928年当時に次ぐ好況がおとずれていた。豪州では第二次国防3カ年計画の第1年度として連邦成立以来の1,153万ポンドの国防予算が組まれ重工業の発達が促進されていたことも、好況を招いた原因であった。同国の1937年度（1936年7月1日から1937年6月30日）の対外貿易は、輸入9,049万ポンド、輸出1億2,800万ポンドであり、前年比でみると輸入9％増、輸出17％増であった。

(2) 日豪貿易と英帝国経済ブロック

日本の通商擁護法発動によって途絶された日豪貿易は、1936年12月末の日豪新取り決めによって一応の合意をみた。しかしながら、この間、政府間はもちろんのこと、豪州の羊毛生産者、日本の羊毛輸入商社、国内の羊毛工業、毛織物工業、毛織物輸出業者、綿織物業者など各方面への影響は甚大であった。

とくに、日豪通商交渉が日本からの綿布・人絹布の輸出、豪州からの羊毛輸

出を主たる争点としていたため、対豪通商擁護法発動当初から綿布・人絹布および羊毛関連業者以外の業種・組合からは輸出・輸入が大きな影響を受けることを危惧してさまざまな請願が行われた。日本毛織物輸出組合（古川鉄治郎理事長）は1936年9月11日に外務大臣宛に「対濠通商擁護法運用ニ際シ我ガ毛織物輸出振興ニ関スル請願ノ件」[184]を提出した。これによれば、毛織物は1935年度に輸出額が3,300万円を超え、その他の羊毛製品を合わせると5,000余万円近くに達し本邦重要輸出品に指定されつつある。全国には200有余の毛織物輸出業者がおり、これら業者の今後の見通しのためにも通商擁護法運用に際して対豪輸出人絹織物対策と同様に毛織物輸出業者にも考慮をしてもらいたいというのが請願の内容であった。さらに、日本毛織物輸出組合は日豪通商交渉が終盤を迎えると、12月23日に外務省通商局長宛に「輸入濠毛割当賦与方ニ関スル件」[185]を陳情した。この陳情では、日豪貿易再開とともに導入される輸入豪毛割当において、国産毛織物振興のために年額10万俵を日本毛織物輸出組合に割当されるよう要求していた。

　日豪通商交渉の難航の原因の一つは、豪州と英国が両国の産業・貿易構造において密接な関連をもっていたことにある。豪州は羊毛、小麦はもちろん、肉類、バター、砂糖、果実類の輸出を英国向けに行っており、これら輸出品の見返りとして、豪州向けの織物輸出は英国にとって重要な商品であった。オタワ会議以降、豪州は英国との特恵を強化しており、英国の対豪織物輸出は最重要課題の一つであった。豪州の総輸入額のなかで英本国の占める比率は1929（昭和4）年には39.8％であったが、1933（昭和7）年には43.7％に上昇した。また、豪州の総輸出額のなかで英国は1929年の36.3％から1933年には49.5％に上昇した[186]。

　豪州が英国との貿易関係を密にしていく一方で、豪州市場には日本からの低価格な人絹布と綿布が年々流れ込んできた。1935年の豪州人絹輸入でみると、日本製人絹は6,580万1,000平方ヤードであったのに対し、英国の人絹は284万平方ヤードで日本製人絹が豪州市場を席捲していた。さらに、豪州の綿布輸入量では1933年には英国の3分の1程度しかなかった日本製綿布は、1935年には

8,663万4,000平方ヤードまで急増し、英国の1億1,834万6,000平方ヤードを追い上げていた（表2-8）。こうした日本製繊維品の豪州市場への流入は、豪州の物価下落や産業の衰退をもた

表2-8 豪州の日本・英国からの人絹・綿布輸入量

(単位：千平方ヤード)

年次	人絹		綿布	
	日本	英国	日本	英国
1933（昭和8）年	21,151	1,497	54,902	145,742
1934（昭和9）年	42,988	2,632	74,499	141,592
1935（昭和10）年	65,801	2,840	86,634	118,346

出典：外務省監修『通商条約と通商政策の変遷』（世界経済調査会、1951年）1003頁により作成。

らし、英国産業および貿易を脅威にさらすものと考えられた。この状態は、英国としても無視できない状況であり、豪州政府が豪州製品の英国での特恵的扱いの見返りとして、英国製品の豪州での特恵的な取り扱いを行い、さらに日本製綿布・人絹布に対して量的制限・高関税を実施したのは自然の成り行きであった。日豪通商交渉の過程においては、日本脅威論、南下政策などが交渉進展の障害になったことも事実であるが、基本的には英国ブロック経済の強化によって豪州政府の貿易および産業政策に大きな転換が行われ、高関税、輸入割当などの措置がとられたのである。

ところで、1937年1月1日から実施された日豪貿易協定は、1938年6月末で満期となり、1938年7月1日には第二次協定が締結され、即日実施された。この第二次協定では期間が1年に短縮され、(1) 日本側が羊毛総輸入量の3分の2を豪州産羊毛に振り分けること、(2) 豪州側は同期間中に綿織物5,125万平方ヤード、人絹およびステープル・ファイバー織物5,125万平方ヤードの輸入を許可すること、が盛り込まれた。さらに、1939年7月1日からは期限なしで協定が継続されたが、いずれかの一方の国の通告によって何時でも廃止されるものとなった。

1937（昭和12）年7月28日、シドニー商業会議所年次総会が開催された。ハーカーズ（R. J. Hawkers）会頭は豪州政府の貿易転換政策を攻撃し、とくに対日通商政策を非難した。すなわち、豪州政府の対日措置は著しい対日輸出超過にもかかわらず輸入を制限する点において、貿易転換もしくは貿易均衡維持の趣旨と反対の措置であり、政府の弁解はただ英国品に競争上脅威を与える低廉

な日本品の排斥にして、また当初日本側の断固たる報復手段を予期していなかったため、この間の日豪通商の被った被害は莫大な額に上った。政府の通商政策は極端な失態を招来したことは明らかであり、会頭はこのような政策が再び政府によって採用されないことを信ずると述べた[187]。

1939年9月6日に英国がドイツに宣戦布告すると、英国は豪州政府と豪州羊毛の独占的な買取契約を締結した。また、豪州では同年9月5日に中央羊毛委員会を組織し、羊毛の輸出統制を実行することになった。同年10月14日には英国政府が豪州およびニュージーランド政府との間で羊毛買上に関する原則的協定を締結したことを公表し、英国および自治領で消費する分以外の羊毛は英国に買い取られた後、英国の裁量で輸出され、両自治領で利益が折半されることになった。日本は交渉によって約30万俵の買付保障を受けることとなったが、第二次世界大戦の開始とともに日本の羊毛買付は極めて不安定な状態に置かれることになった。第二次世界大戦の開始以降も日豪羊毛貿易は限定付で継続されていた。しかし、1941年12月8日の日英米開戦によって日豪貿易は全面的停止状態に陥ったのである[188]。

注

1) 「貿易調節及通商擁護ニ関スル件（法律第四十五号、1934年4月6日）」(『官報』第2177号、1934年4月7日)。

2) カナダとの通商条約交渉に関しては、外務省監修『通商条約と通商政策の変遷』（世界経済調査会、1951年）937-973頁を参照。

3) 「通商擁護法ト加奈陀」、JACAR（アジア歴史資料センター）Ref. A09050565200（第334-336画像目）、昭和財政史資料第7号第11冊（国立公文書館）。

4) 『最近日本・英帝国経済関係ノ経過（第四輯）』（日本経済連盟会調査部、1937年）68頁。

5) 同上、79頁。

6) 「綿布及人絹布ニ対スル各種統計送付ノ件」（第87号、1936年3月19日）、「綿布及人絹布ニ関スル各種統計送付ノ件」（通三機密合第1494号、1936年4月18日）所収、JACAR：B04013564300（第113-129画像目）、日、豪通商条約関係一件　第一巻（B-2-0-0-002）（外務省外交史料館）。

7) 前掲『最近日本・英帝国経済関係ノ経過（第四輯）』79頁。

8) 同上、69頁。
9) 「日濠、日埃両会商の危機」(『東京朝日新聞』1936年4月23日)。
10) 「濠洲紙所論の本邦綿及人絹織物輸入制限問題」(『外務省通商局日報』1936年第117号、879頁、1936年5月23日発行)。
11) 同上。
12) 同上。
13) 同上、879-880頁。
14) 同上、880頁。
15) 同上。
16) 「対濠報復策に通商擁護法を発動」(『東京朝日新聞』1936年4月30日)。
17) 「濠洲の誤解一掃へ」(『東京朝日新聞』1936年5月13日)。
18) 『濠洲の対日高関税と通商擁護法発動迄の経緯概略』(日濠協会、1936年) 20頁。
19) 「濠洲の関税引上結局審議未了か」(『東京朝日新聞』1936年5月16日)。
20) 「濠洲関税改正と通商大臣の演説要領」(『外務省通商局日報』1936年第119号、1936年5月25日発行) 898-899頁。
21) 「対日関税大幅引上濠洲下院声明さる」(『東京朝日新聞』1936年5月23日)。
22) 「世界市場日英の基本的対立」(『東京朝日新聞』1936年5月23日)。
23) 「対濠挑戦対策進む」(『東京朝日新聞』1936年5月24日)。
24) 前掲『濠洲の対日高関税と通商擁護法発動迄の経緯概略』28-29頁。
25) 前掲『最近日本・英帝国経済関係ノ経過(第四輯)』70頁、「八十六商品に輸入許可制」(『東京朝日新聞』1936年5月24日)。
26) 「報復を決議」(『東京朝日新聞』1936年5月26日)。
27) 「断固、濠洲に対し通商擁護法発動」(『東京朝日新聞』1936年5月25日)。
28) 「六団体も声明」(『東京朝日新聞』1936年5月26日)。
29) 「輸入羊毛廿五万俵、濠洲以外に求む」(『東京朝日新聞』1936年5月27日)。例年、ブリスベンでの最終競市には約15万俵が出市され、日本商社ではこのうち3〜4万俵を買い付けていた。日本羊毛工業会は、6月2日からブリスベンで開市される豪毛最終競市での豪毛買付を見送り、9月から始まる新羊毛年度の買付は3分の1 (25万俵)を買い控え、これを南阿、南米、ニュージーランドなどから補給しようとした。
30) 「濠毛輸入制限高、なほ未決定」(『東京朝日新聞』1936年5月28日)。
31) 「擁護法発動に全幅の支援、日本経連が決議」(『東京朝日新聞』1936年5月27日)。
32) 「具体案作成の上、政府に建議」(『東京朝日新聞』1936年5月29日)。
33) 前掲『最近日本・英帝国経済関係ノ経過(第四輯)』73-74頁、「六月十日頃を期

し愈通商擁護法を発動、関税調査会で決定」(『東京朝日新聞』1936年5月29日)。

34) 「対豪擁護法予定通り発動」(『東京朝日新聞』1936年5月31日)。「有田外務大臣の在シドニー村井総領事宛電報」(会商57号、1936年5月30日)、「日豪通商問題ニ関スル件」(通三機密合第2186号、1936年6月3日)所収、JACAR：B04013564300（第141-142画像目）、日豪通商条約関係一件　第一巻（B-2-0-0-002）（外務省外交史料館）。

35) 「毛織輸出組合対豪策陳情」(『東京朝日新聞』1936年5月31日)。

36) 前掲『濠洲の対日高関税と通商擁護法発動迄の経緯概略』34頁。

37) 同上、35頁。

38) 同上、35-36頁。

39) 同上、38-40頁。ガレットは5月23日に「日本品には数量制限を加へず一方米国品には数量制限をも併課するから新関税は日本に決して不利ではない」と述べ、さらに25日には「新輸入許可制の実施により日本品の輸入は何等の制限を受けず輸入業者に対しては従前通り聊かの遅滞も且つ不便もなく日本品の輸入が許可されよう」と強調した(「日本品の輸入は何等制限されず」『東京朝日新聞』1936年5月26日)。

40) 前掲『最近日本・英帝国経済関係ノ経過（第四輯）』74頁、「報復策実施を前に今一応の警告」(『東京朝日新聞』1936年6月3日)。

41) 「対豪報復策に友誼的解決希望、濠洲政府正式回答」(『東京朝日新聞』1936年6月7日)。

42) 「日豪通商対策ニ関スル陳情ノ件」(情秘第1134号、1936年6月3日)、JACAR：B08062179200（第145-146画像目）、帝国貿易政策関係雑件／対豪通商擁護法発動関係（満州国ヲ含ム）（B-E-3-1-1-4_22）（外務省外交史料館）。

43) 「日豪通商対策ニ関スル建議」(日商第154号、1936年6月2日)、JACAR：B08062179200（第165画像目）、帝国貿易政策関係雑件／対豪通商擁護法発動関係（満州国ヲ含ム）（B-E-3-1-1-4_22）（外務省外交史料館）。「通商打開策に委員会を設置す、日商、対豪強硬決議」(『東京朝日新聞』1936年6月3日)。

44) 「通商打開策に委員会を設置す、日商、対豪強硬決議」(『東京朝日新聞』1936年6月3日)。

45) 前掲『濠洲の対日高関税と通商擁護法発動迄の経緯概略』40-41頁。

46) 同上、41-42頁。

47) 「レーサムの阪谷日豪協会長宛電報」(1936年6月6日)、JACAR：B08062179200（第181画像目）、帝国貿易政策関係雑件／対豪通商擁護法発動関係（満州国ヲ含ム）（B-E-3-1-1-4_22）（外務省外交史料館）、前掲『濠洲の対日高関税と通商擁

護法発動迄の経緯概略』42-43頁。
48) 「商議継続と称し辛くも反対抑圧、苦境に立つ濠洲政府」（『東京朝日新聞』1936年6月12日）。
49) 「対濠問題ニ関シ日本羅紗商協会東西連合理事会ニ関スル件」（情親第6741号、1936年6月8日）、JACAR：B08062179200（第174-176画像目）、帝国貿易政策関係雑件／対濠通商擁護法発動関係（満州国ヲ含ム）（B-E-3-1-1-4_22）（外務省外交史料館）。「日本羅紗商協会対濠問題協議」（『東京朝日新聞』1936年6月7日）。
50) "Position of Japanese and Rayon Textiles in Relation to The Australia Tariff"（前掲『濠洲の対日高関税と通商擁護法発動迄の経緯概略』44-46頁）。
51) 「輸入羊毛廿五万俵、濠洲以外に求む」（『東京朝日新聞』1936年5月27日）。
52) 「報復忽ち顕れて豪州狼狽の色、日本側が競売不参加に衝撃」（『東京朝日新聞』1936年6月6日）。
53) 「商議継続と称し辛くも反対抑圧、苦境に立つ濠洲政府」（『東京朝日新聞』1936年6月12日）。
54) 「対濠膺懲を強化、羊毛買付更に減量、輸入手控へ三分の二」（『東京朝日新聞』1936年6月4日）。
55) 「対濠報復の断行、商相諒解を求む」（『東京朝日新聞』1936年6月5日）。
56) 「商務官首藤安人・濠毛輸入制限問題（上）」（『東京朝日新聞』1936年6月5日）。商務官の首藤安人は1935年の遣豪親善使節随行員として出淵大使とともに渡豪し、日豪通商問題について協議した人物である。
57) 「日濠通商問題ニ関スル決議」（日本経済連盟会、1936年6月4日）、JACAR：B08062179200（第160-161画像目）、帝国貿易政策関係雑件／対濠通商擁護法発動関係（満州国ヲ含ム）（B-E-3-1-1-4_22）（外務省外交史料館）。「政府を鞭撻、経済最後的態度決定」（『東京朝日新聞』1936年6月5日）。
58) 前掲『最近日本・英帝国経済関係ノ経過（第四輯）』74-75頁。
59) 「補充輸入補助、羊毛輸入商期待」（『東京朝日新聞』1936年6月9日）。
60) 「毛襤褸、毛屑の輸出禁止実現か」（『東京朝日新聞』1936年6月6日）。
61) 「濠洲関税引上対策ニ関スル建議」（東京商工会議所　発第79号、1936年6月9日）、JACAR：B08062179200（第184-188画像目）、帝国貿易政策関係雑件／対濠通商擁護法発動関係（満州国ヲ含ム）（B-E-3-1-1-4_22）（外務省外交史料館）。
62) なお、ステープル・ファイバーについて、「ステープルファイバー（上）」（『東京朝日新聞』1936年6月26日）では、次のように記されている。

　　欧州大戦に際しドイツは連合国間の棉花乃至羊毛輸入防遏による衣服資源対策としてステープルファイバー工業の確立を計りこれを今日の繁栄に導い

た次いでエチオピアを攻撃したイタリーが然り、今や日本また然りである。日本の場合は、黒幕の裡から英国の手が動くくま、豪洲が我国の対豪綿製品乃至は人絹織物輸出を撃滅せしめんとて禁止的関税を重課したに対し、日本はその報復手段として通商擁護法を発動し延いて豪洲産羊毛の輸入制限策をとるに至つた事に因由する（中略）

ステープル・ファイバーとは如何なるものであるか！といふと冒頭にも註した通り一見羊毛の如く綿花の如き形状、光沢を有する短繊維で、原料は主として人絹パルプ、即ち木材、それをヴイスコース式製法（人絹糸と同様ステープル・ファイバーでもこの式がもつとも簡易且つ低廉な原価で出来るといふので行はれて居る）によると、人絹同様にヴイスコース液とよぶ液体にしそれから人絹糸ならば薬液中に噴き出させて長い糸とするがステープル・ファイバーなら二、三寸位の短糸とするために適宜の処理を施す

かくて出来上がつたステープル・ファイバーを羊毛と混織すれば洋服地のラシャとなり、混紡すれば婦人子供服地のサージの如きものが出来、また絹紡糸や綿花との混紡も自由に諸種の織物となし得る。更に単独に紡糸製織して着尺モスの代用品の如きさへ作り得る様になつた。ただ今日なほ既存の繊維品に比し欠点としてあげられるものは

　一、耐水性が弱い
　一、毛や綿の特性とする絡み合ふ弾力が弱い

等で一方生産性の点で綿花なり人絹糸あたりよりは多少割高について居るが、併し何といつても化学製品の事であるから今後の技術研究の結果を俟てば優に同値以下の安価品とする事が出来ようし、それでなくとも既に現在羊毛市価に比し約四分の一にしか当らぬといふ異常な割安さが特にステープル・ファイバーを羊毛代用品視する場合何物にもましてものをいふ訳である。

63)「人造繊維界の統制団体結成」（『東京朝日新聞』1936年6月11日）。
64)「人絹織物統制の具体案決す」（『東京朝日新聞』1936年6月12日）。
65)「羊毛工業界に工組結成の機運」（『東京朝日新聞』1936年6月21日）。
66)「輸出人絹織物の統制決定」（『東京朝日新聞』1936年6月23日）。
67)「羊毛代用品（ステープルファイバー）製織に乗出す」（『東京朝日新聞』1936年6月24日）。
68)「造毛工業に買気起る」（『東京朝日新聞』1936年6月25日）。
69)「報復に豪洲狼狽！　交渉再開提言」（『東京朝日新聞』1936年6月17日）。
70)「豪洲首相の日本豪洲間通商問題演説」（『外務省通商局日報』1936年第168号、1271頁、1936年7月22日発行）。

71) チリでは1936年7月に大蔵次官、牧羊業者代表からなる貿易親善使節を日本に派遣する計画を表明した（『東京朝日新聞』1936年6月11日）。なお、1936年6月23日にはパラグアイ政府が日本品の輸入制限を発表した。その声明は次のとおりである（『東京朝日新聞』1936年6月25日）。
　　一、パラグワイ政府は国内産業保護の見地より日本品就中織物類の輸入を制限するに決定した
　　一、日本は従来パラグワイ品を全然輸入せず従つてもしパラグワイ国に対し依然自国品を輸出することが希望ならばパラグワイ品を輸入し互恵交換貿易を確立しなければならない
72) 「南阿毛買付中心に日亜貿易の振興、極東商務官強調す」（『東京朝日新聞』1936年6月20日）。
73) 「通商擁護法発動、昨日、豪洲政府に通告」（『東京朝日新聞』1936年6月20日）。
74) 「豪洲側強硬、日本の要求拒否」（『東京朝日新聞』1936年6月23日）。
75) 「対豪報復の廟議決す、宝刀「擁護法」を発動」（『東京朝日新聞』1936年6月24日）。
76) 「対豪報復の発動、愈あす発令実施、中外に理由を宣明」（『東京朝日新聞』1936年6月24日）。
77) 「勅令第百二十四号」（『官報』第二八四三号、1936年6月25日）。
78) 「商工省令」（『官報』第二八四三号、1936年6月25日）。
79) 「大蔵省・商工省告」は次のとおりである（『官報』第二八四三号、1936年6月25日）。
　　大蔵省・商工省告示第一号
　　昭和十一年勅令第一二四号による国左の通り定む
　　オーストラリア連邦
80) 外務省「対豪洲通商擁護法発動に関する外務省局談」（『内外調査資料』第八年第八輯、116-117頁、調査資料協会、1936年8月）。
81) 「豪洲羊毛関係代表機関の共同ステートメントと通商条約大臣反駁」（『外務省通商局日報』1936年第147号、1105-1106頁、1936年6月27日発行）、「豪洲等業者の悲鳴、議会召集を要求す」（『東京朝日新聞』1936年6月24日）。
82) 「対欧輸出促進・豪洲羊毛業者の決議」（『東京朝日新聞』1936年6月27日）。
83) 「通商紛争の因、日本の低物価」（『東京朝日新聞』1936年6月26日）。
84) 「豪洲側動揺著し？駐日商務官外務省を訪問」（『東京朝日新聞』1936年6月28日）。
85) 「わが通商擁護法に豪洲政府参る」（『東京朝日新聞』1936年7月3日）、「豪洲首相の日本側の対抗措置陳述」（『外務省通商局日報』1936年第153号、1153頁、1936

年7月4日発行)。

86)「政府攻撃を開始、濠洲羊毛業者起つ」(『東京朝日新聞』1936年7月4日)、「濠洲羊毛取引業者協会のステートメント」(『外務省通商局日報』1936年第153号、1153-1154頁、1936年7月4日発行)。

87)「運賃減八百三十万円、対濠擁護法影響」(『東京朝日新聞』1936年6月26日)。

88)「商工当局、業者側と打合せ」(『東京朝日新聞』1936年7月3日)。

89)「最近日濠交渉経過」(1936年7月10日)、「「最近日濠交渉経過」送付ニ関スル件(通三機密合第2756号(1936年7月15日)」所収、JACAR:B04013564300(第161-163画像目)、日豪通商条約関係一件 第一巻(B-2-0-0-002)(外務省外交史料館)。

90)「邦品輸入に対し特別許可制実施、日豪通商戦峻烈」(『東京朝日新聞』1936年7月7日)。

91)「対日特別許可制、愈あすから実施、ライオンズ首相弁明」(『東京朝日新聞』1936年7月9日)。

92)「濠洲新輸入許可制度と首相のステートメント等」(『外務省通商局日報』1936年第160号、1206頁、1936年7月13日発行)。

93)「濠洲の本邦品輸入許可制実施とランカシア」(『外務省通商局日報』1936年第199号、1445-1446頁、1936年8月27日発行)。

94)「愛蘭紙論評の日濠経済戦」(『外務省通商局日報』1936年第222号、1670頁、1936年9月24日発行)。

95)「濠洲牧羊業者の態度及各紙所論の日、濠通商問題」(『外務省通商局日報』1936年第162号、1225頁、1936年7月15日発行)。

96)「クインズランド牧羊業者の新関税反対決議」(『外務省通商局日報』1936年第188号、1390頁、1936年8月14日発行)。

97)「濠洲其他肉問題情報」(『外務省通商局日報』1936年第153号、1154-1155頁、1936年7月4日発行)。

98)「濠紙所報の日本と濠洲間通商問題」(『外務省通商局日報』1936年第212号、1557-1558頁、1936年9月11日発行)。

99)「濠の商議再開提議、外務省は黙殺、村井総領事に訓電」(『東京朝日新聞』1936年7月12日)。

100)「対濠報復の効果、九月以降に現はる」(『東京朝日新聞』1936年5月24日)。

101)「高関税撤廃まで交渉再開に応ぜず、わが対濠方針不変」(『東京朝日新聞』1936年7月10日)。

102)「"声明は虚構の事実"、外務省濠洲に反駁、速に新関税停止せよ」(『東京朝日新

聞』1936年7月14日）。
103)「通商交渉の再開、現状の儘で応諾」(『東京朝日新聞』1936年7月22日）。
104)「羊毛輸入制限、統制委員会設置」(『東京朝日新聞』1936年7月7日）。
105)「南米羊毛輸入、業者も統制、日本羊毛同盟会を組織」(『東京朝日新聞』1936年7月7日）。
106)「南阿南米へ羊毛輸入駐在員、手始めに日毛から出資」(『東京朝日新聞』1936年7月16日）。
107)「濠洲以外ヨリ羊毛輸入問題ニ関スル件」（通三機密第885号、1936年7月15日）、JACAR：B04013564300（第160画像目）、日豪通商条約関係一件　第一巻（B-2-0-0-002）（外務省外交史料館）。
108)「濠洲通商問題并ステープルファイバー価格統制ニ関スル陳情ノ件」（1936年7月15日）、JACAR：B08062179400（第319-324画像目）、帝国貿易政策関係雑件／対豪通商擁護法発動関係（満州国ヲ含ム）（B-E-3-1-1-4_22）（外務省外交史料館）。
109)「通商擁護法ニ依ル濠洲産輸入牛脂課税ニ付代用原料タル大豆油等ノ免税ニ関スル嘆願書」（1936年7月）、JACAR：B08062179400（第313-314画像目）、帝国貿易政策関係雑件／対豪通商擁護法発動関係（満州国ヲ含ム）（B-E-3-1-1-4_22）（外務省外交史料館）。
110)「陳情書」（1936年7月20日）、JACAR：B08062179400（第337-338画像目）、帝国貿易政策関係雑件／対豪通商擁護法発動関係（満州国ヲ含ム）（B-E-3-1-1-4_22）（外務省外交史料館）。
111)「陳情書」（1936年7月25日）、JACAR：B08062179400（第342-344画像目）、帝国貿易政策関係雑件／対豪通商擁護法発動関係（満州国ヲ含ム）（B-E-3-1-1-4_22）（外務省外交史料館）。
112)「陳情書」（1936年8月6日）、JACAR：B08062179400（第355-356画像目）、帝国貿易政策関係雑件／対豪通商擁護法発動関係（満州国ヲ含ム）（B-E-3-1-1-4_22）（外務省外交史料館）。
113)「濠洲貿易に就いて上申書」（1936年8月）、JACAR：B08062179400（第367-378画像目）、帝国貿易政策関係雑件／対豪通商擁護法発動関係（満州国ヲ含ム）（B-4-3-1-1-4_22）（外務省外交史料館）。
114)「陳情書」（1936年6月29日）、JACAR：B08062179400（第332-334画像目）、帝国貿易政策関係雑件／対豪通商擁護法発動関係（満州国ヲ含ム）（B-E-3-1-1-4_22）（外務省外交史料館）。
115)「再陳情書」（1936年7月29日）、JACAR：B08062179400（第352画像目）、帝国

貿易政策関係雑件／対豪通商擁護法発動関係（満州国ヲ含ム）（B-E-3-1-1-4_22）（外務省外交史料館）。

116）「理由書」、JACAR：B08062179400（第353-354画像目）帝国貿易政策関係雑件／対豪通商擁護法発動関係（満州国ヲ含ム）（B-E-3-1-1-4_22）（外務省外交史料館）。

117）前掲『最近日本・英帝国経済関係ノ経過（第四輯）』84頁。

118）東京工業大学工業調査部特報第二輯『日濠貿易の発展と其将来性』（東京工業大学、1936年）25-31頁。

119）谷口吉彦「日濠貿易の危機」82-84頁（『経済論叢』第34巻第1号、1936年7月）。

120）楠本吉次郎「羊毛工業と目下の濠洲問題」25-26頁（『旬刊講演集』第438号、東京講演同好会、1936年8月）。

121）「豪州側に憂慮深く、交渉再開を要望す」（『東京朝日新聞』1936年7月23日）。

122）「日豪交渉再開、濠洲正式に発表」（『東京朝日新聞』1936年7月24日）。

123）「対濠通商擁護法発動後ニ於ケル日濠交渉経過」JACAR：A09050565600（第397-399画像目）、昭和財政史資料第7号第11冊（国立公文書館）。

124）「濠洲側具体案提出、早急解決を要望す」（『東京朝日新聞』1936年9月3日）。

125）「日濠代表あす再び会見」（『東京朝日新聞』1936年9月13日）。

126）「シドニー羊毛初市、果然、高値を示現す」（『東京朝日新聞』1936年9月1日）。

127）「シドニー羊毛市、活況に乏し、来週更に下落せん」（『東京朝日新聞』1936年9月2日）。

128）「濠洲所論の日濠会商及羊毛情報等」（『外務省通商局日報』1936年第209号、1529頁、1936年9月8日発行）、「濠紙の楽観論漸く影を潜む」（『東京朝日新聞』1936年9月6日）。

129）「日濠交渉決裂、我が回答に承服せず」（『東京朝日新聞』1936年9月19日）。

130）「地方党員の不満増大、日濠交渉促進を熱望」（『東京朝日新聞』1936年9月27日）。

131）「野党政府に肉薄、濠議会の論戦日濠問題へ」（『東京朝日新聞』1936年10月1日）。

132）「ガレット通商相と語る」（『東京朝日新聞』1936年10月4日）。

133）「我対策は着々実施、対濠方針揺がず」（『東京朝日新聞』1936年10月7日）。

134）「南阿毛の第一船、約一万五千俵も積載」（『東京朝日新聞』1936年10月5日）。

135）「日濠協定成立の可能性十分あり、濠洲政府前途楽観」（『東京朝日新聞』1936年10月27日）。

136）同上（『東京朝日新聞』1936年10月27日）。

137）「日濠交渉の前途濠紙も楽観、態度漸く軟化を伝ふ」（『東京朝日新聞』1936年10月28日）。

138) 同上(『東京朝日新聞』1936年10月28日)。
139) 「濠洲羊毛輸入ニ関スル陳情書」(1936年11月)、JACAR：B08062179500(第474-477画像目)、帝国貿易政策関係雑件／対豪通商擁護法発動関係(満州国ヲ含ム)(B-E-3-1-1-4_22)(外務省外交史料館)。
140) 「白耳義・チエコ・南阿と新通商条約成立、濠洲政府議会で発表」(『東京朝日新聞』1936年10月30日)。
141) 「濠洲側の誠意次第、再開も敢て拒まず、村井総領事に訓電」(『東京朝日新聞』1936年11月11日)。
142) 「新回訓に基く提案、濠洲側考慮を約す、日濠交渉愈々本格化」(『東京朝日新聞』1936年11月12日)。
143) 「交渉は有望、双方とも楽観視す」(『東京朝日新聞』1936年11月12日)。
144) 同上。
145) 「濠毛市場昂騰、会商好転反映」(『東京朝日新聞』1936年11月12日)。
146) 「我提案に対し濠洲、修正要望、村井総領事近く請訓」(『東京朝日新聞』1936年11月13日)。
147) 「既に原則を承認、濠洲の修正微少、回訓を俟つて再交渉」(『東京朝日新聞』1936年11月14日)。
148) 「濠洲政府も解決見越し、新関税案審議を延期」(『東京朝日新聞』1936年11月14日)。
149) 「短期の期限付で関税率可決、濠、交渉成立見越し」(『東京朝日新聞』1936年11月19日)。
150) 「折衝けふ続開、わが対濠回訓到着」(『東京朝日新聞』1936年11月19日)。
151) 「織物輸入数量の開き一千万碼、日濠妥協の折衝進む」(『東京朝日新聞』1936年11月21日)。
152) 「妥協点に達せず、村井総領事再び請訓」(『東京朝日新聞』1936年11月22日)。
153) 「日濠通商交渉解決間近、濠洲条約相言明す」(『東京朝日新聞』1936年11月22日)。
154) 「妥協成立に今一歩、数量問題で濠洲譲歩」(『東京朝日新聞』1936年12月2日)。
155) 「四十万俵以上の買付を要求、日濠会商最後の波瀾」(『東京朝日新聞』1936年12月4日)。
156) 「懸案の濠毛輸入、妥協案を発見、日濠会商最後の仕上げへ」(『東京朝日新聞』1936年12月10日)。
157) 「濠毛輸入許可数量、官民とも異議なし、大綱において両国一致」(『東京朝日新聞』1936年12月11日)。
158) 「会談順調に推移、けふ更に最後的折衝」(『東京朝日新聞』1936年12月13日)。

159)「新協定原案成り最後的の請訓、日豪交渉大詰近し」(『東京朝日新聞』1936年12月15日)。
160)「織物協定期間で日濠交渉又も難関、今週の会談一波瀾か」(『東京朝日新聞』1936年12月17日)。
161)「協定年度問題、妥協成らず、日濠会商、最後の難関」(『東京朝日新聞』1936年12月19日)。
162)「日濠交渉再開は明春に持越しか、決裂危機線上を彷徨」(『東京朝日新聞』1936年12月20日)、「濠洲の強硬態度、折衝不調で越年か」(『東京朝日新聞』1936年12月20日)。
163)「日濠妥協に到達、今一回で設立を期待」(『東京朝日新聞』1936年12月23日)、「日濠通商交渉、関税調査委員年内に召集か」(『東京朝日新聞』1936年12月24日)。
164)「妥協案異議なし、外務省昨夜回訓す」(『東京朝日新聞』1936年12月25日)。
165)「妥協成立の見込み確実、宝刀"擁護法"撤去へ、一切の手続年内完了」(『東京朝日新聞』1936年12月25日)。
166)「回訓到着」(『東京朝日新聞』1936年12月25日)。
167)「我が政府の回訓、濠洲受諾を表明、通商取極め事実上成立」(『東京朝日新聞』1936年12月26日)。
168)「擁護法撤回、関税委員会で可決」(『東京朝日新聞』1936年12月27日)。
169)「紛争解決の文書、日濠両代表に手交」(『東京朝日新聞』1936年12月27日)。
170)「日濠通商戦解決」(『東京朝日新聞』1936年12月28日)。
171)「通告文要領」(『東京朝日新聞』1936年12月28日)は、以下のとおりである。

  (1936年12月26日付ガレット通商条約大臣の在シドニー村井総領事の宛通告文要領)
 一、オーストラリア連邦政府は日本製綿布、人絹布に対し中間税率を付与すること
 二、オーストラリア連邦政府は綿布及び人絹布に対する中間税率に対し左の通りに引下げを行ふこと
  綿布　生地平方ヤードに付一ペンス四分ノ一、晒一ペンス二分ノ一、捺染又は染二ペンス
  人絹布　平方ヤードに付四ペンス
 三、オーストラリア連邦政府は日本製綿布及び人絹布に対し従価五分のプライメーヂを免除すること
 四、一九三七年一月一日より一九三八年六月三十日に至る期間においてオーストラリア連邦政府は日本製の綿布及び人絹布各一ケ年五一、二五〇、

第 2 章　1936年豪州貿易転換政策と日本の対応　147

　　○○○平方ヤードの割合を以て綿布及び人絹布夫々七六、八七五、〇〇
　　〇平方ヤードの輸入を許可すること
　　　前記数量の範囲内に於て一九三八年六月三十日に終わる期間中日本よ
　　り輸出せられたる綿布及び人絹布にして期間内にオーストラリアに到
　　着をせざるものに対しては一九三八年九月三十日以前にオーストラリ
　　アへ輸出せらる限りそのオーストラリアへの輸入を許可すること

　　（1936年12月26日付在シドニー村井総領事のガレット通商条約大臣
　　宛通告文要領）
一、拝啓陳者本大臣は日本国政府が日本国オーストラリア連邦間の通商に関
　　し一九三七年一月一日より左の措置を採ることに決定せる旨貴君に通報
　　するの光栄を有し候
二、日本国政府は昭和十一年勅令第一二四号の規定に基く従価五割の附課税
　　及び輸入許可制を廃止すること
　　　日本政府は一九三八年六月三十日に終る期間に於てオーストラリア産
　　毛八十万俵の輸入を許可すること
三、一九三八年六月三十日に終わる期間内に於て輸入を許可せられ右期間内
　　に日本に到着せざるオーストラリア産羊毛に対しては一九三八年九月三
　　十日以前に日本に輸入せらる、ものに限りその輸入を許可すること
　　　日本国政府は一九三七年一月一日より一九三八年六月三十日に至る期
　　間においてオーストラリア向輸出せらる、日本製綿布（袋製造キヤリ
　　コを除く）及び日本製人絹布の数量を一ケ年夫々五一、二五〇、〇〇
　　〇平方ヤードの割当を以て左の通制限すること
　　　綿布（袋製造用キヤリコを除く）七六、八七五、〇〇〇平方ヤード
　　　人絹布七六、八七五、〇〇〇平方ヤード

172)　「織物輸出一億五千百七十五万碼、羊毛輸入八十万俵」（『東京朝日新聞』1936年12月27日）。
173)　「両代表の所感」（『東京朝日新聞』1936年12月28日）。
174)　同上。
175)　前掲『最近日本・英帝国経済関係ノ経過（第四輯）』74-75頁、「対豪貿易統制の大綱方針決定す」（『東京朝日新聞』1936年12月29日）。
176)　「豪洲側の対日通告内容実施」（『外務省通商局日報』1937年第4号、30頁、1937年1月8日発行）。
177)　「友誼更に増進せん、豪州首相メッセージ」（『東京朝日新聞』1937年1月1日）。

178) 前掲『通商条約と通商政策の変遷』1013頁。
179) 同上、1012-1013頁。
180) 『内外経済界ノ情勢』（横浜正金銀行1936年下半期）25-26頁。
181) 貿易局『昭和十二年本邦外国貿易状況』（1940年2月）523頁。
182) 「日豪通商復交――その収穫と影響――」（『東京朝日新聞』1936年12月27日）。
183) 「対南阿、亜爾然丁、貿易調整を要求、輸入激増の情勢から」（『東京朝日新聞』1937年2月4日）。
184) 「対豪通商擁護法運用ニ際シ我ガ毛織物輸出振興ニ関スル請願ノ件」（1936年9月11日）、JACAR：B08062179500（第438-439画像目）（B-E-3-1-1-4_22）。
185) 「輸入豪毛割当賦与方ニ関スル件」（1936年12月23日）、JACAR：B08062179500（第481-483画像目）帝国貿易政策関係雑件／対豪通商擁護法発動関係（満州国ヲ含ム）（B-E-3-1-1-4_22）（外務省外交史料館）。
186) 前掲『通商条約と通商政策の変遷』989頁。
187) 「「シドニー」商業会議所会頭ノ政府通商政策攻撃演説ノ件」（公第237号、1937年7月30日）、JACAR：B04013564600（第410-411画像目）日豪通商条約関係一件第一巻（B-2-0-0-002）（外務省外交史料館）。
188) 前掲『通商条約と通商政策の変遷』1012-1018頁。

第3章　日豪羊毛貿易における日本商社の企業活動

第1節　日本商社の豪州進出と活動

　日本商社は兼松商店を先駆として、日露戦争後には三井物産、大倉組、高島屋飯田の4社が豪州内に支店、出張所、代理店などを設置して羊毛輸入を開始していた。さらに、1910年代以降には、三菱商事、日本綿花、岩井商店などが新たに支店を設置して豪毛輸入と綿糸・綿布等の輸出を行った[1]。

　羊毛取引が活発化した1930年代前半の豪州において、羊毛取引に関連していた主な日本商社は兼松商店、三井物産、高島屋飯田、大倉商事（1918年より大倉組から改称）、岩井商店、日本綿花、三菱商事である。これらの日本商社は、1930年代前半に豪州において積極的な企業活動を展開した。ここでは豪州貿易に関連した日本商社の系譜と豪州への進出状況、豪州での活動内容について述べる。

(1) 兼松商店

　日豪貿易の先駆者は、兼松商店である。その前身にあたる「日濠貿易兼松房次郎商店」は1889（明治22）年8月、個人商店として資本金3万円で神戸市栄町に設立された。事業の目的には「日本兵庫及ビ濠洲シドニー府ニ兼松商店ヲ設置開舗シ、ソノ営業ノ目的ハ日本産出ノ物品ヲ濠洲ニ、マタ濠洲産出ノ物品ヲ日本ニ直輸売買シ、併セテ貨主ノ委託売買ヲ取扱フモノトス」と記され、日豪両国の直輸出事業に乗り出すことになった。兼松房次郎は、翌1890年1月に北村寅之助[2]とともに渡豪しシドニー支店をクラレンス街9番地に設置して、

同年4月には牛脂29樽、牛皮321枚、5月には大阪毛糸紡績会社の注文により洗上羊毛187俵を積み出した。また、日本からは陶器、漆器、竹器などの雑貨を豪州に送り出した。また、日本雑貨の売り捌きと紹介のために小売店をシドニーのキング街に支店とは別名義で開設した。この小売店は1893（明治26）年ピット街に移り、1901年の日清戦後恐慌を機に閉鎖するまで約10年間続いた[3]。

1891年8、9月頃にはシドニー支店をオッコンネル街8番地のアルバートビルの中に置き、さらに1920年には兼松商店がビルを買収して豪州貿易活動の拠点となった[4]。兼松商店は1897年に資本金10万円に増資され、積立金などを併せると総資力15万円程度になった。この時期には、兼松商店の三大事業として蚕糸貿易、対清貿易の開拓、店舗の新築を掲げていた。しかし、蚕糸貿易は1901年のいわゆる「明治三十四年恐慌」で挫折し、長期的に中断した。対清貿易は1901年春に開設し、大豆、豆粕、豆油などの輸入、豆油の豪州向輸出、綿糸、雑貨等の輸出を行ったが、日露戦争の勃発を機として1904（明治37）年春に閉鎖した。店舗の新設としては、1911年に日豪館が落成した[5]。なお、1899年の商法実施とともに「兼松商店」の商号を登録した[6]。1943（昭和18）年2月からは「兼松株式会社」と称号を改めた[7]。

1897年6月、日本領事館がシドニーに開設され、1901年12月には総領事館に昇格した。それ以前は、兼松商店が私設領事館の観を呈していたという。日本郵船は1896年10月に豪州航路を開設し、邦船の直航路が開設された。こうした豪州航路の整備を背景として、日本の対豪貿易は1894年に輸出入合計が160万余円であったのが、1900年から1903年にかけて年間400万円から500万円となった。しかし、日本の全貿易に対する対豪貿易の割合は0.7%から0.8%にすぎなかった[8]。

また、1896（明治29）年12月の帝国議会において、羊毛の輸入税は棉花とともに免除が決定し、1897年4月1日から羊毛輸入税が廃止された。この羊毛輸入税の廃止は、兼松商店など輸入業者のみならず、日本の毛織工業の発展に大きく寄与した[9]。さらに、1899年の条約改正により毛織物の輸入税が従価2割5分に引き上げられ、日本の毛織産業は保護されることになった。製品は羅紗、

毛布のほかに1898年から国産モスリンが登場し、1904年にはその生産数量が輸入を凌駕し、またこの時期には尾州においてセルの製織が企図されるに至った。なお、1911年には関税改正が行われ、毛織物の輸入税が従価2割5分を標準とする従量税となり、毛織物産業を一層保護した[10]。

　豪州でトップ生産が開始されたのは1909（明治42）年で、兼松商店は1910年から豪州トップの輸入を開始した。その取扱量は1912年で210万ポンド、その金額は原毛輸入額に比較して約7割見当であった。同年の日本の羊毛輸入総金額のうち原毛とトップとの割合は約4対6でトップが優位にあった。兼松商店は1912年に資本金30万円の匿名組合となったのち、1913（大正2）年に合資会社に改組した。改組時の資本金は30万円で、1916年に60万円に増資された。さらに、1918年に資本金200万円（全額払込済）の株式会社に改組した[11]。1926年12月末には資本金を500万円（全額払込済）まで増資した[12]。

　1922年、兼松商店は豪州法規による独立法人の設立を図り、4月1日からニュー・サウス・ウェールズ州法規に基づいてF. Kanematsu（Australia）Ltd.を発足させた。資本金は10万ポンド（5万ポンド払込済）であった。1923（大正12）年4月にはメルボルン支店、1938（昭和13）年にはブリスベン支店を開設した。なお、F. Kanematsu（Australia）Ltd.は、1937（昭和12）年にF. Kanematsu（Australia）Pty. Ltd.に称号を変更した。

　日本の豪州羊毛の輸入量は、1910年代初頭から1920年代半ばにかけて5倍強の急増を示したが、毛織物生産額も7倍以上の増加を見た。この頃、豪州のある羊毛人は日本人を目してCinderella of wool-using countryと呼んだという[13]。兼松商店は1916（大正5）年度の豪州羊毛輸入が6万6,000俵を記録し、シドニー競市場に占める席位は10位に迫った。しかし、1916年10月に英国政府は豪州羊毛の徴発管理を断行し、羊毛市場を閉鎖した。シドニー支店の北村寅之助取締役は豪州政府より日本人としては唯一の徴発羊毛第一級評価人（Appraiser）に任命された[14]。兼松商店に限らず、日本商社は羊毛自由買付先を南阿、南米に向けることとなり、アルゼンチンなどに出張員を送って分散買付を行った[15]。

英国の豪毛管理は1920年10月1日に解除され、5年ぶりで市場は再開した。この年度の市場は活発化しなかったが、翌1921年度から日本商社からの活発な買付が再開され、日本商社間の競争は顕著となった。1923（大正12）年5月には、同業者の不健全な競争を防止することを目的の一つとして日本羊毛輸入同業会が、兼松商店、三井物産、大倉商事、高島屋飯田、三菱商事、日本綿花の6社で結成された。なお、日本の羊毛輸入は毛織会社の委託によるもので、自己の計算で輸入することはなかった。しかし、多く設立された中小紡績会社の需要を満たすために、自己の見込みと計算とで一定限度の羊毛輸入を行うことを企図し、1921-22年度から兼松商店がこれを開始した[16]。

　1920年恐慌（いわゆる大正9年恐慌）および関東大震災はモスリン会社の破綻を生んだが、昭和初期の金融恐慌でも関東の一大モスリン会社が支払い不能の状態に陥り、原料供給を行っていた羊毛輸入商社にも大きな打撃を与えた。従来、羊毛業者は毛織会社から何らの担保、保証を受けずに、その注文に基づいて自ら信用状を開いて高額な羊毛を輸入するという無担保貸付ともいうべき方法をとっていた。この弊害が、1920年代の経済変動期に露呈したのであった。そこで、横浜正金銀行の勧告によって、各羊毛業者は自己勘定による輸入のほかは、すべて毛織会社からの信用状の発行、またはこれに代わる保証金の提供を受けて買付をすることが原則となった。他方、在来の規定輸入手数料を引き下げて、新しい取引方法が1930（昭和5）年春から開始された[17]。

　日本の羊毛供給源は、豪州以外の新西蘭、南阿、南米にも拡大した。兼松商店では豪州ヴィクトリア市場での羊毛買付は代理店を利用していたが、1927-28年羊毛年度から兼松商店出張員が評価を開始し、1929-30年以降は買付、積出を兼松商店自らが行うようになった。また、豪州各センターにおいても、この時期前後から買付、積出を行い、羊毛需要の急増に備える体制を確立した[18]。また、南阿、南米へも主張員を派遣して羊毛の買付にあたり、1936年の日豪通商紛争時にさらにこの体制を強化した。

(2) 三井物産

　三井物産会社（以下、三井物産）が設立されたのは1876（明治9）年7月である。三井物産は、1900年頃から豪州との貿易を開始し、『三井事業誌』によれば、1909（明治42）年10月にシドニー出張所を設置し、1919（大正8）年8月にシドニー支店に昇格した[19]。1909年には三井物産が合名会社から資本金2,000万円の株式会社に改組された。三井物産では、この時期から豪州羊毛を本格的に購入しはじめており、「大正十年上半期ニ至リ濠州羊毛解禁トナルヤ之ガ買附ニ従事シ十年上半期ニ約百十万封度、同下半期五百五十万封度、十一年上半期ニ約千万封度ノ割合ヲ以テ取扱数量ノ膨張ヲ見ルニ到レリ」[20]と報告されている。

　三井物産の商品売買は輸出・輸入・外国売買・国内販売に分けられ、第一次世界大戦中は外国売買と国内売買が増加した。第一次世界大戦中の三井物産は、輸出入において日本の貿易高の20％前後を占めたが、大戦後、棉花部が分離して輸出入のシェアは漸次低下して10％台となった。同社の輸出入取扱高を地域別に見ると、輸出・輸入の合計でアメリカ合衆国を主とした北アメリカ市場が圧倒的に高く、1916年、1920年ともに42.0％を占めていた。第2位は中国で1916年に輸出入で17.5％、1920年で14.6％を占めた。インドは1916年に15.8％を占め第3位であったが、1920年には3.1％に急減した。豪州は1916年に輸出228万7,000円（1.2％）、輸入1,011万3,000円（7.5％）で輸出入合計1,240万円は全体の3.1％を占めるにすぎなかった。しかし、1920年には輸出435万3,000円（1.7％）、輸入1,864万4,000円（8.6％）で輸出入合計2,299万7,000円は全体の4.8％へと増加した。1910年代から1920年代の三井物産の主要取扱商品は単品では300種類以上に達し、関連分野ごとでいえば約40種程度であった。1915年から1924年までの上位10品目の取扱品額合計は総取扱高の80％近くを占め、なかでも棉花部商品（棉花・綿糸布）をはじめ石炭、機械類、生糸、砂糖、金物類が主軸商品であった。トップ・羊毛の取扱高は、1920年2.9（第9位）、1921年1.8％（第9位）、1922年2.8％（第6位）、1923年3.0％（第6位）、1924

年3.0％（第8位）で大正後期から取り扱いが徐々に増大してきた。輸出では生糸、綿糸・綿布、石炭、輸入では棉花、機械、金物類、砂糖、トップ羊毛が主たるものであった[21]。

　三井物産の経営は1920年代から昭和恐慌に至るまで輸出入が停滞し、外国売買が減少して国内売買が急増した。国内売買決済高は1925（大正14）年度の2億8,265万円から1929（昭和4）年度には4億6,688万円に、同様に全商品販売決済額も24.8％から35.3％へと急増した。国内取引の増大は「地方市場」進出方針と国内重化学工業化の進展に伴う国内重化学工業製品（人造絹糸、機械）取り扱いの拡大に起因していた。この時期の輸出の第1位は生糸であり、全輸出取扱額の65％前後で推移した。また、第2位は石炭であり7～9％前後を占めていた。輸出先では米国が大正末には圧倒的で、1926（大正15）年度には全体の72.7％を占めていたが、昭和初期から比重を急速に低下させ、1930年度62.0％、1932年度56.3％、1934年度34.2％、1936年度年度34.2％、1938年度26.5％となった。一方、関東州・満州が1938年度に19.2％を占めるまでに至っている。豪州は1926年度1.1％（第7位）、1930年度2.6％（第5位）、1932年度3.2％（第6位）、1936年度3.4％（第6位）、1938年度5.5％（第6位）、1939年度2.2％（第7位）であった。輸入では第1位は米国がほとんどの年度で首位を保っていたが、豪州も羊毛、小麦、鉱石などの輸入増によって上位を占めた。1920年代末から1930年代にかけての豪州からの輸入の推移をみると、1926年度10.6％（第3位）、1928年度11.5％（第2位）、1930年度11.2％（第3位）、1932年度27.0％（第1位）、1934年度21.7％（第2位）、1936年度14.4％（第2位）、1938年度5.8（第4位）、1940年度3.4％（第6位）となっており、三井物産の輸出額に豪州の比率が高まっていた。また、商品別販売決済額を見ても、小麦や羊毛およびトップといった豪州からの輸入に関連する品目が第7位から第10位を占める年度が多かった。羊毛およびトップに関してみると、1924（大正13）年度3,087万3,000円で3.0％を占め、1928年度には3,639万1,000円で2.9％を占めた[22]。なお、三井物産の主要商品別粗益金額に占める羊毛類の割合は、1924年度には154万2,000円（5.4％）であり、1927（昭和2）年度は112

万2,000円（4.2％）に減少した後、1930年度には6万8,000円（0.3％）まで減少した。しかし、1933年度には122万1,000円（3.9％）に回復し1936年度には138万2,000円（4.6％）まで増加した[23]。この間、三井物産の羊毛買付量は兼松商店を上回るようになり、こうした羊毛取引が活発化が羊毛類の割合の上昇につながったと思われる。

(3) 高島屋飯田

　高島屋飯田の海外貿易が進展していくのは、4代高島屋飯田新七が1888（明治21）年3月に高島屋の家業を相続した後である。1890（明治23）年には宮内庁御用達を命じられた。同年、日本橋区本石町伏見屋旅館内に東京出張所を設けたが、業務の拡大により1897年には日本橋区呉服町に高島屋飯田新七東京仮出張所を設置、1900年1月に高島屋飯田新七東京店となった[24]。

　1894（明治27）年には、京都に呉服店と相対して貿易部を独立移転して貿易店となした。1896年には高島屋飯田藤二郎を欧米に派遣して海外直輸出の視察を行わせた。翌1897年に絹織物取引の中心地のフランス・リヨンに飯田太三郎を派遣し、さらに店員竹田量之助を同地に出張させ海外直輸出の端緒を開いた。1899年には横浜に進出し、翌1900年4月に高島屋飯田新七横浜貿易店と称した[25]。

　高島屋では、1902（明治35）年9月に店員松本武雄を豪州に派遣し、豪州の輸出入貿易状況を調査させ、1905年にシドニーの代理店を通して輸出貿易を開始した。同年には店員大澤鉎三郎を出張させ代理店に勤務させた。高島屋では、1907（明治40）年5月から羊毛取引を行うようになった。また、同社は当時、豪州に出張中の陸軍被服廠の渡邊、矢野両技師の同地出張を機として、陸軍被服廠の羊毛買付注文の大部分を引き受けるに至った。1908（明治41）年には店員大田有二を臨時的にシドニーに出張させ、財政難のシドニー代理店の整理、援助を行い、金融上の安定を図っている。1909（明治42）年には店員磯兼退三を豪州に派遣して、大澤と交代させ、磯兼に輸出入両取引を取り扱わせた[26]。

　なお、1909（明治42）年12月1日、4代飯田新七の個人経営だった高島屋飯

田は高島屋飯田合名会社に改組した。これにより、高島屋飯田は同族6名の合名組織（資本金100万円）となった。本店は京都市下京区烏丸通高辻下ル薬師前町700番地におき、支店は京都、大阪、東京（京橋区西紺屋町、麹町区八重洲町）、横浜においた[27]。

　第一次世界大戦勃発後の1914（大正3）年、高島屋飯田のシドニー代理店はドイツ人の経営であったことから豪州政府に営業差止めを命ぜられ継続が困難となった。そこで、この代理店との契約を解除し、新たにJ. H. Butler & Co. Ltd. と代理店契約を締結した。翌年には新代理店から日本へ出張員を派遣した。この頃から海外向け日本商品に対する需要が激増し、高島屋飯田には豪州向絹、綿、麻の各種織物その他雑貨品に対する問い合わせが増加してきた。1914年末にはロシアから軍絨の注文が日本の毛織会社に殺到した。すでに羊毛輸入の準備が整っていた上に高島屋飯田は毛織会社とも特別の関係があったため、羊毛買付に対して巨額の注文を受けるに至った。これによって、高島屋飯田は一躍、羊毛輸入商として認められたのである[28]。

　なお、高島屋飯田では、当初、羊毛買入はシドニーのDawson & Co.を代理店として行っていたが、その後独立して外国人競売人を雇い入れて競売に立たせた。1927年にはシドニー出張所主任の岡島芳太郎が競売にあたった[29]。

　1916（大正5）年12月1日、高島屋飯田合名会社は貿易部を合名会社の本体から分離して高島屋飯田株式会社を設立した。資本金は100万円であり、旧合名会社の資本金100万円のうち払い込み資本金30万円をそのまま高島屋飯田株式会社に継承し、従来の貿易および代弁等の業務を行った。また、このときから支那部は同株式会社に移った。本店本部は東京市京橋区西紺屋町1番地に置かれた。本店営業部も同地に置かれ、宮内庁を除く鉄道省、陸海軍、その他諸官署御用と輸入一般を行った。横浜支店は輸出一般と卸小売、京都支店は外人向小売、大阪支店は輸入および諸官署御用、支那貿易一般を行ったほか、天津支店は支那貿易一般、高島屋呉服店内におかれた東京出張所は外人向小売、倫敦出張所と豪州出張所では輸出入一般を行った[30]。

　第一次大世界戦前の高島屋飯田の輸出絹織物は羽二重が主流であり、絹製品

は極めて微々たるものであったが、大戦中にフランス縮緬、ジョゼット縮緬の輸出をみたほか、絹紬、富士絹の輸出額も著しく伸張した。大戦前は綿布輸出額は多くはなく、主として縮緬を輸出していたが、大戦とともに綿布需要が高まり、キャラコ、細布、綾木綿、帆布等の輸出も多くなった。ロンドン出張所では軍需品として製品を初めて英国政府へ輸出した。その製品とは、帝国製麻株式会社の「カンバス」、戦時禁制品と指定されていた12匁以上の重目羽二重である。そのほか、メリヤス手袋、電灯用ソケット、ガスバーナー、青豆、薬品、屑麻等の製品を一般市場向けに輸出した[31]。

羊毛貿易は大戦勃発とともに影響を受けた。1916（大正5）年、英国政府は羊毛管理を行うために特別の手続きによるほかは豪州羊毛の日本への輸入を不可能とさせた。こうしたところから、南アフリカ市場に注目するところとなり、1917（大正6）年には店員磯兼退三を急遽シドニーから南アフリカに赴任させ、ポート・エリザベス港の代理店で羊毛買入の監督を行わせた[32]。なお、1919（大正8）年12月に臨時株主総会を開催し、資本金を200万円に引き上げた[33]。

1918（大正7）年11月、第一次世界大戦は休戦調印により休戦状態となった。休戦による一時的な景気の後退はあったが、第一次世界大戦後の好景気により、輸入注文額も高まった。1919（大正8）年下半期に入っても、高島屋飯田では羊毛を筆頭に鉄板、ブリキ板、ケブラチョなどが相当の売上額を計上した[34]。

昭和恐慌後の日本の輸出業は不振を極めた。高島屋飯田では輸出恢復策として上海に出張所を設け、また南米貿易にも一層の力を注いだ。商品は戦時中に好況であった雑貨類の取引を縮小し、絹、綿、織物などの繊維製品の輸出に主力を注いだため、海外市場も漸次回復してきた。とくに、豪州市場の富士絹、フランス縮緬、ジョーゼット等の絹織物、縞三綾、小倉織、粗布などの綿布およびメリヤス等に対する需要が激増し、輸出は重要な地位を占めるに至った[35]。

高島屋飯田は1930年代に入ると豪州での羊毛買付を活発化させた。その結果、高島屋飯田は、三井物産、兼松商店に次ぐ日本商社第3位の羊毛買付量を達成した。同社ではシドニー出張所のバイヤーを外国人から日本人に変更し、さらに日本の羊毛会社の要望に沿った積極的な買付を行った。こうしたことが羊毛

買付量の増大に反映したと思われるが、詳細は第5章を参照されたい。

(4) 岩井商店

株式会社岩井商店(以下、岩井商店)は、1912(大正元)年11月に資本金200万円で発足した。総株数は400株で、株主数は30名であった。主要株主は、筆頭株主の岩井勝次郎(社長)の2,660株を最高に、岩井豊治(岩井文助養子、取締役)400株、岩井梅太郎(岩井勝次郎義弟、亜鉛鉱株式会社社長)200株、安野譲200株、深沢弥一郎(大阪本店支配人)100株であり、社長が全株式の66.5%を占めたほか、100株以上株主5人で89%の株式が所有された。岩井商店は株式会社に改組されたものの、岩井家、岩井家社員によって株式が占められていた[36]。

岩井商店では1907(明治40)年から白金莫大小工場の経営を開始し、大正時代には第一次世界大戦を契機として、大阪鉄板、日本曹達工業、関西ペイント、大阪繊維工業、大日本セルロイド、日本橋梁など重化学工業の分野にも事業を拡大した。岩井商店では1917年に毛糸工業の設立を計画し、研究、調査を進めていたが、1921年には「中央毛糸紡績株式会社設立趣意書」をまとめ上げた。この中で、同社では1919年に欧州各工場を視察し、フランスのアルザス機械製造株式会社で直接機械の買入を行い、1921年12月頃に機械が到着すると、原料の羊毛買入方法、産地の事情調査のために専門技術家数名を豪州に派遣して、同地の工業専門学校において修学させ、実地の研究を行わせていると記述されている[37]。実際、1918年に小西音夫、浅井秀雄の両名を豪州の羊毛学校に留学させ、実地の研究を行わせ、将来に備えさせた[38]。中央毛糸紡績株式会社(以下、中央毛糸)は、1922年2月に資本金400万円で設立され、本社を岩井商店本店の中に置き、工場を岐阜県大垣に設けた。中央毛糸が本格的に操業を開始したのは1923年下半期からである。当時の内地毛織物市場は一般に不況下にあり、とくに手織モスリン業者は営業休止の状態に陥っていた上に、1923年春に好況を見越して発注した輸入品が入荷したため、毛糸の消化状況は極めて悪化していった。ところが、1923年9月1日の関東大震災によって毛織物に対する

需要が激増し、市況は活況を帯びるに至った。中央毛糸の毛糸は大正後期にかけて販路が拡大し、1926（大正15）年5月には社債を募集して全額の払込を完了した。この社債発行により経営規模が一層拡大され、同年8月には工場本館の増築および付属建物の建築に着手し、1927年1月にその竣工をみた。満州事変後、大垣工場だけでは毛糸の需要に応じることができなくなり、1934年には四日市工場が竣工された。また、中央毛糸では1933年に資本金を400万円から800万円に倍額増資した。全株主は281名に及び、全株式16万株のうち岩井商店は過半数以上の8万3,150株を所有した。中央毛糸では原料の羊毛輸入、製品の織糸、メリヤス糸、毛織糸の販売をすべて岩井商店に委ねていた。1935年の頃は、梳毛のうち、織糸45％、メリヤス50％、手織糸5％、紡毛では織糸24％、手織糸76％が岩井商店に委ねていた。また、1935年下期には、豪州で羊毛買付の経験を積んでいた小西音夫が中央毛糸の専務取締役に転じ、経営の強化を図った。さらに、中央毛糸の原料・製品の購入、販売体制は1938（昭和13）年7月1日の配給統制の実施を契機として切り替えられ、岩井商店を通さず直接中央毛糸で行うことになった[39]。なお、中央毛糸は、1941（昭和16）年6月に政府の統制、および紡績同業会の合併方針に従い、錦華毛糸株式会社（大和紡績系）と合併して東亜紡織株式会社（資本金1,100万円、中央毛糸700万円出資、錦華400万円出資）として設立された。専務取締役には小西音夫が就任した。この合併により、工場は大垣工場と四日市工場に錦華毛糸の津工場が加わった[40]。

　岩井商店が羊毛類の取引を開始したのは、1915（大正4）年である。この当時、豪州ヒューズ社（F. W. Hughes Pty. Ltd.）のトップを輸入し、上毛モスリン株式会社（のちに日本毛織株式会社に合併）に売却した。中央毛糸紡績会社（1922年設立）後は、当初、トップ製造の設備がなかったために、ポート・フィリップ社（Port Phillip Mills Pty. Ltd.）およびヒューズ社より主としてカムバック（Comeback）のトップを輸入して中央毛糸に供給した。1925年頃から中央毛糸にトップ製造の設備ができたため、脂付羊毛の輸入をポート・フィリップ社を通じて行うようになった。小西音夫は羊毛学校を卒業後帰国し、下

田伊三郎監督のもとに羊毛および毛糸の販売主任になり、1929年再渡豪して
ポート・フィリップ社と協力して羊毛の買付にあたった。ポート・フィリップ
社はトップ製造工場であったため、純然たる羊毛買付業者と手を握る必要が生
じたため、1930年に小西が和気亨とともに渡豪してドーソン社（H. Dawson
Sons & Co.）を買付代理店に指定した。その後、買付品がトップから脂付羊毛に、
カムバックからメリノ羊毛（Merino Wool）に主力が移行するにつれて、代理
店はドレイファス・ドイル社（Dreyfus Doyle & Co. Ltd.）、ジョン・サンダー
ソン社（J. Sanderson & Co.）、ドレイファス社（Dreyfus & Co. Ltd.）と変遷し
た。また、1935年頃の販売先は、中央毛糸、日本毛糸、伊丹製絨、大阪モスリ
ン、宮川モスリン、共同毛糸などであった。なお、岩井商店は1926年に中央毛
糸の手編用原料としてアルゼンチン羊毛を輸入したが、これは日本が南米羊毛
を輸入した最初といわれている[41]。

(5) 日本綿花

日本綿花は1892（明治25）年12月1日に開業式を挙行し、初代社長には佐野
常樹が就任した。翌1893年から取引を開始したが、第一期（1893年6月迄）の
日本および外国繰綿取引高は僅かに345万1,125斤、67万9,253円75銭にすぎな
かった。実際的には1894年1、2月から海外取引を開始した[42]。

日本綿花が羊毛の取引を開始したのは1917（大正6）年であったが、1920（大
正9）年3月、5,000万円に増資したのを契機として日本の羊毛工業の将来性
を見越して、本格的に豪州羊毛の輸入に進出した。1921年3月にシドニーに豪
州出張所を開設し、同年12月にはシドニー市ヨーク街の一角、ポメロイ・ハウ
スに支店を設置した。同社では日本から絹製品、雑貨類等を輸出した。同社の
豪州支店設置後、羊毛製品に対する国内需要がにわかに高まり、豪州羊毛の輸
入も増加した[43]。ただし、大正末期から昭和初期にかけての経営は良好とは言
えず、1926年下半期（大正15年4月1日から同年9月30日）の配当は1割2分、
1928年下半期1割、1929（昭和4）年下半期8分、へと減少した。さらに、
1930年上半期には3,869万9,092円80銭の大欠損を生じ、6割減資という大減資

を行って対処した[44]。

　日本綿花では昭和期の羊毛買付増加期にはシドニー支店の陣容を充実するとともに、店舗も再三移転拡張し、シドニーとブリスベンの競市には直接買付にあたった。なお、シドニー支店は1930（昭和5）年6月に支店から出張所に改組された[45]。また、メルボルン、ジーロン、オルバリー、アデレード等の競市には、当初は代理店としてメルボルンにあるクレグリンガー商会（Kreglinger & Fernau Ltd.）に依頼して羊毛の買付にあたらせた。その後、出張員を駐在させ、出張所を開設して直接積極的に買付を行った。ニュージーランドでの羊毛買付については、シドニー支店で統括し、代理店としてクレグリンガー商会のクライストチャーチ支店に買付にあたらせた。なお、南米羊毛買付についてもクレグリンガー商会南米店に依頼して買付にあたらせたほか、満州羊毛、支那羊毛も取り扱った[46]。

　1933（昭和8）年6月、日本綿業団体はインド綿不買決議を敢行した。綿花商はインド面の新規買付を中止し、同社のインド国内の繰綿工場も運転を停止した。1934年9月に日印会商が成立してインド綿の取引が再開された。しかし、同社では同年6月に第2回目の減資が行われて2,000万円を1,275万円に減資した[47]。なお、1942年10月、南洋、豪州方面在留社員3名は日英抑留者交換船で帰国した[48]。

(6) 大倉商事

　大倉喜八郎が大倉組商会（資本金15万円）を東京銀座に設立したのは、1873（明治6）年10月である。翌1874年にはロンドンに支店を設けている。1887（明治20）年4月には陸海軍関係の専門商社として内外用達会社（資本金50万円）を藤田伝三郎との共同で設立、また同年には大倉組と藤田組の土木部門が合体して日本土木会社（資本金200万円）が設立された。1893（明治26）年の商法施行の際には、内外用達会社は大倉組商会に合体し、同年11月に合名会社大倉組が発足した[49]。1899（明治32）年頃の合名会社大倉組は、海外支店としてロンドン、台北に支店を持ち、豪州ではメルボルンに出張所を置いていた。さら

に、1907（明治40）年にはシドニーに出張所がおかれた[50]。

1911（明治44）年11月には商事部門を分離して資本金1,000万円の株式会社大倉組を設立した。さらに、1917年12月には株式会社大倉組の鉱山部と土木部が分離独立して、大倉鉱業株式会社（公称資本金2,000万円）、株式会社大倉土木組（公称資本金200万円）が設立され、商事部門のみとなった株式会社大倉組は1918年7月に大倉商事株式会社（当初の公称資本金1,000万円）と改称した[51]。1917年12月にはシドニーに支店を置き2人が配置されていた。1929年12月には支店員が4人、1940年10月には5人と増加しており[52]、大正期から昭和戦前期において豪州での活動を活発化させたことがうかがえる。大倉商事は機械類、羊毛、建築材料等を中心に輸入し、貿易のほかには度量衡器、計量器などの内地販売、請負業、代理業、仲立業、問屋業、倉庫業、有価証券、不動産売買等各方面に手を広げた[53]。

1936年度の大倉商事の商品取扱高をみると、全商品取扱高6,260万3,000円のうち、国内取扱高2,335万2,000円（37.3％）、輸入高2,651万6,000円（42.4％）、輸出高433万1,000円（6.9％）、海外支店出張所取扱高840万3,000円（13.4％）であった。輸入高と海外支店出張所取扱高で55.8％を占めていた[54]。また、1939年度の輸入実績4,977万1,000円のうち、羊毛は10.5％にあたる521万5,000円であった[55]。豪州からの輸入実績は501万5,000円であり、うち羊毛は468万8,000円、牛皮が32万6,000円であった。これは総輸入額の10.1％にあたるが、大倉商事の主たる輸入先は米国（29.5％）、関東州・「満州」（25.5％）であり、豪州はイタリアに次いで第4位であった[56]。大倉商事の豪州における活動は、不明の点が多い。

(7) 三菱商事

三菱商事では1920（大正9）年4月に綿業部（本部大阪）を新設したが、反動恐慌などの影響により1921年9月に廃止された。同社の経営にとって、絹織物は生糸、綿糸布に次いで重要な輸出品であった。この絹織物は、横浜支店から1919年11月にロンドン、ニューヨーク、リヨン、シドニー、1922年にはシド

ニーに積送された。綿業部廃止後は雑貨部で絹織物などの繊維輸出業務を行い、繊維業務再開へのつなぎ役を果たした。シドニー出張所では絹織物の実績から加工綿布の輸出再開とともに鐘紡、富士紡、日清紡の3社から晒綿布の一手販売を委ねられることになった。しかし、絹織物輸出は需要家が小口で数が多いために、代金回収に手数を要し、かつ回収不能を生じたこともあり、次第に消極的となり、人絹の登場で輸出から手を引いていった。羊毛は繊維商品を分掌した綿業部ではなく、当初から雑貨部で所管されていた。豪毛輸入は明治末年から兼松商店、三井物産、大倉商事、高島屋飯田の4社によって行われていたが、三菱商事では南アフリカから羊毛を輸入していたものの、豪毛取引には積極的ではなかった。同社が豪毛取引に乗り出したのは、1920年6月に豪州の羊毛が解禁になったことが一つの契機となった。同年10月にはシドニーに出張所を設け、競売出場資格のある社員養成から準備を始めた。1922年11月にはシドニー羊毛取引所のメンバーとなり、豪毛の本格的取り扱いを開始した。初年度（1922-23羊毛年度）には、6,847俵を買い付けた[57]。

　1923（大正12）年の関東大震災は東京モスリン紡織等の関東地方の毛織物会社に壊滅的打撃を与えた。これを機に毛織物企業の主導権は関西に移ったため、三菱商事では大阪支店に羊毛係を設けて対応した。三菱商事の豪州およびニュージーランド羊毛の取扱高は1924年羊毛年度で1万1,814俵に増加し、さらに1928羊毛年度には5万7,867俵、1932羊毛年度には10万6,624俵で初めて10万俵を突破した[58]。

　三菱商事では豪毛取引の開始当初、輸入為替は横浜正金銀行の円為替手形決済で行っていたが、1925（大正14）年10月からロンドン廻し決済を考案して導入した。すなわち、ロンドンのバークレー銀行と Revolving Credit 40万英ポンド、無担保限度10万英ポンド（のちに前者は60万英ポンド、後者は25万英ポンドに増額）を契約し、為替差額の捻出に成功して顧客先の注文獲得に大いに役立たせた。さらに、1928年10月にロンドン支店は三菱銀行ロンドン支店との間にバークレー銀行よりも有利な決済方法を協定した[59]。この信用状は75万英ポンド見当でありこの方法による差益は常に1％以上2％に及び、かつ一覧払

手形取り組みにより豪州および英国の印紙税も節約され、そのうえ日英金利利鞘もあった。この利点から、日本の各毛織会社および輸入商はこれにならい、その後は横浜正金銀行もロンドン廻し信用状を発行するようになり、三菱商事ものちに横浜正金銀行の信用状を使用した[60]。

　また、昭和初期頃から綿糸布の大輸入国であり、かつ綿花の供給国であるインド・中国等が自ら綿糸布の生産を開始するようになった。この結果、日本の紡績メーカーは品質やマーケティングに重点を置き、規模の拡大による操業度の向上と安定を図り、加工度を高めて加工綿布の輸出をめざすようになった。1931年、1932年には加工綿布での輸出が70％から80％を占めるようになった[61]。

　三菱商事シドニー支店は早くから絹織物の対豪輸出をしており、加工綿布・人絹布再開への重要な拠点の役割を果たした。日清紡の広幅シーツは三菱商事の手で初めて輸出に成功し、また鐘紡のカネコードは三菱商事が一手に扱った。人絹布では高級変り機で独自の地位を築いた[62]。また、豪州ではメルボルンが絹靴下工業の中心であることから、メルボルン出張員がその取引にあたっていたが、生糸取引に関してはシドニー支店がそれを担当し、1934（昭和9）年8月に日本生糸株式会社より30俵の委託積送を初めて行った。その後、販路開拓は進まなかったが、1938年に約31万円（340俵）、1939年には約130万円に達したが、第二次世界大戦の影響で1940年には80万円に減少した[63]。

　1937年、1938年頃になると毛織会社の国内民需品原料輸入に対する為替許可は極度に切り詰められ、僅かに製品の輸出見返りのリンク制によるものだけとなったが、軍需用として千住製絨所が大量の買付を行った。1938（昭和13）年7月、日豪通商暫定協定が成立し、日本の羊毛需要40万俵のうち3分の2を豪州から買い入れることとなった。しかし、1939年9月に第二次世界大戦が開始されると豪州およびニュージーランドの羊毛は英国政府の管理下におかれ、日本は代表者を選定して共同買付にあたることになり、三菱商事が長年羊毛輸入同業会の常任幹事を務めていたこともあって、その任にあたった[64]。

　1941（昭和16）年5月、三菱商事本店は各海外場所に対して絶対に必要な社員以外は情勢に応じ、なるべく目立たないよう順次内地に帰国するよう指示し

た。まず家族を帰国させ、その後は業務の整理に合わせて逐次社員を日本へ引き揚げ、もしくは他の海外場所に移動させた。シドニー、メルボルンはこの対象地となった(65)。なお、1941年7月には米国、英国から対日資産凍結が通告され、同年12月には太平洋戦争が開戦された。これにより、日豪貿易は途絶されることになるのである。

第2節　豪州羊毛市場とバイヤー

(1) 豪州羊毛買付人組合と羊毛市場

　豪州には三つの羊毛買付人組合（Wool Buyers' Association）があった。一つはシドニーに本拠をもつニュー・サウス・ウェールズ州・クイーンズランド州羊毛買付人組合（The New South Wales and Queensland Wool Buyers' Association）であり、シドニー（Sydney）、ブリスベン（Brisbane）、ニューカッスル（Newcastle）、ゴールバーン（Goulburn）のバイヤーが加入していた。もう一つは、ビクトリア州・南オーストラリア州羊毛買付人組合（The Victorian and South Australian Wool Buyers' Association）であり、オルバリー（Albury）、メルボルン（Melbourne）、ジーロン（Geelong）、ポートランド（Portland）、バララット（Ballarat）、ホバート（Hobart）、ローンセストン（Lounceston）、アデレード（Adelaide）のバイヤーが加入していた。さらに、パース（Perth）に本拠地を置く西オーストラリア州羊毛買付人組合（The West Australian Wool Buyers' Association）があった。

　羊毛買付は豪州の主要な市場で行われた。それは、クイーンズランド州（ブリスベン市場）、ニュー・サウス・ウェールズ州（シドニー市場、オルバリー市場）、ビクトリア州（メルボルン市場、バララット市場）、南オーストラリア州（アデレード市場）、西オーストラリア州（パース市場）、タスマニア州（ホバート市場、ローンセストン市場）などであった。豪州の羊毛年度は毎年7月1日から開始され翌年の6月末日に終わる。開市は毎年7月頃からブリスベン

またはシドニー市場から開始され、漸次南の市場に移っていく。一般に、羊毛出市の旺盛期は毎年9月から翌年の3～4月頃であった[66]。

(2) 各国バイヤーの豪州羊毛買付

日本の商社は、海外の羊毛買付商社とともにこれらの羊毛買付人組合に加盟し、それぞれの市場で豪州羊毛の買い付けを積極的に行った。日本商社の羊毛取引が活発化してきた1933年7月から1938年6月までの5年間における各国バイヤーの豪州羊毛の買付状況（表3-1）を市場別にみてみよう。なお、豪州羊毛の単位をあらわす俵（bale）は、1俵＝310ポンド前後を示している。日本では脂付羊毛1俵＝300ポンド（136.077kg）に換算していた[67]。

この5年間で最も多くの豪毛を購入したのは、66万8,085俵を買い付けたWm. Haughton & Co.であった。同社は全買付量の40.5％にあたる27万306俵をメルボルンとジーロンで買い付けており、同市場では三井物産、兼松商店の買付量を大きく上回っていた。また、アデレードでも14万3,610俵を買い付けており、これはJ. W. McGregor & Co.の16万371俵に次ぐ買付量であった。一方、シドニーでの買付量は11万9,762俵であり、これは三井物産のシドニーでの買付量の約半分にすぎなかった。また、パースでも6万5,411俵を買い付け、同社の全買付量の9.8％に達していた。

第2位は三井物産の58万3,113俵である。同社は、シドニー市場で24万5,731俵という最も多くの羊毛を買い付け、これは同社全買付量の42.1％に達した。シドニーに次いで多かったのは18万6,695俵（32.0％）のメルボルン・ジーロンであり、ブリスベンも10万806俵で、同社の17.3％を占めていた。ブリスベンで10万俵以上を買い付けていたのは、三井物産、J. W. McGregor & Co.、Biggin & Ayrtonの3社のみであった。また、三井物産のアデレードでの買付量は4万4,140俵（7.6％）であり、ブリスベンの半分にも及ばなかった。なお、タスマニアは5,741俵（1.0％）と少なかった。

第3位は兼松商店の52万4,107俵であった。同社はシドニー（19万6,518俵、37.5％）、とメルボルン・ジーロン（18万5,110俵、35.3％）で同社の70％以上

の豪毛を買い付けていた。また、ブリスベンは９万2,191俵（17.6％）でシドニー、メルボルン・ジーロンの約半分であった。さらに、ブリスベンの約半分が４万5,379俵（8.7％）のアデレードであった。タスマニアは4,909俵で三井物産の買付量に接近しているが、全体的には同社買付量の0.9％を占めるにすぎなかった。

　第４位にはJ. W. McGregor & Co.、第５位にはBiggin & Ayrtonが名を連ねているが、両社とも49万俵台の買付量であった。J. W. McGregor & Co.はシドニーで18万俵台、アデレードで16万俵台の豪毛を買い付け、さらにブリスベンでも12万俵台の豪毛を買い付けた。一方、メルボルンとジーロンでは３万2,677俵と他市場と比較して極端に少なかった。第５位のBiggin & Ayrtonは49万2,322俵のうちシドニーで26万3,237俵を買い付けているが、このシドニーでの買付量は全社の中で最高であった。同社はメルボルン・ジーロンとブリスベンで各10万俵台を買い付けているものの、シドニー中心の豪毛買付となっていた。

　第６位は高島屋飯田であった。同社はシドニーの買付量が19万9,505俵で同社買付量の51.5％を占め、その買付量は兼松商店よりも上回っていた。同社はブリスベンとメルボルン・ジーロンで各７万俵台を買い付けていた。アデレードは３万1,537（8.1％）であり、日本商社の中では兼松商店、三井物産に次いで第３位を占めていた。タスマニアは937俵で全体の0.2％であった。

　第７位のSimonius Vischer & Co.は35万9,891俵を全市場で買い付けた。最も多く買い付けたのはメルボルン・ジーロンの14万8,720俵であり、同社買付量の41.3％を占めた。一方、シドニーでは10万2,933俵で上位商社の中ではシドニーでの買付量が最も少なかった。第８位はW. P. Martin & Co.の35万333俵であった。同社はシドニーで23万5,350俵を買い付けており、これは同社全買付量の67.2％を占めた。同社はアデレードとパースでの買い付けを行わず、残りをメルボルン・ジーロン（７万4,729俵）とブリスベン（３万8,171俵）、タスマニア（6,083俵）で買い付けていた。第９位のJ. Sanderson & Co.は34万6,701俵を買い付けていた。同社は全市場で買付を行っていたが、最も多いのは13万5,101俵のメルボルン・ジーロンであり、この買付量は全社の中で第

表 3-1　豪州羊毛の各国バイヤーと

順位	各国バイヤー	行き先	ブリスベン	シドニー
1	Wm. Haughton & Co.	英国、大陸、国内	61,295 (9.2)	119,762 (17.9)
2	Mitsui Bussan Kaisha	日本	100,806 (17.3)	245,731 (42.1)
3	F. Kanematsu (Aust) Ltd.	日本	92,191 (17.6)	196,518 (37.5)
4	J. W. McGregor & Co.	英国、大陸	121,412 (24.5)	180,264 (36.3)
5	Biggin & Ayrton	英国、大陸	104,040 (21.1)	263,237 (53.5)
6	Iida & Co. Ltd.	日本	79,336 (20.3)	199,505 (51.1)
7	Simonius Vischer & Co.	大陸	52,611 (14.6)	102,933 (28.6)
8	W. P. Martin & Co.	英国	38,171 (10.9)	235,350 (67.2)
9	J. Sanderson & Co.	英国	27,601 (8.0)	71,086 (20.7)
10	Com. D'Imprt. De Laines	大陸	61,851 (21.4)	74,748 (25.9)
11	Wenz & Co. Ltd.	大陸	46,971 (17.3)	93,942 (34.6)
12	Mitsubishi Trading Co. Ltd.	日本	51,334 (18.9)	138,151 (51.0)
13	Pohl & Krech	ドイツ	71,502 (27.5)	107,184 (41.3)
14	Wattinne Bossut Fils & Cie	大陸	44,977 (18.3)	128,921 (52.5)
15	A. Dewavrin Fils & Cie	大陸	44,495 (20.6)	116,916 (54.3)
16	R. Jowitt & Sons	英国	6,775 (3.3)	29,104 (14.4)
17	Lohmann & Co. Ltd.	ドイツ	80,500 (44.8)	74,929 (41.7)
18	Bersch & Co.	ドイツ	53,289 (29.7)	126,214 (70.3)
19	H. Dawson Sons & Co. Ltd.	英国	20,205 (11.5)	48,182 (27.3)
20	A. R. Lempriere Pty. Ltd.	英国、大陸	29,953 (17.2)	64,219 (36.9)
23	Okura & Co. Ltd.	日本	37,875 (23.4)	91,645 (56.5)
40	Japan Cotton Trading Co. Ltd.	日本	22,339 (22.4)	71,790 (71.9)
56	Iwai & Co.	日本	9,172 (14.5)	24,183 (38.2)

出所："Purchases of Australian Wool Buyers for 5 Years Ending June, 1938, According to Official Association
注：各国バイヤーは上位20位と日本商社を掲載した。網掛けは日本商社。

5位であった。同社ではシドニーとパースの買付量が各7万俵台であり、パースでの買付量の多い商社の一つであった。

　第10位から第16位までは20万俵台の豪毛を買い付けた商社が入った。第10位のCom. D'Imprt. De Lainesは28万9,010俵を買い付け、うちシドニーで9万3,942俵（34.6%）、パースで7万4,857俵（27.6%）を買い付けていた。第11位のWenz & Co. Ltd.は27万1,390俵のうち、42.9%にあたる12万4,036俵をシドニーで買い付けていた。第12位の三菱商事は、27万930俵を買い付け、うちシドニーが13万8,151俵で同社の51.0%を占めていた。メルボルン・ジーロン

第3章 日豪羊毛貿易における日本商社の企業活動

日本商社（1933年7月-1938年6月）

(単位：俵、％)

メルボルン・ジーロン	アデレード	パース	タスマニア	合　計
270,306 (40.5)	143,610 (21.5)	65,411 (9.8)	7,701 (1.2)	668,085 (100.0)
186,695 (32.0)	44,140 (7.6)	—	5,741 (1.0)	583,113 (100.0)
185,110 (35.3)	45,379 (8.7)	—	4,909 (0.9)	524,107 (100.0)
32,677 (6.6)	160,371 (32.3)	—	1,614 (0.3)	496,338 (100.0)
104,021 (21.1)	21,024 (4.3)	—	2,855 (0.6)	492,322 (100.0)
78,808 (20.2)	31,537 (8.1)	—	937 (0.2)	390,123 (100.0)
148,720 (41.3)	21,622 (6.0)	28,167 (7.8)	5,838 (1.6)	359,891 (100.0)
74,729 (21.3)	—	—	6,083 (1.7)	350,333 (100.0)
135,101 (39.0)	36,455 (10.5)	70,961 (20.5)	5,497 (1.6)	346,701 (100.0)
124,036 (42.9)	26,168 (9.1)	—	2,207 (0.8)	289,010 (100.0)
29,179 (10.8)	21,188 (7.8)	74,857 (27.6)	5,253 (1.9)	271,390 (100.0)
71,787 (26.5)	9,376 (3.5)	—	282 (0.1)	270,930 (100.0)
50,125 (19.3)	30,984 (11.9)	—	5,175 (2.0)	259,795 (100.0)
27,776 (11.3)	41,834 (17.0)	—	2,281 (0.9)	245,789 (100.0)
31,223 (14.5)	14,245 (6.6)	—	8,618 (4.0)	215,497 (100.0)
1,400 (0.7)	46,899 (23.2)	118,198 (58.4)	—	202,376 (100.0)
15,583 (8.7)	7,620 (4.2)	—	1,250 (0.7)	179,882 (100.0)
—	—	—	—	179,503 (100.0)
30,257 (17.2)	11,131 (6.3)	65,531 (37.2)	1,086 (0.6)	176,392 (100.0)
77,026 (44.3)	491 (0.3)	—	2,222 (1.3)	173,911 (100.0)
28,241 (17.4)	4,331 (2.7)	—	20 (—)	162,112 (100.0)
5,663 (5.7)	—	—	—	99,792 (100.0)
28,389 (44.8)	—	—	1,582 (2.5)	63,326 (100.0)

Lists" (NAA: SP1098/16 Box 6) により作成。

の購入量は 7 万 1,787 俵で26.5％を占め、シドニーとメルボルン・ジーロンで約 8 割近くに及んでいた。また、ブリスベンの買付量は 5 万 1,334 俵 (18.9％)、アデレードは 9,376 俵 (3.5％) であった。なお、タスマニアは僅か282俵にすぎなかった。

　日本商社のうち、第23位には大倉商事が16万2,112俵で入っているが、同社ではシドニーで56.5％にあたる 9 万 1,645 俵を買い付けていた。ブリスベンは 3 万 7,875 俵 (23.4％)、メルボルン・ジーロンは 2 万 8,241 俵 (17.4％) の買付量であり、シドニーと比較して少なかった。また、アデレードも 4,331 俵

(2.7%) と少なかった。第40位には日本綿花が9万9,792俵で入っていた。同社ではシドニーで同社買付量の71.9%にあたる7万1,790俵を買い付け、シドニー市場に大きく依存していた。また、ブリスベンは2万2,339俵で22.4%を占めていた。その他のメルボルン・ジーロンは5,663俵（5.7%）と少なく、アデレード、タスマニアでは買い付けがなかった。

　岩井商店は6万3,326俵を買い付け第56位に入っていたが、日本商社としては最も少ない買付量であった。同社は、メルボルン・ジーロンが2万8,389俵で44.8%を占めた。同社ではメルボルン・ジーロンでの購入量がシドニーの購入量（2万4,183俵、38.2%）より多かった。また、ブリスベンの買付量は9,172俵で14.5%を占めていたが、他の日本商社と比較すると少なかった。同社のアデレードでの購入はなく、タスマニアは1,582俵で2.5%を占めるにすぎなかった。

　以上のように、世界の豪毛バイヤーをみてみると、各商社によって各市場での買付比率は異なっていた。買付量第1位の Wm. Haughton & Co. はメルボルン・ジーロンで約4割の羊毛を買い付けていたのに対して、第2位の三井物産はシドニーで約4割を買い付けていた。また、第3位の兼松商店ではシドニーとメルボルン・ジーロンで各約3割半ばを買い付けていた。第4位の J. W. McGregor & Co. はシドニーとアデレードで各3割程度、第5位の Biggin & Ayrton はシドニーで約5割を買い付けていた。また、高島屋飯田、三菱商事、大倉商事、日本綿花はシドニー市場での購入量が他の市場の購入量を超えていた[68]。

第3節　豪州羊毛市場の取引慣習

(1) 大口物と小口物

　豪州の羊毛買付の場合、市場で取引される羊毛によって大口物（Large lots あるいは Big lots）と小口物（Star lots）に分かれていた。北方市場では大口

物が5俵以上、小口物は4俵以下のものを称し、南方市場では4俵以上を大口物、3俵以下を小口物と称していた。ただし、大口物は1口10俵ないし20俵のものが多く、1口で50俵ないし100俵とまとまったものは非常に少なかった[69]。また、北方市場のニュー・サウス・ウェールズ州・クイーンズランド州羊毛買付人組合では大口物を Large Lots、小口物を Star Lots というのに対して、南方市場のビクトリア州・南オーストラリア州羊毛買付人組合では、大口物を Big Lots、小口物を Star Lots と呼称して羊毛買付が行われた。

　日本商社の場合、羊毛輸入商は、ほとんどの場合、毛織会社より洗上羊毛の重量指定で脂付羊毛の買付注文を受けるため、羊毛買付人は常に歩留に細心注意し、歩留如何によって脂付羊毛の買付数量を加減する必要がある。たとえば、洗上羊毛50万ポンドの注文を受けたときには、買い付けようとする脂付羊毛の歩留を45％と見るときには、約111万ポンドの脂付羊毛を買い付け、40％とみるときには、125万ポンドの脂付羊毛を羊毛買付人が手触りによって買い入れることになる。買付人は1口10俵もしくは20俵のなかで、歩留50％のものが何割、45％のものが何割混合しているかを鑑定し、平均歩留が何％になるかを算定して脂付羊毛買値の最高限度を決定しておき、競売場でこの買値限度以下で買い付けた[70]。

　このように羊毛買付にあたっては、鑑定人の技術が重要であった。豪州羊毛1俵のなかには、少なくとも30頭から60頭の羊毛を包蔵し、その俵は数俵以上、数十俵で1口を構成していた。この買付にあたっては、全俵数を通じて大体に品質を選び、歩留も2％以上間違わないように鑑定をすることが重要であった。羊毛の歩留は、羊の種類、羊の健康状態、牧場の状態、飼育の方法、健康状況によって千差万別である。たとえば、豪州産メリノ羊毛フリースで最も高い歩留をもつものは約62％くらいで、最も低い歩留のものはメリノ・ロックスで約20％くらいであった。歩留の鑑定は洗浄乾燥すれば判然とするが、原産地で羊毛を買い付ける場合はこれは不可能であるから、買付人が手先の触感（Touching）によって鑑定して判断する。熟練な鑑定人は、その誤差は2％を越えることはない。英国向け羊毛委託販売では、歩留2％内外は売買双方とも咎めな

い。しかし、売り手（羊毛買付人）が指定した歩留より過剰2％以上に出たときは、買手（羊毛注文主）は過剰分を買付人に支払い、反対に2％以上減少した場合にはその不足分を売り手は買い手に弁償することになっていた。また、日本では羊毛使用者が自己の工場で何ら立会人なく勝手な分類法、洗毛法を行って、その結果を売り手に対抗するために常に苦情が堪えなかった。このように、鑑定人が豪州で羊毛買付前に鑑定した予定歩留より余りに多くの過剰歩留があるのは鑑定の稚拙によるが、多くの不足分を生じることは甚だ鑑定の稚拙によるものと考えられた[71]。しかし、日本の羊毛輸入商は、注文獲得数量を増やすために羊毛買付予想値段を安く見積もり、これによって歩留不足による問題も生じた。日本の毛織会社では、各羊毛輸入商より報告してきた買付予想値段を比較して最も安いものを標準として各羊毛輸入商に強いた結果、各輸入商が盲目的に値段の競争をしたため、歩留不足を生じることになったのである[72]。

(2) 豪州羊毛の競売過程

次に、豪州での競売過程を見てみよう。羊毛は豪州各地の牧場から、鉄道便のあるところまで馬車等で運搬され、さらに鉄道便でシドニー、ブリスベン、メルボルン、アデレード等の羊毛中心市場に輸送された。羊毛は羊毛売方問屋（Wool Selling Broker）[73]が牧場主より売捌委託を受け、各自の倉庫で預かる。これを羊毛売方問屋協会（Wool Selling Broker's Association）が規定した日にオークション（Auction）によって競売を行う。羊毛売方問屋は羊毛所有者より委託を受けて単に売却するもので、自身がオークションで羊毛を競売することは許されていない。豪州において、羊毛売方問屋は羊毛委託販売手数料として羊毛売上値段に対する2.5％の口銭を羊毛委託者より受け取る。また、羊毛売方問屋に対して羊毛買付問屋（Wool Buying Broker）がある。羊毛買付問屋はオークションにおいて羊毛を競売する[74]。大口の羊毛を取り扱う羊毛買付問屋としては、Wm. Haughton & Co.、J. W. McGregor & Co.、Biggin & Ayrton、兼松商店、三井物産、三菱商事、高島屋飯田などが挙げられる。

第3章　日豪羊毛貿易における日本商社の企業活動　173

第4節　各国バイヤーと日本商社

(1) 1910年代後半

　豪州の羊毛取引市場では、過去5年間の羊毛購入量によって競売室の席順が決定された。1920-21羊毛年度の各市場の競売室席順は1914-15羊毛年度から1919-20羊毛年度の買付量で決定された。まず、シドニー市場の第1競売室席順（大口物）では、Martin & Co. Ltd., W. Pが16万3,931俵を買い付けて第1位になっていた。第2位にはWenz & Co. が16万421俵で入っているが、第1位とはほとんど差がなかった。第3位はWattinne, Henriの12万1,730俵であった。日本商社をみると、兼松商店が7万3,271俵で10位に入ったが、それ以外は大倉商事が21位（2万9,889俵）、三井物産が25位（2万7,263俵）、高島屋飯田は58位（1,955俵）であった。日本商社はシドニー市場の第1競売室買付量において、兼松商店を除くと外国商社に大きく差がつけられていたといえる（表3-2）。

　また、同年度のシドニー市場の第2競売室席順（小口物）では、Caulliez, Henryが7万1,302俵で第1位、Wattinne, Henriが6万8,217俵で第2位、Shepherd, Jamesが5万6,966俵で第3位であった。日本商社では兼松商店が1万1,186俵で第24位に入っているほかは、大倉商事第34位（4,076俵）、三井物産第45位（1,433俵）、高島屋飯田第70位（45俵）であった（表3-3）。シドニー市場の第2競売室（小口物）における日本商社の買付量と競売席順は、シドニーの第1競売室（大口物）のそれよりも外国商社に圧倒されていたといえよう。

　一方、同羊毛年度のブリスベン市場の第1競売室席順（大口物）では、Wenz & Co. が8万613俵で第1位であった。第2位はMasurel Filsの7万7,182俵、第3位はWattinne, Henriの4万4,442俵であった。日本商社は、第11位に兼松商店（2万5,977俵）、第19位に三井物産（1万6,298俵）、第29位に

表 3-2 シドニー市場の第 1 競売室席順（Large Lots：大口物）と羊毛買付量（1920-21羊毛年度）

（単位：俵）

席順	バイヤー	5羊毛年度合計（1914-15～1919-20）
1	Martin & Co. Ltd., W. P.	163,931
2	Wenz & Co.	160,421
3	Wattinne, Henri	121,730
4	Flipo, Pierre	97,276
5	Masurel Fils	96,408
6	Caulliez, Henry	91,791
7	Kreglinger & Fernau Ltd.	77,930
8	Gosset & Co. Eugene. Duboo	76,685
9	Hinchcliff, Holt & Co.	75,240
10	Kanematsu, F.	73,271
21	Okura & Co. (Trading) Ltd.	29,889
25	Mitsui Bussan Kaisha Ltd.	27,263
58	Iida & Co.	1,955

出所："The Sydney and Brisbane Woolbuyers' Association, Figures for Allotment of Bidding Seats for Season 1920/1921. in No. 1 Sale Room (Large Lots Only), Sydney Market" (NAA: SP1098/16 Box 6) により作成。
注：網掛けは日本商社。

大倉商事（7,605俵）が入っていたが、この3社の合計は4万9,880俵でしかなかった（表3-4）。また、ブリスベン市場の第2競売室席順（小口物）では、第1位はCaulliez, Henry（1万7,840俵）であり、第2位はWenz & Co.（1万3,011俵）、第3位はWattinne, Henri（1万2,782俵）であった。日本商社では兼松商店が第16位（4,043俵）、三井物産が47位（185俵）に入っているのみであった（表3-5）。

1910年代後半の豪州羊毛市場のシドニーおよびブリスベン市場では、外国商社の買付量が圧倒的であった。日本商社では兼松商店が両市場で買付量を増やしていたが、それ以外の商社の買付量はまだ少なかったといえよう。

(2) 1920年代前半

1924-25羊毛年度のシドニーの第1競売室席順（大口物）をみると、Martin

表3-3 シドニー市場の第2競売室席順（Star Lots：小口物）と羊毛買付量（1920-21羊毛年度）

（単位：俵）

席順	バイヤー	5羊毛年度合計（1914-15～1919-20）
1	Caulliez, Henry	71,302
2	Wattinne, Henri	68,217
3	Shepherd, James	56,966
4	Wenz & Co.	48,561
5	Martin & Co. Ltd., W. P.	31,090
6	Haughton & Co. Wm.	29,130
7	Leroux, Leon	27,170
8	Lhoest & Co. R.	25,910
9	Pye, C. W.	24,680
10	Dawson & Co. H.	23,674
24	Kanematsu, F.	11,186
34	Okura & Co. (Trading) Ltd.	4,076
45	Mitsui Bussan Kaisha Ltd.	1,433
70	Iida & Co.	45

出所："The Sydney and Brisbane Woolbuyers' Association, Figures for Allotment of Bidding Seats for Season 1920/1921, in No. 2 Sale Room (Star Lots Only), Sydney Market"（NAA: SP1098/16 Box 6）により作成。
注：網掛けは日本商社。

& Co. Ltd., W. P. が5年間で20万283俵を買い付け第1位であった。第2位の席順には10万7,726俵で兼松商店がついていたが、第1位とは10万俵近くの差があった。兼松商店は1921-22羊毛年度には1年間の買付量が2万9,732俵に達し、同市場の第3位の買付量となっていたが、1922-23羊毛年度では1年間の買付量が2万7,831俵となり第2位となった。また、日本商社としては三井物産が5年間の買付量が7万952俵で第7位の席順を確保した。三井物産は1922-23羊毛年度に兼松商店に次ぐ第3位の買付量に達した。一方、高島屋飯田は3万7,080俵で第15位、大倉商事が2万9,056俵で第25位となり、兼松商店、三井物産に次ぐ商社の買付量も増加してきた。また、日本綿花は1万1,621俵で第50位、三菱商事は1万320俵で第55位であった。日本綿花と三菱商事では1922-23羊毛年度からシドニー市場で羊毛買付を開始し、これ以降徐々に買付量を増加させた（表3-6）。

シドニー市場の第2競売室席順（小口物）では、第1位 Haughton & Co.

表3-4 ブリスベン市場の第1競売室席順（Large Lots：大口物）と羊毛買付量（1920-21羊毛年度）

(単位：俵)

席順	バイヤー	5羊毛年度合計（1914-15〜1919-20）
1	Wenz & Co.	80,613
2	Masurel Fils	77,182
3	Wattinne, Henri	44,442
4	Martin & Co. Ltd., W. P.	43,024
5	Hinchcliff, Holt & Co.	42,031
6	Caulliez, Henry	37,012
7	McGregor, J. W.	33,801
8	Kreglinger & Fernau Ltd.	32,278
9	Dewez & Co. Pty. Ltd., T.	28,844
10	Flipo, Pierre	27,204
11	Kanematsu, F.	25,977
19	Mitsui Bussan Kaisha Ltd.	16,298
29	Okura & Co. (Trading) Ltd.	7,605

出所："The Sydney and Brisbane Woolbuyers' Association, Figures for Allotment of Bidding Seats for Season 1920/1921. in No. 1 Sale Room (Large Lots Only), Brisbane Market" (NAA: SP1098/16 Box 6) により作成。
注：網掛けは日本商社。

表3-5 ブリスベン市場の第2競売室席順（Star Lots：小口物）（1920-21羊毛年度）

(単位：俵)

席順	バイヤー	5羊毛年度合計（1914-15〜1919-20）
1	Caulliez, Henry	17,840
2	Wenz & Co.	13,011
3	Wattinne, Henri	12,782
4	Hinchcliff, Holt & Co.	12,177
5	Haughton & Co., Wm.	10,875
6	Martin & Co. Ltd., W. P.	9,581
7	McGregor, J. W.	8,301
8	Leroux, Leon	7,880
9	Dawson & Co. H.	6,318
10	Masurel Fils	6,311
16	Kanematsu, F.	4,043
47	Mitsui Bussan Kaisha Ltd.	185

出所：The Sydney and Brisbane Woolbuyers' Association, Figures for Allotment of Bidding Seats for Season 1920/1921. in No. 2 Sale Room (Star Lots Only), Brisbane Market.. (NAA: SP1098/16 Box 6) により作成。
注：網掛けは日本商社。

表3-6　シドニー市場の第1競売室席順（Large Lots：大口物）と羊毛買付量（1924-25 羊毛年度）

(単位：俵)

席順	バイヤー	1915-16	1920-21	1921-22	1922-23	1923-24	5羊毛年度合計
1	Martin & Co. Ltd., W. P.	52,400	11,930	62,245	41,868	31,840	200,283
2	Kanematsu (Australia) Ltd., F.	24,273	6,390	29,732	27,831	19,500	107,726
3	Biggin & Ayrton	21,350	2,811	33,952	19,238	12,207	89,558
4	Wenz & Co.	32,880	6,258	15,253	15,706	12,578	82,675
5	Wattinne, Henri	24,334	10,967	21,377	14,037	9,789	80,504
6	Hincheliff, Holt & Co.	23,334	3,680	25,121	15,544	7,646	75,325
7	Mitsui Bussan Kaisha, Ltd.	9,630	6,877	18,581	20,229	15,635	70,952
8	Flipo, Pierre	19,760	4,602	10,889	18,014	17,597	70,862
9	Masurel Fils	20,941	6,718	11,921	12,533	11,162	63,275
10	Kreglinger & Fernau, Ltd.	24,268	3,374	9,594	11,771	10,741	59,748
15	Iida & Co. Ltd.	…	3,305	13,592	14,449	5,734	37,080
25	Okura & Co. (Trading) Ltd.	9,320	2,425	6,326	7,390	3,595	29,056
50	Japan Cotton Trading Co. Ltd.	…	…	…	5,066	6,555	11,621
55	Mitsubishi Trading Co. Ltd.	…	…	…	4,691	5,629	10,320

出所："The Sydney and Brisbane Woolbuyers' Association Figures for Allotment of Bidding Seats for Season 1924-25 in No. 1 Wool Sale Room (Large Lots Only), Sydney Market" (NAA: SP1098/16 Box 6) により作成。
注：網かけは日本商社。

Wm.、第2位 Martin & Co. Ltd., W. P.、第3位 Hincheliff, Holt & Co. であり、いずれも5年間で5万俵以上の買付量であった。日本商社では兼松商店が2万5,726俵で第10位であった。また、三井物産は6,742俵で第34位、大倉商事が6,284俵で第38位であった。それ以外の日本商社では、高島屋飯田が2,519俵で第56位、日本綿花が2,457俵で第57位、三菱商事が1,523俵で第68位であった（表3-7）。

ブリスベン市場の1924-25羊毛年度の第1競売室席順（大口物）では、Flipo, Pierre が5年間の買付量5万7,505俵で第1位、兼松商店は5万3,170俵で第2位であった。三井物産も4万4,184俵で第4位に入っており、シドニー市場と比較してブリスベン市場では日本商社が大口物では上位に位置していた。また、高島屋飯田は2万520俵で第19位、大倉商事は1万6,682俵で第22位であり、三菱商事と日本綿花は2,000俵台で第52位と第56位であった（表3-8）。

また、ブリスベン市場の第2競売室席順（小口物）では Haughton & Co.,

表3-7　シドニー市場の第2競売室席順（Star Lots：小口物）と羊毛買付量（1924-25羊毛年度）

(単位：俵)

席順	バイヤー	1915-16	1920-21	1921-22	1922-23	1923-24	5羊毛年度合計
1	Haughton & Co., Wm.	10,295	4,363	21,320	14,330	7,993	58,301
2	Martin & Co. Ltd., W. P.	7,879	3,773	27,479	10,049	8,200	57,380
3	Hincheliff, Holt & Co.	9,916	827	13,355	18,986	9,746	52,560
4	Wattinne, Henry	12,578	3,239	9,063	6,813	6,307	38,000
5	Pye, C. W.	10,443	1,519	7,334	6,763	6,856	32,915
6	Hannaford, A. E.	703	1,453	11,799	9,942	7,598	31,495
7	Caulliez, Henry	12,926	772	9,313	4,222	3,309	30,542
8	Masurel Fils	2,523	2,034	10,879	8,301	3,227	26,964
9	Clough, J. W.	11,416	2,796	4,922	4,099	2,713	25,946
10	Kanematsu (Australia) Ltd., F.	9,947	625	5,302	5,003	4,849	25,726
34	Mitsui Bussan Kaisha Ltd.	728	241	2,420	2,052	1,301	6,742
38	Okura & Co. (Treding) Ltd.	2,743	284	1,674	1,032	551	6,284
56	Iida & Co., Ltd.		239	961	502	817	2,519
57	Japan Cotton Trading Co., Ltd.				1,332	1,125	2,457
68	Mitsubishi Trading Co., Ltd.				600	923	1,523

出所："The Sydney and Brisbane Woolbuyers' Association Figures for Allotment of Bidding Seats for Season 1924-25 in No. 2 Wool Sale Room (Star Lots Only), Sydney Market" (NAA: SP1098/16 Box 7) により作成。
注：日本商社は網掛け。

　Wm.が5年間の買付量1万9,095俵で第1位であり、日本商社では6,838俵の兼松商店が第8位であった。また、三井物産は1,467俵で第33位であったが、他の日本商社は買付量が少なく、三菱商事が第51位、大倉商事が第71位、高島屋飯田が第88位であった（表3-9）。

　1920年代前半の日本商社は兼松商店、三井物産が各市場の競売室で上位の競売席を確保していたが、全体としての豪州羊毛の買い付けは外国商社優位の中で日本商社が徐々に活動を活発化しつつあった時期といえよう。

(3) 1920年代後半

　1930-31羊毛年度のシドニー市場の第1競売室席順（大口物）（表3-10）では、第1位が5年間の買付量31万7,410俵のMartin & Co. Ltd., W. P.であり、1920年代半ばからこのバイヤーが首位を占めていた。日本商社では三井物産が20万

表3-8 ブリスベン市場の第1競売室席順（Large Lots：大口物）と羊毛買付量（1924-25羊毛年度）

(単位：俵)

席順	バイヤー	1915-16	1920-21	1921-22	1922-23	1923-24	5羊毛年度合計
1	Flipo, Pierre	5,072	1,808	12,083	23,192	15,350	57,505
2	Kanematsu (Australia) Ltd., F.	12,264	3,327	19,715	8,546	9,318	53,170
3	Masurel Fils	14,564	2,639	11,210	9,275	11,602	49,290
4	Mitsui Bussan Kaisha, Ltd.	9,937	2,134	16,373	8,800	6,940	44,184
5	Wenz & Co.	14,600	1,531	9,166	9,219	7,317	41,833
6	Lempriere, A. R.	8,667	3,356	12,590	10,933	6,025	41,571
7	Martin & Co. Ltd., W. P.	11,250	2,644	13,105	4,837	3,687	35,523
8	Wattinne, Henri	8,434	4,005	12,445	7,994	1,508	34,386
9	Kreglinger & Fernau, Ltd.	11,872	2,339	7,850	6,581	5,291	33,933
10	Biggin & Ayrton	10,682	829	13,837	4,100	4,428	33,876
19	Iida & Co. Ltd.		983	8,132	6,980	4,425	20,520
22	Okura & Co. (Trading) Ltd.	4,328	632	5,126	4,195	2,401	16,682
52	Mitsubishi Trading Co. Ltd.				742	2,203	2,945
56	Japan Cotton Trading Co. Ltd.				1,348	1,274	2,622

出所："The Sydney and Brisbane Woolbuyers' Association Figures for Allotment of Bidding Seats for Season 1924-25 in No. 1 Wool Sale Room (Large Lots Only), Brisbane Market"（NAA: SP108/16 Box 3）により作成。
注：日本商社は網掛け。

1,389俵で第3位と急激に買付量を増やし、兼松商店を逆転した。兼松商店は14万8,033俵で第4位を占めたが、三井物産と比較すると買付量の伸びは少なかった。三菱商事は11万7,916俵で第6位となったが、1920年代前半と比較すると20年代後半の買付量の増加は顕著であった。その他の日本商社もこの時期には買付量を増加させ、大倉商事（第13位、7万1,949俵）、高島屋飯田（第16位、6万5,980俵）、日本綿花（第20位、6万2,256俵）と上位の競売席を占めるに至った。

一方、シドニー市場の第2競売室席順（小口物）では、Caulliez, Henryが8万1,741俵で第1位であった。日本商社は第22位（1万5,264俵）の三菱商事が最高であり、1万俵以上を買い付けたのは兼松商店（第29位、1万3,052俵）、日本綿花（第34位、1万1,201俵）であった。大倉商事は9,485俵で第42位、高島屋飯田は9,140俵で第45位、三井物産は7,640俵で第52位であった（表3-11）。

表3-9 ブリスベン市場の第2競売室席順（Star lots：小口物）と羊毛買付量（1924-25羊毛年度）

(単位：俵)

席順	バイヤー	1915-16	1920-21	1921-22	1922-23	1923-24	5羊毛年度合計
1	Haughton & Co., Wm.	3,437	1,144	6,188	3,729	2,597	19,095
2	Hincheliff, Holt & Co.	4,959	636	2,775	2,951	2,823	14,144
3	Masurel Fils	1,174	534	3,818	2,987	1,733	10,246
4	Clough, J. W.	2,442	635	1,082	1,654	2,141	7,954
5	Leroux, Leon	1,440	324	2,570	2,410	975	7,719
6	Martin & Co. Ltd., W. P.	2,049	930	3,534	855	315	7,692
7	Ervin Lyd., S. H.		967	2,474	1,589	1,978	7,008
8	Kanematsu (Australia) Ltd., F.	3,668	283	1,208	888	791	6,838
9	McGregor J. W.	1,817	169	1,657	1,135	1,788	6,566
10	Caulliez, Henry	3,062	495	1,819	906	242	6,524
33	Mitsui Bussan Kaisha, Ltd.	7	43	654	324	439	1,467
51	Mitsubishi Trading Co. Ltd.				109	370	479
71	Okura & Co. (Trading) Ltd.			3	36	44	83
88	Iida & Co. Ltd.			20			20

出所："The N. S. W. and Queensland Woolbuyers' Association, Figures for Allotment of Bidding Seats for Season 1924-1925 in No. 2 Wool Sale Room (Star Lots Only), Brisbane Market"（NAA: SP1098/16 Box 5）により作成。

表3-10 シドニー市場の第1競売室席順（Large Lots：大口物）と羊毛買付量（1930-31羊毛年度）

(単位：俵)

席順	バイヤー	1925-26	1926-27	1927-28	1928-29	1929-30	5羊毛年度合計
1	Martin & Co. Ltd., W. P.	64,391	47,729	38,897	37,200	29,193	217,410
2	Bersch & Co.	37,107	58,015	43,437	48,310	18,938	205,807
3	Mitsui Bussan Kaisha, Ltd.	21,792	39,291	50,371	47,765	42,170	201,389
4	Kanematsu (Australia) Ltd., F.	18,656	26,072	33,157	36,789	33,359	148,033
5	Wenz & Co. Ltd.	23,537	36,286	28,580	21,606	35,782	145,791
6	Mitsubishi Trading Co. Ltd.	13,650	20,841	24,335	35,106	23,984	117,916
7	Biggin & Ayrton	30,961	24,226	17,370	23,295	13,777	109,629
8	Wattinne, H.	20,535	19,585	11,292	20,752	22,437	94,601
9	Masurel Fils	16,478	11,763	13,380	14,673	27,503	83,797
10	Flipo & Co., P.	13,784	16,147	20,947	11,486	20,374	82,738
13	Okura & Co. (Trading) Ltd.	7,835	16,471	16,850	20,318	10,475	71,949
16	Iida & Co. Ltd.	8,554	13,853	11,035	16,622	15,916	65,980
20	Japan Cotton Trading Co., Ltd.	7,644	13,407	19,297	17,126	4,782	62,256

出所："The N. S. W. and Queensland Woolbuyers' Association, Figures for Allotment of Bidding Seats for Season 1930-1931 in No. 1 Wool Sale Room (Large Lots Only), Sydney Market"（NAA: SP1098/16 Box 5）により作成。
注：網かけは日本商社。

表3-11　シドニー市場の第2競売場席順（Star lots：小口物）と羊毛買付量（1930-31羊毛年度）

（単位：俵）

席順	バイヤー	1925-26	1926-27	1927-28	1928-29	1929-30	5羊毛年度合計
1	Caulliez, Henry	16,476	10,483	11,547	21,657	21,578	81,741
2	Haughton & Co., Wm.	13,333	13,220	12,870	14,202	8,467	62,092
3	Flipo & Co., P.	8,987	9,052	7,713	7,410	18,930	52,092
4	Biggin & Ayrton	7,065	9,320	9,075	13,284	10,807	49,551
5	Wattinne-Bossut & Fils	5,789	4,959	8,342	6,233	11,250	36,573
6	Dewavrin, Fils & Cie, Anselme	5,955	6,254	7,390	8,518	8,297	36,414
7	Bersch & Co.	4,543	6,565	7,627	7,640	6,347	32,722
8	Simonius, Vischer & Co.	8,561	4,770	7,253	6,008	5,934	32,526
9	Holt, H. S.	6,505	5,047	6,755	7,060	6,011	31,378
10	Ervin Lyd., S. H.	6,384	5,345	6,148	5,691	6,570	30,138
22	Mitsubishi Trading Co. Ltd,	2,883	1,089	3,952	2,857	4,483	15,264
29	Kanematsu (Australia) Ltd., F.	2,057	2,132	3,784	1,814	3,265	13,052
34	Japan Cotton Trading C., Ltd.	1,845	2,052	2,847	2,866	1,591	11,201
42	Okura & Co. (Trading) Ltd.	1,265	2,709	2,678	2,036	797	9,485
45	Iida & Co. Ltd.	734	1,293	2,170	1,050	3,893	9,140
52	Mitsui Bussan Kaisha Ltd.	1,780	170	147	1,437	4,106	7,640

出所：The N. S. W. and Queensland Woolbuyers' Association, Figures for Allotment of Bidding Seats for Season 1930-1931 in No. 2 Wool Sale Room (Star Lots Only), Sydney Market (NAA: SP1098/16 Box 6) により作成。
注：網掛けは日本商社。

　また、1930-31羊毛年度のブリスベン市場の第1競売室席順（大口物）（表3-12）では、Berch & Co.が5年間の買付量9万5,964俵で第1位であり、Flipo & Co., Pが8万2,541俵で第2位であった。日本商社は三井物産第3位（8万1,852俵）、兼松商店第4位（5万5,099俵）、三菱商事第5位（4万1,860俵）と上位5位の中に3社が入った。とくに、三菱商事は1924-25羊毛年度の第52位から第5位まで上昇したのが目立っている。他の日本商社では大倉商事が第14位（2万9,344俵）、高島屋飯田が第26位（2万139俵）、日本綿花が第28位（1万7,120俵）であり、日本商社の躍進ぶりがうかがえる。また、ブリスベン市場の第2競売室席順（小口物）では、上位10位に日本商社は入らなかった。第25位の三菱商事と兼松商店が5年間で3,000俵台を買い付けていたが、大口物と比較すると少なかった（表3-13）。

表 3-12　ブリスベン市場の第 1 競売室席順（Large Lots：大口物）と羊毛買付量（1930-31羊毛年度）

（単位：俵）

席順	バイヤー	1925-26	1926-27	1927-28	1928-29	1929-30	5羊毛年度合計
1	Bersch & Co.	20,409	31,482	6,584	23,285	14,204	95,964
2	Flipo & Co., P	19,527	22,028	18,518	11,361	11,107	82,541
3	Mitsui Bussan Kaisha, Ltd.	13,196	9,747	19,370	17,575	21,964	81,852
4	Kanematsu (Australia) Ltd., F.	11,475	7,500	9,643	13,411	13,070	55,099
5	Mitsubishi Trading Co. Ltd.	6,531	5,463	9,442	11,026	9,398	41,860
6	Wattinne-Bossut & Fils	12,992	9,920	4,980	5,012	5,756	38,660
7	Masurel Fils	11,201	9,171	4,402	5,572	7,528	37,874
8	Lohmann & Co. Ltd.	8,482	6,079	9,147	9,673	7,146	37,527
9	Ervin Lyd., S. H.	11,095	7,073	7,621	6,899	4,747	37,435
10	Leroux, Leon	10,750	3,766	3,191	8,764	5,884	32,355
14	Okura & Co. (Trading) Ltd.	4,169	4,132	8,563	3,611	8,869	29,344
26	Iida & Co. Ltd.	5,064	2,817	1,753	3,789	6,716	20,139
28	Japan Cotton Trading C., Ltd.	4,913	1,007	5,726	3,103	2,371	17,120

出所："The N. S. W. and Queenslznd Woolbuyers' Association, Figures for Allotment of Bidding Seats for Season 1930-1931 in No. 1 Wool Sale Room (Large Lots Only), Bribane Market"（NAA: SP1098/16 Box 6）により作成。
注：網掛けは日本商社。

1931-32羊毛年度のメルボルン市場の競売室席順（大口物）では、10俵以上を買い付けたBennett & Gillman、Flipo, Pierre & Co.、Haughton & Co., Wm. の3社が上位を占めた。メルボルン市場では三井物産が急激に買付量を伸ばし、8万6,879俵で第4位の競売席を占めた。兼松商店は7万4,242俵で第7位であった。三菱商事は1930-31羊毛年度からメルボルン市場の買付に参加したが、単年度で7,000俵を買い付けて第52位であった（表3-14）。これ以外の日本商社はメルボルン市場に直接は参加せず、代理店等を介しての買付が行われたものと考えられる。

(4) 1930年代前半

1930年代に入ると日本商社の豪州羊毛買付は一段と活発化した。1935-36羊毛年度のシドニー市場の第1競売室席順（大口物）では上位5社のうち日本商社が4社を占めるに至った。第1位は三井物産であり、5年間に29万2,993俵

表3-13 ブリスベン市場の第2競売室席順（Star Lots：小口物）と羊毛買付量（1930-31羊毛年度）

(単位：俵)

席順	バイヤー	1925-26	1926-27	1927-28	1928-29	1929-30	5羊毛年度合計
1	Haughton & Co., Wm.	4,085	5,345	6,200	6,876	3,613	26,119
2	Flipo & Co., P.	4,665	7,656	3,061	3,315	5,494	24,191
3	Caulliez, H.	2,953	1,223	1,728	4,044	3,526	13,474
4	Kelsall & Kemp, Ltd.	…	3,859	3,217	2,680	1,309	11,065
5	Dewavrin Fils & Cie, Anselm	1,757	1,873	2,572	2,230	2,397	10,829
6	Bersch & Co.	812	2,138	866	3,356	2,941	10,113
7	Leroux, Leon	2,123	1,565	2,102	2,378	1,916	10,084
8	McGregor & Co., J. W.	2,087	1,211	2,867	1,603	1,673	9,441
9	Jowitt & Sons Ltd., R.	2,918	2,697	1,486	1,263	773	9,137
10	Ervin Lyd., S. H.	2,395	1,470	1,663	1,115	1,239	7,882
25	Mitsubishi Trading Co. Ltd.	889	405	1,048	323	1,301	3,966
26	Kanematsu (Australia) Ltd., F.	733	393	1,049	570	718	3,463
36	Okura & Co. (Trading) Ltd.	100	125	547	433	81	1,785
40	Mitsui Bussan Kaisha, Ltd.	445	2	1	287	568	1,303
59	Iida & Co. Ltd.,	62	…	224	…	2	288

出所："The N. S. W. and Queensland Woolbuyers' Association, Figures for Allotment of Bidding Seats for Season 1930-1931 in No. 2 Wool Sale Room (Star Lots Only), Bribane Market" (NAA: SP1098/16 Box 6) により作成。
注：合計が一致しないところもあるが、史料のまま掲載した。網掛けは日本商社。

を買い付けた。また、第2位には Martin & Co. Ltd., W. P. が21万4,443俵で入った。同社は1925-30羊毛年度に31万7,410俵を買い付けており、1930-35年の間に約10万俵減少したことになる。逆に、三井物産は約9万俵増加した。第3位は兼松商店（19万6,444俵）、第4位は高島屋飯田（17万6,575俵）、第5位は三菱商事（16万5,435俵）であり、日本商社は1925-30年と1930-35年の5年間を比較すると、後者の時期に買付量を激増させた。たとえば、兼松商店、三菱商事は約5万俵増加し、高島屋飯田に至っては約11万俵増加した。なお、第20位の大倉商事と第21位の日本綿花は6万俵台の買付量であった（表3-15）。

シドニー市場の第2競売室席順（小口物）でも日本商社の買付量は増加したが、上位6位までは Biggin & Ayrton（第1位、8万2,194俵）、Haughton & Co., Wm.（第2位、7万3,949俵）などが占め、日本商社の最高は三井物産の4万4,391俵（第7位）であった。また、第9位には高島屋飯田が4万3,331俵

表3-14 メルボルン市場の競売室席順（Big Lots：大口物）と羊毛買付量（1931-32羊毛年度）

(単位：俵)

席順	バイヤー	1926-27	1927-28	1928-29	1929-30	1930-31	5羊毛年度合計
1	Bennett & Gillman	34,766	37,107	46,297	25,468	25,131	168,769
2	Flipo, Pierre & Co.	35,035	33,040	45,836	22,933	20,311	157,155
3	Wm. Haughton & Co.	28,386	23,008	34,660	30,998	21,633	138,685
4	Mitsui Bussan Kaisha Ltd.	12,000	10,000	14,000	21,598	29,281	86,879
5	Biggin & Ayrton	22,881	17,800	22,890	13,822	9,130	86,523
6	Lempriere (Aust.) Pty. Ltd.	20,171	20,795	17,787	14,393	9,719	82,865
7	F. Kanematsu	—	8,000	13,545	21,750	30,947	74,242
8	Wenz & Co.	21,231	9,810	9,559	7,393	10,802	58,795
9	Fred Hill	10,822	6,404	15,000	10,347	12,742	55,315
10	Layeock, Son & Co.	7,981	7,778	17,408	9,766	10,160	53,093
52	Mitsubishi Syoji Kaisha	—	—	—	—	7,000	7,000

出所："Victorian and South Australian Wool Buyers' Association, Melbourne, Figures for Allotment of Bidding Members' Seats, Season 1931-32, Big Lots"（NAA: SP1098/16 Box 6）により作成。
注：網掛けは日本商社。

に入っているが、同社は1925-30羊毛年度の買付量が9,140俵であり、この時期に大口物でも小口物でも豪州羊毛を積極的に買い付けていったことがわかる（表3-16）。

　ブリスベン市場の第1競売室席順（大口物）では第1位が三井物産（15万3,271俵）であった。さらに、第2位が兼松商店（12万8,254俵）、第3位が高島屋飯田（8万1,655俵）、第4位が三菱商事（7万5,009俵）であり、日本商社が上位を独占した。各社とも1925-30羊毛年度と比較して買付量を増加しているが、とくに1934-35羊毛年度の単年の買付量が各社とも多くなっていることが特徴である。また、大倉商事は第14位（3万8,971俵）、日本綿花は第28位（2万2,476俵）であった（表3-17）。一方、ブリスベン市場の第2競売室席順（小口物）では、上位5位は日本商社以外が占め、第1位はHaughton & Co., Wm.（2万9,637俵）であった。日本商社は上位10社内に兼松商店（第6位）、三菱商事（第8位）が入り、さらに第12位に三井物産、第13位に高島屋飯田が入った。これらの日本商社はそれぞれ5羊毛年度に1万俵台の買付を行ってお

第3章 日豪羊毛貿易における日本商社の企業活動　185

表3-15　シドニー市場の第1競売室席順（Large Lots：大口物）と羊毛買付量（1935-36羊毛年度）

(単位：俵)

席順	バイヤー	1930-34	1934-35	5羊毛年度合計
1	Mitsui Bussan Kaisha Ltd.	227,248	65,745	292,993
2	Martin & Co. Ltd., W. P.	164,073	50,370	214,443
3	Kanematsu (Australia) Ltd., F.	159,456	36,988	196,444
4	Iida & Co. Ltd.	122,757	53,818	176,575
5	Mitsubishi Trading Co. Ltd.	137,828	27,607	165,435
6	Biggin & Ayrton	99,443	33,912	133,355
7	Wenz & Co. Ltd.	90,655	18,137	108,792
8	Pohl & Krech	72,653	26,105	98,758
9	Holt & Co. Ltd., H. S.	69,099	25,650	94,749
10	Haughton & Co., Wm.	68,329	15,305	83,634
20	Okura & Co. (Trading) Ltd.	51,164	13,231	64,395
21	Japan Cotton Trading Co., Ltd.	48,049	13,128	61,177

出所："The N. S. W. and Queensland Woolbuyers' Association, Figures for Allotment of Bidding Seats for Season 1935-1936 No. 1 Wool Sale Room (Large Lots Only), Sydney Market" (NAA: SP1098/16 Box 6) により作成。
注：網掛けは日本商社。

表3-16　シドニー市場の第2競売室席順（Star Lots：大口物）と羊毛買付量（1935-36羊毛年度）

(単位：俵)

席順	バイヤー	1930-34（4 years）	1934-35	5羊毛年度合計
1	Biggin & Ayrton	67,082	15,112	82,194
2	Haughton & Co., Wm.	61,670	12,279	73,949
3	Caulliez, H.	57,624	12,796	70,420
4	Flipo & Co., P.	44,576	7,026	51,602
5	Dewavrin, Fils & Cie, Anselme	42,637	7,085	49,722
6	Hughes Pty. Ltd., F. W.	33,840	14,783	48,623
7	Mitsui Bussan Kaisha Ltd.	34,691	9,700	44,391
8	Booth & Son, F. E.	36,296	7,931	44,227
9	Iida & Co. Ltd.	35,330	8,001	43,331
10	Wattinne-Bossut & Fils	28,942	12,925	41,867
11	Kanematsu (Australia) Ltd., F.	26,825	7,309	34,134
16	Mitsubishi Trading Co. Ltd.	23,621	7,520	31,141
20	Japan Cotton Trading Co., Ltd.	15,835	4,736	20,571
39	Okura & Co. Ltd.	7,706	2,087	9,793

出所："The N. S. W. and Queensland Woolbuyers' Association, Figures for Allotment of Bidding Seats for Season 1935-1936 in No. 2 Wool Sale Room (Star Lots Only), Sydney Market" (NAA: SP1098/16 Box 6) により作成。
注：合計が一致しないところもあるが、史料のまま掲載した。網掛けは日本商社。

表3-17 ブリスベン市場の第1競売室席順（Large Lots：大口物）と羊毛買付量（1935-36羊毛年度）

(単位：俵)

席順	バイヤー	1930-34	1934-35	5羊毛年度合計
1	Mitsui Bussan Kaisha Ltd.	111,719	41,552	153,271
2	Kanematsu (Australia) Ltd., F.	94,985	33,269	128,254
3	Iida & Co. Ltd.	48,734	32,921	81,655
4	Mitsubishi Trading Co. Ltd.	57,845	17,164	75,009
5	Pohl & Krech	49,254	21,282	70,536
6	Lohmann & Co. Ltd.	49,519	16,352	65,871
7	Wenz & Co. Ltd.	54,148	10,018	64,166
8	McGregor & Co., J. W.	41,386	3,833	56,987
9	Kreglinger & Fernau (Austlaria) Ltd.	46,974	14,100	50,807
10	Biggin & Ayrton	34,516	4,534	48,616
14	Okura & Co., Ltd.	28,895	10,076	38,971
28	Japan Cotton Trading Co. Ltd.	17,528	4,948	22,476

出所："The N. S. W. and Queensland Woolbuyers' Association, Figures for Allotment of Bidding Seats for Season 1935-1936 No. 1 Wool Sale Room (Large Lots Only), Brisbane Market" (NAA: SP1098/16 Box 6) により作成。
注：網掛けは日本商社。

表3-18 ブリスベン市場の第2競売室席順（Star lots：小口物）と羊毛購買付（1935-36羊毛年度）

(単位：俵)

席順	バイヤー	1930-34	1934-35	5羊毛年度合計
1	Haughton & Co., Wm.	22,512	7,125	29,637
2	Biggin & Ayrton	20,603	6,770	27,373
3	Flipo & Co.	18,522	2,545	21,067
4	McGregor & Co., J. W.	16,600	4,297	20,897
5	Caulliez, H.	14,970	4,585	19,555
6	Kanematsu (Australia) Ltd., F.	11,396	4,526	15,922
7	Kelsall & Kemp, Ltd.	11,351	4,361	15,712
8	Mitsubishi Trading Co. Ltd.	10,836	3,673	14,509
9	Wenz & Co. Ltd.	9,599	3,796	13,395
10	Dewavrin Fils & Cie, Anselm	10,456	2,732	13,188
12	Mitsui Bussan Kaisha Ltd.	7,296	4,037	11,333
13	Iida & Co. Ltd.	6,304	4,227	10,531
27	Okura & Co. (Trading) Ltd.	1,630	1,343	2,973
33	Japan Cotton Trading Co. Ltd.	812	1,514	2,326

出所："The N. S. W. and Queensland Woolbuyers' Association, Figures for Allotment of Bidding Seats for Season 1935-1936 in No. 2 Wool Sale Room (Star Lots Only) Bribane Market" (NAA: SP1098/16 Box 6) により作成。
注：合計が一致しないところもあるが、史料のまま掲載した。網掛けは日本商社。

第3章 日豪羊毛貿易における日本商社の企業活動　187

表3-19 メルボルン市場の競売室席順（Big Lots：大口物）と羊毛買付量（1933-34羊毛年度）

（単位：俵）

席順	バイヤー	1928-29	1929-30	1930-31	1931-32	1932-33	5羊毛年度合計
1	Wm. Haughton & Co.	34,660	30,998	21,633	30,865	36,622	154,778
2	Mitsui Bussan Kaisha	14,000	21,598	29,281	37,440	43,866	146,185
3	Bennett & Gillman	46,297	25,468	25,131	26,338	20,687	143,921
4	F. Kanematsu (Aust.) Ltd.	13,545	21,750	30,947	32,398	41,587	140,227
5	Pierre, Flipo & Co.	45,836	22,933	20,311	8,707	8,005	105,792
6	Lempriere (Aust.) Pty. Ltd.	17,787	14,393	9,719	17,472	18,192	77,563
7	Fred Hill	15,000	10,347	12,742	16,721	21,225	76,035
8	Biggin & Ayrton	22,890	13,822	9,130	12,900	12,702	71,444
9	H. Dawson, Sons, & Co.	4,394	10,627	18,950	16,648	16,659	67,278
10	J. Sanderson & Co.	8,546	10,206	8,410	17,496	19,372	64,030
23	Mitsubishi Syoji Kaisha	—	—	7,000	11,107	14,050	32,157
29	Iida & Co.	—	—	—	7,500	16,000	23,500

出所："Victorian and South Australian Wool Buyers' Association, Melbourne, Figures for Allotment of Bidding Members' Seats, Season 1933-34, Big Lots"（NAA: SP1098/16 Box 6）により作成。
注：網掛けは日本商社。

り、また第27位の大倉商事と第33位の日本綿花は2,000俵台であった（表3-18）。

また、メルボルン市場に目を向けてみると、1933-34羊毛年度の大口物席順では、Wm. Haughton & Co.が15万4,778俵の買付で第1位を占めた。三井物産は14万6,185で第2位、兼松商店は14万227俵で第4位であった。ただし、三井物産と兼松商店は、1930-31羊毛年度から単年度の買付量で第1位、第2位を占めており、日本の代表的商社が豪州羊毛市場で大量の買付を行った実態がわかる。さらに、三菱商事が3万2,157俵で第23位となっていたほか、1931-32羊毛年度からメルボルン市場での買付を開始した高島屋飯田が2万3,500俵で第29位となっているのが注目できる（表3-19）。

(5) 1930年代後半

1938-39羊毛年度のシドニー市場の第1競売室席順（大口物）をみると、第1位は三井物産（21万1,572俵）であった。同社は1933-37羊毛年度の4年間に

表 3-20　シドニー市場の第 1 競売室席順（Large Lots：大口物）と羊毛買付量（1938-39羊毛年度）

（単位：俵）

席順	バイヤー	1933-37	1937-1938	5 羊毛年度合計
1	Mitsui Bussan Kaisha Ltd.	197,240	14,332	211,572
2	Martin & Co. Pty. Ltd., W. P.	173,959	28,972	202,931
3	Biggin & Ayrton	125,946	40,002	165,948
4	Iida & Co. Ltd.	155,663	7,733	163,396
5	Kanematsu (Australia) Pty. Ltd., F.	136,086	17,027	153,113
6	McGreger & Co. Ltd.	115,131	23,850	138,981
7	Mitsubishi Trading Co. Ltd.	100,723	12,925	113,648
8	Hill A/a. Pty. Ltd. W & D.	72,437	31,536	103,973
9	Pohl & Krech	81,455	18,552	100,007
10	Ervin Pty. Ltd. S. H.	55,717	26,945	82,662
12	Okura & Co. (Trading) Ltd.	74,102	5,499	79,601
23	Japan Cotton Trading Co. Ltd.	47,925	4,222	52,147
48	Sanderson & Co. (2)	15,679	6,305	21,984

出典："The N. S. W. and Queensland Woolbuyers' Association, Figures for Allotment of Bidding Seats for Season 1938-1939 No. 1 Wool Sale Room (Large Lots Only), Sydney Market"（NAA: SP1098/16 Box 6）により作成。
注：Sanderson & Co. (2) は岩井商店の買付代理店のものと思われるため、参考のために掲載した。網掛けは日本商社。

19万8,240俵を買い付けており、これを1羊毛年度当たりでみると4万9,560俵になる。しかし、1937-38羊毛年度には1万4,332俵に減少した。三井物産の羊毛買付量は、1937年1月の日豪貿易協定以後に開始された豪州羊毛の輸入割当によって極端に減少したのである。他の日本商社をみても、1937-38羊毛年度には高島屋飯田7,733俵、兼松商店1万7,027俵、三菱商事1万2,925俵、大倉商事5,499俵、日本綿花4,222俵と急激な減少をみた（表3-20）。日本商社はシドニー市場の第1競売室で上位の席順を占めていたが、1936年半ばの日豪通商関係の悪化を背景として下位の席順に下落していくことになった。

　一方、シドニー市場の第2競売室席順（小口物）では、Biggin & Ayrton を第1位として日本以外のバイヤーが上位を占めた。日本商社では、兼松商店が第9位（4万3,405俵）、高島屋飯田が第13位（3万6,109俵）、三井物産が第14位（3万4,159俵）、三菱商事が第20位（2万4,503俵）、日本綿花が第24位（1

表3-21 シドニー市場の第2競売室席順（Star Lots：大口物）と羊毛買付量（1938-39羊毛年度）

(単位：俵)

席順	バイヤー	1933-37	1937-38	5羊毛年度合計
1	Biggin & Ayrton	76,320	20,969	97,289
2	Wattinne-Bossut & Fils	52,112	20,435	72,547
3	Haughton & Co., Wm.	47,906	10,865	58,771
4	Caulliez, H.	43,021	12,712	55,733
5	Booth & Son, Pty. Ltd., F. H.	42,653	10,953	53,606
6	Hughes Pty. Ltd., F. W.	43,742	7,366	51,108
7	Bersch & Co.	42,539	8,334	50,873
8	Hill A/a. Pty. Ltd., W & D.	37,711	7,222	44,933
9	Kanematsu (Australia) Ltd., F.	38,814	4,591	43,405
10	McGregor & Co. J. W.	33,378	7,905	41,283
13	Iida & Co. Ltd.	33,222	2,387	36,109
14	Mitsui Bussan Kaisha Ltd.	32,633	1,526	34,159
20	Mitsubishi Trading Co. Ltd.	21,418	3,085	24,503
24	Japan Cotton Trading Co. Ltd.	18,829	544	19,375
34	Okura & Co. (Trading) Ltd.	10,884	1,160	12,044
74	Sanderson & Co. J. (2)	1,394	805	2,199

出所："The N. S. W. and Queensland Woolbuyers' Association, Figures for Allotment of Bidding Seats for Season 1938-1939 in No. 2 Wool Sale Room (Star Lots Only), Sydney Market"（NAA: SP1098/16 Box 6）により作成。
注：Sanderson & Co. J. (2) は岩井商店の買付代理店と思われるため、参考のために掲載した。網掛けは日本商社。

万9,375俵）、大倉商事が第34位（1万2,044俵）であった。日本商社は各社とも1937-38羊毛年度の単年度でみると、買付量を激減させている（表3-21）。

ブリスベン市場の第1競売室席順（大口物）（表3-22）では、第2位に三井物産（9万1,573俵）、第3位に兼松商店（7万9,884俵）、第7位に高島屋飯田（6万7,726俵）、第9位に三菱商事（4万4,144俵）が入り、日本商社が上位の席順を占めていた。しかし、単年度で2万俵以上買い付けていた三井物産が1937-38羊毛年度には4,036俵に減少させたのをはじめとして、兼松商店6,073俵、高島屋飯田3,671俵、三菱商事4,928俵と各社とも買付量を激減させた。また、同市場の第2競売室席順（小口物）（表3-23）では第10位に兼松商店が席を占めたが、1937-38年には796俵の買い付けにとどまった。これは、すべての日本商社も同様であった。

最後に、シドニー市場とブリスベン市場以外のメルボルン市場と南オースト

表 3-22 ブリスベン市場の第1競売室席順（Large Lots：大口物）と羊毛買付量（1938-39羊毛年度）

(単位：俵)

席順	バイヤー	1933-37	1937-38	5羊毛年度合計
1	McGregor & Co., J. W.	70,845	27,244	98,089
2	Mitsui Bussan Kaisha Ltd.	87,537	4,036	91,573
3	Kanematsu (Australia) Pty. Ltd., F.	73,811	6,073	79,884
4	Lohmann & Co. Ltd.	57,285	20,533	77,818
5	Biggin & Ayrton	51,322	19,534	70,856
6	Pohl & Krech	51,471	18,236	69,707
7	Iida & Co. Ltd.	64,055	3,671	67,726
8	Simonius Visher & Co.	36,493	9,084	45,577
9	Mitsubishi Trading Co. Ltd.	39,216	4,928	44,144
10	Com. d'Importation de Lainea	28,307	15,269	43,576
14	Okura & Co. (Trading) Ltd.	31,655	2,233	33,888
37	Japan Cotton Trading Co. Ltd.	15,459	2,000	17,459
51	Sanderson & Co. J. (2)	5,322	3,722	9,044

出所："The N. S. W. and Queensland Woolbuyers' Association, Figures for Allotment of Bidding Seats for Season 1938-1939 No. 1 Wool Sale Room (Large Lots Only), Brisbane Market" (NAA: SP1098/16 Box 6) により作成。
注：Sanderson & Co. J. (2) は岩井商店の買付代理店と思われるため、参考のために掲載した。網掛けは日本商社。

ラリア市場、タスマニア市場についてみてみよう。まず、メルボルン市場の1938-39羊毛年度についてみると、同市場のBig Lots（大口物）競売室席順（表3-24）の第1位はWm. Haughton & Co.であり、5羊毛年度の買付量は17万4,621俵であった。第2位は兼松商店（14万7,221俵）、第3位は三井物産（14万3,934俵）であり、日本商社もメルボルン市場で積極的な買付を行っていた。しかし、両社とも1936-37羊毛年度から買付量を減少させ、1937-38年には両社とも5,000俵台に落ち込んだ。また、第12位に高島屋飯田（5万3,927俵）、第13位に三菱商事（5万3,582俵）が入っていたが、1936-37羊毛年度には2,000俵台に減少した。また、岩井商店が第26位（2万8,389俵）の席順を確保していた。同社は1934-35羊毛年度からメルボルン市場で岩井商店の名称で買付を開始したと思われ、1935-36羊毛年度には1万1,656俵まで買付量を増やした。しかし、1936-37羊毛年度から急激に買付量を減らしていた。なお、大倉商事は第32位（2万3,992俵）、日本綿花は第72位（4,742俵）であった。

また、メルボルン市場のStar Lots（小口物）競売室席順（表3-25）をみる

表3-23 ブリスベン市場の第2競売室席順（Star Lots：小口物）と羊毛買付量（1938-39羊毛年度）

(単位：俵)

席順	バイヤー	1933-37	1937-38	5羊毛年度合計
1	Biggin & Ayrton	27,278	5,906	33,184
2	Haughton & Co., Wm.	26,150	4,787	30,937
3	Kelsall & Kemp Ltd.	18,579	6,220	24,799
4	McGregor & Co., J. W.	18,536	4,787	23,323
5	Com. d'importation de Laines	13,254	5,021	18,275
6	Caulliez, H.	13,793	3,905	17,698
7	Wattinne-Bossut & Fils	10,748	5,455	16,203
8	Gedge, A. S.	10,361	5,103	15,464
9	Bersch & Co.	10,381	3,516	13,897
10	Kanematsu (Australia) Pty. Ltd., F.	11,511	796	12,307
12	Iida & Co. Ltd.	10,320	1,290	11,610
14	Mitsui Bussan Kaisha Ltd.	8,887	346	9,233
18	Mitsubishi Trading Co. Ltd	6,830	360	7,190
23	Japan Cotton Trading Co. Ltd.	4,462	328	4,790
26	Okura & Co. (Trading) Ltd.	3,384	603	3,987
33	Sandeson & Co. J. (2)	127	1	128

出所："The N. S. W. and Queensland Woolbuyers' Association, Figures for Allotment of Bidding Seats for Season 1938-1939 in No. 2 Wool Sale Room (Star Lots Only), Bribane Market" (NAA: SP1098/16 Box 6) により作成。
注：Sanderson & Co. J. (2) は岩井商店の買付代理店と思われるため、参考のために掲載した。網掛けは日本商社。

と、第1位は大口物と同様に Wm. Haughton & Co.（9万5,685俵）であった。日本商社では第5位に三井物産（4万2,761俵）、第7位に兼松商店（3万7,889俵）、第13位に高島屋飯田（2万4,881俵）、第18位に三菱商事（1万8,195俵）、第37位に大倉商事（4,249俵）、第63位に日本綿花（921俵）が入っていた。

一方、南オーストラリア市場の1938-39羊毛年度の Big Lots（大口物）競売室席順（表3-26）では、J. W. McGregor & Co. が5年間の買付量12万7,360俵で第1位であった。次いで、Wm. Haughton & Co. が11万5,725俵で第2位の席を占めた。日本商社では第4位が兼松商店（4万7,808俵）、第8位が三井物産（3万7,555俵）、第11位が高島屋飯田（2万5,224俵）であったが、買付量はシドニーやメルボルンと比較して全体的に少なかった。なお、三菱商事は第36位（7,778俵）、大倉商事は第48位（4,094俵）であった。一方、南オーストラリア市場の Star Lots（小口物）競売室席順（表3-27）では、第6位に兼松

表3-24 メルボルン市場の競売室席順（Big Lots：大口物）と羊毛買付量（1938-39羊毛年度）

（単位：俵）

席順	バイヤー	1933-34	1934-35	1935-36	1936-37	1937-38	5羊毛年度合計
1	Wm. Haughton & Co.	33,886	43,540	36,278	27,316	33,601	174,621
2	F. Kanematsu (Aust.) Pty. Ltd.	32,719	31,401	49,294	17,700	16,107	147,221
3	Mitsui Bussan Kaisha Ltd.	36,291	33,252	36,043	22,480	15,868	143,934
4	J. Sanderson & Co.	13,529	19,106	30,695	20,696	23,475	107,501
5	Fred Hill	17,119	21,585	16,543	20,145	25,475	100,867
6	Simonius Vischer & Co.	18,997	14,857	14,317	19,127	17,681	84,979
7	J. C. Drury	17,599	7,289	16,091	23,301	11,599	75,879
8	W. P. Martin & Co.	10,259	18,054	17,272	17,296	11,848	74,729
9	Biggin & Ayrton	9,711	16,211	14,000	12,573	21,108	73,603
10	Bennett & Gillman	13,000	13,267	13,751	17,534	6,562	64,114
12	Iida & Co.	13,450	11,169	16,422	6,244	6,642	53,927
13	Mitsubishi Syoji Kaisha	13,925	11,232	14,165	5,421	8,839	53,582
26	Iwai & Co.	―	10,899	11,656	1,853	3,981	28,389
32	Okura & Co.	―	2,581	12,142	4,276	4,993	23,992
72	Japan Cotton Trading Co.	―	―	―	―	4,742	4,742

出所："Victorian and South Australian Wool Buyers' Association, Melbourne, Figures for Allotment of Bidding Members' Seats, Season 1938-39, Big Lots"（NAA: SP1098/16 Box 6）により作成。
注：網掛けは日本商社。

商店（7,571俵）、第9位に三井物産（6,585俵）、第10位に高島屋飯田（6,313俵）が入っており、10位以内日本商社3社が入っていたが、いずれも5年間の買付量1万俵以下と少なかった。三菱商事は1,215俵（第28位）、大倉商事は237俵（第43位）で南オーストラリア市場の日本商社の小口物買付は少なかった。

さらに、タスマニア市場の競売室席順では、1938-39羊毛年度においてFred Hillが5年間の買付量8,851俵で第1位となった。上位5位までは外国商社が占め、日本商社は第6位に三井物産が5年間の買付量5,741俵で入っていたが、買付量は他市場と比較して極めて少なかった。他の日本商社としては、第12位に兼松商店（4,909俵）、第32位に岩井商店（1,582俵）、第37位に高島屋飯田（937俵）、第46位に三菱商事（282俵）、第57位に大倉商事（20俵）が入っていたが買付量は少なかった（表3-28）。

第 3 章　日豪羊毛貿易における日本商社の企業活動　193

表 3-25　メルボルン市場の競売室席順（Star Lots：小口物）と羊毛買付量（1938-39羊毛年度）

（単位：俵）

席順	バイヤー	1933-34	1934-35	1935-36	1936-37	1937-38	5羊毛年度合計
1	Wm. Haughton & Co.	21,371	22,417	22,104	13,985	15,808	95,685
2	Compagnie D'Imprt. De Laines	15,098	12,945	12,454	12,585	12,522	65,604
3	Simonius Vischer & Co.	13,871	10,639	9,982	10,935	18,314	63,741
4	H. B. Smith	3,822	7,428	9,417	14,387	13,152	48,206
5	Mitsui Bussan Kaisha	9,879	10,293	10,656	6,229	5,704	42,761
6	Benette & Gillman	4,913	5,179	6,830	11,160	10,511	38,593
7	F. Kanematsu (Aust.) Pty. Ltd.	9,027	7,550	10,176	5,372	5,764	37,889
8	Eliott & Dibb	6,304	7,865	5,558	8,312	8,580	36,619
9	Lempriere (Aus.) Ltd.	4,431	8,027	4,409	8,594	10,733	36,194
10	Biggin & Ayrton	6,136	5,292	6,024	5,634	7,332	30,418
13	Iida & Co.	3,730	5,882	10,544	2,460	2,265	24,881
18	Mitsubishi Syoji Kaisha	3,329	3,725	4,814	2,650	3,677	18,195
37	Okura & Co.	—	373	1,647	1,000	1,229	4,249
63	Japan Cotton Trading Co.	—	—	—	—	921	921

出所："Victorian and South Australian Wool Buyers' Association, Melbourne, Figures for Allotment of Bidding Members' Seats, Season 1938-39, Star Lot"（NAA: SP1098/16 Box 6）により作成。
注：網掛けは日本商社。

表 3-26　南オーストラリア市場の競売室席順（Big Lots：大口物）と羊毛買付量（1938-39羊毛年度）

（単位：俵）

席順	バイヤー	1933-34	1934-35	1935-36	1936-37	1937-38	5羊毛年度合計
1	J. W. McGregor & Co.	23,111	29,589	19,896	30,651	24,113	127,360
2	Wm. Haughton & Co.	17,690	18,635	26,187	24,700	28,513	115,725
3	G. H. Michell & Sons Ltd.	11,260	13,169	11,689	9,805	15,193	61,116
4	F. Kanematsu (Aust.) Pty. Ltd.	17,844	8,807	12,074	3,315	5,768	47,808
5	Robt. Jowitt & Sons Ltd.	5,359	11,926	8,267	8,925	7,610	41,087
6	Wattinne, Bossut et Fils	6,324	9,895	8,910	5,703	7,478	38,310
7	Prevost & Co.	9,051	8,264	5,050	6,628	8,777	37,770
8	Mitsui Bussan Kaisha Ltd.	11,534	8,618	11,418	3,543	2,442	37,555
9	J. Sanderson & Co.	7,510	4,114	8,042	7,589	9,200	36,455
10	Pohl & Krech	3,583	8,315	6,311	5,146	6,274	29,629
11	Iida & Co.	4,400	6,749	9,387	3,161	1,527	25,224
36	Mitsubishi Syoji Kaisha	3,078	1,281	1,075	1,505	1,222	7,778
48	Okura & Co.	—	313	1,927	1,491	363	4,094

出所："Victorian and South Australian Wool Buyers' Association, South Australian, Figures for Allotment of Bidding Members' Seats, Season 1938-39, Big Lots"（NAA: SP1098/16 Box 6）により作成。
注：網掛けは日本商社。

表3-27 南オーストラリア市場の競売室席順（Star Lots：小口物）と羊毛買付量（1938-39羊毛年度）

(単位：俵)

席順	バイヤー	1933-34	1934-35	1935-36	1936-37	1937-38	5羊毛年度合計
1	G. H. Michell & Sons Ltd.	6,722	9,980	9,539	8,400	10,014	44,655
2	Wm. Haughton & Co.	6,900	6,559	6,706	6,027	11,693	37,885
3	J. W. McGregor & Co.	5,806	8,042	4,788	8,547	5,558	32,741
4	Compagnie D'Imprt. De Laines	2,796	3,286	1,596	1,734	2,845	12,257
5	Eliott & Dibb	1,204	1,021	1,465	1,635	2,784	8,109
6	F. Kanematsu (Aust.) Pty. Ltd.	2,719	1,824	2,004	178	846	7,571
7	H. Caullies	534	1,511	1,348	2,357	1,752	7,502
8	G. R. Herron & Sons	989	—	1,545	1,982	2,867	7,383
9	Mitsui Bussan Kaisha Ltd.	1,210	2,068	2,620	301	386	6,585
10	Iida & Co.	975	1,929	3,243	135	31	6,313
28	Mitsubishi Syoji Kaisha	171	180	252	500	112	1,215
43	Okura & Co.	—	—	219	18	—	237

出所："Victorian and South Australian Wool Buyers' Association, South Australian, Figures for Allotment of Bidding Members' Seats, Season 1938-39, Star Lot" (NAA: SP1098/16 Box 6) により作成。
注：網掛けは日本商社。

表3-28 タスマニア市場の競売室席順と羊毛買付量（1938-39羊毛年度）

(単位：俵)

席順	バイヤー	1933-34	1934-35	1935-36	1936-37	1937-38	5羊毛年度合計
1	Fred Hill	620	1,722	1,304	1,588	3,617	8,851
2	Anselm Dewanrin Fils	409	1,528	2,324	2,730	1,627	8,618
3	Wm. Haughton & Co.	953	800	1,725	1,645	2,578	7,701
4	W. P. Martin & Co.	1,721	1,102	2,293	720	247	6,083
5	Simonius Vischer & Co.	663	1,095	869	2,525	686	5,838
6	Mitsui Bussan Kaisha Ltd.	2,859	957	1,370	555	—	5,741
7	J. C. Drury	1,370	339	1,719	1,340	743	5,511
8	J. Sanderson & Co.	877	524	1,430	960	1,706	5,497
9	Paton's & Baldwin's Ltd.	877	524	1,430	960	1,706	5,497
10	Wenz & Co.	136	1,656	358	800	2,303	5,253
12	F. Kanematsu (Aust.) Pty. Ltd.	2,056	1,263	1,070	520	—	4,909
32	Iwai & Co.	—	—	1,200	—	382	1,582
37	Iida & Co.	206	131	157	443	—	937
46	Mitsubishi Syoji Kaisha	86	138	33	25	—	282
57	Okura & Co.	—	—	20	—	—	20

出所："The Victorian & South Australian Wool Buyers' Asssociation, Tasmania, Figures for Allotment of Bidding Seats for Season 1938-1939" (NAA: SP1098/16 Box 6) により作成。
注：J. Sanderson & Co. と Paton's & Baldwin's Ltd. の買付量と合計は同一であるが、史料のまま記載した。網掛けは日本商社。

注

1) 大正期の1920年代には三菱商事、野沢、矢野上甲、幾久組、日本綿花などが羊毛買付に参入した。こうした日本商社の豪州進出および三井物産の羊毛買付については、天野雅敏「戦前の日本の商社の豪州進出について」、「戦前における三井物産の豪州進出」(天野雅敏『戦前日豪貿易史の研究——兼松商店と三井物産を中心に——』2010年、勁草書房、所収)を参照されたい。
2) 北村寅之助は1889(明治22)年の兼松商店本舗開設後、最初の従業員として入店した。翌1890年、兼松房次郎の渡豪に同行し兼松商店シドニー支店を開設、以来、羊毛貿易に取り組んだ。1897年には兼松商店シドニー支店支店長に任命され、1907年には陸軍千住製絨所の軍需羊毛手当にあたり、在豪日本人の中で唯一、外人に比肩する羊毛の鑑定・評価・競売人と認められ、軍部関係の大量注文を受注納入、その後軍需羊毛買付を委嘱される。1916(大正5)年の英国政府による豪州羊毛徴発にあたり、豪州政府から日本人で唯一の徴発羊毛第一級の鑑定人に任命され、1920年徴発解除まで継続執務した。1922(大正11)年に兼松商店が株式会社に組織変更すると筆頭取締役となり、1930年の逝去まで重任した。1927(昭和2)年にはシドニー日豪協会の創立発起人となる。1928年11月、貿易報国の功労により従6位に叙せられる。1929年、シドニー病院に対して、兼松商店病理学研究所(Kanematsu Memorial Institute of Pathology)を寄附した。兼松房次郎17回忌にあたっての追悼記念事業の一つとして、1800年代末に豪州に渡った日本人に対して手厚い慈善治療をしてくれた病院への報恩感謝を表わしたものである(『KG100 兼松商店株式会社創業100周年記念誌』1990年、兼松株式会社、44-45頁、65頁)。
3) 『兼松商店回顧六十年』(兼松商店株式会社、1950年)48頁、56-57頁。
4) 同上、56-60頁。
5) 同上、63-64頁。
6) 同上、113頁。
7) 同上、113頁。
8) 同上、66頁。
9) 同上、65頁。
10) 同上、73-74頁。
11) 同上、73頁、80頁、86頁。
12) 同上、90頁。
13) 同上、89頁。
14) 羊毛のVisual Measurement(品質・番手・歩留等々の鑑定)は甚だ困難で、習

練を要し容易につかみがたいものであった。また、現場の仕事は早朝から夜中まで長時間にわたる激務であり、Wool Buyer は健康と根気のないものにはとても勤まらない分野であった。兼松商店の羊毛鑑定は家伝的な英国流の受け継ぎによる経験と常識に頼る徒弟制度的訓練が主体であった（前掲『KG100　兼松株式会社創業100周年記念誌』58-59頁）。

15) 英国政府管理の徴発豪州羊毛の日本向分譲（3回）は次のとおりである。
　　　第1回（1918年）　2万4,600俵（内、兼松商店取扱1万408俵、42%）
　　　第2回（1919年）　2万3,818俵（内、兼松商店取扱8,788俵、37%）
　　　第3回（同年）　2万326俵（内、兼松商店取扱7,500俵、37%）（前掲『KG100兼松株式会社創業100周年記念誌』58-59頁）。

16) 前掲『兼松商店回顧六十年』89-90頁。
17) 同上、100頁。
18) 同上、101頁。
19) 『三井事業史』本篇第三巻上（三井文庫、1980年）356頁。
20) 「羊毛類商内報告参考資料（1922年5月）」3頁（NAA: SP1101/1, Box 408）。
21) 前掲『三井事業史』本編第三巻上、327-339頁。
22) 『三井事業史』本篇第三巻中（三井文庫、1994年）34-53頁。
23) 同上、68-69頁。なお、1912-13羊毛年度の三井物産羊毛取扱量は兼松、大倉に次いで第3位であったが、1913-14羊毛年度には第2位に上昇した（前掲「羊毛類商内報告参考資料（1922年5月）」4頁、NAA: SP1101/1, Box 408）。
24) 『貳拾周年記念高島屋飯田株式会社』（高島屋飯田株式会社、1936年）3-23頁。
25) 横浜店開設の利点としては次の8点が挙げられた。①糸相場の中心地であり、その実際を知るのが迅速である。②品数を揃えるのに利便がある。③金融機関が整備している。④海外電報が便利迅速である。⑤積み出し日時の節減、貨物停滞日の節約により金利の節約となる。⑥積み出し費用の節減、⑦羽二重輸出事業の諸機関が整備されている。銀行為替取組の利便、通関手続きの平易、運送店の機敏、荷造箱製造が迅速である。⑧羽二重のみならずその他の輸出織物取り調べも便利である（前掲『貳拾周年記念高島屋飯田株式会社』24-26頁）。
26) 同上、28-31頁、50-51頁。
27) 同上、76-78頁。
28) 同上、90-91頁。
29) 同上、97-99頁。
30) 同上、106-108頁。
31) 同上、108-109頁。

32) 同上、114-115頁。
33) 同上、116-117頁。
34) 同上、134-136頁。
35) 同上、120-121頁。
36) 『岩井百年史』（岩井産業株式会社、1964年）182頁。
37) 同上、267-268頁。
38) 同上、526頁。
39) 同上、270-274頁。
40) 同上、275-276頁。
41) 同上、526-528頁。
42) 『日本綿花株式会社五十年史』（日綿実業株式会社、1943年）14頁。
43) 同上、153頁。
44) 同上、221-222頁。
45) 同上、222頁。
46) 同上、155頁。
47) 同上、223頁。
48) 同上、228頁。
49) 金子文夫・渡辺渡「大倉財閥の研究（6）」（『東京経大学会誌』第94号、1976年1月）12-13頁。
50) 同上、16頁。
51) 同上、14-15頁。
52) 同上、17頁（表6-1）。
53) 中外産業調査会編纂『中堅財閥の新研究・関東篇』（中外産業調査会、1937年12月）、42頁。
54) 前掲「大倉財閥の研究（6）」41頁（表6-6）。
55) 同上、42頁（表6-8）。
56) 同上、43頁（表6-9）。
57) 『三菱商事社史』上巻、三菱商事株式会社、1986年、172-174頁。
58) 同上、307頁。
59) 新しい決済方法は次のとおりである。
   (1) 三菱商事ロンドン支店の要求により、三菱銀行ロンドン支店は豪州（Commonwealth Bank of Australia）宛に信用状を開設する。
   (2) 三菱商事シドニー支店は羊毛を日本向けに積み出すにあたり、三菱銀行ロンドン支店宛一覧払手形を振り出し、豪州銀行はこれを買い取り、船積書

　　　　　類は直接日本の豪銀代理店に送付され、当社本店はトラスト・レシートによりこれを受け取って現品の受け渡しをする。
　　　(3) 一覧払手形は三菱銀行ロンドン支店より豪州銀行ロンドン支店に支払われ、手形代金は三菱銀行より三菱商事ロンドン支店に対する90日間の貸金となる。
　　　(4) 90日後に三菱商事本店は毛織会社より入金の羊毛代金をもってロンドン支店へ銀行借入金及び利息（当時6.5％）を送金し、三菱商事支店は三菱銀行と決済をする。

60)　前掲『三菱商事社史』上巻、308-309頁。
61)　同上、416-417頁。
62)　同上、418-419頁。
63)　同上、500頁。
64)　同上、483頁。
65)　同上、469-470頁。
66)　井島重保『羊毛の研究と本邦羊毛工業』（光弘堂、1929年）156-157頁。
67)　亀山克巳『羊毛辞典』（日本羊毛産業協議会「羊毛」編集部、1972年）22-23頁。
68)　日本商社の豪州での活動の経緯と活動状況については、拙稿「日豪貿易と日本商社」（『政経論叢』第79巻第1・2号、2010年9月）を参照されたい。
69)　前掲『羊毛の研究と本邦羊毛工業』315頁。
70)　同上、314-315頁。
71)　同上、309-311頁。
72)　1928年度（昭和3年度）には、各羊毛輸入商はその買付羊毛に対する歩留不足の非難を受けた。この当時、羊毛輸入商が申し出た予定歩留より実際試験の結果、常に2～5％は過剰であったが、この年度は予定歩留より3～5％、甚だ強い場合には8％の不足を生じた（前掲『羊毛の研究と本邦羊毛工業』488-490頁）。
73)　羊毛売方問屋（Wool Selling Broker）は、羊毛販売仲介業者である。主に、牧羊業者の委託により、それぞれの国の競売規則に従って羊毛を販売し、一定の手数料を受け取ることを主たる業務としている。原則として自己のリスクによる商売は行わない。広大な倉庫と羊毛検査場をもち、販売用ロットの調整のために、Bulk Classing, Re-Classing, Inter-Lotting等の作業も平行的に実施する。また、牧羊業者に対する金融、牧場経営資材の販売、斡旋なども行い牧羊業者にとっても非常に重要な役割を果たしている。各国ともに、それぞれの地区で組合を結成し、羊毛業界内の有力な団体となっている（亀山克巳『羊毛事典』日本羊毛産業協議会「羊毛」編集部、1972年、348頁）。

74) 前掲『羊毛の研究と本邦羊毛工業』115頁。

第4章　1930年代の豪州羊毛輸送と国内羊毛工業

第1節　海運会社の日豪航路の開設

(1) 日本郵船

　日本と豪州との航路を最初に開設したのは日本郵船である。日本郵船では創業当初から豪州航路に着目し、臨時配船を試み調査を行っていたが、日清戦争当時には日本移民輸送のために臨時船を2回差し立てた。当時、豪州は木曜島、ニューカレドニア島および豪州北部クイーンズランドにおける日本移民の情勢より見て、将来日本移民の好適地と認められていた。また、豪州は羊毛、毛皮等の原料品に富み、日本からの生糸、絹物、雑貨等の重要地として貿易発展が期待されており、さらに豪州からの日本観光客が漸増の機運にあったことなどから豪州航路の開設がはやくから企画されていた。日本政府は1896（明治29）年に豪州航路を孟買航路とともに特定助成航路に指定し、日本郵船に対して総トン数2,500トン以上、速力12ノット以上の船舶3隻をもって横浜・アデレード間、毎月1回の定期航海を命じた。政府は1896年10月1日から1901年3月まで4年6カ月間（その後、さらに5年間延長）、毎年34万8,000円以内の補助金を下付した。

　日本郵船の豪州航路は、毎月1回横浜、アデレード両港発船の命令であったが、船荷その他の関係上、政府の認可を得て差しあたりメルボルン止めとし、1899年4月に横浜、メルボルン間の航路に改めた。第一船の「山城丸」（2,528総トン）は1896年10月3日に横浜を出帆した。寄港地は往復とも神戸、門司、

長崎、香港、木曜島、タウンズビル、シドニーであり、1899年8月からマニラにも寄航した。次いで、第二船として「近江丸」(2,473総トン)、第三船として「東京丸」(2,194総トン)が就航した。なお、1899 (明治32) 年4月、豪州航路は横浜・メルボルン間に改められた。

日本郵船では豪州航路用として「春日丸」、「二見丸」、「八幡丸」の3隻を英国に注文し、1898年11月から順次就航した。しかし、「二見丸」は1900年8月に海難のために沈没し、その代船として英国で新造した大型の「熊野丸」(5,076総トン) を使用した。その後、「春日丸」、「八幡丸」のうち1隻を上海航路に転配する必要が生じたために、その代船として「日光丸」を三菱長崎造船所で建造した。しかし、その就航に先立ち、日露戦争が勃発したために、「日光丸」は他船とともに徴用され、日豪航路は一時的に休止となった。

豪州航路の開始にあたって、支那航業汽船会社 (China Navigation Co. Ltd.、のちの豪東社：Australian Oriental Line) および東豪社 (Eastern & Australian S. S. Co. Ltd.) より両者の運賃協定の参加について再三の勧誘があった。日本郵船は極力これと協調し運賃協定に参加した。しかし、新船就航後、日本郵船の船荷が増加したことにより、支那航業汽船会社は低率運賃課徴の特典を要求した。このため、日本郵船は1902 (明治35) 年に運賃同盟から脱退したが、これにより運賃競争が激しくなった。

当初、日本郵船は移民や観光客の船客業務を目標の一つとしていたが、豪州の白豪主義のために途絶した。また、1900年には北独乙ロイド社 (Nord Deutcher Lloyd) は香港・シドニー間に客船2隻を配船し、その後、日本・豪州間に配船を行った。日本郵船の経営は、豪州連邦政府が新関税法を実施し、さらに1902年には豪州が早魃に見舞われたことなどにより貨物業務は順調とは言い難かった。日本郵船が豪州航路の開始から1902年までの6年間で輸送した郵便物行李は1万1,000個、輸送船客2万2,000人、貨物23万トン、この運賃合計434万円であった[1]。第一次世界大戦の開戦とともに北独乙ロイド社は撤退し、東豪社 (E & A.) の配船は半減した。日本郵船も他の航路の繁忙で手が回らず、鈴木商店などが借り船や自社船を回航した。後述するように、大阪商船はこの

時期に日豪航路に参入した。大戦終了後は、東豪社（E. & A.）は復帰し、さらに1919（大正8）年には英国のP. & O.がE. & A.を買収して経営を強化した[2]。

日本郵船の豪州航路は1921（大正10）年4月以降は郵便定期航路として郵便補助を受け、貨客船3隻をもって月1回の定期航海を営み、羊毛、小麦等の出荷期には臨時船を配船した。使用船は大正末年以来「安芸丸」、「三島丸」、「丹後丸」の3隻であったが、1930（昭和5）年に欧州航路に「照国丸」、「靖国丸」の新造船が就航した結果、フリーとなった8,000トン級の「賀茂丸」、「北野丸」、「熱田丸」の3隻を前記3船と入れ替えて豪州航路に導入した。航路は往航が横浜、名古屋、大阪、神戸、三池、長崎、香港、マニラ、木曜島、ブリスベン、シドニー、メルボルンとなり、一方復航はメルボルン、シドニー、ブリスベン、木曜島、ダバオ、マニラ、香港、長崎、神戸、大阪、名古屋、横浜となった[3]。

1936（昭和11）年3月、日本郵船は汽船3隻を持って毎月1回日本よりパラオを経てアデレードに至る日本南洋豪州線の航路を開始し、第一船の「甲谷陀丸」は4月20日に横浜を出帆し、途中、名古屋、大阪、神戸、三池、八幡、門司、パラオ、ブリスベン、シドニー、メルボルンに寄港した。しかし、1937（昭和12）年の日中戦争によって一時休止した後、1938年1月には復旧したが1939年4月以降は配船を減じ、同年10月に休航した。1937年6月末現在で、豪州航路に参画していたのは、日本では日本郵船、日豪線（JAL：Japan Australian Line）、大阪商船、山下汽船、外国では英国の東豪社（E & A.）の5社であり、5社の使用船は21隻（日本18隻、英国3隻）、13万2,179総トン（日本船11万946総トン、英国船2万1,233総トン）であった[4]。なお、日本郵船の豪州航路は、羊毛、小麦、亜鉛鉱、鉛等の出荷が旺盛なため、1941（昭和16）年1月から従来の「賀茂丸」、「北野丸」、「熱田丸」から大型船の「諏訪丸」、「伏見丸」（1941年5月より「尾上丸」に交代）、「鹿島丸」に順次入れ替えた。しかし、同年7月3日に横浜を出帆した「鹿島丸」が本航路の最終配船となり、資産凍結令実施のために木曜島入港の前日に本店の指示によりシドニーに直航することになり、8月9日にシドニーに入港した。復航は8月15日にシドニーを出帆

し、メルボルン寄港を省略してブリスベン経由で帰航の途についた。シドニーとメルボルンでは羊毛等1,785トンおよび船客100名、ダバオにおいて麻3,256トン、船客288名を搭載し、長崎、神戸、名古屋、四日市を経由して9月20日に横浜に入港した。このように、日本郵船の豪州路線は太平洋戦争開戦以前に全部休航となった[5]。

(2) 大阪商船

大阪商船[6]は、1912（大正元）年12月に「呂宋丸」を豪州航路に派して瀬踏みを始めた。その後、第一次世界大戦によって外国汽船の配船が減少し、日本の対豪輸出が増加するに従って船腹不足を生じた。大阪商船ではこの機を利用して定期航路の開始を企図し、社員を豪州に派遣して調査を行うと同時に、1916年10月16日の横浜発の「南京丸」をもって横浜・アデレード線を開始した。豪州航路は「南京丸」、「朝鮮丸」、「日朗丸」の3隻をもって毎月1回の定期とした。起点は横浜とし、名古屋、神戸、シドニー、メルボルンを経由してアデレードに到着した。また、函館、室蘭、香港に往航臨時寄港した。第一船の「南京丸」は同業者との競争から予定の成績を上げることができなかったが、1916年11月21日発の第二船「朝鮮丸」は多数の荷主の支援を受けて好成績を上げた。以後、1918年の休戦条約成立までは毎航満載となり、中間港で荷物の積み取りもできないほどの盛況であった。さらに、1918年上半期より大阪を往航定期寄港地とし、同時にマニラに往復航とも臨時寄港した。大阪商船では、定期航路の確立とともに、アメリカン・トレーディング商会に豪州代理店を委託したが、1922年1月に代理店契約を解約して、バート商会を新代理店とした。豪州での業務は代理店に託したが、時宜に応じて大阪商船から在勤員事務所を設置し、豪州各港の代理店を監督するとともに、諸般の調査を行った。なお、事務所は1932（昭和7）年4月に廃止された[7]。

大阪商船は、1919（大正8）年2月にアデレード寄航を廃止してメルボルン止めとなし、航路名を横浜・メルボルン線と改称の上、門司、マニラを往航定期寄港地、香港を往復航寄港地となし、名古屋は往航に限り臨時寄港地に改め

た。同社では、同年5月以降、ニューカッスル、タウンズビルに往航臨時寄航し、9月以降は往航メナド、復航ブリスベンを臨時寄港地となし、10月以降大阪の往航寄港を省略した。また、1920年9月以降名古屋に往航寄港し、また香港を往復臨時寄港地に変更した。なお、1919年の使用船は「まどらす丸」、「江蘇丸」、「がんぢす丸」、1920年は「まどらす丸」、「青海丸」、「武州丸」であった。

大阪商船では1923（大正12）年2月以降は、ブリスベンに往復航とも定期寄港し、同年4月以降は往航小樽、8月以降復航リスドンに臨時寄港した。さらに1924年1月以降、ザンボアンガの往航臨時寄港、大阪の復航定期寄港を開始した。この時期には日豪貿易が活発化したため、1924年4月以降、大型船の「ひまらや丸」、「びるま丸」、「まどらす丸」を使用することになった。1924年6月以降は往航ポートホーランド、8月以降復航セブに臨時寄航し、同年10月以降マニラの復航寄港、ザンボアンガの往航寄港を廃止した。1926年6月以降は名古屋の往航臨時寄港を開始した。

大阪商船では1927（昭和2）年5月以降、船舶の横浜停泊中に小樽に回航して小樽木材を積載した。小樽積木材の輸出が激増したためである。1928年1月以降はポートホーランドの往航寄港を廃止し、同年7月以降香港に定期寄港し、1929年7月以降ニューカッスルの往航寄港を廃止した。豪州航路は羊毛を主たる積荷とするために、羊毛積載に適合した最新式高速優秀船の導入を試み、1929年12月より新造ディーゼル船「しどにい丸」、「めるぼめん丸」、「ぶりすべん丸」を就航させた。1930年4月以降は、大阪を往航定期寄港地に改めた。また、1930年11月からニュージーランドのウェリントンとオークランドまで「ぶりすべん丸」を延航させ、日本とニュージーランドの貿易を円滑化した。同時にセブの往航寄港を廃止し、名古屋を復航定期寄港地に改め、11月以降オークランドを終点とした。1931年1月以降、小樽木材の積み出しが減少したため、小樽を往航臨時寄港地に改め、同年4月以降、タウンズビルの復航寄港を廃止し、さらに同年5月以降メルボルン寄港を省略してオークランドよりシドニーへ直航した。1932年1月にはマニラ、同年10月には四日市の復航臨時寄港を開始した。

日本豪州同盟は、大阪商船が1916（大正5）年に豪州路線を開始したのちは、日本郵船、東豪社、大阪商船の3社で組織されたが、1918年4月に太洋海運の配船があり、1919年9月に加盟した。さらに、1924（大正13）年4月には山下・国際・川崎の連合した日豪線（JAL）が配船し、1925年1月に日本豪州同盟に加盟した。しかし、太洋海運は同盟を脱退した。

(3) 山下汽船

山下汽船株式会社は、創設者山下亀三郎が1897（明治30）年に横浜市に設立した個人経営の横浜石炭商に系譜をもち、1903年7月に横浜のサミュエル商会から船を購入して海運業に乗り出した。山下は「喜佐方丸」と名付けられた船を用いて、当初はブローカー太刀川又八郎の世話で勝田商会の集荷する雑貨を積んで上海・横浜間を往復したが、その収入は燃料代にも事欠く状態であった。しかし、日露関係の悪化とともに船舶が御用船として徴発されるようになり、「喜佐方丸」は1903年12月から御用船として徴発された。日露戦争が開始されると、御用船の需要が伸び、山下は1937年に外国船を購入して「第二喜佐方丸」と名付け、直ちに御用船として徴用された。その後、山下は積極的に船舶の購入を行い、1911（明治44）年10月には資本金10万円の山下汽船合名会社を設立し、本店を東京、支店を神戸に置いた。さらに、石炭販売部門の合資会社横浜石炭商会を発展的に解消し、石炭事業を山下汽船合資会社に継承させた。山下汽船合資会社の事業は石炭と海運の2本柱となり、1924（大正13）年に完全な分業体制が確立されるまで統合分離を繰り返した。同社では船腹の購入、用船・受託船部門への進出により、第一次大戦前には社船7隻、用船・受託船5隻の計12隻に増強された[8]。

1916（大正5）年11月、山下汽船合資会社は社内機構の一部として「山下総本店」を設置し、独立採算制を導入して株式会社へ改組し、現業各部門を分離または統合させ事業の拡大発展を図った。これにより、山下汽船合名会社は統轄、海運、石炭の3部門に分離され、それぞれ新会社として独立した。海運部門は1917年5月1日に資本金1,000万円の山下汽船株式会社として設立され、

本店を神戸に、支店を東京に置いた。扱い船は社船・用船を併せて40隻を超え、海外へ自営配給の域に達した[9]。

　山下汽船が豪州航路を開設したのは1920（大正9）年であり、豪州総代理店のThomas Roxburgh（メルボルン）を通じ、ニューカッスル、シンガポール、ペナンの石炭輸送を取り決め、第一船として船齢25年の「広東丸」を就航させた。その後、ニューカッスル炭の東南アジア方面への輸送が著しく増加し、引き受け数量は100万トンに達して反動恐慌のなかで社船、用船の消化と収益の向上に大きく貢献した。1921年9月には太平洋三角航路が開始され、復路豪州からの小麦の積み取りが始まったが、採算が悪く一時中断したのち、1923年に再開した。山下汽船では採算向上のために復航に羊毛雑貨等の積み取りを取り入れようとしたが、豪州―日本の運賃同盟に加入が認められなかった。そこで、1924（大正13）年4月に川崎汽船、国際汽船と提携して盟外配船に踏み切った。これにより、川崎汽船の「びくとりあ丸」が上海を出帆し、第一船として就航した。1925年1月には同盟への加入が認められ、これを機に3社は日豪線（JAL）を結成して、月間1航海を配船し、同盟他社と協調配船を実施した[10]。これにより、豪州航路は日本郵船、大阪汽船、日豪線（JAL）、東豪社（E.＆A.）となった。また、1926年9月には豪州定期就航船として「東星丸」を購入した。「東星丸」は1928（昭和3）年に北米航路に転配され、「旭光丸」がその後10カ年（39航海）に渡って豪州航路に就航した[11]。

　ところで、日本興業銀行は運賃手形担保による船舶運航資金貸出制度を制定し、1930（昭和5）年11月から資金枠500万円で貸出業務を開始した。山下汽船ではこの制度を積極的に活用し、1930年には豪州・極東間の小麦輸送に、翌年には大連・欧州間の大豆輸送にも利用した。この結果、1930年11月から1931年7月までに豪州小麦の日本内地、中国、インド向け全輸送量約100万トンの80％を積み取ることができた。こうした、豪州配船の成功は、豪州政府の財政難、これに伴う為替安とダンピング政策、さらに東洋運賃市場の暴落による欧米荷主の極東配船の忌避などにも起因していたが、船舶運転資金貸出制度の活用が最大の要因であった。山下汽船は、1931年度に日本船の遠洋就航不定期船

表4-1 豪州航路概要（1937年6月末現在）

船　主	国籍	経営航路	発航度数	使用船 種類	隻数（隻）	総トン数（トン）
日本郵船	日本	①豪州線 ②日本南洋豪州線	月1回 月1回	貨客船 貨物船 （計）	3 3 (6)	23,890 16,075 (39,965)
ジャパン・オーストラリア・ライン（山下、国際、川崎共同経営）	日本	横浜・アデレード間	月1回	貨物船	3	21,698
大阪商船	日本	①豪州線 ②ニュージーランド線	月1回 月1回	貨物船 貨物船 （計）	1 3 (4)	6,477 16,273 (22,750)
山下汽船	日本	ニュージーランド線	月1回	貨物船	5	26,533
東豪社	英国	メルボルン・横浜間	月1回	貨客船	3	21,233

出所：『七十年史』（日本郵船株式会社、1956年）215頁。

の約35％を配船運航し、船舶運転資金貸出制度による1930年度比推定増収運賃総額700万円のうち、約300万円（43％）を山下汽船1社で取得したと推測されている[12]。

1935（昭和10）年10月末現在の山下汽船定期航路運賃収入は710万2,918円であり、全運賃収入4,271万4,798円のうち僅かに16.6％であった。定期航路では北米航路が199万7,395円で首位であり、豪州航路は179万202円で2位であった。一方、不定期航路は3,024万1,651円で全運賃収入の70.8％を占めた。首位は豪州航路の1,014万7,573円であり、不定期航路運賃収入の33.6％を占めた。山下汽船は豪州航路に次いで、ペルシャ湾（直行）航路、ニュージーランド航路、インド航路を相次いで開設していたが、定期航路専業の日本郵船、大阪商船と比較すると、定期運賃収入は両社の10分の1程度であり、定期航路の拡大強化が望まれていた[13]。

なお、山下汽船ではイギリス船主の独占航路であった豪州・極東（除日本）間に1931年6月から不定期的に配船を開始した。積荷は西豪州を中心に麦粉、屑鉄、枕木等を積み取り、極東諸港からは各地の特産物を輸送した。しかし、

満州事変、上海事変の勃発で排日貨運動が激化し、とくに中国中・南部諸港の日本船排斥運動のために入港を拒否され、中国籍船の配船を余儀なくされた。このため、ロンドンの山下汽船子会社 Bright Navigation 社所有の船を「高星」、「寿星」と変更のうえ青島置籍とし、さらに中国人から用船した China Exporter を加えて投入した。1937（昭和12）年4月、同盟へ加入したが、7月の日華事変の勃発で航路は休止した。また、1935年3月から西豪州航路（不定期、月1回平均）を往航内地・フリーマントル、復航アデレード、フリーマントル・内地のスケジュールで配船した。復航で主として小麦を積み取ったが、1937年以降積荷の動きがなくなり、配船は中止された[14]。

第2節　日本商社の豪州羊毛買付

(1) 日本商社による豪州羊毛買付の最盛期

1929年度から1935年度に至る豪州羊毛の輸入の主要日本商社は、兼松商店、三井物産、三菱商事、高島屋飯田、岩井商店、大倉商事、日本綿花であった。日本商社の総輸入量は、1929年度および1930年度は35万俵前後であったが、1931年度から急激な増加に転じた。1931年度には52万3,674俵、1932年度には62万6,515俵、1933年度には68万2,587俵へと順調な伸びを示した。1934年度の統計には、同年9月に到着した「八重丸」と「加茂丸」の2船の豪州羊毛が含まれていないこともあって、59万4,934俵へ減少しているが、1935年度には70万3,937俵へと増加し、同年度までの最高を記録した。

日本商社豪州羊毛の輸入量を個別的に見てみよう（表4-2）。1929年度には三井物産が9万7,686俵で首位であり、全体の27.7％を占めていた。同年度の兼松商店は9万506俵で全体の25.7％を占めていたが、僅かに三井物産を下回った。1929年度にはこの2社で18万8,192俵となり、全商社輸入量の53.4％を占めていた。1929年度から1935年度を通してみても、兼松商店と三井物産の2社で日本商社の豪州羊毛輸入量の50％以上を占めていた。また、1929年度の3

表4-2 豪州羊毛の日本輸入商社と輸入量の推移

(単位:俵、%)

輸入商社	1929年度 (1928.10-1929.9)	1930年度 (1929.10-1930.9)	1931年度 (1930.10-1931.9)	1932年度 (1931.10-1932.9)	1933年度 (1932.10-1933.9)	1934年度 (1933.10-1934.9)	1935年度 (1934.10-1935.9)
兼松商店	90,506 (25.7)	101,913 (29.2)	164,142 (31.3)	188,433 (30.1)	197,269 (28.9)	172,642 (29.0)	178,851 (25.4)
三井物産	97,686 (27.7)	94,892 (27.2)	137,827 (26.3)	161,717 (25.8)	188,290 (27.6)	147,297 (24.8)	181,952 (25.8)
三菱商事	59,769 (17.0)	59,255 (17.0)	82,798 (15.8)	104,618 (16.7)	100,100 (14.7)	87,981 (14.8)	108,566 (15.4)
高島屋飯田	31,874 (9.0)	34,292 (9.8)	60,665 (11.6)	79,948 (12.8)	86,712 (12.7)	79,159 (13.3)	117,571 (16.7)
岩井商店	15,273 (4.3)	21,851 (6.3)	36,735 (7.0)	46,977 (7.5)	37,374 (5.5)	42,983 (7.2)	41,591 (5.9)
大倉商事	29,103 (8.3)	23,778 (6.8)	20,837 (4.0)	18,448 (2.9)	40,835 (6.0)	34,036 (5.7)	36,361 (5.2)
日本綿花	27,811 (7.9)	13,058 (3.7)	19,885 (3.8)	24,929 (4.0)	31,149 (4.6)	29,219 (4.9)	36,013 (5.1)
その他	296 (0.1)	149 (0.1)	785 (0.1)	1,445 (0.2)	858 (0.1)	1,617 (0.3)	3,032 (0.4)
合計	352,318 (100.0)	349,188 (100.0)	523,674 (100.0)	626,515 (100.0)	682,587 (100.0)	594,934 (100.0)	703,937 (100.0)

出所:"Rough Distribution of the Imported Wool from Australia (1929-1935)" (NAA: SP1098/16 Box 6) により作成。
注: 1) 1934年度の輸入量には、1934年9月に到着した「八重丸」、「加茂丸」の輸入羊毛が含まれていない。
 2) 単位の俵 (bale) は、羊毛を入れる麻袋を示している。豪州羊毛の場合、1俵は310ポンド前後を示している。
 3) 各年度とも前年10月から翌年9月までの輸入量を示している。

位以下を見てみると、第3位は三菱商事(5万9,769俵、17.0%)、第4位は高島屋飯田(3万1,874俵、9.0%)、第5位は大倉商事(2万9,103俵、8.3%)、第6位は日本綿花(2万7,811俵、7.9%)第7位は岩井商店(1万5,273俵、4.3%)の順位であった。

1930年度には兼松商店(10万1,913俵)が三井物産に替わって首位となった。兼松商店は、1934年度まで日本商社の中で豪州羊毛輸入第1位を維持し、1931年度と1932年度は日本商社の中で30%以上を占めていた。しかしながら、1935年度に再び三井物産に首位を譲った。1933年度は日本商社の豪州羊毛輸入が68万2,587俵まで増加し、1929年度の約1.9倍になった年度であった。1933年度の

第1位は、19万7,269俵の兼松商店であったが、第2位は三井物産（18万8,290俵）、第3位は三菱商事（10万100俵）であり、この3社が10万俵以上を輸入していた。高島屋飯田は8万6,712俵で第4位であったが、10万俵に近づいており、同社は1935年度に10万俵を突破した。

1935年度には10万俵以上の豪州羊毛を輸入していた商社が、三井物産（18万1,952俵）、兼松商店（17万8,851俵）、高島屋飯田（11万7,571俵）、三菱商事（10万8,566俵）の4社となった。この4社の輸入量を1929年度と1935年度で比較してみると、兼松商店は約2.0倍、三井物産は約1.9倍、三菱商事は約1.8倍、高島屋飯田は約3.7倍で各社とも増大した。とくに、高島屋飯田の伸び率は最も大きく、1935年度には第3位に上昇した。これは、この時期に高島屋飯田が活発な豪州羊毛輸入を展開したことを裏付けている。一方、輸入量10万俵以下の岩井商店、大倉商事、日本綿花をみると、この3社とも1929年度から1935年度にかけて輸入量を増加させ、1935年度には各社とも日本商社の中で5％台を維持していた。この3社の中では、増加率でみると岩井商店が1929年度の1万5,273俵から4万1,591俵へと2.7倍の増加を示し、1929年度の第7位から第5位へと躍進した。

(2) 日本商社の豪州羊毛買付市場

1933年7月から1938年6月までの5年間における日本商社の市場別豪州羊毛買付量（表4-3）をみてみよう。三井物産は58万3,113俵のうちシドニー市場が24万5,731俵で42.1％を占め、他の市場を大きく引き離していた。また、メルボルン・ジーロンは18万6,695俵（32.0％）の買付量でシドニーに次ぐ市場であった。ブリスベンの買付量も10万806俵（17.3％）で、三井物産はこの3市場で豪州羊毛買付量の91.4％に及んでいた。また、アデレードは4万4,140（7.6％）でブリスベンの半分に及ばず、タスマニアが5,741俵（1.0％）と少なかった。

兼松商店はシドニーが19万6,518俵（37.5％）、メルボルン・ジーロンが18万5,110俵（35.3％）の買付量であり、両市場で72.8％に達していた。ブリスベ

表4-3　日本商社の市場別豪州羊毛買付量（1933年6月～1938年6月）

(単位：俵、%)

商社＼市場	ブリスベン	シドニー	メルボルン・ジーロン	アデレード	パース	タスマニア	合　計
三井物産	100,806 (17.3)	245,731 (42.1)	186,695 (32.0)	44,140 (7.6)	―	5,741 (1.0)	583,113 (100.0)
兼松商店	92,191 (17.6)	196,518 (37.5)	185,110 (35.3)	45,379 (8.7)	―	4,909 (0.9)	524,107 (100.0)
高島屋飯田	79,336 (20.3)	199,505 (51.1)	78,808 (20.2)	31,537 (8.1)	―	937 (0.2)	390,123 (100.0)
三菱商事	51,334 (18.9)	138,151 (51.0)	71,787 (26.5)	9,376 (3.5)	―	282 (0.1)	270,930 (100.0)
大倉商事	37,875 (23.4)	91,645 (56.5)	28,241 (17.4)	4,331 (2.7)	―	20 (―)	162,112 (100.0)
日本綿花	22,339 (22.4)	71,790 (71.9)	5,663 (5.7)	―	―	―	99,792 (100.0)
岩井商店	9,172 (14.5)	24,183 (38.2)	28,389 (44.8)	―	―	1,582 (2.5)	63,326 (100.0)

出所："Purchases of Australian Wool Buyers for 5 Years Ending June, 1938, According to Official Association Lists"（NAA: SP1098/16 Box 6）により作成。

ンは9万2,191俵（17.6%）でシドニー、メルボルン・ジーロンの約半分にしか及ばなかった。さらに、ブリスベンの約半分がアデレードであり、4万5,379俵（8.7%）であった。タスマニアは4,909俵で三井物産の買付量に接近しているが、全体的には0.9%を占めるにすぎなかった。

　高島屋飯田はシドニーが19万9,505俵で同社の51.5%を占めた。同社の買付量はブリスベン（7万9,336俵、20.3%）、メルボルン・ジーロン（7万8,808俵、20.2%）であり、両市場での買付量の合計はシドニー市場のそれに及ばなかった。また、アデレードは3万1,537（8.1%）、タスマニアは937俵（0.2%）であった。

　三菱商事はシドニーでの買付量が13万8,151俵で同社の51.0%を占めていた。メルボルン・ジーロンの買付量は7万1,787俵で26.5%を占め、高島屋飯田の買付量に接近していた。また、ブリスベンの買付量は5万1,334俵（18.9%）、アデレードは9,376俵（3.5%）であった。タスマニアは282俵で僅かの買付量であった。

　大倉商事はシドニーの買付量が同社の56.5%にあたる9万1,645俵であった。ブリスベンは3万7,875俵（23.4%）、メルボルン・ジーロンは2万8,241俵（17.4%）、アデレードは4,331俵（2.7%）であった。

　日本綿花はシドニーにおいて同社の71.9%にあたる7万1,790俵を買い付けていた。また、ブリスベンは2万2,339俵で22.4%を占めていたものの、メル

ボルン・ジーロンは5,663俵（5.7％）と少なかった。なお、アデレード、タスマニアは購入がなかった。

　岩井商店はメルボルン・ジーロンが2万8,389俵で44.8％を占め最も買付量が多かった。メルボルン・ジーロンでの買付量がシドニーの買付量（2万4,183俵、38.2％）より多いのは岩井商店だけである。ブリスベンの買付量は9,172俵で14.5％を占めていたが、他の日本商社と比較すると少なかった。同社のアデレードでの買付はなく、タスマニアは1,582俵で2.5％を占めるにとどまった。

　以上のように、日本商社の市場別豪州羊毛買付量をみてみると、日本商社の中でも豪州羊毛買付での特徴が見られる。まず、三井物産、兼松商店の両社はシドニー市場の買付量を他の市場の買付量合計が凌駕していた。この両社では、シドニー市場のみならず、メルボルン・ジーロン市場、ブリスベン市場を中心として買い付けを行い、これを補足する形でアデレード市場でも買い付けを行っていたといえる。また、高島屋飯田、三菱商事、大倉商事、日本綿花はシドニー市場の買付量が他の市場の買付量合計を超えており、シドニー市場を中心として豪州羊毛買付が行われたことがわかる。高島屋飯田はシドニー以外の市場でも多くの豪州羊毛を買い付けており、シドニーを中心としながらもブリスベン、メルボルン・ジーロン、アデレードの各市場でも活発な買い付けを行ったといえる。大倉商事は高島屋飯田と比較するとシドニー市場の買付割合が多いことから、シドニー市場を中心にブリスベン市場、メルボルン・ジーロン市場でも活動を行っていた。日本綿花はシドニー市場の買付割合が約7割に達しており、シドニー市場を最も重要な市場とし、ブリスベン市場でも買い付けを行った。また、岩井商店はメルボルン・ジーロン市場の買付量がシドニーを上回っており、同社は両市場を中心に買い付けを行っていたといえる。

表4-4 豪州羊毛の輸入港別割合(1930年度:1929.10～1930.9)

(単位:俵、%)

輸入港 年月	神戸	大阪	名古屋	横浜	合計
1929年10月	1,843	690	2,512	2,718	7,763 (2.2)
11月	14,358	632	9,151	2,586	26,727 (7.7)
12月	8,408	871	10,452	5,521	25,252 (7.2)
1930年1月	11,288	417	15,850	6,028	33,583 (9.6)
2月	10,021	209	8,131	6,346	24,707 (7.1)
3月	11,318	221	13,951	4,634	30,124 (8.6)
4月	6,816	260	10,742	7,373	25,191 (7.2)
5月	8,794	3,183	13,685	8,654	34,316 (9.8)
6月	6,803	4,461	10,756	11,716	33,736 (9.7)
7月	14,344	6,292	18,017	18,771	57,424 (16.4)
8月	7,439	4,687	12,556	12,322	37,004 (10.6)
9月	5,414	1,015	3,901	3,031	13,361 (3.8)
合計	106,846 (30.6)	22,938 (6.6)	129,704 (37.1)	89,700 (25.7)	349,188 (100.0)

出所:"Particulars of Wool Shipment for Wool Season 10/'29-to 9/'30"(NAA: SP1098/16 Box 6)により作成。

第3節 豪州羊毛輸入と日本の輸入港

(1) 日本商社と輸入港

日本商社の買い付けた豪州羊毛を日本に輸送したのは、日本郵船、大阪商船、山下汽船、東豪社(E. & A.)、山下・国際・川崎の連合した日豪線(JAL)であった。これらの海運会社が輸送した豪州羊毛の輸入港と日本商社、毛織会社との関連についてみることにしよう。

まず、1930年度の豪州羊毛輸入量を輸入港別(表4-4)にみてみると、最も多くの豪州羊毛が陸揚げされたのが名古屋港であった。名古屋港は全輸入量34万9,188俵のうち37.1%の12万9,704俵が陸揚げされ、次いで神戸港(10万6,846俵)、横浜港(8万9,700俵)、大阪港(2万2,938俵)の順位となっていた。これを月別にみると、1929年10月には7,763俵の陸揚げであったのが、11月には2万6,727俵に増加し、それ以後は増加傾向を続け、7月には5万7,424俵で

表4-5　豪州羊毛の輸入港別割合（1931年度：1930.10〜1931.9）

(単位：俵、％)

輸入港 年月	神戸	大阪	名古屋	横浜	合計
1930年10月	2,903	2,134	2,521	3,228	10,786　(2.1)
11月	9,864	4,693	10,411	5,033	30,001　(5.7)
12月	11,791	4,097	15,290	5,840	37,018　(7.1)
1931年1月	19,098	7,416	21,706	9,064	57,284 (10.9)
2月	13,519	8,208	17,576	10,357	49,660　(9.5)
3月	16,288	5,863	18,014	11,730	51,895　(9.9)
4月	17,111	8,704	22,379	13,789	61,983 (11.8)
5月	18,247	8,443	23,316	17,580	67,586 (12.9)
6月	12,145	6,367	20,701	14,100	53,313 (10.2)
7月	14,901	8,365	23,180	9,879	56,325 (10.8)
8月	17,152	5,617	9,088	5,926	37,783　(7.2)
9月	238	4,489	1,585	3,728	10,040　(1.9)
合計	153,257 (29.3)	74,396 (14.2)	185,767 (35.5)	110,254 (21.1)	523,674 (100.0)

出所："Particulars of Wool Shipment from October 1930 to September 1931"（NAA: SP1098/16 Box 6）により作成。

ピークを迎えた。豪州の羊毛年度は毎年7月1日から開始され翌年の6月末日に終わる。開市は毎年7月頃からブリスベンまたはシドニー市場から開始され、漸次南の市場に移っていく。こうした競市で買い付けられた羊毛が順次日本に輸送されたのである。

また、1931年度の豪州羊毛輸入量の輸入港別割合（表4-5）でも首位は名古屋港であり、52万3,674俵のうち35.5％の18万5,767俵が陸揚げされた。第2位以下は、神戸港（15万3,257俵）、横浜港（11万254俵）、大阪港（7万4,396俵）の順位になっているが、豪州羊毛輸入量の増大を反映して各港とも陸揚げ量を急増させている。月別では4月に6万俵台に達したのち、5月に6万7,313俵でピークを迎えており、前年度と比較してピークが前倒しになっていた。さらに、1932年度では名古屋港に36.1％、神戸港に28.1％、横浜港に24.0％、大阪港に11.8％の割合で陸揚げされていた。1933年度には新たに四日市港[15]が陸揚げ港としてあらわれ、名古屋港27.1％、横浜港26.0％、大阪港18.3％、神戸港16.3％、四日市港12.3％の割合となった。さらに、1934年度になると横浜港23.8％、名古屋港22.2％、四日市港18.9％、大阪港17.5％、神戸港17.5％とい

表4-6 豪州羊毛の輸入商社と輸入港（1932年度：1931.10～1932.9）

(単位：俵)

商社＼輸入港	神戸		大阪		名古屋		横浜		合計
岩井商店	—		180	(0.2)	46,308	(20.5)	—		46,488
日本綿花	2,846	(1.6)	6,743	(9.2)	12,093	(5.4)	3,248	(2.2)	24,930
大倉商事	2,066	(1.2)	5,292	(7.2)	1,767	(0.8)	9,251	(6.2)	18,376
兼松商店	74,747	(42.6)	19,300	(26.2)	56,558	(25.1)	36,859	(24.6)	187,464
高島屋飯田	29,093	(16.6)	8,766	(11.9)	25,874	(11.5)	16,494	(11.0)	80,227
三菱商事	52,180	(29.7)	16,238	(22.1)	43,521	(19.3)	48,185	(32.1)	160,125
三井物産	14,640	(8.3)	17,041	(23.2)	39,621	(17.6)	35,880	(23.9)	107,182
合計	175,572	(100.0)	73,561	(100.0)	225,742	(100.0)	149,917	(100.0)	624,792

出所："Number of bales of wool bought by members for the last three years" (SP1098/16 Box 6) により作成。
注：1) 1932年度は1931年10月1日から1932年9月30日。
　　2) 合計が一致しないところもあるが、原史料のまま集計した。

う割合となり、神戸港の割合が低下して四日市港の陸揚げ量が増大した。また、1935年度に日本商社によって輸入された豪州羊毛70万3,937俵のうち24.9％にあたる17万3,937俵が横浜港に陸揚げされ、次いで名古屋港が22.5％にあたる15万8,080俵で続いた。また、12万8,441俵（18.2％）が四日市港に、12万4,562俵（17.7％）が神戸港に、11万7,304俵（16.7％）が大阪港に陸揚げされた（後掲、表4-10）。全体の輸入量で見る限り、横浜港と名古屋港に大量の豪州羊毛が運ばれたが、四日市港、神戸港、大阪港にもそれぞれ12万俵前後が陸揚げされていた。地方別で見れば、関東圏は横浜港だけであり、神戸港、大阪港、四日市港、名古屋港といった関西圏に約75％が集中していたことになる。

　次に、日本商社の豪州羊毛輸入量と輸入港との関連についてみてみよう。1932年度（表4-6）には神戸港に最も多くの豪州羊毛を陸揚げしていたのは兼松商店であり、神戸港の陸揚量17万5,572俵のうち42.6％の7万4,747俵を占めていた。次いで多いのが三菱商事の5万2,180俵であり29.7％を占めた。大阪港では兼松商店、三菱商事、三井物産が20％台を占めた。また、名古屋港では22万5,742俵のうち兼松商店が5万6,558俵（25.1％）で首位であったが、第2位には4万6,308俵（20.5％）で岩井商店が入っていた。横浜港では三菱商事が最も多く、4万8,185俵で32.1％を占めていた。

表4-7　豪州羊毛の輸入商社と輸入港（1933年度：1932.10～1933.9）

(単位：俵、%)

商社＼輸入港	神戸		大阪		四日市		名古屋		横浜		合計	
岩井商店	—		129	(0.1)	23,007	(27.6)	14,353	(7.8)	—		37,489	
日本綿花	4,180	(3.8)	4,685	(3.8)	1,262	(1.5)	13,316	(7.2)	6,743	(3.8)	31,186	
大倉商事	8,209	(7.4)	6,999	(5.6)	1,308	(1.6)	5,686	(3.1)	18,590	(10.5)	40,792	
兼松商店	42,113	(38.0)	40,473	(32.6)	18,506	(22.2)	46,699	(25.3)	48,151	(27.3)	195,942	
高島屋飯田	26,538	(23.9)	6,831	(5.5)	1,452	(1.7)	26,631	(14.5)	24,842	(14.1)	86,294	
三菱商事	28,641	(25.8)	40,563	(32.6)	18,621	(22.3)	46,155	(25.1)	53,320	(30.2)	187,240	
三井物産	1,140		23,707	(19.1)	19,219	(23.1)	31,380	(17.0)	24,907	(14.1)	100,353	
合計	110,821	(100.0)	124,327	(100.0)	83,375	(100.0)	184,220	(100.0)	176,553	(100.0)	679,296	

出所："Number of bales of wool bought by members for the last three years"（SP1098/16 Box 6）により作成。
注：1）1933年度は1932年10月1日から1933年9月30日。
　　2）合計が一致しないところもあるが、原史料のまま集計した。

表4-8　豪州羊毛の輸入商社と輸入港（1934年度：1933.10～1934.9）

(単位：俵、%)

商社＼輸入港	神戸		大阪		四日市		名古屋		横浜		合計	
岩井商店	—		584	(0.5)	41,491	(37.5)	908	(0.7)	—		42,983	(7.2)
日本綿花	4,076	(3.9)	6,008	(5.4)	3,971	(3.6)	10,989	(8.3)	4,175	(2.9)	29,219	(4.9)
大倉商事	2,842	(2.9)	8,359	(7.6)	4,966	(4.5)	3,962	(3.0)	13,907	(9.8)	34,036	(5.7)
兼松商店	40,508	(41.0)	32,894	(29.8)	17,496	(15.8)	41,241	(31.0)	40,503	(28.5)	172,642	(29.0)
高島屋飯田	27,306	(27.6)	7,160	(6.5)	5,433	(4.9)	19,947	(15.0)	19,313	(13.6)	79,159	(13.3)
三菱商事	4,989	(5.0)	19,799	(17.9)	14,912	(13.5)	28,818	(21.7)	19,463	(13.7)	87,981	(14.7)
三井物産	18,929	(19.2)	34,802	(31.5)	22,355	(20.2)	27,020	(20.3)	44,191	(31.1)	147,297	(24.8)
その他	158	(0.2)	737	(0.7)	—		143	(0.1)	579	(0.4)	1,617	(0.3)
合計	98,808	(100.0)	110,343	(100.0)	110,624	(100.0)	133,028	(100.0)	142,131	(100.0)	594,934	(100.0)

出所："For Destination (3)"（NAA: SP1098/16 Box 6）により作成。
注：1934年度は1933年10月1日から1934年9月30日。

　次に1933年度（表4-7）についてみると、神戸港では兼松商店が首位で変わらなかったが、大阪港では三菱商事と兼松商店が30％台を陸揚げしていた。この年度から新たに加わった四日市港には岩井商店が2万3,007俵（27.6％）を陸揚げして首位となった。名古屋港は兼松商店と三菱商事が25％台でほぼ同量を陸揚げした。横浜港は三菱商事が30％台で最も多くの豪州羊毛を陸揚げした。1934年度（表4-8）についてみると、神戸港では兼松商店が同港輸入量の38.9％を占め首位であった。また、大阪港でも兼松商店が同港輸入量の31.6％を占めたが、四日市港は岩井商店が同港輸入量の38.7％を占めた。名古

表 4-9　豪州羊毛の輸入商社と輸入港（1935年度：1934.10〜1935.9）

(単位：俵、%)

輸入港 商社	神戸		大阪		四日市		名古屋		横浜		合計	
岩井商店	28	—	899	(0.8)	38,265	(29.8)	2,277	(1.4)	122	(0.1)	41,591	(5.9)
日本綿花	3,831	(3.1)	7,528	(6.4)	4,433	(3.5)	13,613	(8.6)	6,608	(3.8)	36,013	(5.1)
大倉商事	2,428	(1.9)	7,403	(6.3)	6,470	(5.0)	8,006	(5.1)	12,054	(6.9)	36,361	(5.2)
兼松商店	40,624	(32.6)	34,665	(29.6)	23,728	(18.5)	38,488	(24.3)	41,346	(23.6)	172,357	(25.4)
高島屋飯田	43,386	(34.8)	8,364	(7.1)	8,307	(6.5)	27,891	(17.6)	29,623	(16.9)	117,571	(16.7)
三菱商事	9,458	(7.6)	18,300	(15.6)	20,227	(15.7)	31,709	(20.1)	28,872	(16.4)	108,566	(15.4)
三井物産	24,285	(19.5)	39,377	(33.6)	27,011	(21.0)	34,739	(22.0)	56,540	(32.2)	181,952	(25.8)
その他	522	(0.4)	768	(0.7)	—		1,357	(0.9)	385	(0.2)	3,032	(0.4)
合計	124,562	(100.0)	117,304	(100.0)	128,441	(100.0)	158,080	(100.0)	175,550	(100.0)	703,937	(100.0)

出所："For Destination & Importers (1935)" (NAA: SP1098/16 Box 6) により作成。

屋港では兼松商店が同港輸入量の30.6％を占めて首位であったが、横浜港では三菱商事が30％を維持した。

　さらに、豪州羊毛の輸入量が急増した1935年度（表4-9）についてみると、神戸港では12万4,562俵の陸揚げ量のうち高島屋飯田が4万3,386俵を輸入して34.8％を占めた。兼松商店も4万624俵で32.6％を占め、この両会社で神戸港の陸揚げ量の65％を超えた。大阪港では11万7,304俵の陸揚げ量のうち三井物産が33.6％の3万9,377俵を占めた。四日市港では岩井商店が3万8,265俵で同港陸揚げ量の29.8％を占めたが、この年度に羊毛輸入量を急増させた三井物産も21.0％という高い比率を占めた。名古屋港は兼松商店、三井物産、三菱商事がそれぞれ同港陸揚げ量の20％台を占めた。また、横浜港では17万5,550俵の陸揚げ量のうち三井物産が32.2％の5万6,540俵を占め、1932年度、1933年度の10％台から一躍陸揚げ量を伸ばした。

　また、1935年度における各日本商社の輸入港比率（表4-10）についてみると、兼松商店は17万8,851俵のうち横浜港が4万1,346俵で23.1％を占めていた。神戸港は4万624俵（22.7％）、名古屋港は3万8,488俵（21.5％）であり、横浜港、神戸港、名古屋港がそれぞれ20％以上を占めていた。兼松商店は日本毛織[16]（神戸）に3万4,484俵、同（名古屋）に1万2,733俵を配分しており、同社は日本毛織の両工場に対して1935年度輸入豪州羊毛の26.4％を供給していた。ま

表4-10　日本商社の豪州羊毛輸入の輸入港比率（1935年度：1934.10～1935.9）

(単位：俵、%)

輸入港＼商社	兼松商店	三井物産	三菱商事	高島屋飯田	岩井商店	大倉商事	日本綿花	その他	合計
神戸	40,624 (22.7)	24,285 (13.3)	9,458 (8.7)	43,386 (36.9)	28 (0.1)	2,428 (6.7)	3,831 (10.6)	522 (17.2)	124,562 (17.7)
大阪	34,665 (19.4)	39,377 (21.6)	18,300 (16.9)	8,364 (7.1)	899 (2.2)	7,403 (20.4)	7,528 (20.9)	768 (25.3)	117,304 (16.7)
四日市	23,728 (13.3)	27,011 (14.8)	20,227 (18.6)	8,307 (7.1)	38,265 (92.0)	6,470 (17.8)	4,433 (12.3)	—	128,441 (18.2)
名古屋	38,488 (21.5)	34,739 (19.1)	31,709 (29.2)	27,891 (23.7)	2,277 (5.5)	8,006 (22.0)	13,613 (37.8)	1,357 (44.8)	158,080 (22.5)
横浜	41,346 (23.1)	56,540 (31.1)	28,872 (26.6)	29,623 (25.2)	122 (0.2)	12,054 (33.2)	6,608 (18.3)	385 (12.7)	175,550 (24.9)
合計	178,851 (100.0)	181,952 (100.0)	108,566 (100.0)	117,571 (100.0)	41,591 (100.0)	36,361 (100.0)	36,013 (100.0)	3,032 (100.0)	703,937 (100.0)

出所："For Destination & Importers (1935)" (NAA: SP1098/16 Box 6) により作成。

た、同社は東京モスリン[17]（横浜）、昭和毛糸（名古屋）、共立モスリン（名古屋）、伊丹製絨所[18]（大阪）に向けて豪州羊毛を輸入したためである。一方、岩井商店は4万1,591俵の92.0％にあたる3万8,265俵を四日市港で陸揚げされた。四日市には岩井商店が設立した中央毛糸紡績株式会社[19]（以下、中央毛糸）があり、同会社の大垣工場だけでは毛糸の需要に応じることができなくなったことから1934（昭和9）年に四日市工場が竣工された。この四日市工場での原料使用のために四日市港を中心に岩井商店が輸入を行ったのである。三井物産は横浜港が5万6,540俵でこの年度に横浜港に輸入された豪州羊毛の32.2％を占めた。三井物産では東京モスリンや共立モスリンなど向けに横浜港で陸揚げされた。三菱商事は名古屋港に3万1,709俵を輸入したが、これは同社の全体の29.1％にあたる。また、横浜港には2万8,872俵で26.6％、四日市港には2万227俵で18.6％を輸入した。三菱商事では東京モスリンの横浜工場と名古屋工場を中心に豪州羊毛を供給した。また、高島屋飯田は同社の輸入量11万7,571俵のうち36.9％にあたる4万3,386俵を神戸港で陸揚げした。同社の神戸港輸入豪州羊毛に占める割合は34.8％と日本商社の中で最も高く、神戸を中心とし

た同社の活動をうかがい知ることができる。高島屋飯田では日本毛織工場の原毛として神戸と名古屋の工場に対して兼松商店以上の多くの豪州羊毛を供給したためである。大倉商事は1万2,054俵を横浜港に、8,006俵を名古屋港に輸入した。同社の最も多い供給先は9,996俵の東洋モスリン[20]（横浜）であった。また、日本綿花は名古屋港と大阪港での輸入比率が高く、新興毛織（大阪）や日本毛糸などに供給した。

(2) 海運会社と輸入港

豪州羊毛を輸送した海運会社と輸入港との関連についてみてみよう。1934年度の豪州羊毛の海運会社別輸入量と輸入港（表4-11）についてみると、この年度は山下汽船が15万6,172俵で最も多く、大阪商船もこれとほぼ同量の15万4,522俵であった。日本郵船は13万9,182俵、E. & A. は11万6,006俵であった。山下汽船は29.5％を四日市港、23.8％を名古屋港に輸送していた。大阪商船でも27.7％を四日市港、21.9％を名古屋港に輸送しており、両者とも四日市港と名古屋港の比率が高かった。一方、日本郵船では31.0％を横浜港、30.0％を名古屋港、27.7％を神戸港に輸送しており、横浜港、名古屋港、神戸港が中心であった。E. & A. は36.5％を大阪港、32.3％を横浜港に輸送しており、大阪港と横浜港の比率が高く、四日市港、名古屋港の比率が低かった。

次に1935年度の豪州羊毛の海運会社別輸入量と輸入港（表4-12）をみると、山下汽船が19万261俵で最も多く、これに大阪商船18万9,759俵、日本郵船17万9,678俵が続いていた。東豪社（E. & A.）は13万9,759俵であり、日豪線は僅かに9,703俵であった。海運会社別に見ると、山下汽船は四日市港と名古屋港が20％以上の豪州羊毛を陸揚げしていた。同様に、大阪汽船では四日市港と横浜港、日本郵船では名古屋港、神戸港、横浜港、東豪社（E. & A.）では横浜港が20％を越えていた。

(3) 海運会社と日本商社

さらに、海運会社と日本商社の豪州羊毛輸入量との関連についてみると、

第4章 1930年代の豪州羊毛輸送と国内羊毛工業

表4-11 豪州羊毛の海運会社別輸入量と輸入港（1934年度：1933.10〜1934.9）

（単位：俵，％）

海運会社 輸入港	日本郵船		大阪商船		山下汽船		東豪社 (E. & A.)		EXTRA		Y. K. K. WESTERN LINE		合計	
神戸	38,588	(27.7)	21,177	(13.7)	19,251	(12.3)	11,663	(10.1)	1,604	(10.9)	6,525	(45.4)	98,808	(16.6)
大阪	9,343	(6.7)	26,482	(17.1)	28,903	(18.5)	42,365	(36.5)	1,421	(9.7)	1,829	(12.7)	110,343	(18.5)
四日市	6,428	(4.6)	42,734	(27.7)	46,061	(29.5)	9,589	(8.3)	4,487	(30.5)	1,325	(9.2)	110,624	(18.6)
名古屋	41,746	(30.0)	33,905	(21.9)	37,131	(23.8)	14,866	(12.8)	3,775	(25.7)	1,605	(11.2)	133,028	(22.4)
横浜	43,077	(31.0)	30,224	(19.6)	24,826	(15.9)	37,523	(32.3)	3,402	(23.2)	3,079	(21.4)	142,131	(23.9)
合計	139,182	(100.0)	154,522	(100.0)	156,172	(100.0)	116,006	(100.0)	14,689	(100.0)	14,363	(100.0)	594,934	(100.0)

出所："For Destination & Steamship Companies (5) (1934)"（NAA: SP1098/16 Box 6）により作成。

表4-12 豪州羊毛の海運会社別輸入量と輸入港（1935年度：1934.10〜1935.9）

（単位：俵，％）

海運会社 輸入港	日本郵船		大阪商船		山下汽船		東豪社 (E. & A.)		Y. K. K. WESTERN LINE		合計	
神戸	43,637	(24.3)	27,643	(15.0)	26,859	(14.1)	21,643	(15.5)	4,780	(49.3)	124,562	(17.7)
大阪	21,938	(12.2)	32,152	(17.4)	36,261	(19.1)	26,803	(19.2)	150	(1.5)	117,304	(16.7)
四日市	20,526	(11.4)	41,014	(22.2)	50,875	(26.7)	15,087	(10.8)	939	(9.7)	128,441	(18.2)
名古屋	51,649	(28.7)	35,935	(19.5)	44,285	(23.3)	24,946	(17.8)	1,265	(13.0)	158,080	(22.5)
横浜	41,928	(23.3)	47,792	(25.9)	31,981	(16.8)	51,280	(36.7)	2,569	(26.5)	175,550	(24.9)
合計	179,678	(100.0)	184,536	(100.0)	190,261	(100.0)	139,759	(100.0)	9,703	(100.0)	703,937	(100.0)

出所："For Destination & Steamship Co. (1935)"（NAA: SP1098/16 Box 6）により作成。

表4-13 日本商社の海運会社別豪州羊毛輸入量（1934年度：1933.10〜1934.9）

(単位：俵、％)

商社＼海運会社	日本郵船	大阪商船	山下汽船	東豪社 (E. & A.)	EXTRA	Y. K. K. WESTERN LINE	合計
兼松商店	43,092 (31.0)	49,140 (31.8)	37,085 (23.7)	32,074 (27.6)	2,702 (18.4)	8,549 (59.5)	172,642 (29.0)
三井物産	30,642 (22.0)	44,001 (28.5)	35,959 (23.7)	28,147 (24.2)	3,417 (23.3)	5,131 (35.7)	147,297 (24.8)
三菱商事	22,571 (16.2)	21,382 (13.8)	22,257 (14.7)	20,140 (17.4)	1,320 (9.0)	311 (2.2)	87,981 (14.8)
高島屋飯田	29,631 (21.3)	15,308 (9.9)	16,684 (10.7)	15,358 (13.2)	1,996 (13.6)	182 (1.3)	79,159 (13.3)
岩井商店	175 (0.1)	15,500 (10.0)	23,789 (15.2)	102 (0.1)	3,227 (22.0)	190 (1.3)	42,983 (7.2)
大倉商事	5,700 (4.1)	4,224 (2.7)	7,950 (5.1)	15,568 (13.4)	594 (4.0)		34,036 (5.7)
日本綿花	7,287 (5.2)	4,458 (2.9)	11,615 (7.4)	4,426 (3.8)	1,433 (9.8)		29,219 (4.9)
その他	84 (0.1)	509 (0.3)	833 (0.5)	191 (0.2)			1,617 (0.3)
合計	139,182 (100.0)	154,522 (100.0)	156,172 (100.0)	116,006 (100.0)	14,689 (100.0)	14,363 (100.0)	594,934 (100.0)

出所："For Steamship Co. & Importers (4) (1934)" (NAA: SP1098/16 Box 6) により作成。

表4-14 日本商社の海運会社別豪州羊毛輸入量（1935年度：1934.10〜1935.9）

(単位：俵、％)

商社＼海運会社	日本郵船	大阪商船	山下汽船	東豪社 (E. & A.)	Y. K. K. WESTERN LINE	合計
兼松商店	51,394 (28.6)	43,116 (23.4)	44,766 (23.5)	36,807 (26.3)	2,768 (28.5)	178,851 (25.4)
三井物産	40,418 (22.5)	55,470 (30.1)	46,272 (24.3)	35,774 (25.6)	4,018 (41.4)	181,952 (25.8)
三菱商事	27,051 (15.1)	29,756 (16.1)	30,451 (16.0)	20,685 (14.8)	623 (6.4)	108,566 (15.4)
高島屋飯田	40,899 (22.8)	28,138 (15.2)	24,208 (12.7)	22,086 (15.8)	2,240 (23.1)	117,571 (16.7)
岩井商店	4,786 (2.7)	13,576 (7.4)	22,046 (11.6)	1,183 (0.8)		41,591 (5.9)
大倉商事	6,955 (3.9)	7,612 (4.1)	7,601 (4.0)	14,193 (10.2)		36,361 (5.2)
日本綿花	7,912 (4.4)	6,033 (3.3)	13,765 (7.2)	8,303 (5.9)		36,013 (5.1)
その他	263 (0.1)	835 (0.5)	1,152 (0.6)	728 (0.5)	54 (0.6)	3,032 (0.4)
合計	179,678 (100.0)	184,536 (100.0)	190,261 (100.0)	139,759 (100.0)	9,703 (100.0)	703,937 (100.0)

出所："For Steamship Co. & Importers (1935)" (NAA: SP1098/16 Box 6) により作成。

1934年度（表4-13）では山下汽船の15万6,172俵のうち兼松商店が3万7,085俵、三井物産が3万5,959俵でいずれも山下汽船の輸送量の23.7%を占めていた。大阪商船では兼松商店が4万9,140俵で31.8%、三井物産が4万4,001俵で28.5%を占めた。日本郵船では兼松商店が4万3,092俵で31.0%、三井物産が3万642俵で22.0%、高島屋飯田が2万9,631俵で21.3%を占めた。東豪社（E. & A.）については、兼松商店が3万2,074俵で27.6%、三井物産が2万8,147俵でいずれも20%を上回った。また、1935年度（表4-14）をみると、日本郵船の輸送した豪州羊毛17万9,678俵のうち、28.6%が兼松商店、22.8%が高島屋飯田、22.5%が三井物産、15.1%が三菱商事であった。大阪商船では18万4,536俵のうち30.1%が三井物産、23.4%が兼松商店、16.1%が三菱商事、15.2%が高島屋飯田であった。山下汽船では19万261俵のうち23.5%が兼松商店、24.3%が三井物産、16.0%が三菱商事、12.7%が高島屋飯田であった。これらの日本の海運会社は18万俵から19万俵を運搬していたのに対して、東豪社（E. & A.）は13万9,759俵と若干輸送量が少ないが、兼松商店が26.3%、三井物産が25.6%であった。総じていえば、1935年度の豪州羊毛輸送量のうち、三井物産、兼松商店が各海運会社とも20%台の輸送量を誇ったのに対して、高島屋飯田、三菱商事の4社が10%台を維持していた。ただし、高島屋飯田は日本郵船で4万899俵輸送し、日本郵船の22.8%を占めていたことは注目に値しよう。

次に、羊毛工業会社の海運会社別豪州羊毛輸入量をみてみよう。まず、1931年度（表4-15）をみると、日本郵船が日本毛織（神戸）に6万1,213俵、同（名古屋）に2万3,348俵を輸送した。これは同社の総輸送量の65.0%を占め、日本毛織との関連が深かった。同社が1万俵以上を輸送したのは、昭和毛糸と共立モスリンであった。大阪商船で最も多いのが日本毛織（神戸）の1万9,259俵であった。同社では日本毛織（名古屋）に1万56俵を輸送しているが、日本郵船と比較すると日本毛織への輸送量は3分の1程度であった。大阪商船が1万俵以上の輸送したのは昭和毛糸、宮川モスリン、東京モスリン（横浜）、新興毛織であった。東豪社（E. & A.）は伊丹製絨所に2万2,865俵という最も多くの豪州羊毛を輸送した。次いで、新興毛織の1万8,080俵、日本毛織（神戸）

表4-15 羊毛工業会社の海運会社別豪州羊毛輸入量（1931年度：1930.10～1931.9）

(単位：俵)

羊毛工業会社（輸入港）	日本郵船	大阪商船	東豪社 (E.& A.)	山下汽船	合　計
日本毛織（神戸）	61,213	19,259	13,978	21,658	116,108
〃（名古屋）	23,348	10,056	5,854	5,236	44,494
昭和毛糸	10,439	10,765	2,295	7,455	30,954
日本毛糸	1,110	5,855	43	29,079	36,087
宮川モスリン	756	15,143			15,899
中央毛糸	23	2,466	12	33,217	35,718
共同毛織	211	2,093	815	5,466	8,588
東京モスリン（名古屋）	1,166	6,148	2,546	3,835	13,695
〃（横浜）	1,777	11,576	8,186	10,036	31,575
東洋モスリン	5,795	8,230	5,393	8,543	27,961
共立モスリン	10,651	3,774	1,142	6,709	22,276
伊丹製絨所		7,001	22,865	3,348	33,214
新興毛織	2,020	10,730	18,080	31,489	62,319
大阪毛織	1,521	6,290		1,058	8,869
栗原毛糸	3,851	3,929	2,628	1,387	11,795
千住製絨所	1,601	2,309		877	4,787
沼津毛織	336	1,404	793	821	3,354
その他	4,371	7,648	464	3,501	15,986
合　計	130,189	134,676	85,094	173,715	523,674

出所："Particulars of Wool Imported from October 1930 to September 1931"（NAA: SP1098/16 Box 6）により作成。

の1万3,978俵の順位であった。山下汽船は中央毛糸に3万3,217俵、新興毛織に3万1,489俵、日本毛糸に2万9,079俵、日本毛織（神戸）に2万1,658俵を輸送し、この4社で山下汽船の輸送量の66.5％を占めた。

次に、1935年度（表4-16）をみると、日本郵船では日本毛織（神戸）に4万1,249俵、同（名古屋）に1万5,059俵を輸送して同社総輸送量の31.3％を占めたが、1931年度と比較すると輸送量および比率ともに低下させた。日本郵船では共立モスリンに2万3,317俵、昭和毛糸（名古屋）に1万5,691俵、新興毛織（大阪）に1万2,083俵を輸送した。新興毛織には1931年度に2,020俵しか輸送しておらず、この間に輸送量を急激に伸ばした。大阪商船が最も多くの豪州羊毛を輸送したのは日本毛織（神戸）の2万6,502俵であった。同社が1万俵以上を輸送したのは昭和毛糸（名古屋）、宮川モスリン（横浜）、共立モスリン

表 4-16　羊毛工業会社の海運会社別豪州羊毛輸入量（1935年度：1934.10～1935.9）

(単位：俵)

羊毛工業会社（輸入港）	日本郵船	大阪商船	山下汽船	東豪社(E. & A.)	Y. K. K. WESTERN. LINE	合　計
日本毛織（神戸）	41,249	26,502	24,039	19,702	4,285	115,777
〃　（名古屋）	15,059	9,006	7,954	8,260		40,279
昭和毛糸（名古屋）	15,691	6,348	9,138	4,836	372	36,385
共立モスリン（横浜）	23,317	12,941	14,120	12,097	1,119	63,594
伊丹製絨所（大阪）	6,293	8,249	18,727	9,634		42,903
東京モスリン（名古屋）	3,397	3,293	1,856	5,884	772	15,202
〃　（横浜）	7,469	11,895	5,623	3,035	1,058	29,080
東洋モスリン（横浜）	2,408	4,863	3,102	29,004	6	39,383
〃　（四日市）	68		10	1,861		1,939
中央毛糸（横浜）	4,505	10,798	21,410	1,373		38,086
宮川モスリン（横浜）	4,729	15,765	12,717	1,236	1,222	35,669
新興毛織（大阪）	12,083	14,819	14,986	15,639		57,527
〃　（四日市）		717				717
〃　（横浜）		1,184				1,184
日本毛糸（名古屋）	8,372	1,119	15,919	2,035	112	27,557
共同毛織（名古屋）	2,561	7,337	3,695	670	9	14,272
東洋毛糸（横浜）	9,473	8,316	9,397	8,737		35,923
東海毛糸（横浜）	1,170	4,878	6,013	108	38	12,207
帝国毛織（名古屋）	3,772	4,501	2,671	1,043		11,987
千住製絨所（横浜）	1,497	4,686	2,201	1,104	236	9,724
沼津毛織（横浜）	1,709	3,527	1,870	1,785	129	9,020
栗原紡織（横浜）	2,454	2,465	1,312	979		7,210
大阪毛織（大阪）	1,851	3,899	493	115	116	6,474
東洋紡（名古屋）	1,342	1,666	1,004	836		4,848
錦華毛糸	526	5	1,328	1,211		3,070
御幸毛織（名古屋）	402	405	472	227		1,506
大日本紡（名古屋）	248	400	227	106		981
第一毛糸（名古屋）	10	484	265	20		779
その他（神戸）	2,198	1,141	1,890	1,941	58	7,228
〃　（大阪）	1,901	5,185	2,985	1,415	150	11,636
〃　（四日市）	55	535		561		1,151
〃　（名古屋）	795	1,376	1,084	1,029		4,284
〃　（横浜）	3,074	6,231	3,753	3,276	21	16,355
合　　計	179,678	184,536	190,261	139,759	9,703	703,937

出所："For Steamship Companies"（1935）（NAA: SP1098/16 Box 6）により作成。

表 4-17　南オーストラリア州の日本関係代理店・代理人等（1939年）

Name of person or firm	Description
Elder Smith & Co. Ltd.	Local Agents for Osaka Syosen Kaisha (Osaka Mercantile Steamship Co, Ltd.)
McIlwraith McEacharn Ltd.	Local Agents for Nippon Yusen Kabushiki kaisha
Crosby Mann & Co. Ltd.	Local Agents for Yamashita Shipping & Agency (Aust.) Pty. Ltd.
G. E. Venus	Local Agents for T. Iida, Melbourne
Gamblings Ltd.	Customs Agents for T. Iida, Melbourne
P. J. Lawrence	Local Agents for Mitsui Bussan Kaisha
H. Mueeko & Co.	Customs Agents for Mitsui Bussan Kaisha
J. Borthwick	Local Agents for Yano & Joko
Mattew Goode & Co. Ltd.	Local Agents for Mitsubishi Shoji Kaisha Ltd.
R. W. Grosser	Local Agents for Mitsubishi Shoji Kaisha Ltd.
R. Cleland & Co. Ltd.	Customs Agents for Mitsubishi Shoji Kaisha Ltd. and Kanematsu (Aust.) Pty. Ltd.
C. S. Sweetman	Local Agent for Kanematsu (Aust.) Pty. Ltd.
C. R. Ash	Clothing manufacturer
Wm. Charlick Ltd.	Scrap iron and flour merchants
Mr. F. L. Parsons	Honorary Vice Consul for Japan
Mr. Williams	Officer in Charge, Commonwealth Investigation Branch
Mr. Briskham	Register of Companies
W. Brown & Sons Pty. Ltd.	Scrap iron merchants

出所：“Investigation of Japanese businesses in South Australia (1939)”, Trading with the enemy (NAA: D1975, Z1940/343) により作成。

（横浜）、東京モスリン（横浜）、新興毛織（大阪）であった。山下汽船は日本毛織（神戸）に2万4,039俵を輸送し、次いで中央毛糸に2万1,410俵、伊丹製絨所（大阪）に1万8,727俵、日本毛糸（名古屋）に1万5,919俵、新興毛織（大阪）に1万4,986俵、共立モスリン（横浜）に1万4,120俵、宮川モスリン（横浜）に1万2,717俵の順位であった。同社は他社と比較して、伊丹製絨所（大阪）、中央毛糸（横浜）、日本毛糸（名古屋）の輸送割合が高かった。東豪社（E.&A.）は東洋モスリン（横浜）に2万9,004俵を輸送したのをはじめとして、日本毛織（神戸）に1万9,702俵、新興毛織（大阪）に1万5,639俵、共立モスリン（横浜）に1万2,097俵を輸送した。同社では他社と比較して東洋モスリンの割合が高かったといえよう。

　なお、各商社および各海運会社では、豪州での羊毛取引等を円滑に行うため

に各都市に代理店等を置いていた。南オーストラリア州では、海運会社では大阪商船、日本郵船、山下汽船が代理店あるいは代理人を置いていたほか、日本商社では高島屋飯田、三井物産、三菱商事、兼松商店、矢野上甲が代理店、関税代理店等を置いていた（表4-17）。

第4節　日本商社の豪州羊毛輸入と羊毛工業会社

(1) 1930年代の羊毛工業会社

　日本商社は、日本国内の羊毛工業会社からの注文に応じて豪州で羊毛買付を行った。豪州羊毛輸入の増加には、日本の羊毛工業の発展と関連がある。日本の羊毛工業は、1929年、1930年の整理時代を経て、全面的経営の合理化を実施した。さらに、羊毛工業は原料安、製品高に恵まれたことで飛躍的進歩を遂げた。また、各毛織会社は既設工場の拡張増設を行ったほか、東洋紡績、大日本紡績、鐘淵紡績の三大会社をはじめとして有力紡績各社は羊毛工業へ進出した。紡績会社が羊毛工業に進出した要因としては、次の点が挙げられる[21]。

(1) 紡績会社が兼営していた絹糸紡績が連年の原料高製品安により毎期損失を重ねていたため、毛糸紡績機と極めて近似した機構をもっていた絹糸紡績機を転用して前途を打開しようとした。

(2) 綿糸紡績は充分な発達を遂げており、操短によって需給を調節していた。生産量の過半を輸出しつつある海外市場が貿易の求償主義により、排斥制限を受けて前途が危ぶまれていたため、将来性に富む羊毛工業に転出しようとした。

(3) 綿糸会社は、南阿諸国の為替管理実施により、同方面への輸出綿製品代金決済が困難となり、南阿地方の特産物と物々交換的に相殺決済する外は貿易伸張の道がなく、南阿の羊毛を綿製品代金として輸入し、同時に同地方への綿製品販路維持の策に出た。鐘紡のように、輸入羊毛の消化

表4-18 主要羊毛工業会社社一覧（1934年12月末現在）

（単位：円）

羊毛工業会社	資本金	払込資本金	諸積立金・繰越利益金
株式会社伊丹製絨所	7,000,000	5,000,000	3,082,028.12
日本毛糸紡績株式会社	3,000,000	2,500,000	1,749,600.78
日本毛織株式会社	50,000,000	27,500,000	32,373,325.73
東海毛糸紡績株式会社	10,000,000	2,500,000	2,000.00
東洋毛糸紡績株式会社	10,000,000	6,000,000	455,806.23
東洋モスリン株式会社	15,000,000	9,107,100	543,629.47
東京モスリン株式会社	10,702,600	7,777,600	1,268,685.09
中央毛糸紡績株式会社	8,000,000	5,000,000	1,977,014.47
沼津毛織株式会社	2,500,000	737,500	17,428.50
大阪毛織株式会社	3,500,000	2,375,000	28,598.00
栗原紡織合名会社	2,000,000	2,000,000	—
帝国毛糸紡績株式会社	5,000,000	2,500,000	531.79
朝日毛糸紡績株式会社	1,000,000	1,000,000	785,291.55
共同毛織株式会社	3,000,000	2,750,000	775,228.30
共立モスリン株式会社	4,000,000	4,000,000	229,000.00
宮川モスリン株式会社	5,000,000	4,250,000	1,553,713.61
昭和毛糸紡績株式会社	20,000,000	8,000,000	2,333,485.63
新興毛織株式会社	5,000,000	4,000,000	1,467,552.57

出所：梅浦健吉『羊毛工業』（日本評論社、1935年）469-471頁により作成。

のため羊毛工業を計画する綿糸紡績会社が増えてきた。
（4）綿糸紡績の急速な発展に比して羊毛工業は発達が遅く、綿糸紡績の経験をもってすれば近似点の多い羊毛工業に転用が可能であった。

有力紡績会社は既存の羊毛紡績会社を吸収合併し、あるいは毛織工場を新設増設した。とくに、大日本紡績をはじめ東洋紡績、鐘紡、倉敷紡績、富士紡績、錦華紡績などの有力紡績会社が羊毛部門へ進出した。各社は太番手織糸紡出に能率のよいリング精紡機を採用し始めた結果、生産力は著しく増大した。これに伴い、豪州羊毛輸入は増大したのである[22]。

1934年12月末現在の主要毛織会社一覧（表4-18）によれば、日本毛織は資本金5,000万円（払込済資本金2,750万円）で、諸積立金・繰越利益金は3,237万3,325円73銭に達していた。この日本毛織は1930年代を通して毛織会社の中では最も多い羊毛を輸入した。これを日本毛織の傍系会社の昭和毛糸と共立モ

表4-19 日本毛織・昭和毛糸・共立モスリンの羊毛輸入量

(単位：俵)

羊毛年度	日本毛織	昭和毛糸	共立モスリン	計（b）	輸入総数量（a）	(b)/(a) %
1930（昭和5）	113,088	15,844	15,594	144,526	387,590	37.3
1931（昭和6）	160,602	30,954	22,276	213,832	637,010	33.6
1932（昭和7）	154,591	42,889	31,084	228,564	689,515	33.1
1933（昭和8）	148,401	43,672	53,162	245,235	606,743	40.4
1934（昭和9）	120,363	29,661	50,760	200,784	614,574	32.7
1935（昭和10）	156,056	36,385	63,594	256,035	824,254	31.1
1936（昭和11）	167,677	44,357	67,680	279,714	729,171	38.4
1937（昭和12）	148,671	33,388	55,522	237,581	868,372	27.4

出所：『日本毛織六十年史』（日本毛織株式会社、1957年）284頁により作成。
注：羊毛年度は毎年7月1日から翌年の6月末日である。

スリンの3社の合計で見ると、輸入羊毛数量の30％から40％を占めていた（表4-19）。

　こうした羊毛工業の発展は、1930年代に豪州羊毛輸入量を増加させが、輸入を日本商社に依頼した羊毛工業会社にも変化が現れてきた。豪州羊毛輸入量と羊毛工業会社との関連（表4-20）についてみると、まず、1929年度には日本毛織（神戸）が7万8,126俵で最高であり、次いで合同毛織の6万1,098俵、東京モスリンの4万288俵が続いていた。合同毛織は1927（昭和2）年8月に設立されたが、1930（昭和5）年4月に新興毛織に経営委任された。合同毛織は1929年度には第2位の豪州羊毛輸入をみたが、これらは1930年から新興毛織に引き継がれた[23]。新興毛織には1931年度に全羊毛工業会社の11.9％にあたる6万2,319俵が輸入され、以後も日本毛織に次ぐ6万俵前後の豪州羊毛が輸入された。東京モスリンはほとんどの年度で4万俵を上回り、1929年度と1930年度は全体の約11％に達していた。また、1929年度の2万俵台としては日本毛織（名古屋）、伊丹製絨所、東洋モスリン、中央毛糸が挙げられる。日本毛織（名古屋）は1932年度と1933年度の両年に4万俵を上回った。伊丹製絨所も1930年代半ばにかけて羊毛輸入を増加させ、1933年度には5万俵を突破した。同様に東洋モスリンと日本毛糸は1933年度に4万俵を上回り、中央毛糸は1932年度と1934年度に4万俵を上回った。なお、1930年代前半を通してみても、日本毛織

表4-20 豪州羊毛輸入量と羊

年度 羊毛工業会社	1929年度 (1928.10-1929.9)	1930年度 (1929.10-1930.9)	1931年度 (1930.10-1931.9)
日本毛織（神戸）	78,126　(22.2)	76,260　(21.8)	116,108　(22.2)
日本毛織（名古屋）	26,040　(7.4)	36,828　(10.5)	44,494　(8.5)
昭和毛糸		15,844　(4.5)	30,954　(5.9)
共立モスリン	14,702　(4.2)	15,594　(4.5)	22,276　(4.3)
伊丹製絨所	20,855　(5.9)	29,167　(8.4)	33,214　(6.3)
東京モスリン	40,288　(11.4)	40,547　(11.6)	45,270　(8.6)
東洋モスリン	27,889　(7.9)	19,167　(5.5)	27,961　(5.3)
栗原紡織	9,034　(2.6)	8,520　(2.4)	11,795　(2.3)
千住製絨所	4,604　(1.3)	9,838　(2.8)	4,787　(0.9)
中央毛糸	24,960　(7.1)	26,184　(7.5)	35,718　(6.8)
新興毛織		17,140　(4.9)	62,319　(11.9)
合同毛織	61,098　(17.3)		
日本毛糸	13,601　(3.9)	21,283　(6.1)	36,087　(6.9)
共同毛織	5,104　(1.4)	6,499　(1.9)	8,585　(1.6)
宮川モスリン	13,657　(3.9)	12,614　(3.6)	15,899　(3.0)
大阪毛織	5,035　(1.4)	5,042　(1.4)	8,869　(1.7)
東洋毛糸			
東海毛糸			
今津紡毛			
沼津毛織			
鐘紡			
三幸毛織			
帝国毛糸			
東洋紡			
大日本紡			
第一毛糸			
錦華毛糸			
その他	7,325　(2.1)	8,661　(2.5)	19,338　(3.7)
合　計	352,318　(100.0)	349,188　(100.0)	523,674　(100.0)

出所："Rough Distribution of the Imported Wool from Australia (1929-1934) (1929-1935)" (NAA:
注：合計が合わないところもあるが、原史料のまま集計した。

は神戸と名古屋を合わせて15万俵前後の年度がほとんどで、両者を合わせると豪州羊毛輸入量の20％以上に達していた。日本毛織の関連会社としては、1927年に設立された共立モスリン、1928年に設立された昭和毛糸がある。共立モスリンは1932年度に3万俵を突破すると、翌1933年度に5万俵台、1935年度には

第4章　1930年代の豪州羊毛輸送と国内羊毛工業　231

毛工業会社（1929年度～1935年度）

(単位：俵、％)

1932年度 (1931.10-1932.9)		1933年度 (1932.10-1933.9)		1934年度 (1933.10-1934.9)		1935年度 (1934.10-1935.9)	
110,909	(17.7)	101,605	(14.9)	88,064	(14.8)	156,056	(22.2)
43,682	(7.0)	43,796	(6.4)	32,299	(5.4)		
42,889	(6.8)	53,162	(7.8)	29,661	(5.0)	36,385	(5.2)
31,084	(5.0)	44,662	(6.5)	50,760	(8.5)	63,594	(9.0)
58,714	(9.4)	48,678	(7.1)	40,000	(6.7)	42,903	(6.1)
47,681	(7.6)	40,256	(5.9)	39,343	(6.6)	44,282	(6.3)
39,551	(6.3)	10,946	(1.6)	38,141	(6.4)	41,322	(5.9)
10,110	(1.6)	9,637	(1.4)	4,588	(0.8)	7,210	(1.0)
23,000	(3.7)	36,722	(5.4)	3,445	(0.6)	9,724	(1.4)
46,040	(7.3)	64,727	(9.5)	43,382	(7.3)	38,086	(5.4)
59,584	(9.5)			59,728	(10.8)	59,428	(8.4)
37,477	(6.0)	42,997	(6.3)	37,408	(6.3)	27,557	(3.9)
14,802	(2.4)	20,797	(3.0)	16,129	(2.7)	14,272	(2.0)
25,358	(4.0)	30,119	(4.4)	25,402	(4.3)	35,669	(5.1)
9,460	(1.5)	15,995	(2.3)	6,774	(1.1)	6,474	(0.9)
		28,379	(4.2)	35,742	(6.0)	35,923	(5.1)
				5,262	(0.9)	12,207	(1.7)
		1,958	(0.3)	1,966	(0.3)		
		5,797	(0.8)	4,427	(0.7)	9,020	(1.3)
				1,365	(0.2)		
				89	(0.1)	1,506	(0.2)
				981	(0.2)	11,987	(1.7)
				333	(0.1)	4,848	(0.7)
				1,469	(0.2)	981	(0.1)
				264	(0.1)	779	(0.1)
						3,070	(0.4)
26,174	(4.2)	35,682	(5.2)	27,912	(4.7)	40,654	(5.8)
626,515	(100.0)	682,587	(100.0)	594,934	(100.0)	703,937	(100.0)

SP1098/16 Box 6）により作成。

6万俵台に達した。

　また、1932（昭和7）年3月に設立された東洋毛糸紡績は1933年度に2万8,379俵、1934年度と1935年度は3万5,000俵台を維持した。東洋毛糸紡績のように、1933年度以降には新興の毛織会社、紡績会社が新たに羊毛輸入を日本商

社に依頼するようになった。これは、羊毛工業の発展を背景としていたが、その輸入量は全体の1％以下のものが大部分であり、1930年代前半を通してみると、日本毛織、共立モスリン、新興毛織、伊丹製絨所、昭和毛糸、共同毛織などを中心に豪州羊毛が羊毛工業会社の原料として供給されたのである。

(2) 日本商社と羊毛工業会社

　豪州羊毛を輸入した日本商社と羊毛工業会社との関連について、1931年度と1935年度を事例として考察してみよう。まず、1931年度（表4-21）についてみると、日本毛織（神戸）の11万6,108俵のうち兼松商店が41.5％の4万8,197俵で最も多く、次いで三井物産の2万3,532俵（20.3％）、高島屋飯田の2万1,914俵（18.9％）と続いた。日本毛織（名古屋）は高島屋飯田が1万3,695俵（30.8％）で首位を維持したが、兼松商店も1万2,986俵（29.2％）を輸入した。また、三井物産は1万249俵（23.0％）であり、三菱商事も6,452俵で14.5％を占めた。日本毛織（神戸）に次いで多かったのが新興毛織の6万2,319俵であったが、同社の豪州羊毛を最も多くを輸入したのは三井物産の1万9,508俵であり31.3％を占めた。兼松商店は1万6,910俵で27.1％を占め、次いで三菱商事が1万3,273俵（21.3％）を輸入したが、高島屋飯田は3,536俵で新興毛織全体の5.7％にすぎなかった。1931年度で輸入量3万俵台の毛織会社は昭和毛糸、伊丹製絨所、中央毛糸、日本毛糸、東京モスリン（横浜）であった。昭和毛糸は3万954俵のうち三井物産が1万1,089俵（35.8％）、兼松商店が6,893俵（22.3％）を輸入し、両社で58.1％を占めた。伊丹製絨所は3万3,214俵のうち、兼松商店が1万5,708俵（47.3％）、三井物産が1万5,368俵（46.3％）で両会社が93.6％を占めた。この両会社以外では、三菱商事と岩井商店が残りを輸入していた。中央毛糸は3万5,718俵の全部を岩井商店が輸入した。日本毛糸は3万6,087俵のうち兼松商店が1万3,792俵（38.2％）、三菱商事が1万2,095俵（33.5％）であり、両会社で71.7％を占めた。また、日本綿花は4,160俵で11.5％であった。東京モスリン（横浜）は3万1,575俵のうち三井物産が1万8,248俵（57.8％）、三菱商事が1万3,327俵（42.2％）でこの2社のみで輸入

第4章 1930年代の豪州羊毛輸送と国内羊毛工業　233

表4-21　商社別豪州羊毛輸入量と羊毛工業会社（1931年度：1930.10～1931.9）

(単位：俵、％)

羊毛工業会社＼商社	兼松商店	三井物産	高島屋飯田	大倉商事	三菱商事	日本綿花	岩井商店	その他	合計
日本毛織（神戸）	48,197 (41.5)	23,532 (20.3)	21,914 (18.9)	6,957 (6.0)	9,869 (8.5)	5,639 (4.9)			116,108 (100.0)
日本毛織（名古屋）	12,986 (29.2)	10,249 (23.0)	13,695 (30.8)	36 (0.1)	6,452 (14.5)	1,076 (2.4)			44,494 (100.0)
共立モスリン	4,832 (21.7)	4,690 (21.1)	8,150 (36.6)	836 (3.8)	2,331 (10.4)	1,437 (6.5)			22,276 (100.0)
昭和毛糸	6,893 (22.3)	11,089 (35.8)	3,958 (12.8)	1,950 (6.3)	6,038 (19.5)	1,026 (3.3)			30,954 (100.0)
伊丹製絨	15,708 (47.3)	15,368 (46.3)			1,657 (5.0)		481 (1.4)		33,214 (100.0)
共同毛織	5,354 (62.4)	1,533 (17.9)	151 (1.8)		1,547 (18.0)				8,585 (100.0)
新興毛織	16,910 (27.1)	19,508 (31.3)	3,536 (5.7)	4,336 (7.0)	13,273 (21.3)	4,756 (7.6)			62,319 (100.0)
大阪毛織	8,652 (97.6)	27 (0.3)			190 (2.1)				8,869 (100.0)
中央毛糸							35,718 (100.0)		35,718 (100.0)
日本毛糸	13,792 (38.2)	2,917 (8.1)	2,149 (6.0)	974 (2.7)	12,095 (33.5)	4,160 (11.5)			36,087 (100.0)
宮川モスリン	7,829 (49.2)	7,205 (45.3)			865 (5.4)				15,899 (100.0)
東京モスリン（横浜）		18,248 (57.8)			13,327 (42.2)				31,575 (100.0)
東京モスリン（名古屋）		7,582 (55.4)			6,113 (44.5)				13,695 (100.0)
東洋モスリン	7,505 (26.8)	5,357 (19.2)	1,534 (5.5)	5,602 (20.0)	6,221 (22.2)	1,742 (6.2)			27,961 (100.0)
東京毛糸	5,892 (50.0)	3,105 (26.3)	22 (0.2)		2,776 (23.5)				11,795 (100.0)
千住製絨所	2,520 (52.6)	1,363 (28.5)	898 (18.8)		4 (0.1)				4,787 (100.0)
沼津毛織		3,354 (100.0)							3,354 (100.0)
その他	7,072 (1.4)	2,700 (16.9)	4,658 (29.1)	146 (0.9)	38 (0.2)	49 (0.3)	536 (3.4)	785 (4.9)	15,984 (100.0)
合計	164,142 (31.3)	137,827 (26.3)	60,665 (11.6)	20,837 (4.0)	82,798 (15.8)	19,885 (3.8)	36,735 (7.0)	785 (0.1)	523,674 (100.0)

出所："Particulars of Wool Imported from October 1930 to September 1931" (NAA: SP1098/16 Box 6) により作成。
注：合計が合わないところもあるが、原史料のまま集計した。

されていた。東京モスリン（名古屋）も同様であり、1万3,695俵の全部をこの2社で輸入した。

なお、大倉商事は東洋モスリン[24]の20.0%にあたる5,602俵を輸入していた。東洋モスリンは、1930（昭和5）年に大倉財閥の傘下に入ったことで、大倉商事との関連が強くなった。大倉商事では日本毛織、昭和毛糸、新興毛織、東洋モスリンなどを中心として輸入を行った。1931年度の輸入商社と羊毛工業会社との関連をまとめると、兼松商店は日本毛織、伊丹製絨所、新興毛織、日本毛糸などを中心に輸入したのに対して、三井物産は日本毛織、昭和毛糸、伊丹製絨所、新興毛織、東京モスリン、高島屋飯田は日本毛織、共立モスリン、昭和毛糸、新興毛織、大倉商事は日本毛織、新興毛織、東洋モスリン、三菱商事は日本毛織、昭和毛糸、新興毛織、日本毛糸、東京モスリン、東洋モスリン、日本綿花は日本毛織、新興毛織、日本毛糸、岩井商店は中央毛糸を中心に輸入を行っていたといえよう。

豪州羊毛輸入商社と羊毛工業会社の関連について、1935年度（表4-22）をみると、三井物産が18万1,952俵で首位であったが、同社は羊毛工業会社全社に輸入していることが大きな特徴である。同社が輸入した豪州羊毛輸入量の最高は、日本毛織（神戸）の2万2,292俵であり、1万俵以上は伊丹製絨所（大阪）の1万9,689、共立モスリン（横浜）の1万7,181俵、東京モスリン（東京）の1万6,667俵、宮川モスリン（横浜）の1万2,235俵、新興毛織（大阪）の1万1,180俵、日本毛織（名古屋）の1万72俵であった。三井物産は大口輸入の羊毛工業会社を抱えつつ、全国の羊毛工業会社にも広く豪州羊毛を輸入したといえる。

一方、兼松商店の1万俵以上の大口輸入羊毛工業会社としては、日本毛織（神戸）（3万4,484俵）、伊丹製絨所（1万9,717俵）、共立モスリン（横浜）（1万5,515俵）、日本毛織（名古屋）（1万2,773俵）、宮川モスリン[25]（横浜）（1万2,102俵）、新興毛織（大阪）（1万2,102俵）が挙げられる。兼松商店は三井物産に約3万俵及ばなかったものの、輸入商社の豪州羊毛輸入量の4分の1を占めていた。兼松商店は中央毛糸（横浜）、沼津毛織（横浜）、大日本紡（名古

屋）を除いた会社に納入していた。

　高島屋飯田の豪州羊毛輸入量11万7,571俵は輸入商社のなかで第3位であったが、全輸入量の36.8％にあたる4万3,306俵を日本毛織（神戸）に輸入した。また、日本毛織（名古屋）にも1万2,661俵を輸入したが、これは同工場の31.4％に達した。また、共立モスリン（横浜）には2万2,710俵で同社の輸入量6万3,594俵の35.7％にも及んだ。また、昭和毛糸（名古屋）にも9,059俵を輸入したが、これは同工場の24.9％にあたる。このように、高島屋飯田は日本毛織、昭和毛糸、共立モスリンとの関連が強かった。

　三菱商事の1万俵以上納入先は新興毛織（大阪）の1万4,015俵、東京モスリン（横浜）の1万205俵の2社だけであるが、9,000俵台として東洋モスリン（横浜）、宮川モスリン（横浜）、東洋毛糸（横浜）の3社があった。また、岩井商店は全豪州羊毛輸入量の87.9％にあたる3万6,543俵を中央毛糸に輸入した。1931年度では中央毛糸は岩井商店のみから購入し両者の関連は濃厚であったが、1935年度には高島屋飯田と三井物産からも僅かながら購入している。大倉商事は1万俵以上輸入した毛織会社はなく、9,996俵を輸入した東洋モスリン（横浜）が最高である。次いで、新興毛織（大阪）の7,328俵、東洋毛糸（横浜）の3,481俵、日本毛織（神戸）の2,418俵と続いた。日本綿花は7社の中では豪州羊毛輸入量が最も少なかった。同社が最も多くの豪州羊毛を輸入したのは新興毛織の7,528俵であり、これ以外としては日本毛糸（名古屋）の3,094俵、東洋モスリン（横浜）の3,853俵、日本毛織（神戸）の3,831俵、東洋毛糸（横浜）の3,799俵であった。なお、1934年度から新興の毛織会社が現れている。たとえば、沼津毛織（横浜）の9,020俵の輸入商社は三井物産が100％を占めた。また、1935年度の豪州羊毛納入先として第4位であった東洋毛糸（3万5,923俵）は、1933年度から豪州羊毛の購入を開始している。輸入商社としては岩井商店を除く6社が上げられ、とくに三菱商事が9,404俵で全体の26.2％を占めた。東洋紡は輸入商社7社が納入した。

　以上のように、1930年代に豪州羊毛輸入が活発化する中で、日本の豪州羊毛輸入商社である兼松商店、三井物産、高島屋飯田、三菱商事、大倉商事、岩井

表4-22 商社別豪州羊毛輸入量と羊

商社 羊毛工業会社	兼松商店	三井物産	三菱商事	髙島屋
日本毛織（神戸）	34,484 (29.8)	22,292 (19.3)	9,366 (8.1)	43,386
日本毛織（名古屋）	12,773 (31.7)	10,072 (25.0)	1,703 (4.2)	12,661
昭和毛糸（名古屋）	7,669 (21.1)	7,559 (20.8)	8,590 (23.6)	9,059
共立モスリン（横浜）	15,515 (24.6)	17,181 (27.0)	4,063 (6.4)	22,710
伊丹製絨所（大阪）	19,719 (46.0)	19,689 (45.9)	2,966 (6.9)	
東京モスリン（名古屋）	864 (5.7)	6,807 (44.8)	7,531 (49.5)	
〃 （横浜）	2,208 (7.6)	16,667 (57.3)	10,205 (35.1)	
東洋モスリン（横浜）	5,242 (13.3)	6,821 (17.3)	9,926 (25.2)	3,545
〃 （四日市）	211 (10.9)	50 (2.6)	365 (18.8)	239
中央毛糸（横浜）		182 (0.5)		1,361
宮川モスリン（横浜）	12,102 (33.9)	12,235 (34.3)	9,610 (26.9)	
新興毛織（大阪）	10,044 (17.5)	11,180 (19.4)	14,015 (24.4)	7,432
〃 （四日市）	40 (5.6)	677 (94.4)		
〃 （横浜）	274 (23.1)	910 (76.9)		
日本毛糸（名古屋）	8,297 (30.1)	2,430 (8.8)	7,328 (26.6)	2,549
共同毛織（名古屋）	4,946 (34.7)	2,869 (20.1)	3,025 (21.2)	521
東洋毛糸（横浜）	6,607 (18.4)	7,255 (20.2)	9,404 (26.2)	5,377
東海毛糸（横浜）	4,366 (35.8)	5,223 (42.8)	940 (7.7)	541
帝国毛糸（名古屋）	1,965 (16.4)	1,960 (16.4)	1,859 (15.5)	1,468
千住製絨所（横浜）	5,924 (60.9)	1,444 (14.8)	1,899 (19.5)	116
沼津毛織（横浜）		9,020 (100.0)		
栗原紡織（横浜）	2,131 (29.6)	2,373 (32.9)	2,706 (37.5)	
大阪毛織（大阪）	3,837 (59.3)	2,637 (40.7)		
東洋紡（名古屋）	852 (17.6)	885 (18.3)	599 (12.4)	149
錦華毛糸	555 (18.1)	1,405 (45.8)		
御幸毛織（名古屋）	602 (40.0)	904 (60.0)		
大日本紡（名古屋）		625 (63.7)		
第一毛糸（名古屋）	89 (11.4)	60 (7.7)	580 (74.5)	
その他（神戸）	5,299 (73.3)	1,407 (19.5)		
〃 （大阪）	1,698 (14.6)	6,436 (55.3)	1,319 (11.3)	932
〃 （四日市）	55 (4.8)	5 (0.4)		789
〃 （名古屋）	431 (10.1)	568 (13.3)	494 (11.5)	1,484
〃 （横浜）	10,052 (61.5)	2,124 (13.0)	73 (0.4)	3,252
合　計	178,851 (25.4)	181,952 (25.8)	108,566 (15.4)	117,571

出所："Statistics for Australian Wool Imported by Japanese Importers & Its Distribution（1934-1935
注：合計が合わないところもあるが、原史料のまま集計した。

第4章 1930年代の豪州羊毛輸送と国内羊毛工業　237

毛工業会社（1935年度：1934.10～1935.9）

（単位：俵、％）

飯田	岩井商店	大倉商事	日本綿花	その他	合　計
(37.5)		2,418 (2.1)	3,831 (3.3)		115,777 (100.0)
(31.4)		1,479 (3.7)	1,591 (3.9)		40,279 (100.0)
(24.9)		1,985 (5.5)	1,523 (4.2)		36,385 (100.0)
(35.7)		1,429 (2.2)	2,696 (4.2)		63,594 (100.0)
	529 (1.2)				42,903 (100.0)
					15,202 (100.0)
					29,080 (100.0)
(9.0)		9,996 (25.4)	3,853 (9.8)		39,383 (100.0)
(12.3)		880 (45.4)	194 (10.0)		1,939 (100.0)
(3.5)	36,543 (95.9)				38,086 (100.0)
	1,722 (4.8)				35,669 (100.0)
(12.9)		7,328 (12.7)	7,528 (13.1)		57,527 (100.0)
					717 (100.0)
					1,184 (100.0)
(9.2)		859 (3.1)	6,094 (22.1)		27,557 (100.0)
(3.7)	2,170 (15.2)	106 (0.7)	635 (4.4)		14,272 (100.0)
(15.0)		3,481 (9.7)	3,799 (10.6)		35,923 (100.0)
(4.4)		697 (5.7)	440 (3.6)		12,207 (100.0)
(12.2)		1,762 (14.7)	2,973 (24.8)		11,987 (100.0)
(1.2)	122 (1.3)	160 (1.6)	59 (0.6)		9,724 (100.0)
					9,020 (100.0)
					7,210 (100.0)
					6,474 (100.0)
(3.1)	107 (2.2)	1,815 (37.4)	441 (9.1)		4,848 (100.0)
		1,110 (36.2)			3,070 (100.0)
					1,506 (100.0)
			356 (36.3)		981 (100.0)
				50 (6.4)	779 (100.0)
				522 (7.2)	7,228 (100.0)
(8.0)	398 (3.4)	85 (0.7)		768 (6.6)	11,636 (100.0)
(68.5)		302 (26.2)			1,151 (100.0)
(34.6)				1,307 (30.5)	4,284 (100.0)
(19.9)		469 (2.9)		385 (2.4)	16,355 (100.0)
(16.7)	41,591 (5.9)	36,361 (5.2)	36,013 (5.2)	3,032 (0.4)	703,937 (100.0)

Season)"（NAA: SP1098/16 Box 6）により作成。

商店、日本綿花は積極的な企業活動を展開した。これらの日本商社は明治期から大正期にかけて豪州に進出し、支店や出張所などを設けてきた。とくに、兼松商店、三井物産、高島屋飯田、三菱商事の4社は、1930年度から1935年度まで日本商社豪州羊毛輸入量の80％以上を取り扱った。一方、これらの豪州羊毛は日本郵船、大阪商船、山下汽船、東豪社（E. & A.）、山下・国際・川崎の連合した日豪線（JAL）によって日本に運ばれ、神戸、大阪、四日市、名古屋、横浜の各港で陸揚げされた。陸揚げされた豪州羊毛は、各港に近接する毛織物工場に運搬され、日本の羊毛工業の原料として供給された。なかでも、日本毛織、共立モスリン、新興毛織、伊丹製絨所、東京モスリンなどの羊毛工業会社には大量の豪州羊毛が輸入された。また、輸入商社と羊毛工業会社を考察した結果、資本の出資関係と納入量に関連が見られる場合もあった。いずれにしても、豪州における日本商社の積極的な活動は、日本の羊毛工業会社の発達に大きく貢献することになった。

注
1） 『七十年史』（日本郵船株式会社、1956年）72-75頁。
2） 平井好一『海運物語』（国際海運新聞社、1959年）123-124頁。
3） 前掲『七十年史』214-215頁。
4） 同上、215-216頁。
5） 同上、283頁。
6） 大阪商船の豪州航路については、『大阪商船株式会社五十年史』（大阪商船株式会社、1934年）333-337頁を参照した。
7） 同上、772-773頁。
8） 山下新日本汽船株式会社社史編集委員会『社史・合併より十五年』（山下新日本汽船株式会社、1980年）394-400頁。
9） 同上、406-407頁。
10） 同上、419-420頁。
11） 同上、420頁。
12） 同上、437頁。
13） 同上、451-452頁。
14） 同上、455-456頁。

15) 四日市港は1932年度には記載がなく、1933年度から新たな陸揚地として設けられている ("Number of bales of wool bought by numbers for the last three years", NAA: SP1098/16 Box 6)。
16) 日本毛織株式会社は1896（明治29）年に設立された。加古川工場が発祥の工場であり、1931（昭和6）年までに5工場（姫路、岐阜、印南、明石、名古屋）を拡張した（梅浦健吉『羊毛工業』日本評論社、1935年、501-502頁）。
17) 東京モスリンは1896（明治29）年に資本金100万円で創立された。同社の梳毛糸工場は東京市吾嬬町、静岡県沼津町、名古屋市の3カ所にあった。精紡機錘数7万8,000余、紡毛設備5,000錘、モスリン、ラシャ織機設備約1,600台を有し、生産規模においては同業会社中日本毛織、新興毛織に次いで第3位であった。また、東京市亀戸および東京府下金町に約11万錘の綿糸紡績工場を有していた（前掲『羊毛工業』512-516頁）。
18) 伊丹製絨所は1922（大正11）年6月、資本金150万円で設立された。同社は元日本毛織株式会社の常務取締役兼技師長であった谷江長氏が羅紗製織の目的をもって、日本毛織会社その他の資本的援助のもとに設立された。同社の工場は兵庫県伊丹町に集中し、第一工場から第十三工場まで漸次拡張された。設備は、精紡機4万1,294錘、織機羅紗110台、その他16台であった（前掲『羊毛工業』496-500頁）。なお、同社の資本金は1928（昭和3）年に300万円に増資された（『伊丹製絨所十年誌』株式会社伊丹製絨所、1933年、14頁）。
19) 中央毛糸紡績会社は1922（大正11）年に設立された。当初の資本金は400万円であったが、1933（昭和8）年には800万円に増資された。大垣市の工場のほか、1933年から三重県四日市に新工場を建設し、梳毛、精紡機合計5万1,000錘余、紡毛機4,000余錘に達し、メリヤス糸を主としセル糸を紡出し、メリヤス糸は185番の銘柄で好評を博した（前掲『羊毛工業』516-519頁）。
20) 東洋モスリン株式会社は1907（明治40）年1月に資本金200万円で設立された。その後、明治末に日本モスリン紡織株式会社を買収し、1921（大正10）年には東洋紡織会社を合併して資本金は1,500万円となった。関東大震災と金融恐慌により、放漫経営が明らかになり1929（昭和4）年8月に破綻した。その後、1930年に経営立て直しを図り、資本金を10分の1の117万8,500円に減資し、さらに優先株800万円を増資して917万8,500円の資本となった（前掲『羊毛工業』509-512頁）。
21) 前掲『羊毛工業』452-453頁。
22) 『日本毛織六十年史』（日本毛織株式会社、1957年）295-296頁。
23) 『日本毛織六十年史』資料（「主要羊毛会社系譜」）による。
24) 東洋モスリンは1907（明治40）年に創立された。1930年に大倉商事の傘下に引

き移され、梅浦健吉が主宰した。1937年現在、資本金は1,500万円（払込1,008万5,000円）で、筆頭株主の大倉商事は4万8,496株であった。事業はモスリン、毛糸、綿糸、綿布といった綿紡織兼営を行い、工場は亀戸、東亀戸、練馬、三重、静岡等に置かれた。1937年上半期の利益金は109万円であり、利益率2割1分6厘は前期に比して4分5厘の上昇となった。株主配当は年8分であった（中外産業調査会編纂『中堅財閥の新研究・関東篇』1937年、61-62頁）。

25) 宮川モスリンは1922（大正11）年に資本金200万円で設立され、1934年には500万円に増資された。工場は三重県小俣町にあり、宮川の河水を利用して生産を行った。梳毛、精紡機4万500余錘、紡毛機910錘のほかにモスリン織機504台、羅紗織機30台を有し、モスリンおよび各種梳毛糸を生産した。同社は伊藤一族を中心として経営を行っていたため、創立以来の配当率は5分ないし2割5分であり、同時期に設立された伊丹製絨所や中央毛糸と比較してはるかに低率であった。しかし、配当にかえて利益金の大部分を固定資産の償却に充当したため、新進会社としては伊丹製絨所に次ぐ優良会社であった（前掲『羊毛工業』519-522頁）。

第5章　高島屋飯田株式会社の企業活動と日豪貿易

第1節　高島屋飯田の系譜と豪州貿易

(1) 高島屋の創業

　高島屋飯田の系譜は、1829（文政12）年に京都に店舗を開き、古着・木綿商を営んでいた高島屋にさかのぼる。高島屋の名称は、京都にでて呉服商に奉公した開祖の初代飯田新七が江州高島郡の一寒村の出身であったことにちなんでつけられた。1831（天保2）年には薄利多売の方針のもとに店規4条を制定した。この店規4条とは、(1) 確実なる品を廉価に販売し自他の利益を図るべし、(2) 正札附懸値なし、(3) 商品の良否は明かに之を顧客に告げ、一点の虚偽あるべからず、(4) 顧客の待遇を平等にし、貧富貴賎によりて差等を付すべからず[1]、であった。

　創業当初の資本は銀子2貫500匁のみで、商品は古着、木綿小切類にすぎず、経営は苦しい状況であった。1852（嘉永5）年には初代が2代に家督を譲り引退した。黒船来航で日本が世界資本主義体制の中に組み入れられようとしていた時期の1855（安政2）年には、古着商を廃して呉服太物商を営むこととなった。1864（元治元）年の禁門の変では京都の店舗が全焼するなどの被害を被ったが迅速に復旧した。1877（明治10）年には1店舗、1住宅、倉庫3棟を所有するまでに至った。同年には京都で開催された博覧会に初めて出品して褒状を授与された。その後は染色の技術をもって内外の博覧会、共進会に出品して受賞した。海外博覧会における受賞は、1888年スペインのバルセロナ万国博覧会

で受けた銀杯が最初であった。また、1876年3月、神戸在住の米人が来店して帛紗および黒朱子の捲り10枚を購入したことに端を発して、初めて外人の嗜好を踏まえた数々の外人向け制作を試み、これが後の貿易業の端緒となった[2]。

高島屋では1875（明治7）年に初代、1878年に2代の飯田新七が死去し、3代目が26歳で家督を相続した[3]。1879年には広幅綿織物の研究製織のために京都西陣に織物研究所を設置した。当時、海軍では兵員被服を輸入品によって充当していたが、海軍はこの製織方を高島屋に命令し、高島屋の製品によって輸入品に代替することにした。1882年頃より顧客の範囲も広まったが、1887年には皇居造営に際して窓掛壁張その他織物の調達を命ぜられた。こうした皇室との関連によって、高島屋は東都に進出した[4]。

(2) 高島屋の発展と官庁御用

4代飯田新七が1888（明治21）年3月に高島屋の家業を相続すると、皇室との関連をさらに強くし、経営的にも発展期を迎えた。高島屋は1890年には宮内庁御用達を命じられ、第一期海軍拡張に建造された軍艦八重山、高雄の天皇旗、皇后旗を納めた。これ以来、高島屋は海軍御用として各種織物類を皇室に納めた[5]。同年、日本橋区本石町伏見屋旅館内に東京出張所を設けたが、皇室への御用に迅速に対応するためであった[6]。さらに、業務の拡大により1897年には日本橋区呉服町に高島屋飯田新七東京仮出張所を設置、1900年秋に京橋区西紺屋町に店舗を移転して高島屋飯田新七東京店と改めた。このとき、諸官庁御用達のほかに呉服小売部の拡張を図り、さらに外人向小売部を増設した[7]。

海軍御用に関しては、1893（明治26）年から綿布被服地または艦内装飾品、航空被服、その他被服類の上納方を命ぜられた[8]。陸軍御用に関しては、1894年から陸軍被服本廠より特命を以て綿布被服地の上納を命じられた。1900年の北清事変および1904年からの日露戦争に際しては、麻および綿帆布製天幕数万枚を指名により上納した。また1910（明治43）年には陸軍被服本廠より羊毛注文を受け、その後は千住製絨所より御用命を受けた。さらに1914年の第一次世界大戦の際に民間羊毛会社より巨額の羊毛注文を受けた。なお、1913（大正2）

年以降は綿帆布類を上納した。高島屋では軍用特殊織物について研究を深め、1921年には飛行機用翼布を完成して御用を受けた[9]。また、鉄道御用に関しては、1892年作業局時代より客用蒲団用織物類の御用を請け、1902年より羅紗および木綿被服類の縫製とも指名を以て請負上納した。1908年から鉄道院で縫製業が直営されるようになると、生地および付属裏地類を製織上納した。その他、御料車および供奉車用織物類を上納したほか、満鉄、朝鮮、台湾鉄道ならびに各地私設鉄道に対して車両用、装飾用の諸織物を納入した。また、1905年以来、内閣賞勲局の御用により勲章綬を納入した[10]。

(3) 高島屋貿易部の独立と海外進出

1894（明治27）年、高島屋は京都烏丸高辻角東側に呉服店と相対して貿易部を独立移転して高島屋飯田新七東店と称し、独立の組織をもって貿易会社の前身をなした。1896年には飯田藤二郎を欧米に派遣して海外直輸出の視察を行わせた。翌1897年に絹織物取引の中心地のフランス・リヨンに飯田太三郎を出張員として派遣し、さらに1899年に店員竹田量之助を同地に出張させ、リヨン代理店詰として海外直輸出の端緒を開いた。当初、海外貿易は京都東店で管掌し神戸港より出荷していたが、海外貿易の取扱量が増大するに従い、横浜商館との貿易も活発となった。1899年には横浜市本町3丁目高野屋旅館内に出張員をおいて横浜に進出し、翌1900年4月に横浜市弁天通4丁目66番地に独立の店舗を設け、高島屋飯田新七横浜貿易店と称した。同店では羽二重の海外直輸出を開始した[11]。また、日露戦争後の1905年9月より東京市麹町区八重洲町に高島屋飯田新七丸之内店を設置して、新規に開始した輸入貿易業務を取り扱わせたほか、陸海軍その他官庁御用の業務も取り扱わせた[12]。

高島屋では、1900年前後から店員を欧米各国に視察のために派遣し、豪州への視察もこの頃から開始された。すなわち、1902（明治35）年9月に店員松本武雄を豪州に派遣し、豪州の輸出入貿易状況を調査させた。翌年、松本は帰国したが、この後、通信取引が開始され、貿易が漸次有望となったため、1905年にシドニーの The Foreign Agency を代理店として輸出貿易を開始した。同年

には店員大澤銈三郎を出張させ代理店に勤務させた。大澤は日本からの輸出品目である羽二重、木綿縮、タオル、貝釦等を取り扱う一方で、豪州では羊毛研究を行い、1907年5月から羊毛取引を行うようになった。また、当時、豪州に出張中の陸軍被服廠の渡邊、矢野両技師の同地出張を機として、陸軍被服廠の羊毛買付注文を引き受けるに至った。1908年には店員大田有二を臨時的にシドニーに出張させ、財政難のシドニー代理店の整理、援助を行い、金融上の安定を図っている。さらに、1909年には店員磯兼退三を豪州に派遣して、大澤と交代させ、磯兼に輸出入両取引を取り扱わせた。また、従来は高島屋から出荷する貨物に対しては、荷為替の全額を代理店宛横浜正金銀行を経て取り組んでいたが、このときから変更して主たる得意先に対しては直接荷為替を取り組むこととなった[13]。

(4) 高島屋飯田合名会社への改組

1909（明治42）年12月1日、個人経営だった高島屋飯田は高島屋飯田合名会社に改組した。これにより、高島屋飯田は同族6名の合名組織（資本金100万円）となり、4代飯田新七は一切の業務をこれらに譲った。本店は京都市下京区烏丸通高辻下ル薬師前町700番地におかれた。出資者6人は、社長の飯田新七（代表社員）、飯田直次郎、飯田政之助（業務執行社員）、飯田藤二郎（同）、北村喜兵衛（同）、飯田忠三郎（同）であった。営業目的は①各種織物、刺繍、その他染織に関する工藝品および雑貨の製作販売業、②輸出入貿易業、③周旋および代理業、④以上の各項に関連するその他の業務であった。高島屋飯田合名会社の支店・出張所は時期によって多少異なるが、支店は京都、大阪、東京（京橋区西紺屋町、麹町区八重洲町）、横浜におかれ、出張所は、リヨン、ロンドン、シドニー、天津、神戸、京城、福井、金沢、横須賀におかれた[14]。

高島屋飯田合名会社は、本店を京都に置き、社長飯田新七が業務全般を総括した。呉服部は京都店を本部となし、社員飯田政之助が主宰した。京都店は外人向小売部を主とするほか、刺繍その他の製作に従事し、旁ら神戸居留地の商館売りを行った（店員36名）。大阪店は社員飯田忠三郎、東京店は社員飯田藤

二郎が担当した。また、輸出部は横浜店を本部となし、社員北村喜兵衛が担当した。直輸出部はパリ、ロンドン、豪州、その他世界各国との直輸出取引を行った。店員は25名であった。外人向小売部および卸部は横浜店を主とし、他に京都店内および東京店内の外人小売部と共同経営を行い、店員は30名であった。東京店は高島屋東京呉服店内に設置され、外人向小売を主たる業務とした（店員8名）。一方、輸入部は東京丸之内店を本部となし、社員飯田藤二郎が担当した。さらに、支那部が高島屋大阪呉服店内に設けられ、社員飯田忠三郎が担当した[15]。

　丸之内店は店員39名であり、組織は経理部（庶務、計算、輸入事務一切）、第一部（輸入織物および織物原料類一切）、第二部（輸入諸機械および諸材料一切）、第三部（陸軍諸官署、内地品および輸入織物類）、第四部（海軍、鉄道、その他内地品一切および輸入織物類、外に大阪出張所、ならびに倫敦出張所に関する業務）に分かれて業務を行った。なお、丸之内店の出張所は大阪、ロンドン、リヨン[16]、豪州であり、代理店がニューヨークに置かれていた時期もあった[17]。丸之内店では1909年9月に大阪市に出張所を開設して主に羊毛の輸入、関西方面電車部品売り込みを開始した。取扱商品はトップ、毛糸、更紗、洋反物、電気鉄板などであったが、1911年下半期には経済界の不況を受けて一時的に閉鎖した。その後、1915年下半期には再度設置し、支那部の仕入店を兼ねたほか、横浜貿易店もここで執務した[18]。

　丸之内店の明治後期の主たる営業内容（表5-1）は、絹綿毛麻織物、輸入毛織物および原料などのほか、電気諸機械、電線、鉄・鋼などの金物原料などを含んでいた。主たる指名御用達としては、宮内庁、内務省、外務省、陸軍省、海軍省、逓信省、鉄道省、全国各工業学校及工業試験場、南満州鉄道株式会社、全国私設鉄道会社などであった[19]。また、同支店の特約販売および代理店としては、日本毛織株式会社、天満織物株式会社、帝国製麻株式会社の3社があり、輸入特約販売および代理店として英国に6社、米国に3社、ドイツに3社をおいていた（表5-2）。なお、丸之内店は1913（大正2）年4月に京橋区北紺屋町5番地に移転したのち、1915年12月には京橋区西紺屋町3番地に再度移転し

表5-1 高島屋飯田合名会社丸之内店の営業内容

営 業 内 容
絹綿毛麻織物ならびに制作品（木綿類、羅紗、帆布、ドック、リンネル、装飾用諸織物、絨毯、旗布）
室内装飾設計および取付請負
陸海軍鉄道諸官衙御制服類一式
防水布および制作品（貨車用雨覆、荷馬車荷船用雨覆、雨衣、ゴム引その他防水布一式）
輸入毛織物および原料その他（羅紗、外套地、コート地、セル地、その他毛織物地一式、更紗、天鵞絨、毛繻子、洋反物一切、クロース、製本用材料、羊毛、トップ、モスリン糸、セルジ糸等、毛糸類一切、綿糸、綿織物一切）
織物機械（染色仕上げ織機ならびに紡績用諸機械）
電気諸機械および付属品
蒸滊罐滊機および滊関車
瓦斯発生機及瓦斯機関
水道築港用諸機械
機械工具
鉱山用機械工具
鉄道及電気軌道用諸機械および材料
土木建築用諸機械諸材料
電線
鉄および鋼その他金物材料
洋食器類
その他機械材料一切

出所：「高島屋飯田合名会社丸之内支店営業案内」により作成。

高島屋飯田合名会社東京店に改名した。そのときの営業科目は「絹、綿、麻織物並に製作品、貨車用雨覆の製造販売、室内装飾品販売、設計、諸官署御用織物類一式を始めとして直輸入業として、毛織物及原料、織物機械其他諸機械、及び附属品並に機械工具の材料類を取扱、内外諸会社の特約販売及代理を営み申候」[20]と記載されていた。また、在来の京橋区西紺屋町一番地東京店は東京呉服店と改称して営業を継続した。

　高島屋飯田合名会社は1909（明治42）年12月1日から合名会社に改組したが、この時期は日露戦後の不況期にあたったことや第一次世界大戦の好影響も及んでいなかった時期であり、経営的には困難に直面していた。こうしたなかで、輸出部と丸之内店が中心となって高島屋飯田株式会社が設立されることになる。

表 5-2　高島屋飯田合名会社丸之内店の特約販売・同代理店、
　　　　輸入特約販売・同代理店

特約販売および代理店	神戸（日本毛織株式会社） 大阪（天満織物株式会社） 東京（帝国製麻株式会社）
輸入特約販売および代理店	英国（ハドフィールド鋼鉄製造会社） 〃　（ハッタースレー織機会社） 〃　（フェニックスダイナモ製造会社） 〃　（ノールス染織機械会社） 〃　（ハーディーパテントビッグ会社） 〃　（ロビンソンエンドクリーバー会社） 米国（クロッカー・ホィラー電気会社） 〃　（ジェー・ジー・ブリル車台会社） 〃　（カーネギー製鋼会社） ドイツ（チッタウ染色機械会社） 〃　　（リューベッケル機械製造会社）

出所：「高島屋飯田合名会社丸之内支店営業案内」により作成。

(5) 高島屋飯田株式会社の設立

　1916（大正5）年12月1日、高島屋飯田合名会社は貿易部を合名会社の本体から分離して高島屋飯田株式会社を設立した。貿易部を別個の組織とし、当事者の自由裁量に任せて輸出入を発展させることは同合名会社にとって長年の懸案であった。組織変更に関してはシドニー出張所にも知らされ、その理由として「商売ノ性質上相違甚シキモノヲ業務執行上ノ都合ニヨリ分離致シ貿易等ノ業務ヲ取扱ヒ易カラシメタル訳ニ御座候」[21]と記されていた。

　高島屋飯田株式会社の資本金は100万円であり、旧合名会社の資本金100万円のうち払込資本金30万円をそのまま高島屋飯田株式会社に継承し、従来の貿易および代弁等の業務を経営した。また、このときから支那部は同株式会社に移った。株式会社改組時の役員は、会長飯田新七、専務取締役飯田藤二郎、常務取締役飯田太三郎、取締役飯田直次郎、小野傳治郎、竹田量之助、後藤忠治郎、監査役飯田新太郎、渋谷辨治郎、秋山行蔵であった（表5-3）。

　高島屋飯田株式会社では、本支店の役割も明確化された（表5-4）。本店本

表5-3 高島屋飯田株式会社創立時役員（1916年当時）

役職	氏名
会長	飯田新七
専務取締役	藤田藤二郎
常務取締役	飯田太三郎
取締役	飯田直次郎
〃	小野傳次郎
〃	竹田量之助
〃	後藤忠治郎
監査役	飯田新太郎
〃	渋谷辨治郎
〃	秋山行蔵

出所：『高島屋事業史概要』（1926年）14頁（NAA: SP1098/16 Box 7）。

部は東京市京橋区西紺屋町1番地に置かれた。本店営業部も同地に置かれ、宮内庁を除く鉄道省、陸海軍、その他諸官署御用と輸入一般を行った。横浜支店は輸出一般と卸小売、京都支店は外人向小売、大阪支店は輸入および諸官署御用、支那貿易一般を行い、天津支店は支那貿易一般、高島屋呉服店内におかれた東京出張所は外人向小売、倫敦出張所と豪州出張所では輸出入一般を行った。株式会社改組時の従業員は126名であり、その内訳は本店33名、京都支店24名、大阪支店8名、東京出張所9名、横浜支店38名、天津支店10名、倫敦支店2名、シドニー支店2名であった[22]。また、1919（大正8）年、呉服・小売部門が独立して株式会社高島屋呉服店が発足した。

　第一次世界大戦が開始されると、欧州諸国からの新規注文が途絶した。しかし、戦況の進展に伴い、交戦諸国は戦時動員のために各種生産能力を削減したため、多くの物資を他国に依存することになった。連合国側は日本に対して物資の注文を激増させたため、日本の貿易は活況を呈した。高島屋飯田はイギリス市場に絹、綿織物、メリヤス類を輸出したほか、豪州市場に対しても絹、綿、麻織物、綿糸、麻糸、メリヤス、タオル、陶器、硝子器、玩具および雑貨を輸出した。また、1917（大正6）年以来開始したアルゼンチン貿易では、日本から絹、綿織物および雑貨を輸出したほか、古鉄材輸入を企画してアルゼンチンの古レール7,000トンを有力製鉄会社に売約した。さらに、米国市場には絹製品を大量に輸出したほか、海峡植民地、英領印度、ジャバ市場に対して絹、綿織物および雑貨を輸出した。

　第一次世界大戦前の高島屋飯田の輸出絹織物は羽二重が主流であり、絹製品は極めて微々たるものであったが、大戦中にフランス縮緬、ジョゼット縮緬の輸出をみたほか、絹紬、富士絹の輸出額も著しく伸張した。大戦前の綿布輸出

表5-4　高島屋飯田株式会社の本支店・出張所（1916年・創立時）

本支店名	住　所	営業内容	支配人
本店本部	東京市京橋区西紺屋町壹番地		
本店営業部	同上	鉄道、陸海軍その他官署御用（宮内省を除く）、輸入一般	小野傳次郎
横浜支店	横浜市山下町81番地	輸出一般、卸小売	後藤忠治郎
京都支店	京都市烏丸高辻	外人向小売	〃
大阪支店	大阪市南区畳屋町31番地	輸入、御用、支那貿易一般	飯田直次郎
天津支店	支那天津日本租界旭街	支那貿易一般	〃
東京出張所	東京市高島屋呉服店内	外人向小売	中西嘉助
倫敦出張所		輸出入一般	竹田量之助
豪州出張所		輸出入一般	磯兼退三

出所：『高島屋事業史概要』（1926年）15-16頁（NAA: SP1098/16 Box 7）。

額はそれほど多くなく、主として縮緬を輸出していたが、大戦とともに綿布需要が高まり、キャラコ、細布、綾木綿、帆布等の輸出も多くなった。

　倫敦出張所では軍需品として製品を初めて英国政府へ輸出した。その製品とは、帝国製麻株式会社の「カンバス」、戦時禁制品と指定されていた12匁以上の重目羽二重である。そのほか、メリヤス手袋、電灯用ソケット、ガスバーナー、青豆、薬品、屑麻等の製品を一般市場向けに輸出した。このように、第一次世界大戦によって日本の輸出は好調だったことから、横浜支店は業務多忙となり、新築の目的で400余坪の地所を元居留地51番地に購入した[23]。

　ところで、羊毛貿易は第一次世界大戦勃発とともに影響を受けた。1916（大正5）年12月、英国政府は羊毛管理を行うために特別の手続きによるほかは豪州羊毛の日本への輸入を不可能とさせたからである。こうしたところから、南アフリカ市場に注目するところとなり、1917年には店員磯兼退三を急遽シドニーから南アフリカに赴任させ、翌1918年2月からポート・エリザベス港の代理店で羊毛買入の監督を行わせた[24]。なお、1918年12月に臨時株主総会を開催し、資本名200万円に引き上げた[25]。

　1918（大正7）年11月11日、第一次世界大戦は休戦調印により休戦状態となった。休戦による一時的な景気の後退はあったが、その後、連合国側の戦勝気分により景気は良好となり、とくに絹織物に対する需要が高まるとともに生糸

は4,000円を突破する熱狂的好況を迎えた。第一次世界大戦後の好景気により、日本の物価は高騰し、成金の出現により輸入注文額も高まった。1919（大正8）年下半期に入っても、羊毛を筆頭に鉄板、ブリキ板、ケブラチョなどが相当の売上額を計上した[26]。

　1920（大正9）年3月15日、日本の財界は株式市場、生糸などの商品相場の暴落によって大混乱に陥った。この反動恐慌によって日本の各商社は、手持ち商品の暴落によって大きな打撃を受けた。高島屋飯田では反動恐慌の対策として緊急重役会議を開催し、まず未払込資本金50万円を即時徴収した。また、重役一同は京都に赴き、飯田家同族会および高島屋飯田合名会社に成り行きを説明して援助を求めた。飯田家は援助の申し出全部を了承した。取引銀行に対しては、高島屋飯田の損害程度を通告して援助を求めた。店内の整理については、重役会議で次のような決議を行った。

　一、経費の大削減を断行すること
　二、支那部を廃し、天津店を閉鎖すること
　三、京都、東京両呉服店に在る外人向小売部を呉服店へ譲渡すること

　1920年6月には取締役竹田量之助を支那に臨時出張させて閉鎖に着手した。同年10月には取締役小野傳治郎も出張し、閉鎖に関する事務一切を終了して帰国した。また、外人向小売部の呉服店への譲渡は両会社委員の間で交渉を行い、関係店員とともに商品全部を引き渡し、これに関する清算事務を終了した。

　1920年下半期の営業報告書では、「輸出方面ハ輸入業ヨリ一層困難トナリ北米豪洲方面ヲ除イテハ殆ント新規取引ノ見ルベキモノナカリシヲ遺憾トス、乍然一方卸売トシテ印度方面向絹織物稍々好売行ヲ呈シ、将又外人向小売ハ前期ニ引続キ好況ヲ以テ本期ヲ終始シ相当ノ収益ヲ挙ケタリ、輸入業ニ在ツテハ前期来ノ手持品モ大分片付キ始メタルノミナラズ羊毛ヲ筆頭トシ其他器械類等相当新規注文受ケタルヲ以テ比較的良好ナル成蹟（ママ）ヲ得、又内地部代弁業務ハ引続キ至極順調ニ営業スルコトヲ得タルヲ以ツテ是亦極メテ良好ノ成蹟ヲ挙クルコ

トヲ得タリ、之ヲ要スルニ本期当会社ノ営業成績ハ各部ヲ通ズレバ一般財界ノ悲況ナルニモ不拘比較的良好ナル成蹟ヲ挙ケ随テ相当利益モ修得シタリト雖トモ、此時ニ当リ当会社ノ基礎ヲ確実強固ニスルコト此際ニ於ケル適良ノ方策ト思料スルヲ以ツテ、苟クモ累ヲ他日ニ胎スノ恐アルモノハ之ヲ除去スヘク支那貿易部ヲ廃止シ其結果天津支店ヲ閉鎖シ其全損失金ヲ当期決算ニ於テ消却シタル結果、遂ニ別紙ノ損失ヲ計上スルニ至リタルコト已ヲ得ザル處ニシテ是レ一ニ今後ノ発展活躍ノ基礎ヲ確固タラシメントスルニ外ナラズ」[27)]と報告され、反動恐慌による影響は比較的小さかった[28)]。

1920（大正9）年10月の「高島屋飯田株式会社役割表」[29)]によると、同会社の中枢機構は取締役会（会長飯田新七、専務取締役飯田藤二郎、取締役飯田直次郎、小野傳治郎、竹田量之助、後藤忠治郎、監査役飯田政之助、飯田新太郎、渋谷辨次郎）、本部（専務取締役飯田直次郎、竹田量之助）、営業部（内地部長・小野傳治郎、輸出部長・後藤忠治郎、輸入部長心得・（兼任）斉藤良清、輸入部所属山崎音次）となっていた。また、各支店[30)]については、横浜支店（支配人・大田有二、副支配人・佐野利和、欧州直輸係3人、南米直輸係2人、北米直輸係1人、豪州直輸係・東洋直輸係・カナダ直輸係3人、卸売部副支配人兼卸小売部担任・佐野利和、他6人、小売部9人、仕入部3人、計算部3人、製作部3人、羽二重部2人、非役1人、雇人14人）、東京店営業部（支配人・斉藤良清、第一織物部主任・平林鉱太郎、他3人、第二織物部主任・山中政三郎、他4人、仕入部仕入手続係4人、同羊毛部4人、柔物係2人、硬物係2人、紡織用品係2人、製粉係2人、機械係2人、タイピスト1人、計算部主任・石原直道、他4人、庶務係7人、横須賀出張員2人、英国出張員3人、米国出張員1人、雨覆工場1人、入営中1人）、大阪店（支配人・磯兼退三、輸入係6人、内地部係2人、紡織用品係2人、会計係1人、雇員5人、入営中3人、天津3人）、京都貿易店（支配人・和田久次郎、販売部主任・入江甚三郎、他8人、計算部2人、製作部6人）、神戸出張所（支配人・浅井栄太郎、上海係1人、卸売部6人、豪州及南米係1人、東洋輸出係1人、直輸係3人、計算係2人、タイピスト1人、雑1人）、伝馬町貿易部店（主任・岩田弘太郎、内部販売2人、

外部販売2人、製作及在品帳簿係1人、雇員8人）、倫敦出張所（支配人・喜多村三木造、輸入部3人、輸出部1人）、豪州出張所（主任・福田正治、他1人）、南米出張所（1人）、北米出張所（1人）、上海出張所（1人）であった。

(6) 豪州羊毛輸入と高島屋飯田

高島屋飯田の対豪貿易の概要（表5-5）によれば、同社では第一次世界大戦勃発後の1914（大正3）年、シドニー代理店 The Foreign Agency がドイツ人の経営であったことから豪州政府に営業差止を命ぜられ経営継続が困難となった。そこで、この代理店との契約を解除し、新たに J. H. Butler & Co., Ltd. と代理店契約を締結した。翌年には新代理店から日本へ出張員を派遣したため、業務の発展に大きく寄与した。この頃から海外向け日本商品に対する需要が激増し、高島屋飯田では豪州向絹、綿、麻の各種織物その他雑貨品に対する問い合わせが増加してきた。羊毛輸入に関しては、前述のように1907年から取引を開始したが、他の同業者3社と比較すると著しく遜色があり、羊毛輸入商として認められるには至らなかった。しかし、1914年末にはロシアから軍絨の注文が日本の毛織会社に殺到した。高島屋飯田はすでに羊毛輸入の準備が整っていた上に毛織会社とも特別の関係があったため、羊毛買付に対して巨額の注文を受けることができた。これによって、高島屋飯田は一躍、羊毛輸入商として認められたのである[31]。

こうしたなかで、高島屋飯田は国内の体制を整備するとともに、海外支店・出張所についても内規等の制定によって手厚い保護を行った。まず、1926（大正15）年12月1日には海外出張員手当内規を制定し、海外各出張所では俸給のほかにその国の通貨をもって在勤手当を支給することとした[32]。海外各店勤務店員在勤手当表によれば、高島屋飯田では英国・豪州、ニューヨーク、南アメリカの地域ごとに在勤手当を決めていた（表5-6）。

さらに、1928（昭和3）年9月に「高島屋飯田株式会社店規」[33] および「高島屋飯田株式会社補則」[34] を制定した。同社では会社創立当時に営業所規程を作成していたが、時勢の変遷に従って時代に適応しない部分も出てきたため大

表5-5　高島屋飯田株式会社の対豪貿易

1829（文政12）年	滋賀県高島郡出身の飯田新七が京都に「高島屋」を開業。古着・木綿小売商。
1902（明治35）年	店員松本武夫を豪州に派遣、輸出入状況を調査。
1905（明治38）年	シドニーの The Foreign Agency を代理店として輸出貿易開始。店員大澤鉎三郎を代理店に勤務させ、羽二重、綿縮、タオル、ボタン等を扱い、同時に羊毛研究を行う。
1907（明治40）年	豪州羊毛取引開始（5月）。
1908（明治41）年	店員大田有二を臨時的にシドニーに出張させ、財政難のシドニー代理店整理、援助を行う。
1909（明治42）年	店員磯兼退三を豪州に派遣、大澤と交代して輸出入取引を行わせる。高島屋飯田合名会社（資本金100万円）に改組（12月）。
1914（大正3）年	第一次大戦勃発、ドイツ人経営のシドニー代理店 The Foreign Agency 営業差し止めを受ける。新たに J. H. Butler & Co., Ltd. と代理店契約を締結。
1915（大正4）年	新代理店から日本へ出張員を派遣。豪州向けの絹、綿、麻の各種織物、その他雑貨品に対する問い合わせ増加。
1916（大正5）年	貿易部門が独立して高島屋飯田株式会社発足。英国、羊毛管理を実施したため、特別の手続きによる以外は豪州羊毛の輸入不可となる。
1917（大正6）年	店員磯兼退三を南阿に派遣して、羊毛買い入れの監督を行わせる。
1919（大正8）年	呉服・小売部門が独立して株式会社高島屋呉服店発足。
1920（大正9）年	大正バブル崩壊。重役会議を開催して、経費の大節減を断行。
1923（大正12）年	関東大震災。店員15名が犠牲となる。
1927（昭和2）年	出張所主任岡島芳太郎が自ら競売に当たる。
1931（昭和6）年	金輸出再禁止。円安により本邦綿布に対する需要急増。
1934（昭和9）年	法律第四十五条「貿易調節及通商擁護ニ関スル件」公布（4月）。レーサム一行が「豪州東洋使節団」として日本を訪問（5月）。日本綿織物対印輸出組合設立（「輸出組合法」による初めての設立）。
1935（昭和10）年	日本から豪州答礼親善使節団が出発（7月）。豪州は英領インドとともに日本の人絹織物の二大市場となる。
1936（昭和11）年	第二回増資（資本金300万円、5月1日）。豪州貿易転換政策（5月）。日本、対豪通商擁護法発動（6月）。日豪間の暫定的通商協定が妥結され（12月27日）、1937年初頭より輸入が再開。
1952（昭和27）年	政府、日本の貿易を伸長するために、商社強化策を打ち出す。
1955（昭和30）年	丸紅と高島屋飯田が合併して、丸紅飯田株式会社が発足（9月1日）。

出所：『貳拾周年記念高島屋飯田株式会社』（高島屋飯田株式会社、1936年）により作成。

表5-6　高島屋飯田株式会社の海外各店勤務店員在勤手当表

本俸（月俸）	国別	在勤手当（月俸）		
		3級	2級	1級
124円以下	英国、豪州 新育 南米亜国		30ポンド 200ドル 525ペソ	35ポンド 225ドル 600ペソ
125円から174円	英国、豪州 新育 南米亜国	30ポンド 200ドル 525ペソ	35ポンド 225ドル 600ペソ	40ポンド 250ドル 675ペソ
175円から224円	英国、豪州 新育 南米亜国	35ポンド 225ドル 600ペソ	40ポンド 250ドル 675ペソ	45ポンド 275ドル 750ペソ
225円から274円	英国、豪州 新育 南米亜国	40ポンド 250ドル 675ペソ	45ポンド 275ドル 750ペソ	50ポンド 300ドル 825ドル
275円から324円	英国、豪州 新育 南米亜国	45ポンド 275ドル 750ペソ	50ポンド 300ドル 825ドル	55ポンド 325ドル 900ペソ
325円以上	英国、豪州 新育 南米亜国		55ポンド 325ドル 900ペソ	60ポンド 350ドル 975ペソ

出所：「海外各店勤務店員在勤手当表」(NAA: SP1098/16 Box 32) により作成。

幅な改正を行ったのである。

　「高島屋飯田株式会社店規」によれば、高島屋飯田では本支店出張所に支配人または出張所主任を置くものとした（第14条）。支配人は取締役会の承諾を得た場合は、①小切手の振り出し、②約束手形以外の手形振り出し、引き受けおよび裏書、③銀行・倉庫・保険および運送等に関する証書または證券の作成および裏書きなどについて店員を支配人代理として署名捺印することができた（第23条）。また、本支店出張所は、①会計諸帳簿の記載および計算、②現金・小切手の出納ならびに受取手形および支払手形の取り扱い、③銀行取引の記帳および計算、④諸勘定書の作成、⑤受取手形の割引、取り立てならびに掛け売り、貸金、立替金の取り立て、⑥有価証券および営業上重要証書類の保管について取扱担当者を定め、これを本部に報告しなければならなかった（第94条）。

各関係店員は、①得意先ならびに仕入先の信用状態、②期日ある手形および貸金その他の取り立て、③手形の引受または支払いの呈示ならびに保全手続、④慣例勘定日における掛売代金の取り立て、⑤立替金の取り立て、⑥滞貸金の取り立てについて平素から注意し、必要な場合は常に支配人または出張所主任に報告を怠らないようにし（第102条）、ⅰ得意先または仕入先の支払停止、破産または信用上危険の恐れがある場合、ⅱ小切手または手形が不渡りとなった場合、ⅲ取り立てが困難となった場合には支配人または出張所主任に申し出て指揮を受けることになっていた（第103条）。さらに、本支店出張所の支配人または出張所主任は毎日現金出納および銀行出入勘定を関係帳簿および証書書類に照合し検査をなすことになった（第121条）。

また、「高島屋飯田株式会社補則」では海外各店の規定も整備した。まず、海外各店に転勤の場合には家族帯同者には2週間以内、単身者には1週間以内の臨時休暇が与えられた（第14条）。海外各店勤務の支配人および出張所主任、店員の帰国後の休暇および臨時休暇についても規定が定められた（第15条）。また海外在勤手当（第27～29条）、転勤手当（第30～31条）についても定められ、海外勤務者について手厚い処遇を与えた。高島屋飯田専務取締役の飯田藤二郎は「店規」および「補足」を実施するにあたり、シドニー出張所の責任者にも新規定の趣旨を知らせる回章を送り、「今回ノ新規程ヲ活用セラレ、其ノ法ノ精神ニ則リ、以テ店員諸氏ヲ善導シ、益々当会社ノ隆盛ニ赴ク様協力一致努力アランコトヲ此ノ機会ニ当会社ヲ代表シテ切ニ御願スル次第ニ御座候」[35]と記している。

1928年3月には「小店員心得」[36]、「食費規定」[37]をも制定して店員教育の充実にも力を入れだした。「小店員心得」は教育勅語、店の歴史、信義、修養、教養、風紀、規律、礼儀、衛生、商品、什器及消耗品、非常心得の内容から構成された。この中では、「仕入先なると得意先とを問わず取引先の人には礼儀を正し何事にも親切丁寧を旨とし言語応答は努めて明晰にして苟くも粗暴野卑の行為ある可らす」、「商品は金銭同様に心得べし」などの内容が記載された。さらに、同年9月には次のような「出張所主任権限規定」[38]を制定した。

出張所主任権限規定

　出張所主任ハ店規第二十条ニ依リ其ノ所轄店ノ指揮監督ヲ受ケ日常営業上ノ業務ヲ管理シ得ヘキモノナルモ、特ニ左記各項ニ関シテハ其ノ所轄店支配人ヲ経テ本部ニ経伺ノ上、其ノ指揮ヲ受ケ之ヲ施行スヘキモノトス

　　一　重要ナル事項ニシテ店規其ノ他ノ諸規定、取締役会ノ決議又ハ本部ノ示達ニ拠リ難キ場合
　　二　資金及金融ニ関スル事項
　　三　銀行取引ノ開閉及銀行ニ於ケル信用取引ノ設定、変更又ハ廃止ニ関スル事項
　　四　訴訟ニ関スル事項
　　五　使用人ニ関スル事項
　　六　営業所ノ設定、移転、並ニ代理店ノ設置、変更、廃止又ハ代理店ノ引受、変更、解約ニ関スル事項
　　七　違例ノ取引ヲ為シ又ハ新タニ特殊商品ノ取扱ヒヲ為ス場合
　　八　得意先、仕入先又ハ職出先ニ対シ取扱ヒヲ為ス場合
　　九　日常ノ営業範囲ニ属セサル重要ナル契約又ハ継続的契約ノ帰結、変更及解約ニ関スル事項
　　十　営業上普通ニ必要トスル以外ノ見込仕入ヲ為ス場合
　　十一　受取手形ノ延期、更新又ハ滞リ掛売代金ノ支払延期ヲ承諾スル場合
　　十二　営業上普通取扱フ以外ノ特種広告ヲ為シ又ハ印刷物ヲ刊行スル場合
　　十三　営業上普通ニ必要ナル経費ニ非ラサル特別支払ヲ為ス場合
　　十四　前各号以外内外重要ト認ムル事項
　　　　　　以　　上
　昭和三年九月一日

　　　　　　　　　　　　　　　　　高島屋飯田株式会社
　　　　　　　　　　　　　　　　　専務取締役　　飯田　藤二郎㊞

　これにより、出張所主任は「重要ナル事項ニシテ店規其ノ他ノ諸規定、取締役会ノ決議又ハ本部ノ示達ニ拠リ難キ場合」、「資金及金融ニ関スル事項」、「銀行取引ノ開閉及銀行ニ於ケル信用取引ノ設定、変更又ハ廃止ニ関スル事項」などについては、所轄店支配人を経て本部に経伺のうえで指揮を執ることになった。高島屋飯田ではシドニー出張所の岡島芳太郎が羊毛競売に直接的にあたるとともに、出張所の金融問題等についても現場の意見を本部に上程した上で意

思決定することが可能となった。この「出張所主任権限規定」が作成されると同時に、シドニー出張所の主任岡島芳太郎には専務取締役飯田藤二郎から出張所規定を固く守るべきという内容の「申渡書」[39]が出された。このように、1930年代の羊毛買付全盛期を迎える前に、高島屋飯田では商社として国内海外の組織運営を賢固にするとともに、出張所主任に対して権限を譲渡して迅速な海外出張所経営をめざしたといえよう。

　昭和恐慌後の日本の輸出業は不振を極めた。高島屋飯田では輸出恢復策として上海に出張所を設け、また南米貿易にも一層の力を注いだ。商品は戦時中に好況であった雑貨類の取引を縮小し、絹、綿、織物の輸出に主力を注いだ。海外市場も漸次回復してきたが、とくに豪州市場の富士絹、フランス縮緬、ジョゼット等の絹織物、縞三綾、小倉織、粗布などの綿布およびメリヤス等に対する需要が激増し、輸出は重要な地位を占めるに至った[40]。こうしたなか、豪州市場は1929（昭和4）年から1930年にかけて金融が梗塞し市況は悪化した。しかし、1931年になると漸次市況は回復し、同年末の金輸出再禁止により円為替安に転じたため、日本の綿布に対する需要が急増した。とくに、人絹織物は価格低廉のため需要が高く、1935年度には対豪州輸出量が綿布8,660万平方碼、絹織物6,580万平方碼に達した[41]。

　1928（昭和3）年度の輸出内容は、羽二重3割4分、富士絹および縮緬が各2割6、7分、絹紬1割であった。しかし、1934年度には縮緬4割、富士絹2割8分、絹紬1割5分、羽二重1割と変遷し、縮緬、絹紬および「スパン縮緬」の増加が著しかった。羽二重輸出が減退し、縮緬系統の輸出が統制と技術の改善により著しく増大した。また、仕向け地に関しては、昭和初期にはアメリカ、カナダ、イタリアなどが主要市場であったが、1929、1930年頃から英領印度、支那、南アメリカ、アフリカ、豪州、満州、関東州への輸出が増大した[42]。人絹織物に関しては、当初は低級品の製織を主とし、英領印度、ジャバ、エジプト方面に輸出されていたが、漸次高級品の製織ができるに従い、豪州市場の需要が増加し、1935年には豪州市場が英領印度とともに人絹織物の二大市場となった。高島屋飯田の人絹織物の取引高も激増し、純絹織物をはるかに凌駕して、

輸出部の重要商品となった[43]。

　また、金輸出再禁止後の為替相場の暴落は保護関税的作用をなし、毛糸および毛織物等の輸入は防遏され、毛織物業界は活気付いた。各毛織物会社では生産設備の拡張が行われ、新設会社が生まれるとともに既設会社の増設も相次いだ。紡績会社は多角経営の一環として羊毛工業会にも進出した。このように、業界は黄金時代を迎えたが、1933（昭和 8 ）年秋以降1934年を通じて終始原料高の製品安に悩まされた。1933年から1934年にかけてのシーズンでは平均32から33ペンスの高値で羊毛を買い付けたが、製品相場は一向に伸びず、その後の羊毛相場の崩落によって手持ち羊毛は値下がり損となった。この間、生産設備は増大していたため需給関係は悪化し、業界は不振を呈した。その結果、第一次、第二次の毛糸操短を行い、1934年下期から1935年上期にかけて減配会社が続出した。1935年に入ると需給関係が改善され市況は安定したため、毛糸操短は漸次緩和され、同年10月以降は操短を全廃した。このように、日本の毛糸、毛織物業は金輸出再禁止以降に国内自給を確立して、さらに輸出産業に発展した。とくに、毛織物業においては羅紗「セルヂス」の本格的毛織工業を確立するに至った。また、国内羊毛工業の発達とともに原毛輸入が増大し、反面、「トップ」は減少した[44]。

　高島屋飯田の豪州への派遣店員は常に 5 〜 6 名であり、そのほかに外国人店員が10数名に上った。豪州ではシドニーとメルボルンに出張所を設置した。1935年当時のシドニー出張所[45]の主任は岡島芳太郎、メルボルン出張所[46]の主任は村瀬良平であった。また、1936年の同社機構によれば、シドニー出張所は羊毛部と輸入部に分かれ、羊毛部は 8 人（日本人 3 人）、輸入部は 3 人（日本人 2 人）が業務にあたっていた。また、メルボルン出張所も羊毛部と輸入部に分かれ、事務所も 2 カ所に分かれていた。羊毛部は 4 人（日本人 1 人）、輸入部は 4 人（同 1 人）の人員がおかれていた[47]。これらの出張所については豪州内での役割が明確に分担され、シドニーからはブリスベン、メルボルンからはオルバリー、アデレード、タスマニア、ジーロンへ随時店員を出張させて羊毛買入に従事させた。また、ニュージーランドのオークランドには別に代理店

を設け、同国特産の羊毛買入に従事した。なお、当初、羊毛買入はシドニーのDawson & Co. を代理店として行っていたが、その後独立して競売人を雇い入れ「セール」に立たせた。1927年からはシドニー出張所主任の岡島芳太郎が競売にあたった。日本の羊毛使用量は1920年頃には12万俵であったが1936年頃には80万俵以上に達し、これに従って高島屋飯田の取り扱い数も増加した。日本の羊毛取扱者の中で高島屋飯田は1920年代には第4位であったが、1935年前後には第3位となった。日本の羊毛輸入商社は当初4社であったが、1935年前後には8社となり、豪州においては英国に次いで世界第2位の羊毛買付国となった。これによって、日本商社の羊毛買付は市況にも影響を与えることとなった[48]。

　高島屋飯田では豪州貿易の活発化とともに出張員を短期、長期にわたって配置した。大阪支店勤務であった飯田東一は1935（昭和10）年12月の「命令書」[49]により豪州臨時出張を命じられた。飯田は12月20日の神戸発熱田丸によって単身赴任し、航海は一等船客賃および途中手当として片道200円が支給された。旅装費は400円、豪州滞在中は内地本俸以外に滞在費として毎月豪貨40ポンドおよびその1割を支給し、滞在中の旅費は実費が支払われることになっていた。出張期間は出発後1年以内であり、滞在中はシドニー出張所では主任岡島芳太郎、メルボルン出張所では主任村瀬良平または同人等の代理人の指揮命令に従うものとした。また、「命令書」には滞在中はシドニー出張所およびメルボルン出張所の絹物部員とも密接な関係を保ち必要な事項を協議すべしと記載され、豪州での具体的な任務も命ぜられていた。一方、神戸支店勤務であった北條富蔵は1936（昭和11）年4月1日の「命令書」[50]によってシドニーへの出張を命ぜられた。北條の場合、36年5月の北野丸によって単身赴任することになり、一等船客賃を支給し、さらに航海中には手当赴任費として200円が支給された。旅装費は400円が支給され、出張中は本俸以外に滞在費として毎月豪貨35ポンドが支給された。出張期間は満3年以上であり、社務の都合または特別の事情によって伸縮されることもあると規定された。また、出張中の営業上の行為ならびにこれに関連する行為は神戸支店の指図によるものとし、豪

州出張中はメルボルン出張員および羊毛部員と密接な関係を保持し「和衷協力当社豪州貿易ノ発展ニ努ムベキコト」と命ぜられていた。さらに、出張中は高島屋飯田の「店記」および「出張員心得」を確守すべきことが明記された。

なお、「「シドニー」出張員心得」[51]は以下のとおりであり、同主張所の事業内容が明文化された。

  「シドニー」出張員心得

一、「シドニー」出張所ニ於テ取扱フ商品ノ種類ハ本邦産絹、人絹、綿、毛、麻等ノ織物及原糸並ニ其加工品ヲ主トスルモ、近年我国工業ノ発展ニ鑑ミ前記以外ノ輸出向ニ有望ナル商品ニ付テモ常ニ研究ヲ怠ラサルコト

二、販売ハ現金取引ヲ原則トナスト雖、地方ノ商習慣ニヨリ手形売又ハ信用貸売ヲナス場合ニハ確実ナル方法ニヨリ回収ノ迅速並ニ精確ヲ期スベキコト

三、「シドニー」出張所ハ同出張所資本金ノ外横浜正金銀行「シドニー」支店ヨリ無担保ニテ日本輸出手形引受ニヨリ附属荷物ノ借受限度金拾五万円也ノ範囲ニ於テナルベク有利ニ運用回転ヲ計ルコト

 依テ売約ニ対シテハ常ニ注意シ日本ニテ発行スル支払手形期日ニ必ズ支払ノ完了サルベキコトヲ考慮シ、得意先ヨリノ回収遅延又ハ「ストック」ノ売却不能ノタメ該支払手形ノ支払延期又ハ神戸ニ於テ代払ヲ求ムル等ノ如キ事ナキ様努ムルコト

四、「ストック」ノ註文ヲ発シタル場合ニハ其詳細ヲ神戸支店ニ報告スルコト

五、手形売及信用貸売ヲナス客先ニ対シテハ常ニ其店ニ深ク注意シ過当ノ貸付ヲ避クベキコト

 手形売及信用貸売ノ客先ニ付テハ其信用調査報告及信用貸売範囲ヲ予メ神戸支店ニ通知シ置クコト

六、万一信用貸売取引先ニ異状ヲ生ジタル場合又ハ受取手形ノ期日ニ支払ヲ受ケ能ハサルトキハ速ニ適当ノ処置ヲナスト共ニ神戸支店ヘ報告スルコト

七、毎月一回五日迄ニ前月分ノ左記会社報告書ヲ作リ本紙ヲ神戸支店ニ其復紙ヲ郵送スルコト

 一、月計表

 一、支払手形及受取手形残高明細

  但銀行ニテ割引シタル受取手形ノ明細モ併セテ報告ノコト

 一、得意先勘定残高明細

 一、営業費内訳

以下、神戸支店ノミニ郵送スルコト
　　一、得意先トノ売約書写
　　一、売渡仕切書ノ写
　八、営業上ノ通信ハ毎便船ニテ差出スコト
　九、代理店事務ニ関シテハ製造家へ発シタル書信及註文書其他ノ書類ノ復紙ヲ神戸支
　　店へ送付スベキコト
　十、出張所ノ雇員、臨時雇又ハ嘱託ヲ任命シタルトキハ直ニ任命ノ日附、契約条件、
　　給料及報酬等ヲ明細ニ神戸支店へ通知シ復紙ヲ本部宛ニ発送スルコト
　　　尚解任ノ場合モ神戸支店及本部へ通知スルコト
　十一、毎半季決算報告ハ上半季ハ七月二十日下半季ハ一月二十日以前ニ損益ノ結果ヲ
　　電信ヲ以テ通知シ、其詳細ナル決算報告書ヲ作成シ一部ヲ神戸支店ヘ一部ヲ本部
　　宛ニ郵送スルコト
　　　　　　　　　　　　　　　　　　　　　　　　　　　　　　　　　　　以上
　昭和十一年四月一日　㊞

　これによれば、シドニー出張所の取り扱う諸品は本邦産絹、人絹、綿、毛、麻等の織物および原糸ならびにその加工品であった。販売は現金販売を原則とするが、地方の商習慣により手形売または信用貸売をする場合は確実な方法で回収を迅速・精確にすべきとされた。同出張所では同主張所資本金のほかに、横浜正金銀行シドニー支店からの日本輸出手形引受による付属荷物（無担保、借受限度15万円）によって有利な運用回転を計ることとされた。この際、売約にあたっては常に注意し、日本で発行する支払手形期日に支払いを完了することを考慮し、得意先の回収遅延または「ストック」の償却不能のため支払手形の支払延期または神戸において代払いを求めることのないよう努めることが要求された。このため、「ストック」の注文が発生した場合は、その詳細を神戸支店に報告することとされた。また、手形売および信用貸売を行う顧客に対しては、その店の信用に注意し、過当の貸付を回避し、これらの顧客に対しては信用調査報告および信用貸売範囲を予め神戸支店に通知しておくことが規定されていた。万が一、受取手形の期日に支払いが困難となった場合には、速やかに適当な処置を講ずるとともに神戸支店に報告しなければならなかった。同支

店では毎月1回（5日迄）に会計報告書（月計表、支払手形および受取手形残高明細、得意先勘定残高明細、営業費内訳）を作成して神戸支店および本部（復紙のみ）に郵送することを義務づけられた。さらに、神戸支店に対して得意先との売約書写と売渡仕切書写をも郵送しなければならなかった。営業上の通信は毎便船にて差出し、代理店事務に関しては製造家へ発した書信および注文書、その他の書類の復紙を神戸支店に送附することになっていた。なお、出張所の雇員、臨時雇、嘱託を任命あるいは解任したときには、任命日付、契約条件、給料および報酬等を明細に神戸支店へ通知し、復紙を本部へ発送することになっていた。毎季決算報告については、上半季は7月20日、下半季は1月20日以前に損益の結果を電信によって通知し、詳細な決算報告書を作成して神戸支店と本部へ1部ずつ郵送することになっていた。このように、シドニー出張所では神戸支店との関連を密接にして、その運営にあたっていたのである。

　また、1936年4月には羊毛研究や支店の手伝いの目的でシドニー・メルボルン間を出張する手当についても規定が定められた。これによれば、手当日割は1週間が1ポンド10シリング、2週間が1ポンド、3週間が10シリングと定められ、3週間以後は転勤者と同様に手当日割を支給するとともに車馬賃その他は実費が支給された。この手当が支給される間は、居残り夕飯代を支給せず、さらに商用にて出張する場合は普通商用出張費と手当規定との差額が支給された。また、最初から2カ月以上出張することが確定している場合は転勤と見なし、転勤に要した費用も実費支給することが定められた[52]。このように、日豪貿易の活発のなかで、高島屋飯田ではシドニー出張所の出張員心得を作成し、さらに出張所間の出張手当も明確に定めて豪州内の企業活動を円滑化しようとしたのである。なお、1939（昭和14）年2月にシドニー総領事に報告されたシドニー出張所の営業状態調査によれば、営業主は飯田藤二郎（シドニー責任者は北條富蔵）[53]、所在地はMalcolm Building, Malcolm Lane, Sydney、営業種別は絹綿布雑貨輸入、1938（昭和13）年度取引高7万ポンド、資本金3,000ポンド、使用人4名（日本人1名、外国人3名）と記載されていた[54]。

　日本の羊毛工業は豪州羊毛に依存するところが大きかったが、昭和期にはそ

の傾向がより強くなった。1932（昭和7）年以降、南米、ニュージーランド、南アフリカの羊毛輸入は増大してきたが、豪州羊毛の地位を脅かすには至らなかった[55]。なお、高島屋飯田では1933年10月21日開催の第34回株主総会において定款を変更した。この変更により、社長制を導入し、会長制度を廃止した。同株主総会で飯田藤二郎が社長に就任し、従来の会長は平取締役となった。1934年4月21日開催の第35回定時株主総会では資本金を200万円から400万円に増資した。1936年5月1日には新株第2回の払い込みがあり、払込資本金は300万円となった[56]。

なお、戦後の高島屋飯田は1955（昭和30）年9月に丸紅と合併して、丸紅飯田株式会社として発足した。これは、1952（昭和27）年に政府が日本の貿易を伸長するために、商社強化策を打ち出したためである。

第2節　1930年代の事業内容と羊毛取引

(1) 株主構成

高島屋飯田の1921（大正10）年2月末現在の資本金は200万円、総株数は4万株で株主総数は40名であった。筆頭株主は高島屋飯田合名会社代表社員飯田新七の2万6,100株であり、実に65％を筆頭株主が保有していた。また、1,000株以上の株主は飯田直次郎（取締役、1,840株）、飯田新七（社長、1,440株）、飯田政之助（1,440株）、飯田藤二郎（1,280株）であった。1,000株以上の株主は5人であり、持ち株数は3万2,100株にも及び、総株数の80％を占めていた[57]。高島屋飯田の株式は飯田家によってほとんど独占されており、同家の色彩が濃厚な企業であったといえよう。さらに、1932（昭和7）年8月末現在では、資本金200万円、総株数4万株、株主総数53名であったが、筆頭株主は飯田直次郎の1万5,932株であった。その他の1,000株以上株主は飯田新七（7,259株）、飯田藤二郎（3,377株）、飯田政之助（3,002株）、飯田慶三（1,665株）、「タカマル」共愛会理事竹田量之助（1,340株）、飯田虎雄（1,315株）であり、1,000

表5-7　高島屋飯田株式会社主要株主（1937年2月末）

株主名	役員名	持ち株数	備　　考
飯田直次郎	取締役	14,927	大阪支店・天津支店支配人（創立時）
飯田　新七	取締役	13,018	社長（創立時）
飯田政之助		9,988	
飯田　虎雄		6,310	
飯田　慶三		5,660	
飯田　東一		3,815	
飯田藤二郎	取締役社長	2,341	
飯田新七（高島屋飯田合名会社代表社員）		1,000	
飯田　紀造		1,000	
吉岡スミ（吉岡富一親権者）		1,000	
飯田　美津		1,000	
飯田　淑子		1,000	
飯田新太郎	監査役	800	
小野傳治郎	監査役	800	本社営業部支配人（創立時）
竹田量之助	監査役	800	倫敦出張所支配人（創立時）
後藤忠治郎	常務取締役	800	横浜支店・京都支店支配人（創立時）
大田　有二	取締役	800	横浜支店支配人（1920年）
齋藤　良清	常務取締役	800	本店営業部支配人（1920年）

出所：高島屋飯田株式会社『第四拾壹回営業報告書』（NAA: SP1098/16 Box 7）により作成。

株以上株主は7人で3万3,890株、総株数の84％を占めた[58]）。

　同社では、1934（昭和9）年4月21日開催の第35回定時株主総会で資本金を200万円から400万円、総株数8万株（1株50円）に増資した。取締役は9名以内、監査役は3名以内とし、取締役は200株以上を所有する株主、監査役は100株以上を所有する株主の中から株主総会で選任された。1937年2月末現在の主要株主（表5-7）によれば、筆頭株主は飯田直次郎（取締役）の1万4,927株であり、次いで飯田新七の1万3,018株であった。1,000株以上株主は12人であり、6万1,059株を保有していた。上位株主は飯田家同族によって独占されており、総株主の13％の株主が総株数の76％を保有していたことになる。また、800株の所有者には小野傳次郎、竹田量之助、後藤忠治郎、太田有二、斉藤良清など飯田家以外の役員あるいは支店・出張所支配人が集中しているのも特徴といえよう。

（2）経営内容

①支店および部門別決算

　高島屋飯田の東京店、大阪店の決算については、高島屋飯田本店からシドニー出張所およびメルボルン出張所に送られた『本部来信其ノ他』に所収された書簡の中に報告書等が含まれている。ここでは、第21回（1926年下半期）から第34回（1933年上半期）までの両店の決算を考察し、豪州での羊毛買付が拡大する中で、高島屋飯田の経営における羊毛貿易の位置づけや東京、大阪の経営状況についてみていきたい。なお、第33回から名古屋店の決算が加えられたほか、神戸店の業績についても一部記録されているので、これらの支店についても高島屋飯田の輸出入との関連からふれてみたい。

第21回（1926年下半期）

　第21回の東京・大阪店各部門決算（表5-8）によれば、両店の利益は20万7,729円19銭であり、内地部は14万3,488円83銭、輸入部は6万4,240円36銭であった。内地部は両支店の純利益の69.1％、輸入部は30.9％を占めており、とくに内地部の東京店では12万7,238円46銭で各部合計の61.3％の利益を上げていた。この時点では内地部の内容は記載されていないが、陸海軍への御用品の納入が主たるものであった。これに反して、大阪店では内地部の売上高は東京店を大きく下回り、売上利益も東京店の約9分の1にしか達しておらず、外地部に比して内地部への依存が小さかった。

　東京店の決算を詳細にみると、内地部は74.6％と圧倒的に高く、その反面、外地部は25.4％にとどまっていた。外地部の内訳では羊毛が2万6,034円59銭で全体の15.3％を占め、毛類輸入も2万2,738円44銭で13.3％に達した。機械用品や雑貨は赤字になっており、東京店での輸入は高島屋飯田全体の中ではとくに低かったといえる（表5-9）。

　一方、大阪店の決算では内地部が43.8％、輸入部56.2％であり、輸入部の割合が高かった。大阪店は東京店と比較して輸入部の割合が高く、毛類人絹の売

表5-8　高島屋飯田株式会社の東京・大阪店各部門別決算（第21回：1926年下半期）

(単位：円)

各部	各店別	売上高	売上利益 (a)	負担営業費 (b)	各係小計 (a-b)	各部合計 (%)
内地部	東京	1,842,563.34	184,129.02	56,890.56	127,238.46　(61.3)	143,488.83　(69.1)
	大阪	275,863.98	20,249.27	3,998.90	16,250.37　(7.8)	
輸入部	東京	2,553,107.89	135,147.54	91,799.28	43,348.26　(20.9)	64,240.36　(30.9)
	大阪	6,605,327.99	120,296.00	99,403.90	20,892.10　(10.1)	
合計		11,276,863.20	459,821.83	252,092.64	207,729.19　(100.0)	207,729.19　(100.0)

出所：「To London, Sydney, New York 宛第廿一回東京大阪合併決算」（1927.4.30）、『本部来信其ノ他』（NAA：SP1098/16 Box 37）により作成。

注：外国経費については、ロンドン、ニューヨークは大体取引高と比例して負担し、羊毛は大阪が3分の2、東京が3分の1を負担した。

表5-9　高島屋飯田株式会社各部門別決算（第21回東京店分：1926年下半期）

(単位：円)

各部	各係別	売上高	売上利益 (a)	負担営業費 (b)	各係小計 (a-b)	各部合計 (%)
内地部		1,842,563.34	184,129.02	56,890.56	127,238.46　(74.6)	127,238.46　(74.6)
輸入部	機械用品	131,088.41	13,837.97	15,181.72	▲1,343.75　(-0.8)	43,348.26　(25.4)
	毛類（輸入）	637,498.03	44,346.99	29,038.69	22,738.44　(13.3)	
	〃（東京モス分）	316,680.62	7,430.14			
	金物	589,711.74	15,240.23	14,417.47	822.76　(0.5)	
	雑貨	51,599.23	1,380.35	6,284.13	▲4,903.78　(-2.9)	
	羊毛	826,528.96	52,912.14	26,877.55	26,034.59　(15.3)	
合計		4,395,671.23	319,276.56	148,689.84	170,586.72　(100.0)	170,586.72　(100.0)

出所：「To London, Sydney, New York 宛第廿一回東京大阪合併決算」（1927.4.30）、『本部来信其ノ他』（NAA：SP1098/16 Box 37）により作成。

注：1）この期の雑収入は429円36銭、利子収入は8,252円56銭であり、これを東京店各部合計17万586円72銭に加えると、東京店の純利益は17万9,268円64銭であった。

2）機械用品の内には木簡「シャトル」の如き内地紡織用品を含んでいる。

3）外国経費については、ロンドン、ニューヨークは大体取引高と比例して負担し、羊毛は大阪が3分の2、東京が3分の1を負担した。

上高は91万2,280円81銭に達し、利益は1万1,066円98銭で大阪店の29.8％を占めた。大阪店の羊毛は5,007円34銭の利益であり、東京店の2万6,034円59銭を大きく下回っている。しかしながら、大阪店の羊毛売上高は457万5,387円97銭で東京店の82万6,528円96銭と比較して5倍以上の売上高になっていることは注目すべきである。しかし、売上利益になると東京店5万2,912円14銭、大阪

表5-10 高島屋飯田株式会社各部門別決算（第21回大阪店分：1926年下半期）

(単位：円)

各部	各係別	売上高	売上利益(a)	負担営業費(b)	各係小計 (a-b)	各部合計 (%)
内地部		275,863.98	20,249.27	3,998.90	16,250.37　(43.8)	16,250.37　(43.8)
輸入部	毛類人絹	912,280.81	30,049.20	18,982.22	11,066.98　(29.8)	20,892.10　(56.2)
	輸入羅紗	200,343.45	4,394.35	5,073.94	▲679.59　(-1.8)	
	機械金物	451,364.55	10,287.79	12,067.07	▲1,779.88　(-4.8)	
	呉服店商品	6,109.38	117.83	2,864.00	3,994.09　(10.8)	
	住江商品	93,446.79	6,740.26			
	輸入紡織用品	121,815.87	5,143.37	8,338.56	2,228.74　(6.0)	
	内地紡織用品	111,461.31	5,423.93			
	雑雑商品	133,118.64	5,604.51	4,550.09	1,054.42　(2.8)	
	羊毛	4,575,387.97	52,534.76	47,527.42	5,007.34　(13.9)	
合計		6,881,191.97	140,545.27	103,402.80	37,142.47 (100.0)	37,142.47 (100.0)

出所：「To London, Sydney, New York 宛第廿一回東京大阪合併決算」(1927.4.30)、『本部来信其ノ他』(NAA: SP1098/16 Box 37) により作成。

注：1）この期の雑損は5,922円90銭、利子収入は4,150円87銭であり、これを大阪店各部合計3万7,142円47銭に加えると、大阪店の純利益は3万5,370円44銭であった。
　　2）輸入羅紗は元史料の合計が一致しないため、計算しなおして掲載した。
　　3）外国経費については、ロンドン、ニューヨークは大体取引高と比例して負担し、羊毛は大阪が3分の2、東京が3分の1を負担した。
　　4）合計の一致しないところもあるが、原史料のまま掲載した。

店5万2,534円76銭でほぼ同額になっている。しかも営業経費は東京店2万6,877円55銭、大阪店4万7,527円42銭で大阪店の経費が東京店を大きく上回っていた。高島屋飯田では羊毛の外国経費は大阪が3分の2、東京が3分の1を負担することになっており、こうした外国経費の負担増が大阪店の利益減少に影響しているものと考えられる（表5-10）。

一方、1927年は高島屋飯田の羊毛取引において重大な変革期を迎えていた。同社の豪州羊毛買入は、シドニーのDawson & Co.を代理店として開始し、その後はシドニー出張所として独立した。シドニー出張所では、外国人羊毛バイヤーを雇い入れて羊毛競売に立たせていたが[59]、買い付けにあたって問題を抱えていた。それは日本毛織からのクレーム問題である。すなわち、シドニー出張所では外国人バイヤーが日本毛織向けの羊毛を買い付けていたが、1927年2、3月頃に買い付けた日本毛織向けのタイプ13で実に5,369円80銭のクレームを受けた。大阪店からシドニー出張所岡島芳太郎に宛てた書簡の中で、「往々同

社ハclaimヲ出ス習慣有之、如何シテモ此レニ対抗可致理由ナク不満ナガラ承認ヲ余儀ナクセラルル結果ト相成リ実ニ迷惑千万ニ被存候」[60]とこのクレームを受けざるを得なかった。その理由については、「此ノ当時ノDulieuノ心理状態ガ通常デナク、余程無理ヲシテ一俵ニテモ買入度希望ノ許ニ取扱ハレタル哉、日毛モ実ニ其不成績ニ驚キタル様子ニテ同時ノ買入トナル他社ノquality ニ比シ余程見劣リアリ、且常ニ飯田ノ扱ヒ馴レタルType "13" ニ不拘不思議ナル位ノ不出来トテ又claim valueモ余程会社ハ譲歩セル様子ニアリテ吾々モ実ニ汗顔ニ不耐候、尤モ今日Dulieuノ去リタル際ニ斯カル失態ハRepeatスルガ如キハ無之筈ニ候ガ、日本毛織トシテハ更ニ一層本Seasonニ対シ不安ノ念ヲ起サシメ、Dulieuノ在店デサエモ斯ノ如ク其後ハ更ニ如何ナル結果ヲ来ス哉」[61]と述べている。羊毛買付を増大させる中での外国人バイヤーの買付不振は高島屋飯田にとっては信用問題に発展しており、「各注文主ノ感想ハ吾々ガ弁明シ且自信アル程信頼シ呉レズ注文ヲ出ス場合ニ多少ノ杞憂ト躊躇ノ色アルハ明カニシテ、qualityノハケ間敷会社程其念ヲ深クシ、日本毛織ハ申迄モナク中央、日本毛糸、宮川モスリン社ニテモ一般ヲ伺ハレ申候、今日トシテ此レ以上吾々ハ尽ス方法モナク只今後ノ結果ニ依リ其疑惑ヲ解クヨリ無之ト被存候」[62]と述べられているように、日本毛織以外の注文主からも高島屋飯田の買付羊毛の信用不振が拡大していた。東京本店本部ではシドニー出張所の責任問題も取り上げており、「他社モ絶エズclaimヲ貰ウコトニ候ガ今回ノclaimアリシLotsハ「デュリュー」ノ買入レタモノデアルノデ岡島君ガ直接ニ買ツタモノデハナイガSydneyトシテハ関係ナシト言ヒ難ク候」[63]と書簡を送り、監視役の岡島芳太郎にも多少の責任があると指摘した。

　高島屋飯田では第22回から日本人だけの羊毛買付となることが決定しており、1927（昭和2）年8月17日の「本部第廿八信」では、「羊毛モ次ノ気節（ママ）ヨリハ日本人丈ケノ経営ト相成御骨ガ折レルト同様ニ面白味モ次第ニ増ス次第ニ御座候、何卒御活動ノ上得意先ニ十分満足ノ与ヘ得ラル、様御尽力被下度候」[64]と述べる一方で、同年9月6日には「本年ハ岡島君トシテハ前期ヨリハ骨ノ折レルコトハ勿論ナルガ、此手不足（羊毛ヲ見ルコト）ノ為メニ注意ヲ十分ナラシ

メントセバ数量ガ買上ヌ、又数量ヲ買ハントスレバ品物ニ不十分ナルモノガ混ズルコトハナイカ」[65]と、岡島芳太郎が競売に全責任をもって行うには人手不足になるのではないかと危惧している。この書簡の中では、「今期ノSydney Expenseヲ見ルト、今日着フ貴電ニヨルト£1,340──ト云フ額ニテDulieuガ居ラヌ為メニ非常小サクナリ楽々ナリ申候、強イテ申セバ従来ヨリ取扱数ニ減ジテモ正味ハ悪クナイ結果トナリ申候間、無理ニ沢山ノ注文ヲ取リテclaimヲ受ケルヨリハ幾分減ジテモ無理ノナイ数量ヲ買ツタ方ガ安全デアルト云フコトニモナリ申候」[66]と述べ、外国人バイヤーから日本人バイヤーに転換したことにより経費が少なくなり、取扱数量を減少させても結果は悪くないため、日本人だけの羊毛買付第一年度は買付数量を調整したほうがよいのではないかという意見が出ていた。これは日本毛織の担当者も同様であった。これに対して、シドニー出張所からは「昨年ヨリ余分ノ注文ヲ取リテモ十分ノ自信アリ」[67]と返電しており、東京店本部では「吾々モ予想セル処ニテ大ニ心強ク成居申候、注文ノ方ハ其積リデ手配可致候、唯昨日ノ当方メールニモ申上候通リclaimヲ受ケテハ何ノ役ニモ立タズ日本毛織ノ注文ニ付テハ特ニ注意シテTypeニ合ウ様ニ御買付願上候」[68]と日本毛織のタイプに適合し、クレームを受けぬような羊毛買付を依頼している。東京店本部では将来のクレームをなくすために過去のクレームの原因を分析しており、岡島芳太郎にクレームの原因に対しての意見を求めている。また、「日毛ハ1½％ノ口銭ヲ実際上1％位ニ下ゲル目的デ機会アル毎ニclaimヲスルノデアルト定評モアルコトニ候間、吾々ノミガ特ニclaimヲ余計ニサルヽコトニハアラザルモ、乗ズル機会ナケレバ無理ニclaimモ出来ヌ訳ニ候間十分注意ヲ希望致候」[69]と述べ、シドニーの羊毛買付が日本毛織に付け込まれないように行うよう希望している。

第22回（1927年上半期）

第22回の東京店決算をみると、売上高では内地部が209万8,275円46銭で最も多く、両店の全売上高510万7,604円31銭の41.1％を占めていた。一方、輸入部では羊毛が161万7,602円19銭で31.7％を占めており、内地部の陸海軍関係とと

表 5-11 高島屋飯田株式会社各部門別決算（第22回東京店分：1927年上半期）

(単位：円)

各 部		売上高	売上利益 (a)	負担営業費 (b)	各係小計 (a-b)	各部合計 (%)
内地部		2,098,275.46	163,807.82	47,891.07	115,916.75 (78.4)	115,916.75 (78.4)
輸入部	雑 貨	67,661.29	4,735.69	5,598.49	▲862.80 (-0.6)	31,970.88 (21.6)
	機械用品	169,809.70	15,555.04	12,518.09	3,036.95 (2.1)	
	金 物	503,186.42	9,855.67	11,460.39	▲1,604.72 (-1.1)	
	毛 類	651,069.25	19,198.23	21,508.92	▲2,310.69 (-1.6)	
	羊 毛	1,617,602.19	53,423.06	19,710.92	33,712.14 (22.8)	
合 計		5,107,604.31	266,575.51	118,687.88	147,887.63 (100.0)	147,887.63 (100.0)

出所：「To London, Sydney, New York 宛第廿二回東京大阪合併決算」(1927.10.11)、『本部来信其ノ他』(NAA: SP1098/16 Box 37) により作成。

注：1）この期の雑損は941円57銭、利子収入は1万1,930円であり、これを東京店各部合計14万7,887円63銭に加えると、東京店の純利益は15万8,876円6銭であった。
　　2）外国経費については、ロンドン、ニューヨークは大体取引高と比例して負担し、羊毛は大阪が3分の2、東京が3分の1を負担した。

もに羊毛輸入も高島屋飯田の主要項目となっていた。しかし、売上利益では内地部が16万3,807円82銭に対し、輸入部羊毛は5万3,423円6銭で内地部の3分の1になっており、負担営業費を差し引いた各係小計では内地部が11万5,916円75銭で78.4％を占めていたのに対して、輸入部羊毛は3万3,712円14銭で22.8％であった。東京店では輸入部の雑貨、金物、毛類で赤字を出しており、同店では内地部を中心として利益を確保し、これを外地部の羊毛が補うという経営であった（表5-11）。

一方、大阪店決算をみると売上高で最も多かったのは輸入部羊毛の394万7,799円53銭であり、これに輸入部毛糸の輸入毛糸が207万8,794円74銭で次いでいた。売上利益では輸入部羊毛が4万4,057円45銭で最も多く、売上利益の33.6％を占めていた。一方、輸入部毛糸の輸入毛糸は2万8,068円79銭であり、さらに内地紡毛糸、住江織物合資会社[70]の毛糸、人造絹糸も輸入していた。売上利益から負担営業費を差し引いた各係合計では羊毛が2万338円80銭で45.8％を占め、次いで毛糸が1万3,311円32銭で30.0％を占めた。大阪店の内地部と外地部の各部合計では、輸入部が3万5,034円38銭で78.9％を占めたのに対して、内地部は9,371円28銭で21.1％にすぎなかった。こうしてみると、

表 5-12 高島屋飯田株式会社各部門別決算（第22回大阪店分：1927年上半期）

(単位：円)

各部	各係別		売上高	売上利益 (a)	負担営業費 (b)	各係小計 (a-b)		各部合計 (%)	
内地部	諸官省		103,818.51	4,508.70	4,636.73	9,371.28	(21.1)	9,371.28	(21.1)
	住江製品		34,009.08	1,185.18					
	〃 手数料			4,697.04					
	リノリウム		54,553.55	3,617.09					
輸入部	毛 糸	輸入毛糸	2,078,794.74	28,068.79	27,924.72	13,311.32	(30.0)	35,034.38	(78.9)
		内地紡毛糸	214,369.01	7,003.51					
		住江行毛糸	95,296.59	6,011.08					
		人造絹糸	11,477.00	152.66					
	羅 紗	輸入品	211,436.91	8,865.67	8,088.89	6,312.76	(14.2)		
		内地品	127,204.91	5,035.73					
		呉服店行	3,286.93	500.25					
	機械金物	機械	50,874.83	3,570.83	12,591.53	▲6,177.25	(-13.9)		
		金物	548,233.68	2,843.45					
	紡織用品	輸入品	127,367.88	3,763.01	9,834.71	1,248.75	(2.8)		
		内地品	164,721.60	7,320.45					
	羊毛		3,947,799.53	44,057.45	23,718.65	20,338.80	(45.8)		
合 計			7,773,244.65	131,200.89	86,795.23	44,405.66	(100.0)	44,405.66	(100.0)

出所：「To London, Sydney, New York 宛第廿二回東京大阪合併決算」(1927.10.11)、『本部来信其ノ他』(NAA: SP1098/16 Box 37) により作成。
注：1) この期の雑損は1,249円32銭、利子収入は6,195円93銭であり、これを大阪店各部合計4万4,405円66銭に加えると、大阪店の純利益は4万9,352円27銭であった。
 2) 外国経費については、ロンドン、ニューヨークは大体取引高と比例して負担し、羊毛は大阪が3分の2、東京が3分の1を負担した。

大阪店は東京店とは対照的に外地部で利益を確保し、これを内地部が補充するような経営であったことがわかる（表5-12）。

東京本店本部では、第22回決算の承認を直前にシドニー出張所の岡島芳太郎に書簡を送り、「今春財界不祥事件起リテ如何カト大ニ心配致居リシニモ不係予想以上ノ成績ヲ挙クルコトヲ得テ大ニ喜居ル義ニ御座候」[71]と金融恐慌下にもかかわらず好成績を上げたことに対して喜びを表している。「本部第丗信」[72]によれば、豪州出張所の経営状況は順調で、第22回には創業以来のレコードとなったと報告されていた。しかし、日本人バイヤーに変わったことで全取扱数量は前期よりも減少しており、今後の発奮を要望している。

ところで、この頃には横浜正金銀行シドニー支店の支配人が変更されることになった。「本部第廿八信」[73]では「正金銀行ノ新支配人清瀬次郎氏ハ大阪支

店ノ加藤曠之助氏ト同期生ニテ店ノコトハ十分了解シテ居ラレ候ニ付キ御便利ヲ得ラルヽコト存居候」と報告され、加藤曠之助[74]とシドニー支店新支配人との個人的な関係から高島屋飯田シドニー出張所に対して何らかの便宜が期待できると考えられていた。さらに、「本部第丗信」では「新支配人清瀬次郎氏ハ来月ノ三島丸ニテ赴任セラルヽ次第ニテ有之、貴方ニ於ケル金融ノコトニ付テハ凡テ便利ニナル様十分具体的ニ頼ミ置候ニ付キ必スヤ多少共現在ヨリハ改良セラルヽ事ト期待致居候」[75]と述べられ、高島屋飯田シドニー出張所の金融面で横浜正金銀行新支配人に具体的な便宜を依頼した旨が報告されている。高島屋飯田は、羊毛買付量の増大とともに資金問題にも直面しており、横浜正金銀行シドニー支店といかにして良好な関係を締結するかは経営を左右する問題でもあった。「本部第参拾壱信」[76]では「実ハ「シドニー」正金支店モ従来相当ニ儲カツタ店ナリシモ、昨今儲カラナクナリ徒ラニ資金ヲ死蔵シテ之ヲ利増スル人ガ比較的ナイト云フ形ニシテ正金幹部ニ於テモ何トカ転回策ヲ案出セネバナラヌ立場ニテ今回責任者ノ更迭ヲ見タル義ニ御座候、而シテ新支店長ハ種々ノ具体的改良意見持ツテ居ラレ候ニ付キ必ス着々実施」されるだろう、と報告されている。高島屋飯田では、横浜正金銀行シドニー支店の支配人交代の原因について的確に把握し、新支配人との個人的関係を利用しながら円滑な資金調達を行おうとしていたことが理解できる。

　なお、1927（昭和2）年2月にはメルボルンの代理店を廃止して高島屋飯田の直営とし[77]、さらに、翌1928年2月18日にはメルボルンに日本品輸入の出張所[78]を置いており、同社の豪州での企業活動は活発化してきた。

第24回（1928年上半期）

　第23回は史料散逸のために東京・大阪店の業績を追うことはできないが、1928年下期の第24回をみると東京・大阪店の決算様式が変更され、各部は官庁部、柔物部、堅物部に分割されている。雑収入、利子収入を加えた両店の純利益は23万8,644円29銭であり、第22回よりも約3万円以上増加した。

　雑収入と利子収入を加える前の東京・大阪店の各部門別決算（表5-13）を

表 5-13　高島屋飯田株式会社各部門別決算（第24回：1928年上半期）

(単位：円)

各部	各係別	地区別	売上利益(a)	負担営業費(b)	各係小計（a−b）	各部合計（％）
官庁部	鉄道	東京	27,479.46	11,448.81	16,030.65　（7.4）	142,699.54　（66.2）
	陸海軍	東京	148,062.35	29,545.01	118,517.34　（54.9）	
		大阪	14,021.14	5,869.59	8,151.55　（3.8）	
柔物部	羊毛	東京	36,912.37	15,532.14	30,687.46　（14.2）	38,597.83　（17.8）
		大阪	34,905.38	25,608.15		
	毛糸	東京	13,597.60	8,655.17	3,843.56　（1.8）	
		大阪	18,167.15	19,266.02		
	毛織物	東京	5,941.34	8,655.00	4,202.46　（1.9）	
		大阪	14,692.84	7,776.72		
	織物雑貨	東京	9,223.35	9,359.00	▲135.65　（−0.1）	
堅物部	機械用品	東京	47,412.31	16,911.99	40,167.63　（18.6）	34,420.80　（16.0）
		大阪	24,817.76	15,150.45		
	金物薬品	東京	11,804.06	18,956.45	▲9,170.87　（−4.3）	
		大阪	5,606.00	7,627.48		
	雑貨	東京	5,605.32	50,549.14	3,424.04　（1.6）	
		大阪	5,375.52	2,507.66		
合計					215,718.17　（100.0）	215,718.17　（100.0）

出所：「第廿四回東京大阪合併決算表」(1928.10.5)、『本部来信其ノ他』（NAA: SP1098/16 Box 37）により作成。

注：1）この期の雑収入は4,974円53銭、利子収入は1万7,931円59銭であり、これを各部合計21万5,718円17銭に加えると、両店の純利益は23万8,644円29銭であった。

2）この期まで、堅物部は機械用品、金物薬品、雑貨に区分されていたが、次期から機械、用品、金物、薬品、雑貨に区分されることになった。

3）合計の一致しないところもあるが、原史料のまま掲載した。

みると、各部合計は21万5,718万17銭であり、官庁部が14万2,699円54銭で66.2％を占めていた。このうち陸海軍係の東京店は11万8,517円34銭で54.9％を占めていたのに対して、大阪店は3.8％であった。また、鉄道係の東京店は1万6,030円65銭（7.4）を挙げており、同社の官庁部は陸海軍係を主力として、これに鉄道係が補足する構造であったことがわかる。また、柔物部は羊毛係、毛糸係、毛織物係、織物雑貨係から構成され、このうち羊毛係が3万687円46銭の利益で14.2％を占めていた。さらに、堅物部は機械用品係、金物薬品係、雑貨係から構成され、なかでも機械用品係が4万167円63銭で18.6％を占

め羊毛係よりも利益が上がっていた。

　この時期までには日本毛織のクレーム問題の発生事情がシドニー出張所から報告され、今後は岡島芳太郎の一時帰国の際に十分研究することになった。岡島芳太郎は羊毛取引のオフシーズンたる1928年5月に一時帰国したが、この帰国中も今後の羊毛取引について検討がなされたと考えられる。

第25回（1928年下半期）

　「第弐拾五回定時株主総会議事録」[79)] によれば、この回は「我ガ経済界ハ日支交渉ノ停滞ニ依ル外交上ノ懸念并ニ金解禁問題ノ未解決等ノ為メニ兎角安定スルニ至リサリシノミナラズ資本ノ偏在亦未タ華アルニ至ラス、殊ニ中小商工業ニ対スル金融円滑ナラス又米作ハ平年作以上ナリシモ米価低落ノ為メニ却テ収入減トナリタル等都鄙共ニ萎靡不振ニ終始シタリ」と報告された。日本の政治経済状況は、高島屋飯田の収益増をもたらすには厳しい状況にあった。

　このなかで、東京・大阪両店の第25回の各部門別決算をみると、雑益と利子収入を加えた純利益は19万7,332円82銭であり、第24回より4万円以上の減益となった。雑益および利子収入を加える前の各部合計（表5-14）は19万442円51銭で、うち官庁部が14万9,114円3銭（78.3％）、柔物部が2万9,939円91銭（15.7％）、堅物部が1万1,389円57銭（6.0％）であった。官庁部だけは前期よりも順調に利益を伸ばしており、とくに東京の鉄道係と陸海軍係の利益が増加したため、同社における官庁部の比率が増大した。

　また、羊毛も売上利益および各係小計で第24回を上回り、決算報告の中でも「利益ノ大部分ハ官庁部ニシテ他ノ部ハ甚シキ不結果ニテ羊毛、機械、毛織物等ノ外ハ殆ンド欠損ニナリ居候」[80)] と報告された。前掲「第弐拾五回定時株主総会議事録」[81)] でも、輸入部は「中京地方ニ於テハ一時毛糸及毛織物市場ニ小恐慌ノ状態ヲ呈シ其ノ波動ハ当社モ全然免ルコトヲ得サリシモ極メテ軽微ニ止マリタルヲ以テ相当ノ利益ヲ収ムルコトヲ得タリ」と述べられ、経済恐怖の打撃が比較的少なかった。さらに、輸入部に関しては「輸出貿易ハ依然トシテ未タ振興スルニ至ラサルニ、加ヘテ競争漸次峻烈トナリ利益ヲ挙クルコト益（々）

表5-14 高島屋飯田株式会社各部門別決算(第25回:1928年下半期)

(単位:円)

各部	各係別	店別	売上利益 (a)	負担営業費 (b)	各係小計 (a−b)		各部合計 (%)	
官庁部	鉄道	東京	34,335.43	11,611.63	22,723.80	(11.9)	149,114.03	(78.3)
	陸海軍	東京	153,652.32	28,075.81	125,576.51	(65.9)		
		大阪	7,063.60	6,249.88	813.72	(0.4)		
柔物部	羊毛	東京	26,329.91	16,953.79	9,376.12	(4.9)	29,939.91	(15.7)
		大阪	61,835.13	37,031.33	24,803.80	(13.0)		
	毛糸	東京	8,230.94	7,203.07	1,027.87	(0.5)		
		大阪	▲8,607.50	20,183.98	▲28,791.48	(−15.1)		
	毛織物	東京	15,463.29	9,484.79	5,978.50	(3.1)		
		大阪	10,391.30	7,218.44	3,172.86	(1.7)		
	織物雑貨	東京	23,271.09	10,263.99	13,007.10	(6.8)		
		大阪	3,647.36	2,283.22	1,364.14	(0.7)		
堅物部	機械	東京	22,320.15	12,429.34	9,890.81	(5.2)	11,389.57	(6.0)
		大阪	13,105.31	7,294.60	5,810.71	(3.1)		
	用品	東京	3,169.55	4,377.70	▲1,208.15	(−0.6)		
		大阪	10,900.37	7,146.08	3,754.29	(2.0)		
	金物	東京	8,243.13	14,221.40	▲5,978.27	(−3.1)		
		大阪	8,844.87	7,294.60	1,550.27	(0.8)		
	薬品	東京	5,743.82	6,270.84	▲527.02	(−0.3)		
		大阪	▲868.23	412.58	▲1,280.81	(−0.7)		
	雑貨	東京	2,396.77	4,288.26	▲1,891.49	(−1.0)		
		大阪	4,227.23	2,958.00	1,269.23	(0.7)		
合計					190,442.51	(100.0)	190,442.51	(100.0)

出所:「第二十五回東京大阪合併決算表」(1929.3.27)、『本部来信其ノ他』(NAA: SP1098/16 Box 37) により作成。

注:1) この期の雑益は6,210円46銭、利子収入は679円85銭であり、この合計は6,890円31銭であった。各部合計の19万442円51銭に6,890円31銭を加えた19万7,332円82銭が純利益であった。
   2) 合計の一致しないところもあるが、原史料のまま掲載した。

困難ニナリタルノミナラス隣邦支那貿易ハ排日問題ノ為メニ影響ヲ蒙ムルコト勘ナカリシモ勇奮努力ノ甲斐アリ比較的良好ナル成績ヲ挙ルタコトヲ得タリ」と報告された。

第26回(1929年上半期)

東京・大阪両店の第26回決算状況は、雑益と利子収入を加えた純利益が第25

回から約5万円以上減少して14万7,051円25銭となった。雑益および利子収入を加える前の各部合計（表5-15）は14万11円93銭であった。この内訳は官庁部10万3,588円6銭（74.0％）、柔物部3万2,000円43銭（22.9％）、堅物部4,423円44銭（3.2％）であり、依然として官庁部が純利益の約4分の3を占めていた。しかし、官庁部は第25回から約4万5,000円減少した。東京本店本部からは「今期ハ前期ニ比スルト陸海軍ノ利益減少致候、次期ハ平年位ニハ行クコト存居申候」[82]と報告されたが、第27回にも回復することはなく急激な増加に転じるのは第31回まで待たねばならなかった。

　一方、柔物部の利益は第25回を若干上回ったが、これは甚だしいクレームがなくなったことも影響していた[83]。毛糸係は1万1,638円12銭の赤字、毛織物係も1,277円99銭の赤字であり、この原因としては「毛絲ノ商売ハ更ニ利益ナク候、別ニ引渉リナク此位ノ損デ済ンダノハ同業ニ比スレバ上々ノ部ニ候ガ、今後モ此部ハ余リ期待シ得ズ候、自然他ノ部ノ収益ヲ計ラネバナラヌコトニ候、毛織物ハ内地品ガ利益アルモ営業費ガ割合ニ今期ハ多イノト引渡時期ノ関係デ利益ガ次期ニ繰越サレタル為メニシテ実際ハ今少シ好成績ニ候」[84]と報告された。また、堅物部では機械係が1万103円4銭の赤字となった。東京本部からは「機械ハ注文ガムラニナルコトヲ免レズ」[85]と報告されていた。

　こうしたところから第26回の東京・大阪両店の決算は前期より大幅な減少となった。ただし、神戸店が好成績であったため総決算においては前期と大差なかった[86]。

第27回（1929年下半期）

　第27回の東京・大阪店の純利益は14万778円32銭であり、第26回より若干の減少をみた。雑益、利子支払い前の各部合計（表5-16）は13万5,437円77銭であり、官庁部10万6,360円34銭（78.5％）、堅物部3万8,977円57銭（28.8％）であったが、柔物部は9,900円14銭の赤字（-7.3％）であった。東京本店本部からは、この業績について「東京ハ約14万円ノ利益ヲ計上シ大阪ハ漸ク650円ノ利益ヲ見タルニ過ギズ、神戸モ漸（ク）4万利益ニ候、前期ヨリハ大分合計

表5-15 高島屋飯田株式会社各部門別決算（第26回：1929年上半期）

(単位：円)

各部	各係別	店別	売上利益(a)	負担営業費(b)	各係小計(a−b)	各部合計(％)
官庁部	鉄道	東京	38,117.14	10,695.13	27,422.01　(19.6)	103,588.06　(74.0)
	陸海軍	東京	83,741.03	22,975.00	76,166.05　(54.4)	
		大阪	214,525.34	6,024.42		
柔物部	羊毛	東京	36,459.48	15,475.36	43,537.55　(31.1)	32,000.43　(22.9)
		大阪	52,395.07	29,841.64		
	毛糸	東京	6,404.66	6,944.55	▲11,638.12　(−8.3)	
		大阪	6,056.37	17,154.60		
	毛織物	東京	8,936.56	9,868.50	▲1,277.99　(−0.9)	
		大阪	5,878.23	6,224.08		
	織物雑貨	東京	10,333.18	8,954.39	1,378.79　(1.0)	
堅物部	機械	東京	5,423.91	10,917.89	▲10,103.04　(−7.2)	4,423.44　(3.2)
		大阪	2,990.94	7,600.00		
	用品	東京	1,148.10	3,898.45	6,469.62　(4.6)	
		大阪	17,573.11	8,353.14		
	金物	東京	14,436.09	9,964.44	1,282.53　(0.9)	
		大阪	2,253.25	5,442.37		
	薬品	東京	12,607.28	6,623.65	5,903.16　(4.2)	
		大阪	▲50.47	30.00		
	雑貨	東京	3,069.01	3,484.11	871.17　(0.6)	
		大阪	3,286.27	2,000.00		
合計					140,011.93　(100.0)	140,011.93　(100.0)

出所：「第弐拾六回東京大阪合併決算」（1929.10.26）、「本部来信其ノ他」（NAA: SP1098/16 Box 37）により作成。
注：この期の雑益は6,183円49銭、利子収入は855円83銭であり、各部合計を足したこの期の純利益は14万7,051円25銭であった。

ニ於テ減少ニ候、現在ノ状況ヲ見ルト次期ハ更ニ利益減退ノ予想デ大ニ悲観致候ガ、最早景気モドン底ト存候間、寧ロ本年ヨリハ将来ノ為メ準備時代ト存候」[87]と記して経費の節減を呼び掛けていた。

　官庁部は第26回を約2,700円上回ったが、柔物部は赤字に転じた。とくに、羊毛係は売上利益が東京・大阪両店で4万4,626円7銭であり、経費を差し引くと154円59銭の利益にしかならなかった。これについては、「羊毛ハ本年ノ収入減少ニテ経費ヲ漸ク償ヒタルニ止マリタルハ遺憾ニ候ガ、毛織業ガ世界的ニ

表 5-16　高島屋飯田株式会社各部門別決算（第27回：1929年下半期）

(単位：円)

各部	各係別	店別	売上利益(a)	負担営業費(b)	各係小計 (a－b)	各部合計 (%)
官庁部	鉄道	東京	27,161.11	10,335.99	16,825.12　(12.4)	106,360.34　(78.5)
	陸海軍	東京	114,270.29	26,194.77	89,535.22　(66.1)	
		大阪	7,854.62	6,394.92		
柔物部	羊毛	東京	21,238.58	14,038.59	154.59　(0.1)	▲9,900.14　(－7.3)
		大阪	23,387.49	30,432.89		
	毛糸	東京	1,955.41	6,896.34	▲10,243.60　(－7.6)	
		大阪	12,253.77	17,556.44		
	羅紗	東京	10,644.51	9,739.28	▲4,053.75　(－3.0)	
		大阪	1,096.30	6,055.28		
	織物雑貨	東京	13,492.10	9,159.48	4,332.62　(3.2)	
堅物部	機械	東京	28,811.88	10,804.47	18,221.39　(13.5)	38,977.57　(28.8)
		大阪	4,713.98	4,500.00		
	用品	東京	5,122.41	4,262.58	13,220.02　(9.8)	
		大阪	19,849.62	7,489.43		
	金物	東京	12,614.62	11,028.09	▲486.02　(－0.4)	
		大阪	5,323.30	7,396.22		
	薬品	東京	10,980.20	6,799.30	4,200.84　(3.1)	
		大阪	189.94	172.00		
	雑貨	東京	2,776.12	3,479.17	3,821.34　(2.8)	
		大阪	6,538.39	2,014.00		
合計					135,437.77　(100.0)	135,437.77　(100.0)

出所：「第廿七回東京大阪合併決算」(1930.4.1)、『本部来信其ノ他』(NAA: SP1098/16 Box 37) により作成。
注：この期の雑益は5,931円5銭、利子支払いは590円50銭であり、各部合計を足したこの期の純利益は14万778円32銭であった。

不況ノ折柄不得已コトト存候将来ヲ期シ居候」[88] と報告された。さらに、毛糸係は1万243円60銭、羅紗係は4,053円75銭という大幅な赤字を計上したが、この状況については「毛糸ガ著シク悪イコトハ前期同様ニ候、是レハ此頃ノ毛織業ハ stock ヲ持ツ為メ値下リヤラ不況ノ為メノ claim ヤラデ成績ガ悪ク候、同業者ハ非常ナ loss ヲモツト極力注意シテ尚此結果ニ候、毛糸ニ付テハ如何ニセンカト考居候、羅紗ハ外注ノ減少、内地物ガ増加シ大阪ノ商品ノ注文ガナク秋ヨリ不況ニテ利益モナカリシ為メニ候」[89] と報告されていた。また、堅物部

は3万8,977円57銭の利益をだしたが、このうち機械係が1万8,221円39銭、用品係が1万3,220円2銭を占めていた。なお、高島屋飯田では機械係と金物係がニューヨークの経費を折半負担していたため、これらの純利益が少なくなる傾向にあった。

第28回（1930年上半期）

　第28回の雑益・利子収入を加えた純利益をみると13万13円69銭であり、第27回より約1万円減少した。東京本店本部からは「会社全体ノ利益ヲ前期ト比スルト約七割五分ニ当リ申候、是レハ次期モ寧ロ悲観スベキデ是レヨリハ悪クナリテモ好クハナイト存申候、十分各位ノ御奮励ヲ祈上候」[90]と今後も経営が厳しい旨が伝えられている。

　東京・大阪店の各部合計（表5-17）は、12万4,075円81銭であった。これを各部門別にみると、官庁部7万776円98銭（57.0％）、柔物部2万8,539円38銭（23.0％）、堅物部2万4,759円45銭（20.0％）であった。官庁部は第27回よりも約3万5,000円以上の減少をみており、「陸軍方面ガ段々予算縮小シテ今後ハ段々売上ヲ減スベク海軍ハ未ダ相当ノ成績ヲ上ゲラレルト存候へ共是レモ従来ノ如クニハ行カズ、要スルニ緊縮内閣ノコトトテ御用商売ハ益減スベク是レガ当社トシテハ重大ナルコトニテ他ニ相当ノ利益ノ上ルモノ見出サネバナラヌ次第ニ候」[91]と報告された。官庁部の利益が高島屋飯田の経営を支えていたこともあり、緊縮内閣の中で経営が一段と苦しくなっていたといえよう。なお、各係別にみると、官庁部では陸海軍係（東京）が7万4,283円72銭の売上利益を上げており、営業費2万6,945円69銭を差し引いた4万7,338円3銭は各係の中で最高であった。また、鉄道係（東京）も3万1,588円8銭の売上利益を上げ、営業費を引いた利益は2万1,568円74銭に達した。

　一方、柔物部では羊毛係（東京）が売上利益では2番目にあたる5万7,471円76銭に達しており、1万7,421円95銭の営業費を差し引いても4万49円81銭の利益を上げた。第27回では羊毛係は154円59銭しか利益が上がっていなかったことを考えれば、第28回から羊毛係の利益が再び上がりだしたといえよう。

表5-17 高島屋飯田株式会社各部門別決算（第28回：1930年上半期）

(単位：円)

各部	各係別	店別	売上利益 (a)	負担営業費 (b)	各係小計 (a－b)	各部合計 (%)
官庁部	鉄道	東京	31,588.08	9,929.34	21,568.74 (17.4)	70,776.98 (57.0)
	陸海軍	東京	74,283.72	26,945.69	47,338.03 (38.2)	
		大阪	7,572.21	5,792.00	1,780.21 (1.4)	
柔物部	羊毛	東京	57,471.76	17,421.95	40,049.81 (32.3)	28,539.38 (23.0)
		大阪	24,144.67	26,251.44	▲2,106.77 (－1.7)	
	毛糸	東京	6,702.73	7,163.46	▲460.73 (－0.4)	
		大阪	15,802.66	15,300.49	502.19 (0.4)	
	羅紗	東京	2,761.46	8,485.84	▲5,724.38 (－4.6)	
		大阪	6,418.11	7,215.02	▲796.91 (－0.6)	
	織物雑貨	東京	4,768.88	7,692.71	▲2,923.83 (－2.4)	
堅物部	機械	東京	22,011.50	9,177.89	12,833.61 (10.3)	24,759.45 (20.0)
		大阪	10,858.35	7,649.07	3,209.28 (2.6)	
	用品	東京	663.59	3,005.46	▲2,341.87 (－1.9)	
		大阪	14,081.63	8,402.74	5,678.89 (4.6)	
	金物	東京	3,197.64	9,957.02	▲6,759.38 (－5.4)	
		大阪	1,536.11	4,889.25	▲3,353.14 (－2.7)	
	薬品	東京	21,607.28	5,654.13	15,953.15 (12.9)	
			146.91	112.25	34.66 (―)	
	雑貨	東京	1,921.91	2,661.25	▲739.34 (－0.6)	
		大阪	1,273.87	1,030.28	243.59 (0.2)	
	合計				124,075.81 (100.0)	124,075.81 (100.0)

出所：「第二十八回東京大阪合併決算」（1930.10.15)、『本部来信其ノ他』（NAA: SP1098/16 Box 37）により作成。
注：この期の雑益は3,628円83銭、利子収入は2,309円5銭であり、この合計は5,937円88銭であった。
　　各部合計の12万4,075円81銭に5,937円88銭を加えた13万13円69銭が純利益であった。

　高島屋飯田では羊毛取引について「羊毛ノ協定成立以後ノ取扱数ハ前期モ先ヅ満足トセザルベカラズ、兼松、三井、三菱ニ次デドウヤラ進ンデ行キツヽアルコトハ結構ニ候、今一段ト数ヲ増サント収支償フト申スコトハ（特別ノ関係ヲ取レバ）未ダ疑ハシト存居候」と考えており、日本毛織との特別な関係を結ばなければ、収支も償うことができないかもしれないと考えていたようである。ただし、羊毛係（大阪）は2万4,144円67銭の売上利益を上げたものの、営業費は2万6,251円44銭に及んだため、2,106円77銭の赤字となった。羊毛係（大

阪）の営業費は陸海軍係（東京）の金額に匹敵するものであり、羊毛係（東京）の営業費を上回っていた。これについて、本店では「羊毛ハ大阪方面ハ金高ガ多イ丈ニテ利益ハ上ラズ収支償ハズ、東京方面ハ特別関係ノ得意ノ為メニ今期ハ予想外ノ利益ヲ上ゲタルコトハ非常ニ幸ニ候」[92]と報告されたが、前述したように大阪店は羊毛経費の3分の2を負担することもあって利益は減少傾向にあった。

　毛糸係については、「毛絲ハ一部分独乙絲ヤ英国絲ヲ輸入致シ候ヘ共、内地絲ガ大部分ナルコトハ大勢上不得已候ヘ共、一般ノ内地絲ハ一向ニ利益無ク候、特別ノ絲即チ後田毛糸紡績所ノ紡毛絲ノ如キガ一番成績好ク候、此後田ハ吾々ガ Scoured wool ヲ売リ先方ノ毛絲ヲ買取リテ吾々ガ夫レヲ名古屋ノ機屋ニ売ルノデ中々面白イ商売ニナリ居候」[93]と述べられ、高島屋飯田と後田毛糸紡績所は特別な関係にあった。

　羅紗係と織物雑貨係については、「羅紗ハ最早殆ンド内地品ニ候、今期ハ手持品ヲ安ク処分シタ損ガアリシ為メ成績面白カラザルモ今後尚発展ノ見込アル品売ニ候、織物雑貨ハ毛布ネル（何レモ日本毛織ノモノガ主ナリ）ノ販売ナルモ Stock ヲ持タネバナラズ特ニ面白カラズ縮小ノ方針ニ候」[94]と報告された。堅物部では機械係（東京）が売上利益2万2,011円50銭で最も多く、次いで薬品係（東京）が2万1,607円28銭で続いていた。営業費を差し引いた利益では薬品係（東京）が1万5,953円15銭で最も多く、機械係（東京）がこれに次いでいた。なお、薬品係は明治皮革からの原皮注文によって利益を上げており、明治皮革とは特別の関係にあった[95]。

　高島屋飯田では今後の経営について、「吾々ノ商売モ内地品ガ多ク舶来品トナルト羊毛以外ニハ殆ンド目立ツモノモナク候コトハ非常ニ注意ヲ要スルコトニ候、今後ハ方針如何ニスベキカ随分六ケ敷イコトニ相成申候」[96]と報告しているように、これまでの経営は官庁部に依存する内地品と羊毛を中心に展開されていた。なお、この回の神戸の純利益は6,700円程度であった[97]。

表5-18　高島屋飯田株式会社各部門別決算（第29回：1930年下半期）

(単位：円)

各部	各係別	店別	売上利益(a)	負担営業費(b)	各係小計(a-b)	各部合計(%)
官庁部	鉄道	東京	13,762.27	7,855.34	5,906.93　(4.9)	105,104.83　(87.0)
	陸海軍	東京	128,125.35	27,431.45	100,693.90　(83.4)	
		大阪	3,355.19	4,851.19	▲1,496.00　(-1.2)	
柔物部	羊毛	東京	44,405.91	12,290.55	30,044.47　(24.9)	33,491.56　(27.7)
		大阪	27,838.17	29,909.06		
	毛糸	東京	3,605.15	7,164.18	4,933.85　(4.1)	
		大阪	23,955.82	15,462.94		
	羅紗	東京	18,525.60	8,380.63	2,010.36　(1.7)	
		大阪	▲1,202.85	6,931.76		
	織物雑貨	東京	2,609.54	7,341.06	▲3,497.12　(-2.9)	
	住江商品	東京	1,234.40			
堅物部	機械	東京	13,160.60	8,194.16	▲162.66　(-0.1)	▲17,831.74　(-14.7)
		大阪	2,043.54	7,172.64		
	用品	東京	833.81	2,903.62	▲4,165.60　(-3.4)	
		大阪	6,467.01	8,562.80		
	金物	東京	▲1,704.17	8,838.22	▲14,824.29　(-12.3)	
		大阪	499.86	4,781.76		
	薬品	東京	5,538.43	5,058.73	479.70　(0.4)	
	雑貨	東京	4,126.29	3,120.49	841.11　(0.7)	
		大阪	893.63	1,058.32		
合計					120,764.65　(100.0)	120,764.65　(100.0)

出所：「To London, Sydney, New York 宛第廿九回東京大阪合併決算」（1931.4.2）、『本部来信其ノ他』（NAA: SP1098/16 Box 37）により作成。

注：この期の雑益は606円44銭、利子支払は1,721円37銭であり、差引は1,114円93銭であった。
　12万764円65銭に雑、利子支払い分を引くと、純利益は11万9,649円72銭であった。

第29回（1930年下半期）

　第29回の東京・大阪両店の純利益は11万9,649円72銭であり、第28回よりもさらに減少した。雑益、利子支払前の各部門別決算（表5-18）は12万764円65銭であり、各部の割合は官庁部が10万5,104円83銭（87.0%）、柔物部が3万3,491円56銭（27.7%）と第28回よりも大幅に利益を伸ばした半面、堅物部は1万7,831円74銭の赤字となった。

官庁部では陸海軍係（東京）が10万693円90銭の利益を上げたものの、軍縮内閣の中で利益を減少し第25回の水準に近づいた。また、柔物部では羊毛係が3万44円47銭で全体の24.9％を占めるまでに至った。ただし、利益が出たのは東京店であり大阪店の羊毛係は約2,000円の赤字であった。大阪店は1万2,600円余の欠損を生じたが、大阪店は「羊毛ガ取扱数量ノ割合ニ口数少ク而モSydneyノ経費ヲ取扱俵数ニスル為メニ純益ハナクナリ、且ツ羅紗ハClaim ガアリテ損ヲ為シ、用品ハ紡績界ノ不況操短ノ為メニ注文ガ殆ンドナシト申ス訳ニテ金物機械モ同一ノ運命ニ候、大阪店ノ如キハ不況ノ時ニハ深刻ニ影響スル」[98]ためであった。これに対して、東京店は「羊毛ハ取扱数ハ少イガ利益ノ率ガ多ク好成績ヲ上ゲタルモ、金物其他ハ一向ニ振ハズ堅物トシテハ欠損ニ相成申候ガ、御用部殊ニ海軍ノ利益多カリシ為メニ相当ノ利益ヲ上ゲタル」[99]と報告された。また、神戸店は「南米ト上海ノ商売ノ利益多キ為メニ本期ハ16,400—程ノ利益ヲ上ゲ申候」[100]と、報告された。

さらに、この第29回は高島屋飯田の羊毛買付が活発化した年でもあり、「Sydneyハ本期ハ非常ニ忙シク未曾有ノ買付ヲ為シタルコト愉快ニ存候、羊毛屋トシテノ立場ハ維持サルヽ次第ニ御座候」[101]と報告された。1930（昭和5）年4月25日の第13回幹部会では英語の称号をIida & Co. Ltd（Takashimaya Iida Kabushiki Kaisha）と決定し、各店の印刷物を統一化したのも羊毛を中心とした海外貿易が活発化してきたことを反映している[102]。

第30回（1931年上半期）

第30回の東京・大阪両店の純利益は13万6,602円99銭であり、第29回よりも約1万7,000円増加した。第30回は雑益が8,644円94銭、利子収入が1万433円87銭と高かったのが、最終的な純利益の増加につながった。雑益と利子収入を加える前の各部門別決算（表5-19）は11万7,524円68銭であり、第29回を下回っていた。

各部合計をみると、官庁部が8万3,400円33銭（71.0％）、柔物部が4万2,570円36銭（36.2％）である半面、堅物部は8,446円1銭の欠損を生じた。官庁部

表 5-19 高島屋飯田株式会社各部門別決算（第30回：1931年上半期）

(単位：円)

各部	各係別	店別	売上利益 (a)	負担営業費 (b)	各係小計 (a-b)	各部合計 (%)
官庁部	鉄道	東京	12,518.85	7,445.65	5,073.20　(4.3)	83,400.33　(71.0)
	陸海軍	東京 大阪	104,756.49 4,374.99	25,880.32 4,924.03	78,327.13　(66.6)	
柔物部	羊毛	東京 大阪	33,365.62 47,472.74	15,431.65 28,865.35	36,241.36　(30.8)	42,570.36　(36.2)
	毛糸	東京 大阪	6,622.48 15,484.20	6,960.08 16,006.36	▲859.76　(-0.7)	
	羅紗	東京 大阪	14,114.43 4,216.24	8,403.12 6,113.33	3,814.22　(3.2)	
	織物雑貨	東京	5,745.73	6,583.52	3,374.54　(2.9)	
	住江商品	東京	4,212.33			
堅物部	機械	東京 大阪	4,828.32 3,413.94	7,477.65 6,666.67	▲5,902.06　(-5.0)	▲8,446.01　(-7.2)
	用品	東京 大阪	3,937.43 7,729.63	2,784.10 8,587.84	295.12　(0.3)	
	金物	東京 大阪	11,446.25 1,771.46	9,280.25 4,444.63	▲507.17　(-0.4)	
	薬品	東京	5,408.22	5,680.82	▲272.60　(-0.2)	
	雑貨	東京 大阪	711.68 603.81	2,628.03 746.76	▲2,059.30　(-1.8)	
合計					117,524.68　(100.0)	117,524.68　(100.0)

出所：「To Sydney, London, New York 宛第三拾回東京大阪合併決算」(1931.9.27)、『本部来信其ノ他』(NAA: SP1098/16 Box 37) により作成。
注：この期の雑益は8,644円94銭、利子収入は1万0,433円87銭であり、11万7,524円68銭に雑益、利子収入を加え純利益は13万6,602円99銭であった。

は陸海軍係（東京）の売上利益が減少したために、陸海軍係だけで約2万円の減少となった。柔物部は羊毛係の売上利益が東京店3万3,365円62銭、大阪店4万7,472円74銭となり、とくに大阪店の羊毛売上が多くなった。営業費を引いた各係小計では3万6,241円65銭となり、羊毛係だけで両店の利益の30.8%を占めるに至った。一方、堅物部は用品係を除くすべての係で欠損を生じていた。こうした決算について、東京本店からは「大体羊毛ノ取扱数ノ増加ト毛糸

ノ利益多カリシ為メニ大阪店ハ利益ヲ出スコトニ相成申候、例年ノ如クニ大体御用部ノ利益ガ多ク柔物之ニ次ギ堅物ハ一向ニ振ヒ不申候、薬品ハ外ニ一万円ノ利益アリシモ明治製革トノ商売ニ対シ積立ヲ為シタル為メニ小額ニ相成候」[103]と報告された。

第31回（1931年下半期）

第31回の東京・大阪両店の純利益は16万3,582円82銭であり、第30回よりも約1万7,000円増加した。第31回の雑益は6,132円71銭、利子支払いは5,908円96銭であり、利子支払いが増加した。雑益と利子支払いを加除する前の各部門別決算（表5-20）は16万3,359円7銭であり、うち官庁部は12万9,150円51銭（79.1％）、柔物部2万5,144円85銭（15.4％）、堅物部9,063円91銭（5.5％）であった。

官庁部は第30回より利益が約4万5,000円増加したが、とくに陸海軍係（東京）の売上利益が15万739円74銭に激増し、営業費を差し引いた利益は陸海軍係（東京）だけで約12万円となった。陸海軍係の利益金が増加したのは、東京本店本部によれば「事件ノ為メ何分注文ノ増加セルト前期利益ノ今期ニ繰越サレタモノアル為メニ候」[104]と報告され、1931年9月の満州事変によって軍事需要が拡大したことが一因となっていた。

柔物部についていえば、羊毛係の売上利益が大幅に減少したことから、羊毛係の利益も第30回より減少して1万5,869円62銭となった。また、毛糸係も1,446円69銭の利益が出た。一方、堅物部は第30回の欠損から一転して9,063円91円の利益が出た。とくに薬品係は7,120円76銭、用品係は6,498円15銭の利益が出ていたが、これについて「今期ハ大体利益平均セリ前期ハ欠損ニナリシモ毛糸、薬品ガ今期ニ利益トナリシノミナラズ用品ハ前期ヨリ成績好カリシ、是レハ千住製絨所特製ノ Roller Cloth ガ大分利益アル為メニ候」[105]と報告された。なお、第31回の神戸店は成績が振るわず、70円の利益を出したにすぎなかった[106]。

表5-20 高島屋飯田株式会社各部門別決算（第31回：1931年下半期）

（単位：円）

各 部	各係別	店別	売上利益 (a)	負担営業費 (b)	各係小計 (a－b)	各部合計 (%)
官庁部	鉄 道	東京	13,422.20	6,499.85	6,922.35　(4.2)	129,150.51　(79.1)
	陸海軍	東京	150,739.74	29,069.44	122,228.16　(74.8)	
		大阪	5,040.54	4,482.68		
柔物部	羊 毛	東京	25,263.07	13,942.65	15,869.62　(9.7)	25,144.85　(15.4)
		大阪	29,483.30	24,934.10		
	毛 糸	東京	6,275.36	8,351.10	1,446.69　(0.9)	
		大阪	19,471.72	15,949.29		
	毛織物	東京	15,714.65	9,180.70	4,092.60　(2.5)	
		大阪	3,110.98	5,552.33		
	織物雑貨	東京	10,448.86	6,712.92	3,735.94　(2.3)	
堅物部	機 械	東京	3,097.64	6,934.98	▲3,732.78　(-2.3)	9,063.91　(5.5)
		大阪	6,844.56	6,700.00		
	用 品	東京	9,240.76	3,221.48	6,498.15　(4.0)	
		大阪	10,688.92	10,210.05		
	金 物	東京	9,559.40	10,149.38	▲572.70　(-0.4)	
		大阪	5,072.06	5,055.08		
	薬 品	東京	13,428.76	6,308.00	7,120.76　(4.4)	
	雑 貨	東京	2,173.34	2,469.15	▲249.52　(-0.2)	
		大阪	846.29	800.00		
合 計					163,359.07　(100.0)	163,359.07　(100.0)

出所：「To London, Sydney, New York 宛第三十一回東京大阪合併決算」（1932.4.15）、『本部来信其ノ他』（NAA：SP1098/16 Box 37）により作成。
注：この期の雑益は6,132円71銭、支払利子は5,908円96銭であり、この差引は223円75銭であった。
　　各部合計の16万3,359円07銭に223円75銭を加えた16万3,582円82銭が純利益であった。

第32回（1932年上半期）

　第32回の雑益、利子収入を加えた純利益は17万5,430円75銭であり、第31回よりも約1万1,000円の増加をみた。第32回の雑益、利子収入を加える前の各部門別決算（表5-21）は15万9,477円31銭であった。部門ごとにみると、官庁部は11万5,487円77銭（72.4％）、柔物部は3万2,636円29銭（20.5％）、堅物部は1万1,353円25銭（7.1％）であり、第31回との比較では官庁部が減少し、柔物部と堅物部が増加した。

第5章　高島屋飯田株式会社の企業活動と日豪貿易　287

表5-21　高島屋飯田株式会社各部門別決算（第32回：1932年上半期）

(単位：円)

各部	各係別	店別	売上利益 (a)	負担営業費 (b)	各係小計 (a-b)	各部合計 (%)
官庁部	鉄道	東京	18,592.10	7,251.42	11,340.68　(7.1)	115,487.77　(72.4)
	陸海軍	東京 大阪	125,648.49 9,418.82	25,746.37 5,173.85	104,147.09　(65.3)	
柔物部	羊毛	東京 大阪	30,846.03 40,500.67	17,676.05 32,217.07	21,453.58　(13.5)	32,636.29　(20.5)
	毛糸	東京 大阪	10,319.14 18,840.01	8,573.54 16,174.98	4,410.63　(2.8)	
	毛織物	東京 大阪	9,430.11 5,986.36	8,662.97 5,756.51	996.99　(0.6)	
	織物雑貨	東京	11,483.51	5,708.42	5,775.09　(3.6)	
堅物部	機械	東京 大阪	12,667.59 1,105.16	9,417.46 1,200.00	3,155.29　(2.0)	11,353.25　(7.1)
	用品	東京 大阪	6,288.38 9,888.30	4,099.25 7,449.19	4,628.24　(2.9)	
	金物	東京 大阪	15,136.78 7,568.52	14,365.80 8,505.08	▲165.58　(-0.1)	
	薬品	東京	8,087.89	4,417.33	3,670.54　(2.3)	
	雑貨	大阪	914.76	850.00	64.76　(—)	
合計					159,447.31 (100.0)	159,477.31 (100.0)

出所：「To London, Sydney, New York 宛第丗二回東京大阪合併決算」(1932.11.15)、『本部来信其ノ他』(NAA: SP1098/16 Box 37) により作成。
注：この期の雑益は9,844円47銭、利子収入は6,108円97銭であり、15万9,477円31銭に雑益、利子収入を加え純利益は17万5,430円75銭であった。

　利益の構成比では依然として官庁部が中心であり、とくに陸海軍係は東京・大阪両店の営業費を差し引いても10万4,147円9銭の利益で各係の65.3％を占め、東京だけでも12万5,648円49銭の売上利益を上げていた。シドニー出張所の岡島芳太郎に宛てた景況の中でも「土木起工、軍事品注文等ニテ随分景気モ直リ殊ニ軍事品ノ製作所ハ日夜売行ノ盛況」[107]を来していると報告された。なお、1931年下半期（第31回）でも陸海軍係は12万2,228円16銭の利益を上げており依然として好調であった[108]。

羊毛係は2万1,453円58銭で各係の13.5％を占めていた。売上利益は東京が3万846円3銭、大阪が4万500円67銭で大阪が東京を上回っていたが、営業費は大阪店が東京店よりも多く負担していたこともあり利益は東京が大阪を上回った。堅物部では金物係が売上利益では最高を示していたが、営業費も嵩んでいるところから各係の利益では赤字となった。しかし、「一般市中ハ軍部ノ活動ニ伴ヒテ金物ノ活況ヲ見ルコトハ想像シ得ル処ニ候」[109]と報告されているように、今後は有望になると予想されていた。なお、雑益は持株配当のほか東洋モスリン株などであった[110]。高島屋飯田の本店では「来年モ大体インフレーション景気ナルベク物価モ上ルコトナルベシ、乍併何レ下リ坂モアル筈ニ候、此浪ヲ上手ニ乗切ルコトガ商売ノ上手下手ノ分ル、処ニ候」[111]と考えていたようである。

1932（昭和7）年上半期の『第参拾貳回営業報告書』[112]によれば、輸入部は「為替相場低落ノ為メニ外国製品ノ輸入ハ甚タシク不利トナリタルモ原料品ハ為替ノ先行見込ノ為メニ却テ輸入数量ヲ増加スルノ趨勢ヲ生シタルニ依リ羊毛取扱ニ於テハ相当活気ヲ呈シ、又輸入製品ニ代テ国産品ノ取扱ハ益（々）発展シ而カモ順調ニ経過シタルヲ以テ本部ノ成績ハ比較的優良ナルヲ得タリ」と報告されていた。すなわち、同社では為替相場の低落によって外国製品の輸入は不利となったが、原料品は為替の先行見込みにより輸入数量を増し、とくに羊毛輸入が活発化していた。また、輸出部は「前半期頃ヨリ諸織物ニ対スル海外ヨリノ引合ヒノ始メタルコトハ前期報告中ニ一言シ置キシカ、今期ニ至リ此傾向ハ益進展シテ予想以上ノ実績ヲ示シ取扱数量ニ於テハ未曾有ノ盛況ナリシカ、収益ニ於テハ単価ノ低カリシ為メニ之レニ伴ハサリシモ而カモ近来ニ比類ナキ好結果ヲ収メタリ」というように、諸織物に対する海外からの引き合いが多く、予想以上の実績を示して取扱数量に関しては未曾有の盛況ぶりとなった。ただし、単価の低さから利益については取扱数量に比例しなかった。また、内地部と代弁業については、特殊商品の取扱数量が増加して好調であった。

表5-22　高島屋飯田株式会社各部門別決算（第33回：1932年下半期）

(単位：円)

各部	各係別	店別	売上利益(a)	負担営業費(b)	各係店別(a-b)		各係小計(a-b)		各部合計(%)	
官庁部	鉄道	東京	14,502.30	8,485.61	6,016.69	(3.6)	6,016.69	(3.6)	92,148.76	(54.8)
	陸海軍	東京	108,392.51	30,063.65	78,328.86	(46.6)	86,132.07	(51.2)		
		大阪	11,651.04	3,847.83	7,803.21	(4.6)				
柔物部	羊毛	東京	20,962.13	16,264.88	4,697.25	(2.8)	14,275.03	(8.5)	41,010.28	(24.4)
		大阪	52,167.35	42,589.59	9,577.78	(5.7)				
	毛糸	東京	11,011.23	11,744.70	▲733.47	(-0.4)	18,258.51	(10.9)		
		大阪	9,988.31	8,618.14	1,370.17	(0.8)				
		名古屋	29,365.83	11,744.02	17,621.81	(10.5)				
	毛織物	東京	8,252.45	7,489.25	763.20	(0.5)	3,570.51	(2.1)		
		大阪	6,406.05	3,598.74	2,807.31	(1.7)				
	織物雑貨	東京	9,383.13	5,708.42	4,906.23	(2.9)	4,906.23	(2.9)		
堅物部	機械	東京	9,716.88	8,820.28	896.60	(0.5)	2,521.77	(1.5)	34,974.69	(20.8)
		大阪	3,025.17	1,400.00	1,625.17	(1.0)				
	用品	東京	7,128.57	3,233.38	3,895.19	(2.3)	5,755.30	(3.4)		
		大阪	10,338.50	8,478.39	1,590.11	(1.1)				
	金物	東京	17,368.73	11,527.60	5,841.13	(3.5)	12,893.62	(7.7)		
		大阪	20,329.10	13,276.61	7,052.49	(4.2)				
	薬品	東京	15,894.75	5,521.17	10,373.58	(6.2)	10,373.58	(6.2)		
	雑貨	東京	4,677.54	2,074.94	2,602.60	(2.1)	3,430.42	(1.8)		
		大阪	1,327.82	500.00	827.82	(0.5)				
合計					168,133.73	(100.0)	168,133.73	(100.0)	168,133.73	(100.0)

出所：「To London, Sydney, New York 宛第卅三回決算」（1933.4.17）、『本部来信其ノ他』（NAA: SP1098/16 Box 37）により作成。

注：1）この期の雑益は1万421円61銭、利子支払いは1万1,264円40銭であり、各部合計に雑役を加え、利子支払いを除いた純利益は16万7,290円94銭であった。
　　2）織物雑貨（東京）の負担営業費は6,236円83銭だが、原資料の明らかな誤りのため5,708円42銭を掲載した。

第33回（1932年下半期）

　第33回の雑益、利子支払いを加除した純利益は16万7,290円94銭であり、第32回よりも約8,000円減少した。第33回は利子支払いが1万1,264円40銭に上ったためで、雑益、利子収入を加除する前の各部合計は16万8,133円73銭であり、この金額は第32回を上回った。

　各部門別決算（表5-22）をみると、官庁部は9万2,148円76銭（54.8％）、柔物部は4万1,010円28銭（24.4％）、堅物部は3万4,974円69銭（20.8％）であり、第32回との利益比較では官庁部が減少し、柔物部と堅物部が増加した。

とくに堅物部が第32回より約2万3,000円増加したのは注目できる。

この回は官庁部が利益の54.8％まで低下し、柔物部と堅物部が構成比を上昇させた。官庁部では陸海軍係（東京）が依然として利益の大半を占めていた。柔物部では羊毛係が東京・大阪両店で約7万3,000円の売上利益を上げたものの営業費も約5万9,000円に上ったため、利益は1万4,275円3銭となった。一方、第33回から名古屋が独立したため、毛糸係に名古屋店が加えられた。名古屋店の毛糸係は2万9,365円83銭の売上利益を上げ、利益も1万7,621円81銭で東京、大阪の両店を大きく上回った。また、堅物部は金物係と薬品係が大きく売り上げを伸ばした。とくに、金物係は軍需需要を背景として東京店および大阪店で約3万7,000円を売り上げ、営業費を差し引いても1万2,893円62銭の利益がでた。

第33回の経営状況は全体的に順調であり、「毛糸ハ大阪一万円、名古屋三万円、東京一万五千円ヲ次期ヘ繰越シ、羊毛ハ東京ニテ二万円、大阪一万四千円、合計三万四千円ヲ繰越シ、金物ハ東京三万円、大阪壱万円、合計四万円ヲ繰越シタル如キ盛況ニ御座候、大体毛糸ト金物ト非常ニ利益ガ多カリシ次第羊毛ハ大体例年ト同様ニ候」[113]と報告され、毛糸係、羊毛係、金物係では次期への繰り越しが多くなされた。なお、第33回の配当は10％であった。

第34回（1933年上半期）

第34回の各部門別決算（表5-23）をみると、各部合計は15万9,279円96銭であり、官庁部が7万2,906円49銭（45.8％）、柔物部5万5,525円5銭（34.9％）、堅物部3万848円（19.4％）であった。第34回は官庁部の比率が低下している一方で、柔物部の比率が上昇した。雑益、利子支払いを加除した純益金は16万2,542円72銭であり、第33回よりも約4,700円減少した。

各部門をみると、官庁部では東京店が5万7,468円15銭、大阪店が1万73円51銭の利益を上げていた。また、柔物部の羊毛係では東京店が1,330円9銭、大阪店が1万5,766円64銭の利益を上げていた。ただし、「今期ハ陸海軍、東京ノ羊毛等ハ大分次期ヘ繰越シ申候、其他ハ大体予定通リニ候」[114]と報告され

第5章　高島屋飯田株式会社の企業活動と日豪貿易　291

表5-23　高島屋飯田株式会社の東京・大阪・名古屋支店各部門別決算（第34回：1933年上半期）

(単位：円)

各部	各係別	店別	売上利益(a)	負担営業費(b)	各係店別 (a－b)	各係小計 (a－b)	各部合計 (%)
官庁部	鉄道	東京	15,527.73	10,162.90	5,364.832　(3.4)	5,364.83　(3.4)	72,906.49　(45.8)
	陸海軍	東京	85,710.39	28,242.24	57,468.15　(36.1)	67,541.66　(42.4)	
		大阪	13,649.42	3,575.91	10,073.51　(6.3)		
柔物部	羊毛	東京	22,935.04	21,604.95	1,330.09　(0.8)	17,098.73　(10.7)	55,525.05　(34.9)
		大阪	81,160.79	65,392.15	15,768.64　(9.9)		
	毛糸	東京	20,399.75	11,299.34	9,100.41　(5.7)	29,944.49　(18.8)	
		大阪	14,245.82	10,981.21	3,264.61　(2.0)		
		名古屋	29,892.42	12,312.95	17,579.47　(11.0)		
	毛織物	東京	13,730.07	7,535.90	6,194.17　(3.9)	7,809.13　(4.9)	
		大阪	6,463.27	4,810.41	1,614.86　(1.0)		
	織物雑貨	東京	5,737.71	5,148.79	588.92　(0.4)	588.92　(0.4)	
	住之江商品	東京	1,181.99	1,098.11	83.88　(0.1)	83.88　(0.1)	
堅物部	機械	東京	17,600.00	10,768.29	6,831.71　(4.3)	8,579.84　(5.4)	30,848.00　(19.4)
		大阪	3,548.13	1,800.00	1,748.13　(1.1)		
	用品	東京	10,688.95	3,485.71	7,203.24　(4.5)	8,324.42　(5.2)	
		大阪	11,709.60	10,588.92	1,121.18　(0.7)		
	金物	東京	17,993.02	13,683.31	4,309.71　(2.7)	6,508.10　(4.1)	
		大阪	15,426.25	13,227.86	2,198.39　(1.4)		
	薬品	東京	9,355.62	6,303.96	3,051.66　(1.9)	3,051.66　(1.9)	
	雑貨	東京	4,420.93	2,190.39	2,230.54　(1.4)	4,384.40　(2.8)	
		大阪	3,653.86	1,500.00	2,153.86　(1.4)		
	合計				159,279.96　(100.0)	159,279.96　(100.0)	159,279.96　(100.0)

出所：「To Sydney, Melbourne, London, 宛第卅四期三店合計決算」(1933.10.13)、『本部来信其ノ他』(NAA: SP1098/16 Box 37) により作成。
注：1) この期の雑益は6,319円71銭、利子支払いは3,056円95銭であり、各部合計に雑益を加え、さらに利子支払いを除去した純利益は16万2,542円72銭であった。
　　2) 合計の一致しないところもあるが、原史料のまま掲載した。

ているように、次期への繰り越しによって陸海軍係および羊毛係（東京）の利益は低下している面もある。高島屋飯田の経営にとって内地仕入れの物に関しては現金が必要となっており、これらの資金のために次期への繰り越しを行っており、「近来金物ヲ始メ他ノ商売ハ内地仕入ノ為メ現金ヲ固定致シ、資金増加ヲ要スル為メ利益ニ計上シタリ配当シタリスルコトヲ得ズ、出来ル丈繰越シ居ル次第ニ候」[115]と報告されている。なお、羊毛係は大阪で約2万円、東京で約4万円が次期に繰越されていた[116]。羊毛取扱高に関しては、「本年モ増加

ノ様ニ候間次期モ悪イ等ハナイト考居申候、東京方面ハ岩本君留守ノ為メ稍心配致居候へ共加来君ガ鉄道ト兼任デ勉強シテ貰ヒ申候」と報告されているように、羊毛取扱高の増加に応じて人材を如何に確保するかが一つの問題となっていた。

　また、毛糸係は名古屋店が2万9,892円42銭の売上利益を出し、利益でも1万7,579円47銭に達していた。堅物部では金物係と薬品係が第33回よりも利益を減少させた一方で、機械係、用品係、雑貨係は利益が増加した。薬品係に関しては、「近来明治皮革ガ非常ニ好調ニテ注文数モ増加ノ為メ此部ノ利益モ多ク今期モ一万円程ハ繰越居申候」[117]と報告されていた。

②営業報告書による経営内容

　次に、1930年代の高島屋飯田の経営について、営業報告書を中心にみてみよう。まず、1932（昭和7）年上半期の『第参拾貳回営業報告書』[118]によれば、輸入部は「為替相場低落ノ為メニ外国製品ノ輸入ハ甚タシク不利トナリタルモ、原料品ハ為替ノ先行見込ノ為メニ却テ輸入数量ヲ増加スルノ趨勢ヲ生シタルニ依リ羊毛取扱ニ於テハ相当活気ヲ呈シ、又輸入製品ニ代テ国産品ノ取扱ハ益（々）発展シ、而カモ順調ニ経過シタルヲ以テ本部ノ成績ハ比較的優良ナルヲ得タリ」と報告され、為替相場の低落によって外国製品の輸入は不利となったが、原料品は為替の先行見込みにより輸入数量を増し、とくに羊毛輸入が活発化していた。また、輸出部は「前半期頃ヨリ諸織物ニ対スル海外ヨリノ引合ヒノ始メタルコトハ前期報告中ニ一言シ置キシカ、今期ニ至リ此傾向ハ益（々）進展シテ予想以上ノ実績ヲ示シ取扱数量ニ於テハ未曾有ノ盛況ナリシカ、収益ニ於テハ単価ノ低カリシ為メニ之レニ伴ハサリシモ、而カモ近来ニ比類ナキ好結果ヲ収メタリ」というように、諸織物に対する海外からの引き合いが多く予想以上の実績を示して取扱数量に関しては未曾有の盛況ぶりとなった。ただし、単価の低さから利益については取扱数量に比例しなかった。また、内地部と代弁業については、特殊商品の取扱数量が増加して好調であった。

　さらに、1933（昭和8年）下半期の営業成績は、輸入部および本部について

表 5-24 高島屋飯田株式会社貸借対照表（1933年下半期）

(単位：円)

貸方（負債）		借方（資産）	
科　目	金　額	科　目	金　額
株金	2,000,000.00	不動産及什器	396,072.55
法定準備積立金	119,500.00	有価証券	529,530.41
任意準備積立金	490,000.00	商品	1,462,825.96
別途任意準備積立金	15,500.00	銀行預金	761,845.29
使用人身許保証金	73,172.51	現金	7,394.14
支払手形	1,177,199.71	諸官庁及得意先勘定	1,413,667.34
外国支払手形	483,590.95	受取手形	777,234.97
仕入先勘定	495,474.13	振替貯金	4,995.69
預り金勘定	132,834.11	海外店勘定	82,353.67
仮受金勘定	144,629.32	立替金	13,325.07
前期繰越金	76,621.92	未決算勘定	105,498.90
当期利益金	346,221.34		
合　計	5,554,743.99	合　計	5,554,743.99

出所：高島屋飯田株式会社『第参拾五回営業報告書』8頁（NAA: SP1098/16 Box 7）により作成。

「羊毛、毛糸其他ノ取扱著シク好況ナリシ為メ成績頗ル良好」であり、輸出部は「海外各国ノ関税障壁、為替管理等ハ我輸出貿易ニ影響スルコト甚大ナリシモ、当社ニ於テハ克ク之ニ対抗シテ顕著ナル収益ヲ挙ケ得タリ」と報告された[119]。同社1933年下半期の貸借対照表（表5-24）をみると、借方（資産）では555万4,743円99銭のうち商品が146万2,825円96銭、諸官庁及得意先勘定が141万3,667円34銭であり、各項目とも借方の25～26％を占めた。また、受取手形は77万7,234円97銭、銀行預金は76万1,845円29銭、有価証券は52万9,530円41銭、海外店勘定は8万2,353円67銭であった。一方、高島屋飯田株式会社損益計算書（表5-25）をみると、収入は79万1,051円59銭、うち商品売上利益は72万6,512円5銭を占めた。支出としては44万4,830円25銭でうち営業費が38万6,951万33銭を占めていた。この期は各部の成績が良好であったことも幸いして34万6,221円34銭の利益が出ていた。この利益金の処分案（表5-26）によれば、この利益金に前期繰越金を加算した42万2,843円の処分として、積立金等を除いた上で重役交際費2万8,000円、店員退職手当資金1万円、重役賞与金

表5-25 高島屋飯田株式会社損益計算書（1933年下半期）

(単位：円)

収入の部		支出の部	
科目	金額	科目	金額
商品売上利益	726,512.05	営業費	386,951.33
収入手数料	19,429.07	支払利子	42,385.73
収入利子	26,084.49	雑支出	15,493.19
雑収益	19,025.98		
合計(a)	791,051.59	合計(b)	444,830.25

収入(a)－支出(b)＝利益346,221.34円

出所：高島屋飯田株式会社『第参拾五回営業報告書』11-12頁（NAA: SP1098/16 Box 7）により作成。

3万4,500円、株主配当金10万円、株主特別配当金15万円を支出するという案が提出された。同社の営業は順調なことから、資本金を倍額とする案も提出された。また、法定準備積立金1万8,000円、別途任意準備積立金5,000円となっており、両積立金の合計は利益金処分の5％で積立金の割合は低かった[120]。

1934（昭和9）年下半期の『第参拾七回営業報告書』[121]には、「対外貿易ハ各国競ツテ自国産業ノ擁護ヲ計リ我カ輸出貿易ヲ阻止セントスルカ故ニ極力新市場ヲ開拓シ我通商戦線ノ拡大ニ務メタリ」と各国の保護主義的貿易について言及している。輸入部に関しては、「本邦輸出品ノ増進並ニ国内各種工業ノ活況ニ伴ヒ其原料品ノ輸入ハ増加シタレトモ価格ノ低落セルモノ多キ為メ取扱品ノ増加ニ比シテ収益之ニ伴ハサリシガ幸ヒニ相当ノ成績ヲ挙クルコトヲ得タリ」と報告された。羊毛などの原料品の輸入が増加しているが、価格の低落によって取扱品の増加に比例して収益は伴っていないものの成績は良好であると指摘している。さらに、輸出部に関しては、「海外諸国ノ関税引上、輸入割当、為替統制等ノ防護策ハ愈々其度ヲ高カメタレトモ価格ノ低廉、品位ノ向上、為替ノ有利等ニヨリ各種織物其他ノ輸出ヲ増加シ、又従来本邦ニ輸入セル品物ヲ逆ニ海外ニ輸出スル機運ニ向ヒタル為メ取扱数ハ頓ミニ激増シ大ヒニ繁忙ヲ極メ収益モ亦増加セリ」と報告され好調ぶりがうかがえる。

1935（昭和10）年上半期の『第参拾八回営業報告書』[122]には、輸入部は「内地ニ於ケル特種工業ハ引続キ殷賑ヲ呈シ、又海外ニ於ケル本邦製品ノ需要ハ衰ヘサルヲ以テ原料品ノ輸入ハ依然好調ヲ保チ、当期ニ於テモ相当ノ成績ヲ挙クルコトヲ得タリ」と報告された。また、輸出部は「本邦品ニ対スル諸外国ノ抑

第5章　高島屋飯田株式会社の企業活動と日豪貿易　295

圧ハ益（々）強化シ我輸出貿易ノ前途ハ楽観ヲ許サヽルニ至リタレトモ、良質廉価ハ尚海外ノ需要ヲ継続セルヲ以テ当期間ノ取扱数ハ一層ノ増進ヲ示シ常ニ繁忙ヲ極メ、前期ニ比シ遜色ナキ結果ヲ収メタリ」と依然として好調な様子を報告している。

高島屋飯田では1935年

表5-26　高島屋飯田株式会社利益処分案（1933年下半期）

（単位：円）

利益		利益処分	
科目	金額	科目	金額
当期利益金	346,221.34	法定準備積立金	18,000.00
前期繰越金	76,621.92	別途任意準備積立金	5,000.00
		重役交際費	28,000.00
		店員退職手当資金	10,000.00
		重役賞与金	34,500.00
		株主配当金	100,000.00
		株主特別配当金	150,000.00
		後期繰越金	77,343.26
合計	422,843.26	合計	422,843.26

出所：高島屋飯田株式会社『第参拾五回営業報告書』12-13頁（NAA: SP1098/16 Box 7）により作成。
注：株主配当金は年1割、特別配当金年1割5分。

度までは日豪貿易などの好調を背景として利益を上げており、この期でも普通配当のほかに特別配当を利益処分案として提出した。

　1935（昭和10）年下半期の『第参拾九回営業報告書』[123]でも、輸入部は「各種ノ工業引続キ活況ヲ持続シ居ルヲ以テ之レカ原料品ノ輸入モ依然旺盛ニシテ幸ニ良好ナル成績ヲ挙クルコトヲ得タリ」、輸出部は「海外諸国ノ本邦品ニ対スル抑圧ハ各方面益（々）其度ヲ加ヘタルモ幸ニ品質ノ良好ト価格ノ低廉ヲ以テ之レニ当リ輸出品取扱数量ハ著シク増加シ昼夜繁忙ヲ呈シ好調裡ニ終始スルコトヲ得タリ、内地部及代弁業、常ニ新方面ノ開拓ヲ怠ラス各種商品ノ取扱額モ増加シ前期ニ比シ遜色ナキ好成績ヲ収メ得タリ」と好調な営業であった。この期の普通配当は据え置きとし、特別配当を前期に比して5分増額した。

　1936（昭和11）年は高島屋飯田の創立20周年にあたった。この年は、二・二六事件が勃発した上に、同年5月には豪州の貿易転換政策に基づく関税改正が行われ、日本商品に対して輸入禁止的高関税が課された年でもある。日本政府も6月に対豪通商擁護法を発動したが、同年上半期の『第四拾回営業報告書』[124]によれば、輸入部は「軍需工業ノ盛況ニ伴ヒ各種工業用原料ノ輸入ハ前期来引続キ旺盛ヲ極メ益々好調ヲ持続シタリ、然ルニ期央対豪通商擁護法ノ

発動ニヨリ将来ノ羊毛輸入ニ付不尠不安ヲ加フルニ至リタルモ、時羊毛買付後ノ季節外ニシテ当期ニ於テハ幸ヒ何等ノ影響ヲ被ラズ寧ロ前期ニ比シ一層良好ナル成績ヲ挙グルコトヲ得タリ」と述べられた。羊毛の買付年度が終了していたのが幸いして、この年度には大きな影響がなかったのである。一方、輸出部は「邦輸出品ハ海外諸方面ヨリ抑圧ヲ蒙ルコト益（々）甚シク、豪洲ハ我綿布及人絹布ニ対スル高率関税ヲ発表シテ我商品ヲ完全ニ拒否セントシ、他方欧州方面ハ独乙ノ強行進出、伊国ノエチオピア遠征、更ニ西班牙ノ内乱等相次キ、為メニ我輸出品ニ多分ノ障害ヲ與ヘタルモ当期ハ従来ノ多数注文品ノ輸出ヲ堅実ニ実行シ、更ニ新販路ノ開拓ヲ計リ幸ニシテ前期ニ劣ラサル成績ヲ持続セリ」と報告された。同社の綿布や人絹布などの輸出品は豪州政府の高関税導入の影響を受けており、新販路の開拓を模索している様子がうかがえる。この期は多くの事件に遭遇しいていたが、普通配当1割、記念特別配当1割5分を達成した。

対豪通商擁護法の発動後の1936年下半期『第四拾壹回営業報告書』[125)] によれば、輸入部は「内地物価ノ昂騰ト軍需工業ノ活躍ハ輸入ノ増大トナリ遂ニ為替管理ハ強化セラレ為替許可制ノ実施トナリテ一時取引ノ渋滞ヲ来タシタルガ、一方前期以来懸案ノ日濠問題未解決ノ為メ羊毛買付ハ南阿、南米ニ於ケル買付ヲ開始シ漸ク所期ノ買付ヲ全クスルコトヲ得タリ、尚各種工業用原料ノ輸入モ引続キ好調ヲ持続シタルヲ以テ幸ニ良好ナル成績ヲ挙グルコトヲ得タリ」と報告され、高島屋飯田では豪州に代わる羊毛買付地として南阿と南米で買付を開始した。また、輸出部では「輸出品ハ海外諸国ノ関税障壁ニ圧迫セラレテ業務益（々）容易ナラザルモノアリ、幸ニ期央日濠協定ノ成立ニヨリテ稍取引ノ進捗ヲ来タセルモ前期ニ比シ扱高ノ減少ヲ免カレズ、更ニ欧州方面ハ西班牙ノ動乱益（々）拡大シテ各方面トモ幾分成績ノ低下ヲ観タリ」と、高関税障壁のために苦戦していた。

1937年7月、盧溝橋事件が発生して日中戦争が開始された。1937（昭和12）年上半期『第四拾貳回営業報告書』[126)] でも、「日支全面的ノ衝突ヲ惹起シ挙国一致事ニ当ルノ已ムヲ得ザル状況トナルニ及ビ海外取引ハ一時見送ノ状態トナ

リ茲ニ輸出貿易モ亦一頓挫ノ止ムナキニ至レリ」と報告されている。このなかで輸入部は「前期ニ引続キ羊毛及皮革「タンニン」材料機械類其他各種注文多額ニ上リ殊ニ羊毛ノ取扱高ハ著シク増加シタルヲ以テ幸ニ良好ナル成績ヲ挙グルコトヲ得タリ」と報告され、羊毛貿易は好調を保っていた。一方、輸出部では「海外諸国ニ於ケル本邦品ニ対スル関税圧迫ハ依然トシテ変化ナキモ通商協定ノ成立セル方面ニ対シテハ逸早ク取引ノ復活ヲ計リ、他方新販路ノ開拓ニ努力シ以テ前期ニ優ル業績ヲ挙グ得タリ」と多くの障害はあるものの前期よりも成績が良かった。さらに1937年下半期『第四拾参回営業報告書』[127]によれば、同社は戦時体制下に入っても営業は好調であった。輸入部は「輸入許可制ノ実施ニヨリ一般商品ノ輸入ハ益（々）困難トナリ、加フルニ軍需材料ノ輸入増加ハ原料品ノ輸入スラ国際収支ノ均衡上極力抑制セラルヽ現状ニシテ、多年最モ力ヲ注ギタル羊毛輸入モ殆ンド休止ノ状態ヲ呈シタルモ、幸ニ原皮、タンニン材料等ノ取扱激増シタル為メ相当良好ナル業績ヲ示スコトヲ得タリ」と報告され、羊毛輸入はほとんど休止の状態であったものの、原皮やタンニン材料等の取扱激増によって輸入部全体としては好調であった。さらに、輸出部は「諸外国ニ於ケル本邦品ニ対スル圧迫益（々）加ハリ我ガ輸出貿易ノ伸力ヲ阻害スルコト尠カラズ、更ニ原料輸入制限ニ伴ヒ原料配給制度ノ確立トナリタルモ其ノ配給円滑ヲ缺ク等為メニ生ズル不安並ニ価格ノ騰貴ハ海外ヨリノ引合ヲシテ徒ニ不成立ニ終ラシムルモノ尠カラズ、誠ニ我ガ輸出貿易ノ前途ニ対シ甚ダ寒心ニ堪エザルモノアル実状ナルガ、当期ハ良ク努力ノ甲斐アリテ幸ニ予期以上ノ注文ヲ獲得シ前期ニ優ル成績ヲ収ムルコトヲ得タリ」と、苦戦を強いられていたが、前期よりは成績が良好であった。さらに、内地部は「前期ニ引続キ毛糸、毛織物及ビ金物等漸次其ノ商内高ノ増加ヲ来タシ当期モ亦相当良好ナル成績ヲ挙グルコトヲ得タリ」、官庁部・代弁業は「時局ニ恵マレタル軍需品ノ注文増加ニヨリ前期ニ優ル業態ヲ示シ、加フルニ前期ニ於テ納期ノ繰下ゲラレタル注文品モ当期ニ於テ略ボ完納スルコトヲ得予期以上ノ業績ヲ示スコトヲ得タリ」と好調であった。

　1938（昭和13）年には統制経済が一層強化されていたが、同年下半期『第四

拾五回営業報告書』[128]）によれば、高島屋飯田では「羊毛、皮革、工業薬品類、嚢ニソノ輸入販売ニ就キ既ニ統制セラレ、取扱数量等自然諸般ノ制肘ヲ受ケタリシモ、幸従来ノ実績ニ基キ且ツ軍需材料トシテノ扱数量多額ニ上リタルタメ之ガ受注ト注文遂行ニ極力努力シ相当ノ販売成績ヲ収メタリ」と、制約下の中でも軍需材料等の取り扱いによって営業が良好であった。同社では軍需品の取り扱いを各方面で維持強化しており、陸海軍其他官庁御用品については「一般予算殊ニ軍事予算ノ膨張ハ自然此方面需要ノ増大ヲ招致スルモノアリテ夙ニ官庁御用品ノ配給ト之ガ販売ニ付キ遺漏ナキヲ期シタリシガ、更ニ時勢ノ変化ニ適応シテ或種製品ニ就テハ漸次之ヲ直営工場ニテ製造加工スルニ至リタルガ、施設ノ増加時宜ヲ得テ良好ノ成績ヲ収メタリ」と報告された。また、輸出商品については、「輸出貿易ハ引続ク国際関係ノ微妙ナル動向、加フルニ諸外国ニ於ケル貿易政策ノ変転ハ動モスレバ本邦商品ノ進出ヲ阻害スルノ情勢ニシテ、今期中濠洲、欧洲、南阿、南米諸国ニ対スル取引ハ何レモ各方面尠カラザル影響ヲ蒙リ、此間前期ニ比シ幾分業績ノ低下ヲ見タルモ、従来ノ地盤ニ拠リ注文ノ獲得ニ努力シ取扱高尚相当多額ニ上リタリ」と影響を受けていた。結局、この期は積立金を増加するために利益配当を前期に比して1分引き下げた。

1939（昭和14）年下半期の『第四拾七回営業報告書』[129]）によれば、輸入部は「一般商品ニ対スル輸入制限ハ愈其ノ度ヲ加ヘ殆ンド輸入禁止ノ状態ニシテ纔カニ羊毛、原皮、タンニン材料等ニ過ギザリシモ其ノ取扱高ハ相当多額ニ上リ稍良好ナル成績ヲ挙グルコトヲ得タルモ、原皮、タンニン等ハ既ニ国策会社ノ成立ヲ見今後此種商品ノ取扱ハ激減ヲ免カレズ」、輸出部は「我国ノ輸出貿易ハ支那事変以来益（々）各種ノ障害ヲ蒙リ困難ヲ極メタルガ期初欧洲ニ於ケル戦争勃発ニヨリ各方面ヨリ輸出引合ハ順次増加ノ傾向ニアルモ、内地ノ物価昂騰ト物資ノ不足ハ其ノ引合ニ応ジ得ルモノ少ク輸出貿易ハ益（々）困難ノ情勢ニアリ、此ノ間内外協力克ク相当ノ成績ヲ示スコトヲ得タリ」と報告され、輸出入とも困難な時代になっていることを印象づけている。一方、内地部は「各種国産品ノ取扱ヒニ力ヲ注ギ前期ニ比シテ良好ナル成績ヲ挙グルコトヲ得タリ」、官庁部及代弁業は「前々期以来軍需旺盛ニシテ取扱高多キヲ加ヘ注文

表5-27 高島屋飯田株式会社貸借対照表（1939年下半期）

(単位：円)

貸方（負債）		借方（資産）	
科目	金額	科目	金額
株金	4,700,000.00	不動産及什器	959,887.64
法定準備積立金	429,000.00	有価証券	2,879,962.26
任意準備積立金	1,080,000.00	商品	7,396,925.85
別途任意準備積立金	485,000.00	銀行預金	1,932,158.47
使用人身許保証金	135,137.81	現金	4,206.80
支払手形	6,053,264.76	諸官庁及得意先勘定	4,749,557.88
外国支払手形	2,749,947.26	受取手形	1,050,405.20
仕入先勘定	1,127,126.99	振替貯金	1,368.63
預り金勘定	291,764.27	海外店勘定	722,533.29
仮受金勘定	1,569,809.80	立替金	94,214.04
前期繰越金	125,740.32	未決算勘定	202,432.34
当期利益金	1,245,761.19		
合計	19,993,652.40	合計	19,993,652.40

出所：髙島屋飯田株式会社『第四拾七回営業報告書』10-11頁（NAA: SP1098/16 Box 7）により作成。

表5-28 高島屋飯田株式会社損益計算書（1939年下半期）

(単位：円)

収入の部		支出の部	
科目	金額	科目	金額
商品売上利益	2,963,667.45	営業費	706,515.61
収入手数料	20,127.55	支払利子	68,633.63
収入利子	10,935.43	雑支出	49,049.45
雑収益	75,329.45	税金引当	1,000,000.00
合計（a）	3,070,059.88	合計（b）	1,824,198.69
収入（a）－支出（b）＝利益金1,245,861.19円			

出所：髙島屋飯田株式会社『第四拾七回営業報告書』11-12頁（NAA: SP1098/16 Box 7）により作成。

品ハ総テ順調ニ経過シ良好ナル成績ヲ示スコトヲ得タリ」と好調であった。次に、1939年下半期の損益対照表（表5-27）をみると、借方（資産）では1,999万3,652円40銭のうち商品が739万6,925円85銭で36％を占めた。また、諸官庁及得意先勘定は474万9,557円88銭で23％を占めていた。1933年下半期との比較では、商品が約5倍、諸官庁及得意先勘定が約3倍に増加した。海外店勘定は

表5-29 高島屋飯田株式会社利益処分案（1939年下半期）

(単位：円)

利益		利益処分	
科目	金額	科目	金額
当期利益金	1,245,861.19	法定準備積立金	66,000.00
前期繰越金	125,740.32	任意準備積立金	270,000.00
		別途任意準備積立金	215,000.00
		店員退職手当資金	70,000.00
		役員賞与金	74,000.00
		株主配当金	423,000.00
		後期繰越金	253,601.51
合計	1,371,601.51	合計	1,371,601.51

出所：高島屋飯田株式会社『第四拾七回営業報告書』12-13頁（NAA：SP1098/16 Box 7）により作成。
注：株主配当金は年1割8分

72万2,533円29銭であり、1933年下半期より約9倍に増加していた。さらに、1939年下半期の損益計算書（表5-28）を見ると、収入は307万59円88銭であり、うち商品売上金が296万3,667銭45銭を占めた。この商品売上金は、1933（昭和8）年下半期の72万6,512円5銭と比較して約4倍に増加しており、1930年代を通して高島屋飯田の好調な営業ぶりを知ることができる。支出は182万4,198円69銭で、内訳の主たるものは税金引当金100万円、営業費70万6,515円61銭であった。利益金は124万5,861円19銭であり、1933年下半期の34万6,221円34銭と比較して約3.6倍に増加した。利益金処分案（表5-29）によれば、1939年下半期の株主配当率は年1割8分であり、1933年下半期の年1割を上回っていた。法定準備積立金、任意準備積立金、別途任意準備積立金の合計は55万1,000円に及び、利益処分の40％を占めていた。

なお、1940（昭和15）年下半期には、戦争等の影響により輸出入は困難な状況となり、『第四拾九回営業報告書』[130]によれば、輸出商品は「欧州戦乱悪化ノタメ欧州、近東、アフリカ等ヘノ輸出ハ益々困難トナリ輸出貿易ハ不振ニ陥リ、殊ニ綿布及ビ人絹織物ハ滞貨相当量ニ昇リ当該輸出組合ニ於テハ棚上ゲヲ行フニ至レル程ニテ従ヒテ前期ニ比シテ成績劣リタル」という状態になった。また、輸入については「羊毛、タンニン材料等ハ前期ニ引続キ輸入セルモ其ノ数量ニ制限アリ、亦東亜共栄圏内各地ヨリノ輸入モ相当困難ニシテ輸入部トシテハ不振ヲ極メタリ」という状態になった。

第5章　高島屋飯田株式会社の企業活動と日豪貿易

表5-30　高島屋飯田株式会社の営業品目（1939年7月現在）

種　別	営業品目
官庁御用品	陸軍、海軍、鉄道省、通信省、大蔵省、内閣印刷局、その他官庁御用品各種
輸出商品	各種純絹織物、各種人絹織物、各種綿織物、各種毛織物、各種ステープル・ファイバー織物、各種交織織物、更紗用ならびに製粉用篩絹 綿糸、人絹糸、各種ステープル・ファイバー糸、毛糸、紡績絹糸、ブランケット、タオル、メリヤス、レース類、テーブルクロス、手巾、シャツ、婦人および子供服類その他布帛製品、リノリューム、室内装飾用織物 扇風機、モーターその他電気機械ならびに器具 ベニヤ板、除虫菊、精製樟脳、乾生姜 ゴム製品、貝釦、紙布、その他一般輸出向雑貨類、別項各種国産品
輸入商品	豪州、新西蘭、南米、南亜、満州、蒙疆、支那その他各地産羊毛、山羊毛、山羊絨、トップ、ノイル、屑毛、麻、柞蚕その他 特殊毛糸、麻糸、綿糸類 皮革用原皮、タンニン材料各種、工業薬品、製油原料、食料品、その他工業原料 機械類、製紙用フェルト、エンドレスジャケット、同金網、紡織用カレンダーフェルト、鉄鋼各種
国産品	（航空用品）旅客機防音装置ならびに内部艤装工事、亜麻ラミーおよび綿製翼布、気球用布、機上伝聲管、航空被服類、航空眼鏡、機上用作業帯、機上用安全帯、緩衝ゴム紐、防音材料シーパック、航空機用部品、金具、用品、ゴム引布、型ゴム製品 （織物類）毛織物、絹織物、綿織物、麻織物、毛布、テープ、雨覆布、絨氈、輪奈織、テレンプ、モケット、汽車・汽船・電車・自動車・航空機用および室内装飾用織物、被服類、綿麻帆布の裁縫加工 （糸類）織物用紡毛糸および梳毛糸、メリヤス用紡毛および梳毛糸、スフ糸、絹紡糸、紙糸その他各種の更生糸、再生糸 （機械）紡織諸機械、織物染色仕上機械、繊維切断機、印刷製本機、PIV調速機、SRB硬度計、ポンプ、紙屑再生機、レースチャック、工作機械、警報器、精密機械、バイト検査機、光学的螺子検査機、内部検査鏡、ローザ写真レンズ、光学的測定機械 （鉄鋼）硅素鋼板、美装鋼板、鈬力板、磨帯鉄、黒皮帯鉄、純鉄、超パーマロイ、NCアロイ、工具鋼、耐酸鋼、ステンレス、その他特殊鋼、電気および瓦斯用溶接棒 （紡織用品）木管、シャットル、針布、トラベラー、スピンドルテープ、スピンドルバンド、コルクローラー、ファイバー製品、チェーン、スピンドル、リング、ワイヤーヘルド、ローラークロス、グリンブラシ、コードVベルト （雑貨）コルク板、炭化コルク、コルク粉、プレスパン、バルカナイズドファイバー板ならびに同棒、管、工業用および食用罌粟油

出所：『高島屋飯田株式会社経歴書』（1939年）5-7頁（NAA: SP1098/16 Box 7）。

（3）事業内容

高島屋飯田の定款（1928年9月）によれば、同社の事業目的は①輸出入貿易業、②仲立、代理および問屋業、③一般商品の製造販売業、④以上の各号に関

連した諸業務およびこれらの事業に対する出資であった[131]。また、『高島屋飯田株式会社経歴書』(1939年7月)によれば、高島屋飯田の営業品目は、官庁御用品、輸出商品、輸入商品、国産品に分けられていた(表5-30)。

　前述の如く、1939年下半期の諸官庁及得意先勘定が474万9,557円88銭で資産全体の23％を占めていたように、高島屋飯田の事業にとって官庁御用品の割合は高かった。内訳は陸軍、海軍、鉄道省、通信省、大蔵省などに及んでおり、高島屋飯田の歴史的経緯をみても官庁御用品は重要な営業品目であった。輸出商品としては、絹織物、人絹織物、綿織物、毛織物、ステープル・ファイバー織物などの織物品、綿糸、人絹糸、毛糸などの糸類、ブランケット、タオル、メリヤス、レース類、婦人服、子供服、室内装飾織物などの繊維製品が主たるものであったが、扇風機、モーターなどの電気機械・器具、ベニヤ板、除虫菊、樟脳、ゴム製品、ボタンなども輸出されていた。輸入商品としては、豪州、新西蘭、南米等からの羊毛類、特殊毛糸、麻糸、綿糸などの糸類、皮革用の原皮、タンニン材料各種などの工業原料、機械類などであった。国産品としては、航空用品、織物類、糸類、機械、鉄鋼、紡織用品、雑貨に分かれていた。航空用品は、旅客機防音装置ならびに内部艤装工事、亜麻ラミーおよび綿製翼布、気球用布、機上伝声管、航空被服類、航空眼鏡、機上用作業帯、機上用安全帯、緩衝ゴム紐、防音材料シーパック、航空機用部品、金具、用品、ゴム引布、型ゴム製品など航空機に関する繊維品からゴム製品まで多岐に及んでいた。機械は、紡織諸機械、織物染色仕上機械、繊維切断機、印刷製本機、工作機械、警報機、精密機械などであり、鉄鋼は美装鉄鋼、ステンレス、その他特殊鋼、電気および瓦斯用溶接棒などであった。また、紡織用品として木管、シャットル、針布、スピンドルテープ、スピンドルバンド、コルクローラー、ファイバー製品なども製造していた。

　こうした営業品目を製造するために、高島屋飯田では同社経営の工場を18工場保有していた。工場の内訳は東京市10、京都市2、大阪市2、神奈川県2、愛知県1、兵庫県1であった。たとえば、京都工場および河内工場では陸海軍その他官庁御用被服地、諸広幅綿布類、輸出向織物、装飾用織物、目黒工場で

表 5-31　高島屋飯田株式会社の経営工場（1939年7月現在）

工場名	住　所	製品品目
京都工場	京都市上京区鞍馬口千本東入	陸海軍その他官庁御用被服地、諸広幅綿布類、輸出向織物、装飾用織物
河内工場	大阪府北河内原村	京都工場に順ずる
都織物工場	京都市今出川室町	海軍省御用品、西陣特種織物、製粉用篩絹その他
下谷製織所	東京市下谷区龍泉寺町	細幅特種織物
千住工場	東京市足立区日ノ出町	陸海軍その他被服類、天幕、雨覆、麻綿帆布、縫製兵器部分
幡ヶ谷工場	東京市渋谷区幡ヶ谷原町	同　上
笹塚工場	東京市渋谷区幡ヶ谷笹塚町	航空機ならびに自動車用品縫製
品川裁縫工場	東京市品川区西品川	被服類縫製
横須賀工場	横須賀市不入斗	同　上
明石工場	兵庫県明石市外林崎村船上	各種雨覆、各種天幕、諸機械覆類、厚地薄地カバー各種、各種被服類、各種梱包布類
東成工場	大阪市東区腹見町559	同　上
小田原製靴工場	神奈川県小田原町緑町	靴類
皮革加工場	東京市芝区愛宕下町	航空用品
祖師ヶ谷工場	東京市世田ヶ谷区祖師ヶ谷	雨覆テント、鉄道省貨車用雨覆等
品川工場	東京市芝区車町	航空機用傳聲管、安全帯、作業帯、緩衝ゴム紐、機体部品金具類
精器工場	東京市渋谷区山下町	硬度計外精密機械
目黒工場	東京市品川区西大崎	航空機用傳聲管および眼鏡その他
浅井毛織工場	愛知県栗葉郡浅井町黒岩	毛織物一般

出所：『高島屋飯田株式会社経歴書』（1939年）8-11頁（NAA: SP1098/16 Box 7）。

は航空機用傳聲管および眼鏡などを製造していた。また、浅井毛織工場では毛織物一般の製造を行っていた（表5-31）。これらの18工場では主として陸海軍御用品や航空機用品の縫製等を行っており、高島屋飯田は自己の経営工場をもつことで、陸海軍を中心とする官庁御用品の製造・納品を円滑に行うことができたものと考えられる。また、ゴム製品や光学測定機などについては同社の傍系工場（表5-32）に製造を委託していた。傍系工場は7工場あり、東京市5、大阪市1、奉天市1の割合であった。たとえば、東京市の株式会社富岡光学機

表5-32 髙島屋飯田株式会社の傍系工場（1939年7月現在）

傍系工場名	住所	製品品目
日東工業株式会社	東京市品川区大崎本町	海軍御用織物縁類、各種テープ織物、エンドレスベルトその他
壽ゴム工業株式会社	東京市品川区東品川	コードVベルト、ゴムロールその他
住江織物株式会社	大阪市住吉区殿辻町	ブラシュ、テレンプ、モケット、絨氈、輪奈織、室内および車輛装飾用物、航空機用翼布、気球布、その他特種織物
株式会社富岡光学機械製造所	東京市大森区雪谷ヶ丘	双眼鏡、ローザー写真レンズ、内部検査鏡、バイト検査器、光学的螺子検査器その他光学的測定器
矢萩製作所	東京市目黒区中目黒4丁目	警報機、サイレン各種
国華工業株式会社	東京市蒲田区羽田本町	ゴム防水布、その他ゴム製品
日満溶材工業株式会社	奉天市大和区千代田通	溶接棒、溶接用機械器具

出所：『髙島屋飯田株式会社経歴書』（1939年）12-13頁（NAA: SP1098/16 Box 7）。

械製造所には双眼鏡、ローザー写真レンズ、内部検査鏡、バイト検査器、光学的螺子検査器その他光学的測定器の製造を委託していた。また、奉天市の日満溶材工業株式会社には溶接棒、溶接用機械器具の製造を委託していた。さらに、国内の特約製造家（表5-33）によれば、同社は日本毛織株式会社、鐘淵紡績株式会社、帝国人造株式会社などの毛織会社、紡績会社、人造絹糸会社をはじめ、日本ファイパー製造株式会社、山陽皮革株式会社、日本ステンレス株式会社、東洋特殊鋼株式会社などを特約製造企業としていた。

1939年現在の髙島屋飯田の営業所一覧（表5-34）によれば、本社は東京市京橋区におかれ、国内支店は大阪、名古屋、神戸の3店、海外支店は奉天、ロンドン、シドニーの3支店、国内主張所は横須賀、八幡の2店、海外出張所は新京、大連、天津、上海、漢口、メルボルン（2店）、ブエノスアイレス、モンテビデオの9カ所におかれた。オーストラリアにはシドニー支店とメルボルン出張所（2カ所）がおかれ、またアルゼンチンのブエノスアイレス、ウルグアイのモンテビデオにも出張所がおかれ、羊毛等の輸入や綿織物の輸出を行っていた髙島屋飯田の活動を反映した支店・出張所の配置であった。また、中国、満州にも支店・出張所を多く設置しており、軍需関係の営業を濃厚にさせてい

第5章　高島屋飯田株式会社の企業活動と日豪貿易

ったこの時代の営業を物語っているといえよう。さらに、海外の特約製造家（表5-35）として、フォレスタル・ランド・チンパー・アンド・レールウェー会社など欧州の企業と関連のあったことがわかる。なお、高島屋飯田の輸出代理店は、南アフリカ、ニューヨーク、豪州（アデレード、パース、ブリスベン、エジプト、フィンランド、アイルランド、ノルウェー、スウェーデン、ベルギー、オランダ、シリア、アフリカ（マデイラ、セントビンセント）におかれた[132]。こうした代理店の所在地を中心に輸出が行われた。同社の輸出国[133]はオーストラリア、ニュージーランド、英国、仏国、独国、伊国、ベルギー、オランダ、フィンランド、スウェーデン、ノルウェー、シリア、エジプト、南アフリカ、西アフリカ、インド、中華民国、満州国、北米合衆国、アルゼンチン、ウルグアイ、パラグアイなどに及んだ。

表5-33　高島屋飯田株式会社の特約製造家（国内）（1939年7月現在）

日本毛織株式会社	山陽皮革株式会社
鐘淵紡績株式会社	株式会社藤森工業所
帝国人造絹糸株式会社	東洋リノリューム株式会社
京都織物株式会社	日本リング製鋼所
天満織物株式会社	日本商工株式会社
帝国製麻株式会社	合資会社関西スピンドル製作所
東京麻糸紡績株式会社	合同シャットル株式会社
日本靴紐製造株式会社	株式会社藤原ヘルド製作所
横浜帆布株式会社	株式会社大阪チェイン製作所
東洋帆布株式会社	株式会社内山工業所
近江帆布株式会社	大木鐵工株式会社
大和川染工所	株式会社金井トラベラー針布製造所
合資会社松尾毛糸紡績所	東亜機械製作所
太陽毛糸紡績株式会社	報国研究所
蕨毛糸紡績所	内山コルク工業所
尾張毛糸紡績合資会社	特種製紙株式会社
高山毛糸紡績所	日本ファイバー製造株式会社
日東毛糸紡績株式会社	加藤精密機械製作所
東洋紡織工業株式会社	東京化学工業株式会社
帝国毛糸紡績株式会社	北方製作所
大東紡織株式会社	日本製鐵株式会社
共立モスリン株式会社	株式会社日本電解製鐵所
錦華毛糸株式会社	日本ステンレス株式会社
共同毛糸株式会社	日本砂鐵工業株式会社
宮川毛織株式会社	日本ニッケル株式会社
昭和毛糸紡績株式会社	日本曹達株式会社
東洋毛織工業株式会社	日本亜鉛鉱鋼業株式会社
朝日毛糸紡績株式会社	理研圧延工業株式会社
株式会社伊丹製絨所	高砂鐵工株式会社
東洋毛糸株式会社	アサヒ工業株式会社
中央毛糸紡績株式会社	東洋特殊鋼株式会社

出所：『高島屋飯田株式会社経歴書』（1939年）14-18頁（NAA: SP1098/16 Box 7）。

表5-34　高島屋飯田株式会社営業所一覧（1939年7月現在）

営業所名	住所	Cable address
本社	東京市京橋区銀座西2丁目1番地	HIGHISLAND
大阪支店	大阪市東区横堀1丁目11番地	TAKASHIN
神戸支店	神戸市葺合区磯上通4丁目1番地	TAKASHIN
名古屋支店	名古屋市中区広小路通6丁目3番地	
横須賀出張所	横須賀市諏訪町28番地	
八幡出張所	八幡市岡田町3丁目201番地	
奉天支店	奉天市大和区千代田通21番地	
新京出張所	新京羽衣町2丁目2番地	
大連出張所	大連市大黒町8番地	
天津出張所	天津日本租界旭街7（華名、義大洋行）	
上海出張所	上海共同租界江西路170ハミルトンハウス（華名、義大洋行）	HIGHISLAND
漢口出張所	漢口特三区河街一号日清大厦	
倫敦支店	Iida & Co. Ltd., 122 Wood Street, London, E. C. 2. England.	TAKASHIN
シドニー支店	Iida & Co. Ltd., Malcolm Building, Malcolm Lane, Sydney, Australia.	HIGHISLAND（Import）、TAKASHIN（Export）
メルボルン出張所	Iida & Co. Ltd., Henly House, Little Collins Street, Melbourne, C. I. Australia.	HIGHISLAND（Import）
〃	Iida & Co. Ltd., Butler House, 134 Flinders Lane, Melbourne, C. I. Australia.	TAKASHIN（Export）
ブエノスアイレス出張所	Iida y Cia, Ltda, 162 Rodriguez Pena, Buenos Aires, Argentina.	SAKURA
モンテビデオ出張所	Iida y Cia, Ltda, Juan Carlos Gomez, 1537, Montevideo, Urguay.	

出所：『高島屋飯田株式会社経歴書』（1939年）3-4頁（NAA: SP1098/16 Box 7）。

表5-35　高島屋飯田株式会社の特約製造家（海外）（1939年7月現在）

フォレスタル・ランド・チンバーアンド・レールウェー会社（英国）
タンニンス・レー会社（仏国）
タンニニ・デイ・カラブリヤ会社（伊国）
フッター・ウント・シュランツ会社（独国）
ジェー・ストーン会社（英国）
アームコ・インターナショナル会社（米国）

出所：『高島屋飯田株式会社経歴書』（1939年）18頁（NAA: SP1098/16 Box 7）。

(4) 豪州貿易と羊毛取引

　前述したように、高島屋飯田は1905（明治38）年から代理店を通して輸出貿易を開始し、同年から店員大澤銈三郎を出張させ代理店に勤務させた。同社では輸出品目である羽二重、綿縮、タオル、貝釦等を取り扱う一方で、豪州では

羊毛研究を行い、1907年5月から羊毛取引を行うようになった。

　高島屋飯田は羊毛取引開始当初から大量の羊毛買付を行っていたわけではなかった。1920-21羊毛年度のシドニー市場の第1競売室席順（前掲表3-2）をみると、高島屋飯田は第58位であった。同社では過去5年間に1,955俵を買い付けていたが、日本商社では兼松商店が第10位（7万3,271俵）、大倉商事が第21位（2万9,889俵）、三井物産が第25位（2万7,263俵）であり、日本商社の中ではまだ弱小といっても過言ではなかった。また、同年度のシドニー市場第2競売室席順（前掲表3-3）も第70位であり、過去5年間の買付量は45俵にすぎなかった。兼松商店は第24位（1万1,186俵）、大倉商事第34位（4,076俵）、三井物産第45位（1,433俵）であり、シドニー市場で高島屋飯田は日本商社のなかで上位3社から大きく離れた4番手に位置していたことになる。一方、同羊毛年度のブリスベン市場の第1競売室席順（前掲表3-4）では、第11位に兼松商店（2万5,977俵）、第19位に三井物産（1万6,298俵）、第29位に大倉商事（7,605俵）が入っていたが、高島屋飯田は72位までに入っていなかった。同様にブリスベン市場の第2競売室席順（前掲表3-5）では、兼松商店が第16位（4,043俵）、三井物産が第50位（185俵）に入っているのみであった。

　高島屋飯田は1921-22羊毛年度から羊毛買付量を増加させた。シドニー市場第1競売室の大口物では1921-22羊毛年度に1万3,592俵を買い付け（前掲表3-6）、またブリスベン市場第1競売室の大口物（前掲表3-8）でも8,132俵を買い付けたが、この買付量はそれぞれ日本商社3番目にあたった。1924-25羊毛年度のシドニー市場第1競売室の大口物取引席順では、高島屋飯田は5年間に3万7,080俵を買い付け第15位に躍進した。ただし、兼松商店は10万7,726俵で第2位、三井物産は7万952俵で第7位であり、この時点では高島屋飯田との羊毛買付量の差は大きかった。また、大倉商事は第25位（2万9,056俵）、日本綿花は第50位（1万1,651俵）、三菱商事は第55位（1万320俵）であり、1920年代前半を通してみると、高島屋飯田はこの3社の上に位置していたことになる。ただし、シドニー市場第2競売室の小口物取引席順（前掲3-7表）をみると、1924-25羊毛年度の高島屋飯田は2,519俵で第56位、また、ブリスベ

ン第2競売室の小口物取引席順（前掲表3-9）では20俵で第88位であった。高島屋飯田は1920年代前半においては、シドニー市場、ブリスベン市場の両市場では大口物の買付量を増加させたが、小口物はまだ多くの買付量を達成することはできなかったといえる。

　次に1920年代後半の高島屋飯田についてみてみよう。1930-31羊毛年度のシドニー市場第1競売室の大口物取引席順（表前掲3-10）では20位以内に日本商社6社が入り、1925年から1930年の5年間に日本商社の羊毛買付が活発化してきた。三井物産は5年間に20万1,389俵を買い付け第3位となり、日本商社ではトップに立った。第4位は兼松商店（14万8,033俵）であったが、第6位に三菱商事が11万7,916俵で躍進した。第13位は大倉商事（7万1,949俵）であり、高島屋飯田は第16位（6万5,980俵）、日本綿花は第20位（6万2,256俵）であった。同羊毛年度のシドニー市場第2競売室の小口物取引席順（前掲表3-11）では三菱商事が22位（1万5,264俵）、兼松商店が29位（1万3,052俵）、日本綿花が34位（1万1,201俵）、大倉商事が42位（9,485俵）、高島屋飯田45位（9,140俵）、三井物産が52位（7,640俵）であり、日本商社の小口物買付量は他のバイヤーと比較すると少なかったが、ここでも三菱商事の買付量の増加が著しかった。一方、ブリスベン市場でも1930-31年度の第1競売室席順（前掲3-12表）では、三井物産が5年間に8万1,852俵を買い付けて第3位となった。また、兼松商店は第4位（5万5,099俵）、三菱商事は第5位（4万1,860俵）であり、日本商社が第3位から第5位までを占めた。さらに、第14位に大倉商事（2万9,344俵）、第26位に高島屋飯田（2万139俵）、第28位に日本綿花（1万7,120俵）が入り、30位以内に日本商社が6社入るという活況ぶりだった。ブリスベン市場の1930-31羊毛年度の第2競売室席順（前掲表3-13）では、三菱商事が過去5年間に3,966俵を買い付けて25位に入ったが、日本商社の小口物の買付量は少なく、高島屋飯田は5年間に288俵の買い付けにとどまった。なお、三井物産シドニー支店『大正十五年上半期考課状』によれば、高島屋飯田は「買付技倆相当ナルモ小店ナル為金融力ニ乏シク（此点兼松モ同様ナルモ兼松ニハ横濱正金ノ援助アリ）関東側注文絶無僅ニ日本毛織大阪モス二社ノ注

文ニ局限セラレ買付不振ナリ」[134]と述べられている。高島屋飯田の買付技量は評価されていたが、金融力不足と毛織会社が日本毛織と大阪モスリンに限定されていたことが不振の原因であると指摘された。一方、三井物産メルボルン出張所『大正拾五年上半期メルボルン出張員考課状』によれば、高島屋飯田は「前々期以来大ニ当地方ニ注目シ、兼松商店ノ不振ニ反シ其ノ取扱漸増ノ傾向アリ、約三千五百俵内外ノ取扱ヲ示セリ」[135]と報告されており、1925（大正14）年上期頃からメルボルン、南オーストラリアでの羊毛買付を活発化させていた様子を伝えている。

1935-36羊毛年度のシドニー市場第1競売室席順（前掲表3-15）では上位5社のうち日本商社が4社を占めるに至った。三井物産は5年間に29万2,993俵を買い付けて第1位となった。第2位にはW. P. Martin & Co.が21万4,443俵で入った。W. P. Martin & Co.は1925-30羊毛年度に31万7,410俵を買い付けていたが、1930-35羊毛年度に約10万俵減少したことになる。逆に、三井物産は約9万俵増加した。第3位は兼松商店（19万6,444俵）、第4位は高島屋飯田（17万6,575俵）、第5位は三菱商事（16万5,435俵）であり、日本商社は1925-30羊毛年度と比較すると買付量を激増させた。たとえば、兼松商店、三菱商事は約5万俵増加し、高島屋飯田に至っては約11万俵増加した。なお、第20位の大倉商事と第21位の日本綿花は6万俵台の買付量であった。このように、1930年代前半には日本商社全体が羊毛買付を活発化させたのである。前述したようにシドニー市場第2競売室席順では、日本商社以外のバイヤーが上位の席順を占めていた。日本商社の買付量は増加したが、上位6位まではBiggin & Ayrton（第1位、8万2,194俵）、Wm. Haughton & Co.（第2位、7万3,949俵）などが占め、日本商社の最高は三井物産の第7位（4万4,391俵）であった。また、第9位には高島屋飯田が4万3,331俵に入っているが、同社は1925-30羊毛年度には9,140俵であり、この時期に大口物でも小口物でも豪州羊毛を積極的に買い付けていったことがわかる。三井物産株式会社メルボルン出張所『昭和十年上期考課状』によれば、高島屋飯田は「他社注文獲得少ナキ同店ハ日毛社員駐豪ヲ機ニ従来ヨリ日毛第一主義ヲ益々露骨ニシ、常ニ日毛社大量注文獲得之ニ対

スル無理買数量取纏メノ方針ヲ採リ盛ニ活躍殊ニ三、四月アデレード競売ニ於ケル大量買附及西濠市場ニ於テ Wenz 及 McGregor 両社利用日毛注文一手獲得ノ計画ヲナス等同店ノ行動今後共大ニ注目ヲ要スルモノアリ」[136)] と報告された。高島屋飯田と日本毛織の関係は従来から強かったが、日本毛織社員の豪州駐在を機として、高島屋飯田が日本毛織の大量注文に対して「無理買数量取纏め方針」を取り、アデレードで大量買付を行っている様子がわかる。また、高島屋飯田では西オーストラリア市場[137)]でも Wenz 社と McGregor 社を利用して買付を強化していた。さらに、三井物産株式会社メルボルン出張所『昭和十年下期考課状』でも「兼松、飯田、両店ノ積極的買進ミ方針継続セラレ本期モ買附数量激増セリ、大倉ハ今季ヨリ当地ニ事務所ヲ設ケ独立買付ケヲ開始シ其取扱数量ハ前々期ニ比シ四倍ノ増加ニシテ今冬同支店長一時帰朝ノ節内地店或ハ得意先ト何等カ特殊ノ打合セ出来タルモノニアラザルカド思ハル、岩井商店ハ主任買付人ノ移動アリタルモ特記スベキ変化ヲ見ズ」[138)] と報告されているように、高島屋飯田は兼松商店とともに積極的な買付を行っていたのである。

　一方、ブリスベン市場の第1競売室席順（前掲表3-17）では第1位が三井物産であり、5年間に15万3,271俵を買い付けた。また、第2位は兼松商店（12万8,254俵）、第3位は高島屋飯田（8万1,655俵）、第4位は三菱商事（7万5,009俵）であり、日本商社が上位1位から4位までを独占した。各社とも1925-30羊毛年度と比較して買付量を増加しているが、とくに1934-35羊毛年度の単年の買付量が各社とも多くなっていることが特徴である。また、大倉商事は第14位（3万8,971俵）、日本綿花は28位（2万2,476俵）であり、上位4社以外も買付量を増加させた。ブリスベン市場の第2競売室席順（前掲3-18表）では、上位5位は日本商社以外が占め、第1位は Wm. Haughton & Co. の2万9,637俵であった。日本商社は上位10社内に兼松商店（6位）、三菱商事（8位）が入り、さらに第12位に三井物産、13位に高島屋飯田が入った。高島屋飯田は1万538俵を買い付けたが、1930-35年にはブリスベン市場の第2競売室で288俵の買い付けしかしておらず、1930年代前半に飛躍的に買付量を伸ばしたと言えよう。

ここで高島屋飯田の豪州での市場別羊毛買付量（表5-36）を具体的にみてみよう。同社の1931-32羊毛年度の買付量は8万784俵であり、うちシドニー市場で51.2％にあたる4万1,388俵を買い付けており、シドニー市場への依存が高かった。ブリスベン市場は22.0％の1万7,756俵、メルボルン、オルバリー、ジーロン、タスマニアでは20.6％の1万6,648俵を買い付けていたほか、アデレードでは4.7％の3,773俵、ニュージーランドでは1.5％の1,219俵を買い付けていた。同社ではメルボルンに出張所を設けており、メルボルンを中心としてビクトリア州、南オーストラリア州への買付も積極的に行っていたのである[139]。

さらに、1931-32羊毛年度に買い付けた豪州羊毛の依頼会社（表5-37）によれば、8万784俵の93.8％が大阪（関西）の毛織会社であり、東京（関東）は6.2％であった。最も多くの羊毛買付を依頼したのは日本毛織であり、3万8,957俵は全体の48.2％を占めた。共立モスリンと昭和毛糸も1万俵台の買付を依頼しており、この3社で79.1％に達した。

表5-36　高島屋飯田の市場別羊毛買付量（1931-32羊毛年度）

市　場	買付量（俵）	構成比（％）
シドニー（Sydney）	41,388	51.2
ブリスベン（Brisbane）	17,756	22.0
メルボルン（Melb.）ジーロン（Geelong）オルバリー（Albury）タスマニヤ（Tas.）	16,648	20.6
アデレード（Adelaide）	3,773	4.7
ニュージーランド（N.Z.）	1,219	1.5
合　計	80,784	100.0

出所："Total Purchase by Iida & Co. 1931-1932"（NAA: SP1098/16 Box 6）により作成。

表5-37　高島屋飯田の羊毛購入依頼者（1931-32羊毛年度）

地域	依頼者	買付量（俵）	構成比（％）
東京	東京モスリン	2,081	2.6
	千住製絨所	278	0.3
	日本フェルト	152	0.2
	ストック	2,476	3.1
	（東京合計）	4,987	6.2
大阪	日本毛織	38,957	48.2
	共立モスリン	13,070	16.2
	昭和毛糸	11,844	14.7
	新光毛織	7,155	8.9
	共同モスリン	1,367	1.7
	毛糸紡績	2,043	2.5
	中央毛糸	400	0.5
	ストック	961	1.2
	（大阪合計）	75,797	93.8
総合計		80,784	100.0

出所："Total Purchase by Iida & Co. 1931-1932"（NAA: SP1098/16 Box 6）により作成。

表5-38 高島屋飯田の豪州羊毛輸入量と羊毛工業会社

(単位：俵)

	1929-30	1930-31	1931-32	1932-33	1933-34	1934-35
日本毛織（神戸）	11,885	21,914	28,272	42,421	27,306	43,386
〃　　（名古屋）	5,527	13,695	10,174		11,430	12,661
昭和毛糸（名古屋）	3,143	3,958	11,950	6,092	3,436	9,059
共立モスリン（横浜）	2,195	8,150	12,867	18,005	14,964	22,710
伊丹製絨所（大阪）	497					
東洋モスリン（横浜）	4,876	1,534	3,454		3,255	3,545
〃　　　（四日市）						239
中央毛糸（横浜）	1,439					1,361
宮川モスリン（横浜）	1,209					
新興毛織（大阪）	494	3,536	6,792		6,781	7,432
〃　　（四日市）					15	
日本毛糸（名古屋）	691	2,149	2,043	3,194	3,844	2,549
共同毛織（名古屋）	493	151	1,337	1,249	1,189	521
東洋毛糸（横浜）		22		1,494	5,323	5,377
東海毛糸（横浜）					95	541
帝国毛糸（名古屋）						1,468
千住製絨所（横浜）	112	898	498			116
栗原紡織（横浜）	139					
東洋紡（名古屋）					48	149
その他（大阪）			759		379	932
〃　　（四日市）						789
〃　　（名古屋）			68			1,484
〃　　（横浜）			1,734		1,094	3,252
その他（陸揚げ地不明）	1,592	4,658		776		
合　計	34,292	60,665	79,948	79,286	79,159	117,571

出所："Particulars of Wool Imported"（1929-1930, 1930-1931, 1931-1932），"Statistics for Australian Wool Imported by Japanese Importers & Its Distribution"（1933-1934, 1934-1935 Season）. (NAA: SP1098/16 Box 6) により作成。

注：1）1932-33は資料散逸のため、"Wool Purchases 1932-1933 Season" の数値を掲載した。1932.10から1933.9までの合計は8万6,717俵。

2）1932-1933以外の年は、10月から9月までの輸入量を示している。

　前述したように、高島屋飯田と日本毛織との関連は深く、とくに1930年代にはその関係が濃厚となった。

　1929-30年から1934-35年までの高島屋飯田の豪州羊毛輸入量を示したのが表5-38である。同社は1929-30年から1934-35年までに豪州羊毛輸入量を約3.4倍に伸ばしていた。買付依頼を受けた毛織会社は主として日本毛織（社長：川西

清兵衛）であり、各年とも同社買付量の50％近くに達し、とくに神戸での陸揚げが多かった。共立モスリンからは1930-31年以降に買付依頼が増加し、1934-35年には日本毛織（神戸）に次ぐ買付量となった。昭和毛糸（名古屋）からの買付依頼も多く、1934-35年には日本毛織（名古屋）に次いで4番目の買付量であった。さらに、1930-31年から新興毛織（大阪）からの買付依頼が開始され、1934-35年には7,432俵を買い付けた。新興毛織社長は河崎助太郎であり、高島屋飯田では河崎系といわれる羊毛工業会社からも買付依頼を受けていた。また、1933-34年から東洋毛糸（横浜）の買付量が増加し始めているのも特徴といえる。このように、高島屋飯田は日本毛織、共立モスリン、昭和毛糸、新興毛糸などからの羊毛買付依頼を請けて、1930年代に活発な羊毛買付活動を展開した。ただし、1934-35年羊毛年度には、日本毛織、共立モスリン、昭和毛糸の川西系3社で高島屋飯田の豪州羊毛買付量の約75％にも及んでおり、川西系の羊毛工業会社と関連が深かった。1933年7月から1938年6月までの上位20社の豪州羊毛の各国バイヤー（前掲表3-1）をみると、高島屋飯田は39万123俵を買い付けたが、この買付量はバイヤー全体で第6位、日本商社のなかでは第3位となった。1921-22羊毛年度から羊毛買付を増加させていった高島屋飯田は、日本毛織を中心に豪州羊毛買付を依頼され1930年代に三井物産、兼松商店にせまる豪州羊毛バイヤーに成長したといえるだろう。

(5) 日本毛織との関係

　高島屋飯田と日本毛織の関係は具体的には如何なる経緯で構築されてきたのであろうか。前述したように、高島屋飯田では日本毛織から買付羊毛のクレームを1927年には多々受けていた。これは外国人バイヤーのデュリュー（Dulieu）による買付がうまくいかなかった面もあったが、東京本店本部ではこれを監視するシドニー出張所の岡島芳太郎にも責任の一端があると見ていたようである。1927年9月6日の東京本店本部からの書簡にもクレームの相関関係について次のように記されている[139]。

第一　「デュリュー」ガ退キ際ノ為メ十分ノ注意ヲ払ハザリシニアラザルカ、ソウスルト夫レヲ十分監視シタ長ノ岡島君ニモ多少責任アルトナルガ、此辺果シテ如何ナリシカ

　第二　夫レニ続イテ起ル考ハ Dulieu ノ居ツタ時ハ一度 Dulieu ガ見テ岡島君モ見テ居ツタコトト存候、然ルニ時々 claim ヲ受ケルコトアルガ夫レガ此 Season ハ岡島君ガ一人ト可申他ノ人々モ多少手助ケ出来ルガソウ十分ニハ参ラザルベシ、然ラバ本年ハ岡島君トシテハ前期ヨリハ骨ノ折レルコトハ勿論ナルガ此手不足（羊毛ヲ見ルコト）ノ為メニ注意ヲ十分ナラシメントセバ数量ガ買上ヌ、又数量ヲ買ハントスレバ品物ニ不十分ナルモノガ混ズルコトハナイカ

　高島屋飯田では外国人バイヤーを排除して1927（昭和2）年9月から岡島芳太郎を中心としたシドニー出張所の運営を開始した。また、東京本店本部は日本毛織からのクレーム問題の原因を究明するためにシドニー出張所からの意見を求め、その結果、「日本毛織ノ claim ニ付テハ貴方ノ事情モ分リ申候ニ yield ノ claim ニ対テハ他ノ家ニモ同時ニ起リタル為メ日本毛織モ慎重ニ研究中ト見エ其他 claim モ具体化セザル様ニ候、此等ハ何レモ岡島君帰朝ノ上十分研究可致事ニ候」[140] ということになった。前述のように、岡島は1928年5月に加来とともに一時帰国し、買付羊毛の歩留問題などを中心に今後の羊毛取引について検討を行った。その結果、第26回決算では「claim モ甚シキモノ無之候」[141] と報告されるまでに至った。

　ところで、こうした1930年代前後の羊毛歩留問題の原因の一つには、日本には水分検査所がなく羊毛工業会社が羊毛輸入業者に一方的なクレームをつける傾向があったからである。井島重保『羊毛の研究と本邦羊毛工業』[142] の中でも、この時期の羊毛取引上の歩留についての問題点を次のように指摘している。

(1) 羊毛の品質歩留を各毛織会社が勝手に検定している。
(2) 羊毛の過剰歩留は毛織会社が没収している。
(3) 毛織会社は羊毛輸入会社と歩留保証をしていないにも関わらず、もし不足を生じたときには弁金を強要している。

(4) 日本には第三者の地位にある公平な羊毛並びに毛製品に対する仲裁裁判所または水分検査所が存在していない。

こうした状況下にある日本の羊毛取引では、羊毛買付を依頼する羊毛工業会社が常に有利に商売を展開しており、羊毛買付を担当する日本商社は不利な条件下で羊毛買付を行わなければならなかった。したがって、日本商社本社は豪州各地の支店あるいは出張所に対して、買付羊毛の歩留にクレームがつかないように多くの注文を出すことになった。

高島屋飯田本店本部でも日本毛織からのクレームが少なくなったとはいえ、羊毛バイヤーの岡島に十分な信頼を置くまでには至っていなかったようである。1930年9月2日には1929羊毛年度の高島屋飯田の羊毛買付について、「他ノ Buyer ハ買ウニモ拘ラズ Iida ハ買エヌデ注文ノ Cancel サレタモノ少カラズ、時々ハ Iida ノ Slow Buying ニ付テ日毛ヨリモ八ケ間敷申サレタル位ニテ小生モ此点ハ心痛セル処ニ候、勿論 under yield ニテ claim サルヽコトハ殊ニ困ルコトニ候モ余リ大事ヲ取リ過ギルコトモ商売上不利益ニ候、日毛ノ如キハ Iida ニ好意ヲ持チ成ルベク多クノ注文ヲ出ス意思ナルニモ拘ラズ他ノ Buyer ガ買ウノニ買エヌトナルト甚ダ困ル次第ニ候、此頃ノ趨勢デハ取扱数ヲ増加セネバ引合ハヌコトニナリ可申候間、出来ルコトハ研究シテ改正シ沢山買ウコトニセネバナラヌト存候、夫レデ小生モ種々心掛居候ガ、日毛ノ如キハ何モ申サズ候モ yield ニ付キ余リ文句ノナイコトハ何レ under ニアラザルコトト考エラレ候」[143]と記され、岡島の羊毛買付が遅いこと、歩留率を慎重に見積もりがちなために大量の買付ができないなどの不満が述べられていた。千住製絨所の技師帰朝の話によれば、「岡島氏ノ yield ト自分ノ見ル yield トハ3％位ノ差アリ」[144]と述べられ、岡島の鑑定技術は千住製絨所からみて不十分であったといえよう。さらに、「3％モ常ニ異ルトナルト千住ノ注文殊ニ入札ノ如キ取レル見込ナカルベク、又千住ノ Test シタ Blue Print ノ表ニヨルモ随分 over yield シテ居ル如キ事実ヲ見ルト今少シ yield ヲ force シテモ差支ナイデハナイカ、又東洋モスノ如キモ貴方ヨリハ2％位 force シタト申越サレタモノデモ日

本デハ尚1％位ハOverスル例モアリ、是等ヲ綜合スルト貴方ノ見方ハ安全ニハ違ヒナイガ日本ノ実情ニ調スレバ尚幾分forceシテモ好ノデハナイカト考エラレ候、是レハ非常ニDelicateナコトデ一概ニハ申サレヌコトデ貴方ノ見方ガ間違ツテ居ルトモ申サレヌガ、余リSafe Sideニ傾キ過ギルコトハ商売ヲ縮メルコトニナリ可申」[145]と述べ、歩留率をもう少しforceすることを望んでいる。この上で、「今後ハドウシテモ従来ヨリ余計ニ取扱ハネバナラヌコトトスレバ貴方ノ買入ニ幾分ノ手加減ヲ要スルニアラザルカ、此等ノ点ヲ考慮サレテ今期ノ買入レニ当ラレ度ク、甚ダ困難ナ注文ニハ候ヘ共、此等ハ要スルニ各人ノ第六感ノ働キニヨルコトデ理屈ニハ行カズ、強イテ一％ヲforceセヨト行カズ、上記ノ事実ヲ参考ニサレテ幾分ノ手加減ヲ加エラレンコトヲ希望スル次第ニ候」[146]と述べ、今後の羊毛買付量を増大する上でも歩留率について考慮してもらいたいとの要望が寄せられている。ただし、1929年度の羊毛買付では前年度に輸入した羊毛の歩留不足で毛織会社と羊毛輸入商との間で問題が生じたことから、その後の羊毛輸入商は歩留鑑定を例年より低く見すぎたようであり[147]、高島屋飯田でもその傾向が顕著にみられたのかと思われる。

　1930年9月19日の東京本店本部からシドニー出張所宛書簡では、1930羊毛年度の開始にあたって日本毛織と日本商社の関連に言及している。これによれば、「日毛トシテハ特別ノ関係アル飯田、兼松ハ成ルベク余計ニ注文ヲ出ス方針ニテ今回第一回ノ注文ノ如キ総花的ニ六社ヘ出タモノデアルガ、日毛ノ注文数ヲ見ルト兼松ヲ第一トシ次デ飯田、三井、三菱ノ如キモ左程多カラズ大倉ノ如キ漸ク弐百（少）日棉百ノ如キ小数ニ候、如此ニシテ日毛ハ今後モ吾々ニ余計注文ヲ出ス方針ナルガ買入レガ遅々トシテハドウスルコトモ出来ズ、此点ニ付テハ既ニ2th Sept付ニテ申上候ヘ共、塚脇君ノ注意ニヨリ特ニStartハ大胆ニ買進ムコトヲ勧告致居申候」[148]と報告されており、日本毛織は高島屋飯田に対して兼松に次ぐ注文を出す方針であるから、羊毛年度開始から大胆な買付を行うよう勧告していた。日本毛織の羊毛買付商社に対する考えについては、「日毛トシテハ羊毛屋ガ全部合同スルコトヲ喜バズ、是非共兼松ヤ飯田ノ如キハ自分ノ方ニ好意ヲ持タセルコトニ注意致居候際買入方法モ幾分手加減ヲ要シ可申候、

勿論大倉ノ如クニ無暴ナ買方ハ感心セズ候」[149]と報告されているように、日本毛織は豪州での羊毛買付競争が激化する中で、兼松商店や高島屋飯田との関係を強化していった。また、今後の羊毛買付商社については「Wool Buyer ガ数ノ減少スルコトハ明カナル事ニテ既ニ日棉、大倉ノ如キハ落伍者ノ仲間ト案セラレ候、飯田ハ今両方ノ間ヲ徘徊シツヽアルモノニテ大事ナ時期ニ候間非常ニ心配シツヽアルモノニ候」[150]と報告され、競争激化の中で日本綿花や大倉商事は落伍者として見なされるようになっていたようである。高島屋飯田では日本毛織の塚脇氏の意見を聞き、「同君モ無闇ト force スルコトハ危険デアルガ今少シハ大胆デモ好カルベシ、殊ニ Start ノ時期ハ少シ大胆デ丁度好カルベシト申居候」[151]と大胆な羊毛買付をシドニー出張所に依頼している。

　高島屋飯田の東京本店本部では羊毛買付業者が淘汰される中で、豪州国内の出張所に対して羊毛工業会社からの注文に応ずることができるような買付体制および技術の向上に努力するよう度々要請していた。たとえば、高島屋飯田では日本毛織からの Comeback[152] 注文に対して買付ができなかったが、東京本店本部では「他社ハ小数(少)ナガラ Sydney デ買入レ居ルニ Iida 丈ガ買エヌノハ何故ナルヤ、Splitting モ出来ル筈ナルニ一俵モ買エヌトハ如何ナル次第カ不審ニ存候」[153]と疑問視していた。また、1930年10月24日の書簡では Crossbred[154] の買入について、「伊丹ハ本年ハ飯田ニ注文セヌトノコト其理由ハ飯田ハ Crossbred ノ買入ガ下手ダカラト、是レハ伊丹丈ノコトデナク今後日本ノ需要ノ多イ Crossbred ニ対シ如此評ヲ受ケルコトハ甚ダ不利益ニ候間、是非此評ハ消滅セシムルコトニ御尽力願度」[155]と意見を述べている。また、日本毛織の注文については「Start ハ大分日毛ノ注文ヲ貰ヒ候ヘ共此頃又々買残ガ多ク一向ニ買エズ注文モ貰エヌ様ニテ心配居候、当方ヨリノ通信ニヨリ大体御分リノコト故買エヌト云フコトハ能ク能クノコトト存候ガ他店ガ買エテ吾々ノ買エヌコトハ日本ニテ見ルト中々心配ノモノニ候、電信ノ内ニ其理由簡単ニ申越サルヽコトモ一方法カト存居候」[156]と報告され、シドニーで一定の羊毛量を買い付けることに苦労していた。それでも1931年3月18日の岡島芳太郎宛書簡では「本年ハ日毛ノ特別注文アリテ未曾有ノ買附トナリ貴方ハ一層ノ御多忙ト存

候、同時ニ日本ニ於テモ面目ヲ施シ申候、収入ノ増加ハ兎ニ角トシテ今後ハ吾々ノ立場ハ非常ニ好イ次第ニ候、日本モ来月ハ忙シイコト存候、荷物ガ一度ニ入荷可致大阪モ臨時ニ一名手伝ニ迎ハシ可申」[157]）と報告され、日本毛織からの特別注文によって未曾有の羊毛買付が行われ、これらが日本に到着するために大阪支店でも多忙を極めることになった。

ところで、日本毛織の特別注文には「今回ノ分ハ Claim ヲセヌト云フ特別ノ条件」[158]）がつけられていた。前述したように、高島屋飯田の羊毛買付は歩留鑑定に問題をもっており、「他ノ同業者ノ quotation ハ常ニ 2-3％ハ安イト聞及申候、是レハ従来貴方ノ Estimation ヨリ他ハ 2-3％ハ forcing シテ居ル」[159]）という報告がなされていた。日本毛織は他社よりも歩留率を厳しく評価していた高島屋飯田に対して、クレームを出さないという条件を付けて多くの羊毛買付を注文したのである。とくに、日本毛織は高島屋飯田でもその点は理解しており、「他社ノ注文ノナイ飯田ガ一番能シ、乍併普通ニ買ハシテハ慎重ニヤル故買エヌ買ハセルニハ Buyer ノ責任ヲ軽クセネバナラヌ、依テ従来ノ買入具合ニヨリテ差支ナイ範囲ハ楽ニシタ」[160]）と報告していた。

1931年5月8日に東京本店からシドニー出張所に送られた書簡では「本年ハ既ニ買入五万俵ヲ突破致候コト誠ニ結構ナコト」[161]）と記されているように、1930-31羊毛年度から高島屋飯田の羊毛買付は急激に増加した。この要因としては、「日毛ガ Special Privilege ヲ呉レタコトナルベシ、即チ吾々ノ Standard ヲ一段下ゲテ買ツタカラデ是レナシデハ矢張リ昨年位ノコトヨリ買エザリシナランカト存申候」[162]）と報告された。すなわち、日本毛織から特別な配慮がなされたのが主たる要因であったが、高島屋飯田としては1931-32羊毛年度はこの特権は貰えないと思われるため、5万俵以上を買い付けるためには何らかの対策をしなければならないと考えていた。この一方で、「吾々ガ素人考ノ想像ナレトモ此度ノ特点（典）ニヨリ日毛ノ為メニ買入レタモノガ却テ従来ノ同業者ノ買入レト類似ノモノデハアルマイカ、少クトモ従来ノ吾々買入ノ Standard ト今度ノ買入ノ標準トノ間位ノモノガ他ノ同業 Standard デアルマイカト考エラル、次第ニ候、夫レハ従来飯田ノ quotation ハ常ニ他ノ同業者ヨリハ高ク、

又同ジLimitデ注文ヲ貰ツテ常ニ買入ガ同業者ヨリ遅レル所ニヨリテモ分ルコトニ候」[163]と報告され、従来、高島屋飯田の日本毛織からの買入標準は同業者よりも高く、今回の標準と従来の標準との間ぐらいが同業者の標準ではないかと考えるようになったようである。しかし、高島屋飯田ではこの特別な買入標準は、「日毛ノTestingデ如何ナル成績トナルヤヲ見テ其成績ノ具合ニヨリテ今後ノ買入レニ手加減ヲ為ス見当ガ附クコトトナリ」[164]と考えていた。実際、日本毛織の塚脇氏に面談して相談すると「今後ノ買入標準ニ手加減スルニハ絶好ノ機会ナルベシトノコトニ候」[165]との返事をもらっており、シドニー出張所の岡島およびメルボルン出張所の村瀬にはこの状況を知らしめて次の間シーズンの買付にあたらしめるとした。また、日本毛織の塚脇氏からは「岡島君ノ買入ハ正確ナルコトハ信居候モ他ノ同業者ニ比シ大事ニ取リ過ギルナランコトニ候、村瀬君ノ買入ハ本年果シテ如何ナランカ村瀬君ノ方ハ岡島君ノ如クニ未ダ正確ナラズト思ハル、故寧ロ慎重ニヤルコトガ肝心デ徒ラニ手加減ヲ為シ買進ムコトノミニ焦ラヌコトガ必要ダ」[166]と評価されており、この点についても書簡を通して申し渡された。また、日本毛織が買入標準を変えるとすると「夫レハ同時ニ他ノ一般ノ注文ニモ適用シ得ル筈ニ候、自然各注文先ノモノモ今少買進ミ得ルコトナルベク候」[167]と報告され、高島屋飯田の羊毛買付量が増大することが予想された。いずれにしても、高島屋飯田では日本毛織が特典を与えてくれたことは「絶好ノChance」[168]ととらえており、これを契機として豪州における羊毛買付を飛躍的に伸ばそうと考えていたものといえる。

　ところで、1932年にはシドニー出張所とメルボルン出張所が独立した。メルボルン出張所ではアデレード（Adelaide）やオルバリー（Albury）の競市にも玉井氏を派遣して羊毛買付を行った。また、シドニー出張所でも独立承認とともに日本毛織の買付が一層進行するものと予測していたようであり、クレーム・リスクのために羊毛買付口銭の一部を積み立てようと考えていたようである。とくに、三菱商事が河崎系に依存する中で同社に対する日本毛織の注文が減少すると予測され、この注文の一部が高島屋飯田に来るのではないかと考えていた。1932年11月15日の書簡でも「四日市寄港ノ件以来三菱ハ河崎キニ近附

クコトニナリシト共ニ日毛ハ非常ニ御機嫌悪シク注文モ貰エザルコトニ候、自然吾々ハ三菱ノ注文ノ一部分ヲ貰エル訳ニテ必ズ今後ノ注文増加スル見込ニ候是レハ社長モ無関係ヲ洩シ候コト故買入ヲ早クスレバ夫レ丈増加スル筈ニ候、夫レニハ Claim ノ Risk モ多クナルコト故 Com^{on} ノ一部ヲ常ニ reserve シテ置クコトガ上策ト考エ申候、是レハ既ニ三井物産ガ実行シ居ル処ニ候」[169]と報告されているように、三井物産にならってリスク対策に乗り出そうとしていた。こうした中で、高島屋飯田は日本毛織との関連を一層深めていったようであり、「今後ハ羊毛界ハ日毛系ト河崎系ニ分ルル形成ニテ高島屋ノ如キハ日毛系トシテ一般ニ見ラレ、又日毛専属トスル如キ考エアルラシク候ガ、是ハ吾々トシテモ考慮ヲ要シ難敷イヨウナ難敷クナイ様ナ気分ニ候、将来ノタメ考エネバナラズ候現在ニテハ他社ヨリ十分ノ注文ヲ貰ウコトモ不可能トスレバ専属的ニナルコトモ一策ナレトモ専属トナルト弱味ガアリテ日毛式ニ押付ケラルヽ心配アリ此辺六ケ敷イ処ニ候」[170]と報告されているように、日本毛織の専属が良しか否かの判断を迫られていた。さらに、1933年8月22日の書簡では「先日外務省ヨリ羊毛懇談会ニ呼出サレタ時（当社ハ専務出席セラレ申候）ニ川西氏ヨリ専務ト小生ニ面会ヲ申込マレタ時ニ Opening sale ノ一二回位ヲ日毛丈ノ注文ヲ買ツテ貰度イ Limit ハ他ヘヨリモ好イモノヲ出ストノコトニテ貴方ヘ架電致候次第ニ候、28th ノ Opening sale ヨリ始メル訳ニ候、尚川西氏ハ他ノ注文ハ取ラヌコトヲ希望サレ申候、勿論吾々モ積極的ニハ注文ハ取ラヌガ先方ヨリ呉レル注文ヲ断ルコトハ出来ヌノデ此点困ルコトニ候」[171]と報告され、高島屋飯田と日本毛織の関係が深くなればなるほど別の問題も起こってきたといえよう。

第3節　高島屋飯田の豪州羊毛貿易に関わる諸問題

(1) 対豪通商擁護法発動による影響

高島屋飯田の史料によれば[172]、日本の豪州向け人絹布輸出総額は、1934（昭和9）年1,693万6,000円、1935年2,230万6,000円であった。このうち、高島屋

飯田の豪州向け人絹布輸出額は1934年604万9,000円、1935年631万9,000円であり、日本の豪州向け人絹布輸出総額の35.7%（1934年）、24.3%（1935年）を占めていた。このように、日本の豪州向け人絹布輸出総額のなかで高島屋飯田の輸出額は4分の1から3分の1を占めており、高島屋飯田にとって豪州貿易は、輸入の羊毛ばかりでなく人絹布の輸出も重要であった。

　1936（昭和11）年は高島屋飯田の創立20周年にあたっていたが、同社を取り巻く日本および世界の政治経済的状況は厳しく、国内的には二・二六事件が勃発した。高島屋飯田東京本店本部では、ロンドン、シドニー、メルボルン、南米の各出張所に向けて「本月二十六日早暁突発ノ不詳事件ニ付テハ既ニ新聞紙上ニテ其概貌御承知ノ事ト存候、此件突発ト同時ニ東京市内ニ戒厳令実施サレ凡テノ通信機関ハ厳重ナル監督制限ヲ受ケ候タメ貴方ヘモ事情詳電ノ自由無之唯御心痛アリシ事ト遙察致シ候幸ヒ官憲ノ処置良シキヲ得、叛徒ノ全部ハ弐十九日午後弐時勅令ヲ奉ジ全部原所属部隊へ復帰シ全ク鎮圧セラレ交通、通信、商工業等全部平穏ニ常態ニ復シ候」[173] といった内容の書簡を送った。

　さらに、1936年には日本の豪州向け綿布および人絹織物輸出の増大に伴う豪州政府の関税引き上げの機運が盛り上がり、高島屋飯田の豪州両出張所宛書簡でもこの問題が取り上げられるようになった。1936年3月19日の神戸支店から豪州両出張所に宛てた書簡では「濠洲市場ニ対シ綿布及人絹織物ノ輸出近年大イニ発展致シ喜居候処茲ニ厄介ナル問題突発致候、即チ濠洲政府ハ日本ノ綿布、人絹織物ノ進出甚シク其結果英国品ヲ駆逐シ英国ノ産業ニ甚大ナル悪影響ヲ與フルニ鑑ミ日本ノ綿布及人絹織物ノ関税ヲ引上ゲ綿布ニ対シテハ一ケ年五千万ヤール人絹織物ハ二千五百万ヤール程度ニ制限セントスル計画ニテ其ノ内容ヲ二月二十日我村井総領事ニ内示セル由ニ候、村井総領事ハ此内示ヲ受ケ大イニ憤慨シ翌日濠洲政府（関税大臣）ニ抗議ヲナシタル処其後更ニ関税大臣ノ報告ニ依レバ右ハ関税及関税審議会ヲ通過シタル由ニテ議会ニ提出スルバカリニ相成リ居ル由ニ候、以上ハ我外務省ヨリ組合当局ニ極秘ニ内達セルモノニ有之候」[174] と記され、外務省から極秘として内達された日豪貿易問題が豪州両出張所に詳細に報告されていた。この書簡では高島屋飯田のような日豪貿易に関

連していた商社の反応として、「日本ハ豪洲ヨリ多額ノ買越シニ相成居リ、且又日濠通商条約モ順調ニ進行致シ居候ニ付、豪洲ダケニ安心シテ商売ヲナシ得ル市場ナルコト一般ニ信ゼラレ居候際、突発豪洲政府ニカカル乱暴ナル計画アルヲ聞キ当業者一同余リノ意外ニ唖然タル有様ニ候」[175]と記され、豪州政府の対応は予想外のことであったことがわかる。これは日本政府も同様であり、「横浜ノ上甲(矢野上甲か)ギノ言フ処ニ依レバ二月ノ初メ頃豪洲税関ニ於テ日本ヨリノ人絹織物ノ量目調査ヲ開始セルコトヲ聞キナニカ豪洲政府ニ企図スル処アルニアラズヤト思ヒ直ニ外務省ニ赴キ其旨ヲ伝ヘ問合セタル処、外務省ニ於テハ一笑ニ付シ豪洲タケハ日本ノ商品ニ対シ此際不利ナル政策ヲ採ルコト全然ナシト申候由ニ候」[176]と述べられている。また、村井シドニー在総領事の驚きと憤慨ぶりについても、「村井総領事モ余リノ意外ナル申出ニ驚キ且憤慨シ日本政府トシテ到底受入レ難キ含ヲ述べ目下豪洲政府ト交渉中ニ御座候」[177]と報告された。さらに、その後の状況と政府、同業者の対応については、「総領事ノ抗議ニ対シ豪洲政府ノ態度モ強硬ニテ容易ニ楽観出来難キ状態ニ有之候由、此件ニ関シ我々当業者及外務、商工当局者ト種々協議致シタル結果、此際ナルベク新規ノ注文取入ヲ自粛シテ豪洲政府ヲ刺激セシメヌコト肝要ナルコト及日本人絹ノ余リニ安価ニ過ルトイフ豪洲政府ノ非難ニ対シテハ輸出統制料ヲ賦課シ価格引上ヲ行フコトニ決議致シ、三、四、五月積出シノ新規注文ヲ引受ヌコト、三、四、五月中ハ既約Indentノ外見込ニテ出荷セヌコト、40"巾ノモノニ対シ05（後ニ七銭ニ改正）40"以上¥10ノ輸出統制料ヲ課スルコト、而シテ輸出統制料ハ三月二十三日現在ノ注文品ニハ除外スルコトニ決シ申候、以上ノ内三、四、五月積ノ新規注文ヲ取ラヌコトトイフ条件ハ聊不徹底ニテ寧口当分注文ヲ取ラヌトイフ申合セヲナス方徹底致ス様ニ候へ共、三、四、五月積ノ注文ヲ取ラヌトイフ事スラ大阪方面ニ非常ナ反対アリ神戸ト横浜側ノ説得ニ依リ決シタ次第ニ候」[178]と報告された。この豪州政府の関税引き上げと通商交渉については新聞紙上にも取り上げられたが、同業者にもその詳細が報告された。この書簡にはその理由として「元来カ、ル外交々渉ヲ其交渉途中ニ於テ当業者ニ発表スルコトハ極テ異例ニ有之普通ハ発表セヌモノニ候、然ルニ外務省ガ村井総領事ト

濠洲政府トノ交渉ヲ極テ詳細ニ発表セルハ外務省自身今回ノ濠洲政府ノ申出ガ寝耳ニ水ニテ全ノ意外ニ出デ、モシ之ヲ交渉成立マデ秘密ニセシカ当業者ハモトヨリ一般ヨリ非常ナ非難ヲ受ルニ至ルタメ例ヲ破テ内達シタルモノニ候、村井総領事ヨリハ外務省ヘ交渉ノ経過ヲ詳細ニ打電シ来リ外務省ハ其ノ電報ヲ又詳細ニ当業者ニ発表」[179] した、と述べている。また、豪州政府の関税引き上げ等の強硬措置の本質にもふれ、「濠洲政府ガ何故ニカヽル態度ニ出タルヤハ申ス迄モナク英国ノ強要ニ御座候、近年日本ノ人絹ノタメ非常ナル脅威ヲMerchants goodsニ与ヘ此儘放置センカ英国ノ主要産業ニ非常ナル打撃ヲ与フヘキヲ恐レ英政府及当業者ヨリ非常ナル圧迫ヲ加ヘ濠洲トシテハ経済上ニモ其他凡テニ於テ英本国ニ依存セサルヲ得ヌタメカヽル態度ニ出タルコトハ明カニ候」[180] と英国との関連を指摘した。

また、このような条件の中で高島屋飯田では「当店ノ如ク濠洲ニ主力ヲ尽シメルボルンシドニー及MM注文ヲ合算スルトキハ極テ巨額ノ既約注文品ヲ抱ヘ居候ニ付、此際之以上ニ多量ノ注文ヲ引受ルコトハ暫ク見合ハスコトニ決シ其旨打電申上タル次第ニ候」[181] と一時的に注文を見合わせた。しかし、他の業者のなかには「三月二十三日迄ニ注文ヲ取リ統制料ヲ免レンタメ三井三菱ハ多量ノ注文ヲ取入タル由御客ノ立場カラ申セバ、此際注文ヲ出シ統制料ヲ免ルヽコト有利ニ候ヘ共、モシ制限ノタメ注文品ノ積出シ不能ノ場合ハshipperハ非常ナル損害ニ曝サレ可申候」[182] と述べられ、三井物産や三菱商事のように統制料逃れのために3月23日までに多量の注文を取ったところもあった。

ところで、1936年5月、豪州政府は貿易転換政策に基づく関税改正を実施し、日本商品に対して輸入禁止的高関税を課した。同年5月27日には日本羊毛輸入同業会関東部からシドニー支部当番幹事の日本綿花株式会社シドニー支店宛に「濠洲関税引上ニ対抗シ日本政府ハ近ク通商擁護法ノ発動輸入許可制ヲ採用スル事ニ腹ヲキメ具体案作成中。羊毛工業会ハ目下操短中、輸入数量制限等ニ就キ協議中。六月市不買決議スルカモ知レヌ。当部ハ右国策ニ順応シ善処スル事ニ決議セリ。」[183] という内容の電文が入っており、今後の対応についてシドニーの各商社出張所にも伝達された。さらに、5月29日には日本羊毛輸入同業

会本部からシドニー支部当番幹事の日本綿花株式会社シドニー出張所宛に「商工省、羊毛工業会、同業会協議ノ結果六月一日以降濠洲羊毛買付中止決定シタルニ付各社ヘ伝達アリ度、外部ヘ発表厳禁ノ事。但シ、ニユージーランドハ買付差支無シ、メルボルンヘ伝達乞フ」184)という電文が入り、6月からの豪州羊毛買付中止について各商社出張所にも伝えられた。このように、日本政府の通商擁護法発動以前から商社などの関係業者には日豪通商交渉の進捗状況が報告されていたのである。

こうしたなか、日本政府は6月に対豪通商擁護法を発動した。7月15日に神戸支店から豪州両出張所に送付された書簡では「濠洲関税問題」がとくに取り上げられ、「濠洲政府ノ関税引上ニ対シ日本政府ニ於テ通商擁護令(法)ノ発動ヲ見蓋ニ両国関税戦ニ入リ候ニ付、更ニ濠洲政府ノ硬化ヲ想像致居候処去ル十日ニ至リ濠洲政府ハ雑貨類、綿糸、人絹糸等ニ対シ事実上ノ輸入禁止ヲ致候由、我々主要取扱品タル綿布、人絹織、絹織物ハ幸ヒ其中ヨリ免レ居リ好都合ニ候」185)と高島屋飯田の主要輸出品の影響は少なかったが、「早晩濠洲政府ニ於テ阻止スルニ至ルベシト当地ニテハ一同予想致居候、今回ノ日本政府ノ通商擁護令発布ハ我々当業者ヨリモ寧ロ政府当局者ガ濠洲政府ノ措置ニ憤慨ノ結果決行シタルモノニテ、若シ濠洲政府ガ少シモ反省セズ更ニ日本ニ対シ強攻策ヲ講ズルトキハ、勢ヒ日本政府モ更ニ硬化可致、其結果絹布、人絹織物モ輸出不能ニ至ルコト想像サレ申候」186)と述べられている。また、豪州政府についても「来ル九月ノ羊毛シーズン開始ニ当リ日本ガ引続キ羊毛不買ヲ続ケルトキハ濠洲政府モ勢ノ赴ク処更ニ日本品ノ阻止ヲ強行可致、或ル期間ハ全面的ニ日濠貿易ノ休止モ想像サレ申候」187)と述べられ、日本政府の羊毛不買が継続すれば豪州政府もさらなる強硬措置に出るだろうと予想されていた。こうした政府の対豪州通商問題について、高島屋飯田でもこれまでの対応ぶりと異なることに注目しており、「由来日本ノ外務省ハ妥協的ニテ従来ノ例ニ見テモ日本ノ当業者ヨリ見ルト非常ニ弱腰ト思ハレ常ニ非難ヲ受ケ候処、今回ノ濠洲問題ニハ政府ガ第一ニ硬化致シ当業者ハ寧ロ引キヅラレ気味ニ有之候、羊毛工業会ノ如キモ従来ナラバ濠毛不買ノ如キ容易ニ耳ヲ籍サヌコト、存候ヘ共、今回日本ノ社

会状勢ガ変リ政府ノ統制強化ニ依リ如何ニ羊毛工業会ノ勢力ヲ以テシテモ如何トモ致シ難ク候」[188]と報告していた。このような状態のもとで、高島屋飯田では新規注文を極力見合わせて、輸出の積出を急ぐこととなった。その様子は「当方ニ於テモ注文品全部無事積シ完了致シ度苦慮致居候、何分ニモ当社ノ豪洲部ノ商売ハ非常ニ巨額ニ付万一ノ場合ニハ非常ナル打撃ト相成候、何卒既約品全部引渡シ完了致ス様御尽力被下度御願申上候」[189]という文面からもよく理解できる。また、8月24日の神戸支店からの書簡では「当神戸支店全商売高ノ七割強ヲ豪洲ニ依存シ長期ニ亘リ巨額ノ既約注文ヲ有スル当店トシテハ万一ノ場合ハ非常ナル窮地ニ陥ル虞アル」[190]としてできる限り損失を少なくすることに尽力した。この時期に高島屋飯田神戸支店では400万円を超える対豪積出高を抱えており、こういう状況下で「豪洲ノ関税引上及輸入制限トイフ難問題ノ突発シタル本期ニ於テ四百万円ノ注文品ヲ無事積出スコトヲ得タルハ非常ニ結構ナルコト、存候」[191]と喜んでいる。いずれにしても、世界経済のなかでは人絹織物、綿布輸出に対する統制が強化されており、日本政府では輸出統制料を賦課したりして調整することになった。

このように1936年は日豪貿易に携わっていた商社には大きな変革期ともいえる年であった。しかし前述したように高島屋飯田の豪州羊毛輸入は羊毛の買付年度が終了していたのが幸いして、経営的には大きな影響がなかった[192]。一方、輸出に関しては、とくに綿布や人絹布などの輸出品が豪州政府の高関税導入の影響を受けており、新販路の開拓を模索していた[193]。しかし、こうした状況下でも、高島屋飯田はこの年度に普通配当1割、記念特別配当1割5分を達成しており、軍需関係の官庁部に支えられて経営的には順調であったと言える。

(2) 羊毛バイヤーの問題

高島屋飯田では、1927羊毛年度の開始にあたって外国人バイヤーから日本人バイヤーへ転換したことは前述した。同社ではクレーム削減のために努力していたが、この問題の解消までには至っていなかった。1930年代には日本国内で羊毛工業が発達し、紡績会社も羊毛工業に進出するようになったことから羊毛

需要は高まっており、商社の取り扱う豪州羊毛も増加していたことからクレームも多くなっていたものと考えられる。

1934年2月13日の書簡の中でも「近頃、鐘紡、大日本紡、東洋紡、富士紡等既ニ羊毛工業ニ着手シ鐘紡、大日本紡ノ如キ三井、兼松ニ注文ヲ出シ始メタル程ニテ西村君一人ニテハ中々廻リ兼ヌル次第ニ候」[194]と報告され、国内での羊毛注文先の確保も一段と競争が激しくなっていた。羊毛工業会社からは高島屋飯田の買付羊毛のクレームが度々寄せられていたようであり、1935年2月25日の書簡でも「「メルボルン」方面ノ買入ニ昨年「クレーム」多カリシコトハ遺憾ニ候、此頃新興ニモ五十俵アリシ由十分御注意願上候」[195]と注意を呼び掛けていた。高島屋飯田ではシドニー出張所の岡島芳太郎、メルボルン出張所の村瀬良平が中心となって豪州羊毛買付を行っていた。両出張所ともに日本毛織などの羊毛工業会社からのクレームを受けないような正確な羊毛鑑定技術を向上させることが先決問題であったが、同時に両氏に代わるバイヤーの養成にも気を配っていた。1933年4月24日のシドニー出張所宛書簡には、「Buyerニ付テハ現在ハドウニカ行キ申候、大久保君ガ役ニ立ツコトニナレバ一人ノ予備ガ出来ル訳ニ候、村瀬君ハ必ズシモ日本勤務ニナリ切ルコトモナカルベキモ子供教育ノ関係上将来永ク海外ニ勤務スルコトハ困ルカト存申候、是レハ本人ニハ聞キ不申候ヘ共周囲ノ状況ヨリシテ小生ハソウ考居申候、然ル場合モ考エネバナラズ一方可成外人ニ Buyer ヲ Assistant スルコトガ便宜ニ候間、貴方ノ案ノ如ク Turner 即チ Sampler ヲ夫レニ向ケル方針ニテ御進行被下度候、夫レガ為メニ自然外人一人ヲ増スコトモ不得已ト存申候、即チ Sydney ハ貴下ト Pearce 二人、Melbourne ハ村瀬、玉井、外ニ大久保ヲ予備トシ将来ノ為メニ Inner ヲモ予備ト為シ置クコトニ致度候」[196]と述べられており、サンプラーをバイヤーに養成することも考えていたようである。1933年7月7日のシドニー出張所宛書簡では、「Sydney ノ Turner ヲ Sampler ヨリ徐々ニ Buyer ニ養成スルコトハ結構ニ候、是レデ Sydney ハ三人ニナリ可申候、尚 Melbourne モ Horace ヲ養成シ度シトノコトニ候、是レモ差支無之候、外人ノ方ガ間ニ合ヘバ貴方ヲ増シ日本人ハ可成交代ニ日本勤務ノ出来ルコトニモ致度候間、余リ費

用ノカ、ラヌ程度ニテ徐々ニ養成願度候」[197]と記され、サンプラーをバイヤーに養成することは東京本店本部でも諒解されたが、日本人バイヤーを日本勤務に戻すことも考えて、費用のかからない程度にバイヤーを養成するように指示が出ていた。また、同年12月8日のシドニー出張所宛書簡でも「Buyerノ養成ニ付テハ今一人日本人ノ Buyer ノ養成スルコトハ必要ニ候、実ハ今回田丸悌二ト申ス一ツ橋専門部ヲ卒業シタ人ヲ大阪店羊毛部ヘ採用致候、稍 Buyer トシテノ条件ヲ備エ居申候、外ニ宗像君モアリ何レカ Buyer トシテ養成シタラトモ考居申候」[198]と報告され、将来のバイヤー候補の採用も行っていた。また、日本から豪州出張所への転勤の際にもバイヤーとして将来が期待されるものに対しては、「商売上ノ機敏サハ石田君ノ方勝リ申ベク、或ハ石田君ハ Buyer トシテ養成シタ方可然ト存候間、御試験被下度候」[199]というような要望を豪州出張所に送っていた。

　このようなバイヤー養成を急ぐ背景には豪州での羊毛買付が多忙を極めたことが第一の理由であるが、南米への輸出問題とも関係していた。とくに、アルゼンチンは1931年10月以降為替管理を実施したため[200]、高島屋飯田でもこれへの早急な対策が必要となっていた。1933年4月17日のシドニー出張所宛書簡のなかでは、「実ハ南米トノ輸出入関係此頃非常ニ面倒ニナリ亜国ハ自国ノ輸入ハ輸出スル品物ニ対シテ許ス方針ノ為メ亜国羊毛ノ輸入ヲ計ル要アリ、誰レカ一人出張シ度キ次第ナレトモ現在ノ処ニテハ其人ガナイ訳ニ候、将来ノ為メニハ何ントカ考エネバナラヌ次第ニ候、今一人位ハ適当ノ人物ハ養成ノ要アルカト考居申候、玉井君デモ渡濠ノ途中亜国ヘ立寄ラセンカトモ考居申候」[201]と報告されている。さらに、1933年4月24日のシドニー出張所宛書簡では「新たな問題」としてアルゼンチンの為替管理問題にふれ、「Argentina ガ為替管理ヲヤル為メニ日本ヘ輸入スル金高ニ応ジテ同国ヘノ輸入ヲ許スコトニナリ申候、為メ今後ハ同国ノ羊毛ナリ Quebracho ナリ Hide ナリヲ是非日本ヘ輸入シ度キ神戸店ノ希望ニテ斯ル状態ニ於テハ自然一般輸入ハ出来ヌ、従テ輸出入両方出来ル店ハ利益モ余計ニ取レルコトニナルノデ此余分ノ利益ハ神戸店トシテハ掃出シ日本ヘノ輸入品ニ付テハ例ヘバ5％位ハ出シテモ商売ヲシテ貰ヒ夫レ

丈日本カラ輸出スレバ夫レデモ引合フコトニナリ申候、夫故此頃ハ５％位ハCostヲ下ゲテ日本へ輸入品ヲquoteシテ居ル次第ニ候ガ、夫レデモ羊毛、Hide共ニ中々商売ガ出来ズQuebrachoニ付テハ目下研究シ相当ニ見込モ出来ルコトニナリ申候ガ、羊毛ニ至ルト一度羊毛ノ分ル人ガ行キテ一通りarrangeセヌトStartガ出来ヌト存候、乍併今ノ処何レノ方面モ忙シイノデ一寸手ノ援ケル人モ無之候」[202]と報告した。すなわち、高島屋飯田ではアルゼンチンに人絹布、綿布などを輸出するには、アルゼンチンから羊毛、牛・馬などの皮革、ケブラチョなどを輸入しなければならなくなった。とくに、羊毛の輸入には鑑定に詳しい人がいなければ輸入に踏み切ることはできなかったようで、高島屋飯田では「夫レデ玉井君ガ出来レバ帰朝ノ途次Argentinaヘ立寄リテ出来ル丈ノコトヲ見テハドウカト存候、当方ノ考ハ玉井君ハ五月中ニ帰朝故六、七、両月ヲ日本ニテ費シ種々打合ヲ為シテ八月出発、九、十、ト三月ノ間ニ済マサレ十一月初メニ帰濠シテハドウカト存候」[203]という案を考え、一時はアルゼンチンに人を送って調査させることも考えていた。

さらに、高島屋飯田ではアルゼンチンからの羊毛輸入は日本毛織との関係から考えなければならなかった面もあり、日本毛織の塚脇氏に相談し、次のような結論を書簡で送付している[204]。

1. 日毛ハ未ダ南米ノ毛ニInterestヲ感ゼズ本シーズン漸ク千俵位ノ注文ニ過ギズ、此南米ノ毛ヲ本気デ買ウニハ日毛ノ技師ヲ派遣シタ上ノコトデアルトノコト
   日毛以外ニハ余リ当社トシテハ売レソウニアラズ、而カモ何故値段ガ濠洲ヨリ高シ
2. 玉井君ノ帰濠ノ途次南米ヘ廻ルノデハOff seasonデ余リ収穫モナカルベシ、又一ヶ月位ノコトデハ何ノ調査モ出来ヌナラン、又折角調査シテモ日本ヘ報告ニ帰ラズニ濠洲ヘ行クノデハ是レモ利益ナシ
3. 「メルボルン」モ段々注文ノ増加スルノニ玉井君ノ留守トナルコトハ無理トナリ羊毛トシテハ当面非常ニ不利ナルベシ

この報告によれば、高島屋飯田では日本毛織が南米羊毛に興味を示していない現状では積極的な行動はできず、豪州両出張所が羊毛買付に多忙なため南米

への本格的な調査は見送られることになった。また、高島屋飯田の結論としては、「要スルニ羊毛トシテハ未ダ南米ニ手ヲ附ケルコトハ早イ縁ノ下ノ力持ニナルニ過ギズト存候、唯輸出ノ立場トシテハ何ントカセネバナラヌコトニ付キ寧口玉井君ハ止メニシテ改メテ此秋頃ニナリテ日本ニ居ル人デ可成羊毛ノ分ルモノヲ南米ニヤルコトニスル外ナク、是レヲ今後研究スルトシテ玉井君ノ渡濠ヲ中止スルコトニ致候間左様御含被下度候」[205] と報告されているように、輸出の観点から改めてアルゼンチン対策を行うことになったのである。しかし、この一方で「日英ノ貿易上ノ紛議ガ旨ク行カヌ場合ニハ南米ヘモ適当ノ Buyer 派遣ノ要アルベク、日本モ大阪ノ注文通リニ増員シ得ルコトニシタ方安全ナルベク旁外人ノ Buyer 増員ハ賛成ニ候」[206] と報告しているように、将来の南米羊毛買付のためにもバイヤーの増員には積極的であった。

神戸支店の西山はシドニー出張所宛書簡の中で「各国共ニ関税引上又ハ為替管理、輸入制限等頻発シ問題相踵イデ起リ閉口ニ御座候」[207] と述べ、輸出関連が多い神戸支店では各国の関税引き上げ、為替管理、輸入制限問題に苦慮していた。アルゼンチン問題にもふれ、「南米アルゼンチン為替管理益（々）厳重ニテ今回ノ産物ヲ買ハヌト輸出ガ出来ヌコト相成リ三井、兼松等皆同国羊毛ノ輸入ハ大量ニ候」[208] と三井物産、兼松商店はアルゼンチン羊毛輸入を大量にしている旨が報告された。高島屋飯田でも三井物産と兼松商店が南米で買付を行うことを無視できなくなり、「南米ノ羊毛其他ノ輸入ガ神戸ヨリノ輸出ニ是非必要トナルノデ種々研究ノ結果一番手ヲ明ケ易イ岩本君ヲ一季節丈南米ヘ派遣スルコトニ致候、果シテ羊毛ノ注文ガ取レルヤ否ヤ、又羊毛トシテ引合フヤ否ヤ不明ニ候ヘ共、背水ノ陣ヲ布イタ訳ニ候」[209] と具体的な行動を示すようになった。事実、高島屋飯田では岩本をアルゼンチンに派遣した。しかし、「岩本君、南米ニテ病気ニ罹リ入院セル由軽イ呼吸器病ノ様ニ候、折角渡亜シテ何等結果ヲ見ヌ内ニテ実ニ本人ニモ気ノ毒店モ大損失ニ候、又来年三月頃ニハ日本ヘ帰朝シ得ル迄ニナルベシトノコトニ候ガ、帰朝シテ果シテ羊毛係トシテ勉マルヤ否ヤ疑念致候、加来君ノ鉄道係異動ガ益（々）考エラルヽコトニ御座候」[210] と報告されているように、アルゼンチンでの調査は不調に終わった

ようである。さらに、1935年には絹及人絹織物輸出連合会では輸出絹および人絹織物に統制料を賦課することになり、絹織物は1碼につき1厘以下、人絹織物は1碼につき5銭以下の統制料を課することになった。また、これらの統制料は一般の場合であり、求償貿易のために輸入促進を要する市場では特別統制手数料を課すことになった。こうした状況について、高島屋飯田では「此ノ統制案ノ起リハ今春来人絹糸ノ暴落甚シク、次デ人絹織物ノ暴落ノタメ人絹特約筋ガ大打撃ヲ受ケ、而モ人絹相場ハ本年下期ニ於ル増産ヲ見越シテ底抜的商状ヲ現ハシタルタメ、特約店ノ主唱ニ輸出者モ加リテ人絹連合会（人絹糸ノ会社側）ニ向ヒ操短ノ実行ヲ要望セシ処、会社側モ操短ノ必要ヲ認ルモ会社ニ依リ立場ヲ異ニシ議容易ニ決セザルタメ、人絹連合会ニテ操短セヌナラバ輸出組合ニテ統制スベヒト宣言セシコトガ意外ニ反響ヲ得タルヲ見テ、此際一部ノ輸出者ガ海外ニ於ケル手持品ノ値下リヤ claim ヲ防グタメ人絹織物ニ対シ価格統制ノ意味ニテ統制料ヲ賦課スルノ案ヲ立テ他ノ者ガ雷同シタルモノニ候、輸出価格ノ統制トイフコトハ理想トシテハ結構ニ候ヘ共、幾多ノ弊害ヲ伴ヒ申候、仮ヘバ人絹ニ対シ凡テ一ヤール五銭迄ノ統制料ヲ課スルタメ安物ニアツテハ五割以上ニ相当スルタメ密輸出ヲ助長スヘク、殊ニ満洲印度等ヘハ真面目ナ輸出ハ不可能ニ相成申候」[211] と報告している。

いずれにしても、各国の関税引き上げ、為替管理等に加え日豪関係の悪化は高島屋飯田の輸出部門を担当していた神戸支店に影響を及ぼし、「神戸店トシテ最モ重要ナル濠洲市場ニ関税ノ大幅引上ゲアリタルコトハ当店トシテ非常ナル打撃ニ有之候、日豪関税交渉モ遅々トシテ進捗致ザル様子ニ有之当分思切タ商売ハ不可能ニ有之困却致候」[212] と悲観的な報告をしている。

(3) 輸出に関わる諸問題

1934年9月、高島屋飯田では輸出品の保険に関して保険会社との問題が起こっていた。同年9月20日から21日朝に関西地方を襲った台風によって神戸地方は海岸近くの建物が浸水した。同社では20日から荷役を開始したが雨のために予定どおりにいかず21日まで持ち越され、一部の荷物が浸水の被害を受けるこ

とになった。25日に神戸店からシドニー出張所宛書簡の中では「同船積ノ予定ニテ既ニ前述ノ通リ上屋ニアリシ荷物ノ中ニ貴方グレース行ノモノ五箱有之、此ヴァリユー約四千五百円ニ（正確ナル数字ハ只今不明）御座候ガ、御承知ノ通同店宛ノ荷物ハ総テ同店ガ特約セル、オープンポリシー、ニヨリ cover サレル事ト相成候然ル処、ソノ保険会社ノ当地代理店ガ変更サレソノ事務引継ギガ生憎廿二日ト相成居ソレ迄ノ代理店 Whymark ハ廿日夜我々ヨリ保険ヲ申込ミタルニ不拘、廿一日保険証券ノ発行ヲ請求シタルニ之ヲ「申込無シ」ノ理由ニテ新代理店 Helm 商会ト共ニ今回ノ trouble ヲ極力回避セントスルヤニ見受ケラレ申候」[213]と報告され、シドニー向け荷物の保険請求がうまくいかなかった。高島屋飯田神戸支店では保険問題を重く見ており、「損害ガ軽微ナリシ為今回ハ大シタ無之候ヘ共、現ニ中税関ノ上屋ハ被害最モ甚ダシカリシ関係上大部分ノ荷物ハ洗ヒ去ラレテ流失シタル有様ニ御座候間、所謂全損トナルモノナレバ、ソウ言フ場合、今度ノ様ナ不安ナ保険デハ困ル様ニ御座候、コンナ頼リ無イ（ト言ヘバグレースハ怒ル事ト存候ガ）保険会社デアルト言フ事ハ今度ノ事件デ分ツタ訳ニ御座候ガ、支配席ヨリノ指図モ有之、此際グレースト交渉シテ同店行ノ荷物他店ノモノト同様我々ノ手ニテ我々ノ東京海上トノオープン、ポリシーニテ保険ヲ附シ度次第ニ御座候」[214]と述べ、外国保険会社から東京海上に保険会社を変更する方向で考えていた。

このように、高島屋飯田では、人絹布などの繊維製品の輸出を増加していくなかで、保険問題に配慮をしなければならなくなっていた。なお、神戸支店では1935年12月の豪州両出張所宛書簡の中で、「今回輸出ノ洋服地、シャツ地、真被、ナフキン、タオル、手巾等ヲ多量ニ生産シ輸出ニ向フ様充分値段ヲ安クシテ大イニ輸出向ニ力ヲ入ル、計画ニ有之候由、会社ニハ当社長重役トシテ特殊ノ関係有之候ニ付特ニ当社長ヘ相談アリタルモノニ候、会社ニテハ特ニナフキン、手巾ヲ有望視シ十分海外製品ト競争シ得ル自信有之由ニ候、就テハ貴市場ニ向クナフキン、手巾ノ品質寸法目方及値段ヲ御調査ノ上御通知被下度、モシ出来レバ実物見本ヲ御送リ被下度候」[215]と記し、豪州で有望な繊維製品の調査を依頼していた。高島屋飯田では同社と関係の深い帝国製麻会社が豪州繊

維輸出を目的として動き出していた。

一方、1935年から1936年にかけて、高島屋飯田では輸出に関してスウィントン（W. Swinton）事件が発生していた。高島屋飯田の神戸支店は1936年8月24日の豪州両出張所宛書簡のなかで、「第四十期決算モ間近ト相成候、今期間輸出部ノ最モ大ナル問題ハ W. Swinton ト豪洲関税問題ニ有之、W. Swinton ニ付テハ最善ノ解決方法ニ付相交渉ヲ願居リ、此上共ニ出来ルタケ損失ノ少ク相成ル様御尽力願上候」[216]と報告した。高島屋飯田では、スウィントン社へ綿シャツなどを輸出していたが、その支払いが滞っていた。その合計額は1935年12月から1936年5月までに1万1,894ポンド余あることが判明した[217]。繊維品の輸出は神戸支店が担当しており、神戸支店は困難な問題に直面していた。1936年9月30日の神戸支店から豪州両出張所宛書簡のなかでは、「折悪シク神戸店トシテハ種々大ナル問題起リ大イニ憂慮致候処、御蔭ヲ以テ三十九期同様ノ利益数字ヲ挙ゲ候事洵ニ結構ニ存候、尚四十期中ニ於テシドニー支店宛ノ荷為替手形合計£2,895-15-11ヲ当方ニテ償還支払致シ、此金額ハ Wallece Swinton ノ貸倒レ償却ニ充当致候ニ付 £2,895-15-11 plus £2,453-2-6＝£5,348-18-5 ダケ四十期ニ於テ償却シタルコトト相成候」[218]と報告され、この時期にスウィントン事件に関連して神戸支店が貸倒金5,314ポンド余を償却したことが報告されている。このように、日豪通商関係が悪化している時期において、高島屋飯田では輸出問題で売上金が回収できない事件も発生していたのである。

(4) 日豪通商交渉妥結と羊毛割当制

ところで、シドニー市場の第1競売室席順を1938-39羊毛年度（前掲表3-20）でみると、第1位は5年間に21万1,572俵を買い付けた三井物産であった。高島屋飯田は16万3,396俵を買い付けて4位となり、兼松商店の買付量を上回った。同社では1933-37羊毛年度の4年間に15万5,663俵を買い付けており、これを1羊毛年度当たりでみると3万8,915俵になる。しかし、1937-38羊毛年度には7,733俵に減少しており、同羊毛年度を境として急激に羊毛買付量を減

少させていった様子が理解できる。また、シドニー市場の第2競売室席順（前掲表3-21）ではBiggin & Ayrtonを第1位として日本以外のバイヤーが上位を占めた。日本商社では、兼松商店が第9位（4万3,405俵）、高島屋飯田が第13位（3万6,109俵）、三井

表5-39 日豪通商交渉妥結後の羊毛割当と各社買付量（1937.1-1937.3）

（単位：俵、％）

日本商社	本期各店買付高	割当量	（割当率）
三井物産	29,088	18,648	(23.49)
兼松商店	27,300	21,038	(26.50)
高島屋飯田	10,000	13,170	(16.59)
三菱商事	6,000	8,277	(10.42)
大倉商事	4,000	8,987	(11.32)
岩井商店	2,000	5,271	(6.64)
日本綿花	1,000	4,001	(5.04)
合　計	79,388	79,392	(100.00)

出所：三井物産株式会社メルボルン出張所『昭和十二年上半期考課状』6頁（NAA: SP1101/1 Box 410）により作成。

物産が第14位（3万4,159俵）、三菱商事が第20位（2万4,503俵）、日本綿花が第24位（1万9,375俵）、大倉商事第34位（1万2,044俵）であった。日本商社は各社とも1937-38羊毛年度の単年度でみると、買付量を激減させている。

一方、ブリスベン市場の第1競売室席順（前掲表3-22）では、第2位に三井物産（9万1,573俵）、第3位に兼松商店（7万9,884俵）、第7位に高島屋飯田（6万7,726俵）、第9位に三菱商事（4万4,144俵）が入り、日本商社が上位の席順を占めていた。しかし、1937-38羊毛年度には単年度で2万俵以上買い付けていた三井物産が4,036俵に減少させたのをはじめとして、兼松商店6,073俵、高島屋飯田3,671俵、三菱商事4,928俵と各社とも買付量を激減させた。また、同市場の第2競売室席順（前掲表3-23）では10位に兼松商店が席を占めたが、1937-38年には796俵の買い付けにとどまった。豪州政府の高関税の導入と日本政府による対豪通商擁護法発動[219]は、高島屋飯田ばかりでなく日本商社全体に影響を与えたのである。なお、日豪通商交渉の妥結によって1937年から日本商社の羊毛割当による買付が開始された。同年1月から3月までの日本商社の割合量（表5-39）は、三井物産が1万8,648俵（23.49％）、兼松商店が2万1,038俵（26.50％）、高島屋飯田が1万3,170俵（16.59％）、三菱商事が8,277俵（10.42％）、大倉商事が8,987俵（11.32％）、岩井商店が5,271俵（6.64％）、日本綿花が4,001俵（5.04％）であった。この割当量に対して、三

井物産は2万9,088俵、兼松商店は2万7,300俵を買い付けて割当量を上回った。高島屋飯田は1万俵を買い付けたものの割当量には達しなかった。三菱商事、大倉商事、岩井商店、日本綿花も割当量を達成することはできなかった。

　以上のように、高島屋飯田は、1920年代に入ると活発な羊毛買付活動を展開し、1930年代後半には三井物産、兼松商店に次ぐ日本商社3位の豪州羊毛バイヤーに成長した。日本の毛織業者との関連でいえば、日本毛織、共立モスリン、昭和毛糸、新興毛糸との関連が深く、とくに日本毛織から大量の羊毛買付依頼を請けて、豪州羊毛市場で買付を行った。その買付の約50％はシドニー市場であったが、ブリスベン、メルボルン、アデレードでも積極的な買付を展開した。

　こうした海外貿易を行っていた高島屋飯田であるが、1933年下半期の海外店勘定は全資産の約1.5％であり、諸官庁及得意先勘定は約25.4％を占めた。また、1939年下半期は海外店勘定が全資産の約3.6％と若干の増加を示したが、諸官庁及得意先勘定の約23％と比較すると、同社の経営において官庁御用品の割合は高かった。官公庁御用品の納入先は陸軍、海軍、鉄道省、逓信省、大蔵省などに及んだ。すなわち、高島屋飯田の経営を全体として見ると、設立当初から官公庁御用品関連を中心に経営を展開しており、海外貿易は同社全体としては比率が低かったといえる。しかし、同社の官公庁御用品の中には毛織物、人絹織物なども多く含まれていた。また、同社は毛織物生産工場も所有しており、さらに傍系の工場をもち、特約製造家にも豪州羊毛を納品していた。同社にとっては、自社工場に加え、日本毛織などの特約製造家に納品するためにも、羊毛の輸入に力を入れていたと考えられる。同社が1930年代に羊毛輸入や人絹織物輸出のために海外店の経営に力を入れていたのも、同社自らが経営する工場に加え、官公庁御用品の製造に関連があったからとも理解できよう。ただし、高島屋飯田全体としてみると軍需関連の御用品納品によって経営は安定していた。したがって、日豪貿易の途絶や羊毛の割当制が開始されても、会社全体としての影響は少なく、1930年代には高配当や特別配当が出されるなど経営的には安定していたといえる。

注

1) 『髙島屋事業史概要』1頁（髙島屋飯田株式会社、1926年、NAA: SP1098/16 Box 7)。なお、この『髙島屋事業史概要』は同社株式会社10周年を記念して作成されたもので、『貳拾周年記念髙島屋飯田株式会社』（髙島屋飯田株式会社、1936年）にも所収されている。
2) 前掲『髙島屋事業史概要』2-4頁。
3) 同上、4頁。
4) 『髙島屋飯田株式会社経歴書』24頁（髙島屋飯田株式会社、1939年、NAA: 1098/16 Box 7)。前掲『髙島屋事業史概要』5頁。
5) 前掲『貳拾周年記念髙島屋飯田株式会社』21頁、24頁。
6) 前掲『髙島屋事業史概要』5頁。
7) 前掲『貳拾周年記念髙島屋飯田株式会社』21-23頁。
8) 前掲『髙島屋飯田株式会社経歴書』25頁。
9) 同上、24頁。
10) 同上、26-27頁。
11) 前掲『貳拾周年記念髙島屋飯田株式会社』19-20頁、23-26頁。
12) 前掲『貳拾周年記念髙島屋飯田株式会社』39-43頁。
13) 同上、28-31頁、50-51頁。
14) 同上、75-76頁。なお、「髙島屋飯田合名会社丸之内店営業案内」によれば、髙島屋飯田合名会社の各店所在地として、髙島屋飯田呉服店（京都市烏丸高辻）、髙島屋飯田貿易店（京都烏丸高辻）、髙島屋飯田呉服店（大阪南区心斎橋筋）、髙島屋飯田呉服店（東京市京橋区四紺屋町）、髙島屋飯田丸之内店（東京市麴町区八重洲町）、髙島屋飯田貿易店（横浜市山下町81番）、髙島屋飯田出張店（神戸元町3丁目）、同（福井佐久良上町）、同（大阪市東区今橋3丁目）が掲載されている。
15) 同上、75-78頁。
16) リヨン出張所は1913年に倫敦支店に統合され、リヨン出張所の店員は倫敦出張所に勤務した（同上、86頁）。
17) 合資会社時代には、時期によって海外主張所および代理人の変更があったようである。前掲「髙島屋飯田合名会社丸之内店営業案内」によれば、海外主張所として倫敦出張所（ロンドン・ウッドストリート122）、里昂出張所（リヨン・ガレー街）、豪州出張所（シドニー・クラーレンス街）、代理店として義大洋行（清国天津日租界壽街）、イー・ジー・ロング商会（ニューヨーク・ハドソン、ターミナル・チャーチ街）があった。
18) この丸之内店大阪出張所は、同社の株式会社改組後に大阪支店となった（前掲

『貳拾周年記念高島屋飯田株式会社』84頁)。
19) 前掲「高島屋飯田合名会社丸之内店営業案内」。
20) 前掲『貳拾周年記念高島屋飯田株式会社』82頁。
21) 「シドニー店宛書簡」1916年11月17日（NAA: 1098/16 Box 37)。
22) 前掲『貳拾周年記念高島屋飯田株式会社』97-99頁。
23) 同上、106-108頁。
24) 同上、108-109頁。
25) 同上、114-115頁。
26) 同上、116-117頁。
27) 高島屋飯田株式会社『第九回営業報告書及議案』4-6頁（NAA: SP1098/16 Box 7)。
28) この時期の輸入部は僅かながら利益を上げた。ただし、ロンドン支店では注文品の積み出し前の取り消しのために電信往復が繁忙を極めた。このため、店員多々良房吉を急遽ロンドンに出張させ極力損害の軽減に努めた（前掲『貳拾周年記念高島屋飯田株式会社』117-120頁)。
29) 「高島屋飯田株式会社役割表」(1920年10月25日、NAA: 1098/16 Box 37)。
30) 株式会社発足時の支店・出張所名と「高島屋飯田株式会社役割表」(1920年10月25日）の支店・出張所名には異なるところも見られる。
31) 前掲『貳拾周年記念高島屋飯田株式会社』90-91頁。
32) 同上、147頁。
33) 「高島屋飯田株式会社店規」(NAA: SP1098/16 Box 32)。
34) 「高島屋飯田株式会社補則」(NAA: SP1098/16 Box 32)。
35) 「専務取締役飯田藤二郎よりシドニー出張所主任岡島芳太郎宛書簡」(1928年8.29、NAA: SP1098/16 Box 32)。
36) 「小店員心得」(NAA: SP1098/16 Box 32)。
37) 「食費規定」(NAA: SP1098/16 Box 32)。
38) 「出張所主任権限規定」(NAA: SP1098/16 Box 32)。
39) 「申渡書」(1928年9月1日、NAA: SP1098/16 Box 32)。
40) 前掲『二拾周年記念高島屋飯田株式会社』120-121頁。
41) 同上、135頁。
42) 同上、157頁。
43) 同上、152頁。
44) 同上、153-155頁。
45) 1940（昭和15）年3月現在のシドニー支店の支配人は岡島芳太郎、副支配人は

北條富造であった(「第百貮拾回人事報告」(1940年3月1日) NAA: SP1098/16 Box 15)。岡島芳太郎は、1911 (明治44) 年3月に静岡県立沼津商業学校を卒業後、高島屋飯田に店員 (計賃) として入社した。岡島は高島屋飯田株式会社設立直前の1916 (大正5) 年10月からシドニー出張所詰となり、南阿連邦出張 (1919年8月) を経て1921年5月から東京店勤務となった。さらに翌1922 (大正11) 年1月からシドニー出張所に勤務し、1927年から岡島が外国人バイヤーに代わり羊毛鑑定を行って羊毛を買い付けた。1940年3月にシドニー支店支配人、同年9月から豪州店総支配人を歴任した (「人事調査票」(1936年12月1日現在) NAA: SP1098/16 Box 15)。

46) 1940 (昭和15) 年3月現在のメルボルン支店の支配人は藤山茂久爾、副支配人は玉井菊雄であった(「第百貮拾回人事報告」(1940年3月1日) NAA: SP1098/16 Box 15)。

47) 前掲『貳拾周年記念高島屋飯田株式会社』204-205頁。

48) 同上、134-136頁。

49) 「命令書」(1935年12月6日、NAA: SP1098/16 Box 15)。

50) 「命令書」(1936年4月1日、NAA: SP1098/16 Box 15)。

51) 「「シドニー」出張員心得」(1936年4月1日、NAA: SP1098/16 Box 15)。

52) 「研究及ビ手伝ヒノ目的ニテシドニーヨリメルボルン又ハメルボルンヨリシドニーニ出張スル場合ノ手当」(NAA: SP1098/16 Box 32)。

53) 北條富蔵は旧制神戸商業学校を1928年に卒業したのち、同年4月から高島屋飯田株式会社に店員 (豪州絹部係) として入社した。その後、1936年4月1日付でシドニーへの出張を命ぜられ、同年6月から出張員として勤務した (「人事調査票」(1936年12月1日現在) NAA: SP1098/16 Box 15)。

54) 「在外本邦商社営業状態調査ノ件」(1939年2月10日、(NAA: SP1098/16 Box 15)。なお、このときの外国人の使用人は、Robert Ross CABLE (Representative of Indent Section) とタイピスト2名であった ("Curriculum Vitae", NAA: SP1098/16 Box 15)。

55) 前掲『貳拾周年記念高島屋飯田株式会社』158-159頁。

56) 同上、155-157頁。

57) 高島屋飯田株式会社『第九回営業報告及議案』13-14頁 (NAA: SP1098/16 Box 7)。

58) 高島屋飯田株式会社『第三拾貮回営業報告書』14-16頁 (NAA: SP1098/16 Box 7)。

59) 『貳拾周年記念高島屋飯田株式会社』(高島屋飯田株式会社、1936年12月) 134頁。

60) 「大阪店・喜多村よりシドニー岡島宛書簡」(1927.9.1)、『本部来信其ノ他』(NAA: SP1098/16 Box 37)。

61) 同上。
62) 同上。
63) 「東京本店本部よりシドニー出張所宛書簡」(1927.9.6)、『本部来信其ノ他』(NAA: SP1098/16 Box 37)。
64) 「本部第廿八信、東京本店本部竹田より濠洲出張所岡島芳太郎宛書簡」(1927年8月17日)、『本部来信其ノ他』(NAA: SP1098/16 Box 37)。
65) 前掲「東京本店本部よりシドニー出張所宛書簡」(1927.9.6)、『本部来信其ノ他』(NAA: SP1098/16 Box 37)。
66) 同上。
67) 「東京本店本部よりシドニー出張所宛書簡」(1927.9.7)、『本部来信其ノ他』(NAA: SP1098/16 Box 37)。
68) 同上。
69) 同上。
70) 高島屋飯田では1891年の頃から海軍当局の求めに応じて絨毯(敷物用パイル織物)の生産を専属工場で行わしめていた。また、腰掛張用パイル織物(モケット)についても、日清戦争後から鉄道院からの依頼で銅製品の国産製造の研究に取り組んでいた。これらの製品の製造は、1913年12月に高島屋飯田が住江織物合資会社(資本金4万5,000円)を設立して継承し、1917年には資本金を25万円に増資した。さらに、1932年には資本金50万円の株式会社に組織変更し、資本金は1935年3月に60万円、36年8月に100万円に増資された。住江織物株式会社では汽車・電車・自動車方面に付随した織物製造から船舶方面の織物類、航空機用織物製造等を行った(前掲『貳拾周年記念高島屋飯田株式会社』253-266頁)。
71) 「本部第廿九信、東京本店本部竹田より濠洲出張所岡島芳太郎宛書簡」(1927年9月30日認)、『本部来信其ノ他』(NAA: SP1098/16 Box 37)。
72) 「本部第卅信、東京本店本部竹田より濠洲出張所岡島芳太郎宛書簡」(1927年10月27日認)、『本部来信其ノ他』(NAA: SP1098/16 Box 37)。
73) 前掲「本部第廿八信、東京本店本部竹田より濠洲出張所岡島芳太郎宛書簡」(1927年8月17日認)、『本部来信其ノ他』(NAA: SP1098/16 Box 37)。
74) 加藤曠之助は1927、28年頃には大阪支店に勤務していたようだが、1936年には東京本店営業部調査部に所属していた(前掲『貳拾周年記念高島屋飯田株式会社』193頁)。
75) 前掲「本部第卅信、東京本店本部竹田より濠洲出張所岡島芳太郎宛書簡」(1927年10月27日認)、『本部来信其ノ他』(NAA: SP1098/16 Box 37)。
76) 「本部第参拾壱信東京本店本部竹田より濠洲出張所岡島芳太郎宛書簡」(1927年

11月16日認)、『本部来信其ノ他』(NAA: SP1098/16 Box 37)。
77) 前掲『貳拾周年記念高島屋飯田株式会社』229頁。
78) メルボルン出張所の名称はT. Iidaであり、1928年2月18日から6TH FLOOR, SELBY HOUSE, 318-324 FLINDERS LANE, MELBOURNEに移転した(「メルボルン出張所の移転案内」、『本部来信其ノ他』NAA: SP1098/16 Box 37)。
79) 「第弐拾五回定時株主総会議事録」(1929年4月20日)、『本部来信其ノ他』(NAA: SP1098/16 Box 37)。
80) 「東京大阪合併決算表(第25回決算)」(1929年3月27日)、『本部来信其ノ他』(NAA: SP1098/16 Box 37)。
81) 前掲「第弐拾五回定時株主総会議事録」(1929年4月20日)
82) 「シドニー、ニューヨーク、ロンドン出張所宛書簡」(1929.10.26)、『本部来信其ノ他』NAA: SP1098/16 Box 37)。
83) 同上。
84) 同上。
85) 同上。
86) 同上。
87) 「ロンドン、ニューヨーク、シドニー、メルボルン出張所宛書簡」(1930.4.1)、『本部来信其ノ他』(NAA: SP1098/16 Box 37)。
88) 同上。
89) 同上。
90) 「ロンドン、ニューヨーク、シドニー出張所宛書簡」(1930.10.13)、『本部来信其ノ他』(NAA: SP1098/16 Box 37)。
91) 同上。
92) 同上。
93) 同上。
94) 同上。
95) 同上。
96) 同上。
97) 同上。
98) 「東京本店本部よりよりシドニー、ロンドン、ニューヨーク出張所宛書簡」(1931.4.2)、『本部来信其ノ他』(NAA: SP1098/16 Box 37)。
99) 同上。
100) 同上。
101) 同上。

102) 「第拾三回幹部会議事録」（1930年4月25日開催）、『本部来信其ノ他』（NAA: SP1098/16 Box 37）。
103) 「東京本店本部よりシドニー出張所宛書簡」（1931.9.27）、『本部来信其ノ他』（NAA: SP1098/16 Box 37）。
104) 「東京本店本部よりシドニー、メルボルン、ロンドン出張所宛書簡」（1932.4.15）、（NAA: SP1098/16 Box 37）。
105) 同上。
106) 同上。
107) 「本部第四十三信、岡島芳太郎宛書簡」（1932年11月8日）、『本部来信其ノ他』（NAA: SP1098/16 Box 37）。
108) 「ロンドン、ニューヨーク、シドニー出張所宛第卅一回決算・書簡」（1932.4.15）、『本部来信其ノ他』2頁（NAA: SP1098/16 Box 37）。
109) 「ロンドン、ニューヨーク、シドニー出張所宛第卅二回決算・書簡」（1932.11.15）、『本部来信其ノ他』（NAA: SP1098/16 Box 37）。
110) 同上。
111) 同上。
112) 高島屋飯田株式会社『第参拾貳回営業報告書』昭和七年上半期（自昭和七年三月一日至昭和七年八月参拾壱日）2-4頁（NAA: SP1098/16 Box 7）。
113) 「東京本店本部よりよりシドニー、メルボルン、ロンドン出張所宛第卅三回決算・書簡」（1933.4.17）、『本部来信其ノ他』（NAA: SP1098/16 Box 37）。
114) 「東京本店本部よりよりシドニー、メルボルン、ロンドン出張所宛第卅四回決算・書簡」（1933.10.13）、『本部来信其ノ他』（NAA: SP1098/16 Box 37）。
115) 同上。
116) 同上。
117) 同上。
118) 高島屋飯田株式会社『第参拾貳回営業報告書』昭和七年上半期（自昭和七年三月一日至昭和七年八月参拾壱日）2-4頁（NAA: SP1098/16 Box 7）。
119) 高島屋飯田株式会社『第参拾五回営業報告書』昭和八年下半期（自昭和八年九月一日至昭和九年二月弐拾八日）5頁（NAA: SP1098/16 Box 7）。
120) 高島屋飯田では、利益金処分として法定準備金積立（利益金の100分の5以上）、任意準備金積立（同）、役員賞与金および交際費（利益金の100分の10以内）、株主配当（利益金より前記の金額を控除した残額）とし、必要に応じて次期繰越、別途処分を行うこともあると規定されていた（「高島屋飯田株式会社定款」（1928年9月）7-8頁、NAA: 1098/16 Box 32）。

121) 高島屋飯田株式会社『第参拾七回営業報告書』5頁（NAA: 1098/16 Box 7）。
122) 高島屋飯田株式会社『第参拾八回営業報告書』3-5頁（NAA: SP1098/16 Box 7）。
123) 高島屋飯田株式会社『第参拾九回営業報告書』2-3頁（NAA: SP1098/16 Box 7）。
124) 高島屋飯田株式会社『第四拾回営業報告書』3-5頁（NAA: 1098/16 Box 7）。
125) 高島屋飯田株式会社『第四拾壹回営業報告書』3-5頁（NAA: SP1098/16 Box 7）。
126) 高島屋飯田株式会社『第四拾貮回営業報告書』3-5頁（NAA: SP1098/16 Box 7）。
127) 高島屋飯田株式会社『第四拾参回営業報告書』4-6頁（NAA: SP1098/16 Box 7）。
128) 高島屋飯田株式会社『第四拾五回営業報告書』4-7頁（NAA: SP1098/16 Box 7）。
129) 高島屋飯田株式会社『第四拾七回営業報告書』3-6頁（NAA: SP1098/16 Box 7）。
130) 高島屋飯田株式会社『第四拾九回営業報告書』4-6頁（NAA: SP1098/16 Box 7）。
131) 「高島屋飯田株式会社定款」（1928年9月）1頁（NAA: SP1098/16 Box 32）。
132) 『高島屋飯田株式会社経歴書』（1939年7月）19頁（NAA: SP1098/16 Box 7）。
133) 前掲『高島屋飯田株式会社経歴書』20頁。
134) 三井物産株式会社シドニー支店『大正十五年上半期考課状』8-9頁（NAA: SP1101/1 Box 410）。
135) 三井物産株式会社メルボルン出張所『大正拾五年上半期メルボルン出張員考課状』9頁（NAA: SP1101/1 Box 410）。
136) 三井物産株式会社メルボルン出張所『昭和十年上期考課状』11頁（NAA: SP1101/1 Box 410）。
137) 兼松商店でも1935年頃から西オーストラリア市場を重視したようであり、「兼松商店。期初ヨリ西濠洲ニ自家買附人ヲ派遣シ買附増進ヲ計リタレドモ当社代理店プレ、ホー社ノ努力ニヨリ当社買附ハ常々同店ヲ凌キタリ」と報告されている（三井物産株式会社メルボルン出張所『昭和十年上期考課状』11頁、NAA: SP1101/1 Box 410）。
138) 三井物産株式会社メルボルン出張所『昭和十年下期考課状』10-11頁（NAA: SP1101/1 Box 410）。
139) 前掲「東京本店本部よりシドニー出張所宛書簡」（1927.9.6）、『本部来信其ノ他』（NAA: SP1098/16 Box 37）。
140) 「東京本店本部よりシドニー出張所宛書簡」（1928.1.24）、『本部来信其ノ他』（NAA: SP1098/16 Box 37）。
141) 前掲「シドニー、ニューヨーク、ロンドン出張所宛書簡」（1929.10.26）、『本部来信其ノ他』（NAA: SP1098/16 Box 37）。
142) 井島重保『羊毛の研究と本邦羊毛工業』（光弘堂、1929年）343-350頁。
143) 「東京本店本部より岡島芳太郎宛書簡」（1930.9.2）、『本部来信其ノ他』（NAA:

SP1098/16 Box 37)。

144) 同上。
145) 同上。
146) 同上。
147) 前掲井島重保『羊毛の研究と本邦羊毛工業』346-347頁。
148) 「東京本店本部より岡島芳太郎宛書簡」(1930.9.19)、『本部来信其ノ他』(NAA: SP1098/16 Box 37)。
149) 同上。
150) 同上。
151) 同上。
152) Comeback (CBK) とは豪州で作られている特別な交配種である。1880年代に入って冷凍船ができたため上質の羊肉が欧州で高値で販売することができるようになった。このために飼育羊種のなかで絶対多数を占める Merino 種の肉質改善に力が注がれるようになり肉のよい英国長毛種の血を導入することが研究された。この結果、毛肉兼用種の Comeback ができた (前掲『羊毛事典』67-68頁)。
153) 前掲「東京本店本部より岡島芳太郎宛書簡」(1930.9.19)。
154) Crossbred (XBD) とは二種類またはそれ以上の羊種の血が混入した羊を言うが、国によって使い方が異なる。豪州では大別して Merino 以外を XBD としており、例外として Down and Shropshire, Lincoln, Comeback (Oddment 端物に限り) の分類が AGA タイプ (Australian Government Appraisement Type) に入れられている (前掲『羊毛事典』78頁)。
155) 「東京本店本部より岡島芳太郎宛書簡」(1930.10.24)、『本部来信其ノ他』(NAA: SP1098/16 Box 37)。
156) 同上。
157) 「東京本店本部より岡島芳太郎宛書簡」(1931.3.18)、『本部来信其ノ他』(NAA: SP1098/16 Box 37)。
158) 同上。
159) 同上。
160) 同上。
161) 「東京本店本部より岡島芳太郎宛書簡」(1931.5.8)、『本部来信其ノ他』(NAA: SP1098/16 Box 37)。
162) 同上。
163) 同上。
164) 同上。

165) 同上。
166) 同上。
167) 同上。
168) 同上。
169) 「東京本店本部より岡島芳太郎・村瀬宛書簡」(1932.11.15)、『本部来信其ノ他』(NAA: SP1098/16 Box 37)。
170) 同上。なお、川西系と河崎系に関しては、白木沢旭児『大恐慌期日本の通商問題』(御茶の水書房、1999年) 108-113頁を参照。
171) 「東京本店本部より岡島芳太郎宛書簡」(1933.8.22)、『本部来信其ノ他』(NAA: SP1098/16 Box 37)。
172) 「日本輸出人絹布ニ関スル諸統計」(NAA: SP1098/16 Box 9)。
173) 「東京本店本部より倫敦店、シドニー・メルボルン出張所宛書簡」、『本部来信其ノ他』(NAA: SP1098/16 Box 37)。
174) 「神戸支店西山より豪洲両出張所宛書簡」(1936.3.19)、"Letters between Japan and Melbourne" (NAA: SP1098/16 Box 15)。
175) 同上。
176) 同上。
177) 同上。
178) 同上。
179) 同上。
180) 同上。
181) 「神戸支店西山より豪洲両出張所宛書簡」(1936.3.28)、"Letters between Japan and Melbourne"、(NAA: SP1098/16 Box 15)。
182) 同上。
183) 「日本羊毛輸入同業会関東部よりシドニー支部当番幹事日本綿花株式会社シドニー支店宛電文」(1936年5月27日、NAA: SP1098/16 Box 9)。
184) 「日本羊毛輸入同業会本部よりシドニー支部当番幹事日本綿花株式会社シドニー支店宛電文」(1936年5月29日、NAA: SP1098/16 Box 9)。
185) 「神戸支店西山より豪洲両出張所宛書簡」(1936.7.15)、『本部来信其ノ他』(NAA: SP1098/16 Box 37)。
186) 同上。
187) 同上。
188) 同上。
189) 同上。

190)「神戸支店西山より濠洲両出張所宛書簡」(1936.8.24)、"Letters between Japan and Melbourne"(NAA: SP1098/16 Box 15)。

191)　同上。

192)　高島屋飯田株式会社『第四拾回営業報告書』3-5頁（NAA: 1098/16 Box 7)。

193)　同上、3-5頁。

194)「東京本店本部より岡島芳太郎宛書簡」(1934.2.13)、『本部来信其ノ他』(NAA: SP1098/16 Box 37)。

195)「東京本店本部よりシドニー店、メルボルン店、南米店宛書簡」(1935.2.25)、『本部来信其ノ他』(NAA: SP1098/16 Box 37)。

196)「東京本店本部よりシドニー出張所宛書簡」(1933.4.24)、『本部来信其ノ他』(NAA: SP1098/16 Box 37)。

197)「東京本店本部よりシドニー出張所宛書簡」(1933.7.7)、『本部来信其ノ他』(NAA: SP1098/16 Box 37)。

198)「東京本店本部よりシドニー出張所岡島芳太郎宛書簡」(1933.12.8)、『本部来信其ノ他』(NAA: SP1098/16 Box 37)。

199)「東京本店本部よりシドニー・メルボルン出張所宛書簡」(1933.12.20)、『本部来信其ノ他』(NAA: SP1098/16 Box 37)。

200)　アルゼンチンでは、1931年10月8日に輸出業者に対してその輸出する貨物に対する外国為替勘定の在高を財務省に申告すべき義務を課した。さらに、同年10月10日には外国為替取引を統制し投機の禁止を目的とし、かつ外国為替と引き換えにのみ輸出を許可する新命令を発布した。この外国為替令は10月13日から効力を発生し一切の外国為替取引を規律した（『各国為替管理令』東京商工会議所、1932年、447-455頁）。なお、アルゼンチンの為替管理令については、外務省通商局『昭和十二年版各国通商の動向と日本』（日本国際協会、1937年、316-324頁）を参照されたい。

201)「東京本店本部よりシドニー出張所宛書簡」(1933.4.17)、『本部来信其ノ他』(NAA: SP1098/16 Box 37)。

202)「東京本店本部よりシドニー出張所宛書簡」(1933.4.24)、『本部来信其ノ他』(NAA: SP1098/16 Box 37)。

203)　同上。

204)「東京本店本部より岡島芳太郎宛書簡」(1933.6.1)、『本部来信其ノ他』(NAA: SP1098/16 Box 37)。

205)　同上。

206)「東京本店本部より岡島芳太郎宛書簡」(1933.7.7)、『本部来信其ノ他』(NAA:

SP1098/16 Box 37）。
207)「神戸支店西山より岡島芳太郎宛書簡」（1933．7 .10）、『本部来信其ノ他』（NAA: SP1098/16 Box 37）。
208) 同上。
209)「東京本店本部より岡島芳太郎宛書簡」（1933．8 .22）、『本部来信其ノ他』（NAA: SP1098/16 Box 37）。
210)「東京本店本部よりシドニー・メルボルン出張所宛書簡」（1933.12.20）、『本部来信其ノ他』（NAA: SP1098/16 Box 37）。
211)「神戸支店西山より濠洲両出張所宛書簡」（1935．5 .29）、"Letters between Japan and Melbourne"（NAA: SP1098/16 Box 15）。
212)「神戸支店西山より濠洲両出張所宛書簡」（1936．9 .30）、"Letters between Japan and Melbourne"（NAA: SP1098/16 Box 15）。
213)「神戸支店藤山よりシドニー出張所宛書簡」（1934．9 .25）、"Letters between Japan and Melbourne"（NAA: SP1098/16 Box 15）。
214) 同上。
215)「神戸支店西山より濠洲両出張所宛書簡」（1935.12．1 ）、"Letters between Japan and Melbourne"（NAA: SP1098/16 Box 15）。
216)「神戸支店西山より濠洲両出張所宛書簡」（1936．8 .24）、"Letters between Japan and Melbourne"（NAA: SP1098/16 Box 15）。
217)「スイントン事件補助記録」（NAA: SP1098/16 Box 25）。
218)「神戸支店西山より濠洲両出張所宛書簡」（1936．9 .30）、"Letters between Japan and Melbourne"（NAA: SP1098/16 Box 15）。
219) これにより、日本商社の各社は羊毛の買付地を南阿および南米に転換すべく調査を開始した。三井物産株式会社メルボルン出張所『昭和拾壹年下期考課状』でも「当社ハ内地出張員ノ中原正巳ヲ倫敦経由南阿ヘ、飯田ハ内地出張員ノ玉井氏ヲ南米ヘ、大倉ハ倉重氏ヲ日本経由南米ヘ、日棉ハ伊庭氏ヲ日本経由南米ヘ」出張させたと報告されている（三井物産株式会社メルボルン出張所『昭和拾壹年下期考課状』12-13頁、NAA: SP1101/ 1 Box 410）。

むすびにかえて

　本書は日豪通商問題と日豪羊毛貿易を考察する上で、1930年代が戦前期を象徴する年代と規定し、この時代の通商問題の中で豪州羊毛輸入を展開した日本商社の豪州での羊毛買付動向を中心に分析を加えてきた。

　まず1930年代の日豪通商問題を考える上では、英国および自治領たる豪州との関係が重要であることが明らかになった。英国は1932年のオタワ会議を契機として英国と自治領との特恵を強化し、英国と豪州間には関税協定が締結され、英国と豪州は産業・貿易構造においてより密接な関連をもつに至った。豪州は羊毛、小麦はもちろんのこと、肉類、バター、砂糖、果実類の輸出を英国向けに行っていたが、これら輸出品の見返りとして、英国からの豪州向け織物輸出の拡大は英国経済にとって最重要課題となっていたのである。この結果、1933年には豪州の総輸入貿易のなかで英国の占める比率が43.7％に上昇し、豪州の総輸出貿易になかで英国は49.5％を占めた。

　しかし、豪州が英国との貿易関係を密にしていく一方で、日本では人絹工業が発達し、豪州市場には日本からの低価格な人絹が流入した。1935年の豪州人絹輸入でみると、日本製人絹は6,580万1,000平方ヤードであったのに対し、英国の人絹は284万平方ヤードで日本製人絹が豪州市場で圧倒的なシェアを獲得していた。また、1933年には英国の3分の1程度しかなかった日本製綿布は、1935年には8,663万4,000平方ヤードまで急増し、英国の1億1,834万6,000平方ヤードを追い上げていた。このように、日本の人絹および綿布輸出は技術的進歩と低賃金に支えられて増加し、さらに1931年12月の金輸出再禁止によって円為替が下落したことにより人絹・綿布輸出は急増することになったのである。

　豪州では1921年に第一次世界大戦中から発達した各種工業の保護を目的とした関税法を発足させ、3種の税率（一般税率、中間税率、特恵税率）を採用し

て豪州における英帝国特恵関税制度を確立した。さらに、1921年10月には関税法を改正して、税率を一般税率と特恵税率にした。その後、豪州では関税法を数度にわたって改正し、1929年8月には人絹織物の一般税率を25％から35％、絹織物の一般税率を10％から30％へ引き上げた。この一方で、1920年代以降の英国の綿業輸出は減少傾向を示し、英国綿産業は衰退する一方であった。、これは英国経済の衰退に直結するものであった。こうした日本製繊維品の豪州市場への流入は、豪州経済にとっては物価下落や産業の衰退をもたらし、また英国にとっては英国産業および貿易を脅威にさらすものと考えられた。とくにランカシャーを中心とする英国綿業にとっては死活問題となり、マンチェスター商業会議所等を中心とした日本綿織物および人絹織物の豪州市場への阻止運動が展開されたのである。

　1930年代に活発化した日豪通商交渉は、英国経済の衰退、英国と豪州との特恵貿易、日本の繊維製品の海外への急激な進出などを背景として展開された。日豪貿易構造は、1910年代から1930年代の貿易額でいえば、日本は1918年を除いて貿易赤字の状態が続いていた。それにもかかわらず、豪州から英国への牛肉輸出の拡大と引き換えに、豪州では日本の人絹織物、綿織物に対する高関税が課されることになったのである。日豪通商交渉の過程においては、日本脅威論、南下政策などが交渉進展の障害になったことも事実であるが、通商交渉が長期化した主たる原因は英国ブロック経済の強化によって豪州政府の貿易および産業政策に大きな転換が行われたためである。すなわち、豪州が豪州製品の英国での特恵的扱いの見返りとして、英国製品の豪州での特恵的な取り扱いを行い、さらに日本製綿布・人絹に対して量的制限・高関税を求めたのも英国の要請に沿ったものである。結局、1936年5月には豪州の貿易転換政策に基づく高関税が導入され、同年6月には日本の対豪通商擁護法が発動され、日豪貿易は事実上断絶することになった。

　こうした日豪通商交渉が展開された1930年代において日本の羊毛工業は発達し、紡績会社も羊毛工業に進出してきた。日本の羊毛需要はより拡大し、日豪貿易は入超額が膨らむ結果となった。日豪通商交渉が断絶する中で最も影響を

受けたのは、人絹、綿布輸出、羊毛輸入に関係していた日本商社である。1930年代の豪州羊毛輸入が活発化する中で、日本の豪州羊毛輸入商社である兼松商店、三井物産、高島屋飯田、三菱商事、大倉商事、岩井商店、日本綿花は積極的な企業活動を展開した。これらの日本商社は明治期から大正期にかけて豪州に進出し、支店や出張所などを設けてきた。とくに、兼松商店、三井物産、高島屋飯田、三菱商事の4社は、1930年度から1935年度まで日本商社豪州羊毛輸入量の80%以上を取り扱い、豪州羊毛市場において上位の競売席順位を占めた。一方、これらの豪州羊毛は日本郵船、大阪商船、山下汽船、東豪社（E. & A.）、日豪線（Japan Australian Line）によって日本に運ばれ、神戸、大阪、四日市、名古屋、横浜の各港で荷揚げされた。荷揚げされた豪州羊毛は、各港に近接する毛織物工場に運搬され、日本の毛織物工業の原料として供給された。なかでも、日本毛織、共立モスリン、新興毛織、伊丹製絨所、東京モスリンなどの羊毛工業会社には大量の豪州羊毛が納入された。日本商社と羊毛工業会社とは出資関係などを通して特定の取引関係を有していた。とくに羊毛買付量が拡大した1930年代前半には、日本商社の間で羊毛買付の競争が激化し、高島屋飯田の豪州での羊毛買付に見られたように、各社とも特定の羊毛工業会社との関係を密にするとともに、他社の動向に注目して事業を展開した。1930年代には国内羊毛工業の発達を背景として、日本商社間の羊毛買付競争が激化したばかりでなく、外国商社との競争も激化したのである。

　豪州羊毛市場で羊毛買付量を急激に伸ばしていた日本商社は1936年半ばを境とし買付量を減少させた。日本側が同年6月に対豪通商擁護法を発動したためである。各商社では、南米や南阿に社員を送り込み、減少が予想される豪州羊毛の代替品の調査を早急に開始した。1936年12月、日豪通商交渉の妥結をみたが、この間、政府間はもちろんのこと、豪州の羊毛生産者、羊毛輸入商社、国内の羊毛工業、毛織物工業、綿織物業者など各方面への影響は甚大であった。さらに、1937年1月から開始された羊毛買付は日本商社の羊毛割当制によるものであった。日本商社は1937年1月から1938年6月までの1年6カ月の間に豪州羊毛80万俵を輸入し、1937年1月から8月までに30万俵、9月から1938年6

月までに50万俵を輸入することになった

　ところで、日豪貿易協定は1938年7月1日に第二次協定が締結された。この協定は期間を1年とし、日本が輸入を許可する羊毛の3分の2を豪州産羊毛に振り分け、また豪州側は日本から輸出する綿織物および人絹・スフ織物の数量について、それぞれ年額5,125万平方ヤードを許可することになった。日豪貿易協定は、1939年7月1日から期限なしで継続されたが、いずれか一方の通告によって何時でも廃止できることになった。さらに、1939年9月6日に英国がドイツに宣戦布告すると、英国は豪州政府と豪州羊毛の独占的な買取契約を締結した。同年10月14日には英国政府は豪州およびニュージーランド政府との間で羊毛買上に関する原則的協定を公表し、英国および自治領で消費する分以外の羊毛は英国に買い取られた後、英国の裁量で輸出され、利益が両自治領で折半されることになった。日本は交渉によって約30万俵の買付保障を受けることとなったが、第二次大戦の開始とともに日本の羊毛買付は極めて不安定な状態に置かれることになった。こうした羊毛割当制を転機として、日本商社の豪州羊毛市場での競売席順位は下位に位置するようになった。日本商社の活動は、1937年以降は不活発となった。一方、日本の羊毛工業会社は減少する羊毛に代替するステープル・ファイバー生産への転換を加速化した。日豪貿易は第二次世界大戦の開始とともに徐々に停滞し、1941年12月の日英米開戦によって全面的停止状態となったのである。

参考文献

(a) 日豪貿易史、日豪通商問題

赤松祐之『昭和十一年の国際情勢』(日本国際協会、1937年)
秋田茂『イギリス帝国の歴史』(中央公論新社、2012年)
天野雅敏『戦前日豪貿易史の研究——兼松商店と三井物産を中心に——』(勁草書房、2010年)
石井修「大恐慌期における日豪通商問題」(『一橋論叢』114 (1)、1995年7月)
外務省監修『通商条約と通商政策の変遷』(世界経済調査会、1951年)
外務省通商局『昭和十一年度版 各国通商の動向と日本』(日本国際協会、1936年)
外務省通商局『昭和十二年度版 各国通商の動向と日本』(日本国際協会、1937年)
外務省通商局『昭和十三年度版 各国通商の動向と日本』(日本国際協会、1938年)
金井雄一・中西聡・福澤直樹編『世界経済の歴史』(名古屋大学出版会、2010年)
神戸大学経済経営研究所編『日豪間通信大正期シドニー来状』第1-5巻(兼松商店資料叢書・神戸大学経済経営研究所、2004年〜2009年)
『本邦対豪洲貿易状況』(商工省商務局貿易課、1925年)
『一九二六—二七年度ノ豪洲外国貿易概況』(商工省商務局貿易課、1928年)
白木沢旭児『大恐慌期日本の通商問題』(御茶の水書房、1999年)
『豪洲の戦後経済と対日貿易』(中国研究所貿易委員会、1948年)
『内外調査資料(第8年第8輯)——本邦対外通商及貿易調整に関する資料——』(調査資料協会、1936年)
『日豪貿易概観(中間報告)』(東亜研究所、1939年)
遠山嘉博『日豪経済関係の研究』(日本評論社、2009年)
成田勝四郎『日本通商外交史』(新評論、1971年)
福嶋輝彦「「貿易転換政策」と日豪貿易紛争(1936)——オーストラリア政府の日本織物に対する関税引上げをめぐって」(『国際政治』68号、1981年8月)
『戦時及戦後ニ於ケル南洋貿易事情』(横浜正金銀行調査部、1922年)
Pam Oliver, *Allies, Enemies and Trading Partners-Records on Australia and the Japanese*, National Archives of Australia, 2004.
J. G. Latham "Far East. Report presented to Parliament of the Australian Eastern Mission, 1934, by the Right Hon J. G. Latham", National Archives of Australia, A981, FAR 5 PART 17.

The Australian Eastern Mission, 1934 "Report of The Right Honorable J. G. Latham Leader of The Mission", National Archives of Australia, A981, FAR 5 PART16.

(b) 羊毛関連

井島重保『羊毛の研究と本邦羊毛工業』（光弘堂、1929年）
上野巳世次・日本羊毛工業連合会「羊毛」編集部『羊毛の基礎知識』（日本羊毛工業連合会「羊毛」編集部、1954年）
宇田正「日本・オーストラリア両国間羊毛取引関係の形成と展開——1930年代中期までの素描——」（『オーストラリア研究紀要』第2号、追手門学院大学オーストラリア研究所、1976年3月）
梅浦健吉『羊毛工業』（日本評論社、1935年）
『世界重要資源調査第二号・羊毛』（外務省調査部、1939年）
加藤悌三『日本羊毛産業略史』（日本羊毛紡績会、1987年）
亀山克巳『羊毛辞典』（日本羊毛産業協議会「羊毛」編集部、1972年）
C. E. カウレー著／水野一郎訳『濠洲羊毛の研究』（生活社、1942年）
酒井正三郎・赤松要『我国の羊毛工業貿易——本邦羊毛工業の調査研究（其五）』（名古屋高等商業学校調査室、1937年）
政治経済研究所『日本羊毛工業史』（東洋経済新報社、1960年）
田村一郎『羊毛の需給と満州緬羊の将来』（松山房、1937年）
佐々木秀賢『毛織工業』（一宮工業会、1936年）
笹間愛史『補正版・日本羊毛工業史』（エス連、2011年）
深沢甲子男『羊毛工業論』（丸善、1937年）
水野一郎『羊毛工業再編成』（日本繊維研究会、1942年）
『濠洲並新西蘭の毛織工業（正金特報第壹号）』（横浜正金銀行頭取席調査部、1942年）

(c) 豪州関税問題

外務省調査部編纂『世界各国の関税制度』（日本国際協会、1937年）
商工省「一九三一年に於ける各国関税改正の概要」（『内外調査資料』第4年第7輯、調査資料協会、1932年）
『各国為替管理令（商工調査第45号）』（東京商工会議所、1932年）
『我国輸出工業の優秀性（商工資料第30号）』（東京商工会議所、1935年）
『濠洲の対日高関税と通商擁護法発動迄の経緯概略』（日豪協会、1936年）
『濠洲聯邦関税改正に関する調査資料』（日本経済連盟会調査課、1930年）
『最近豪州の保護関税政策』（日本商工会議所、1931年）

『最近諸国に於ける為替管理及貿易制限』（日本商工会議所、1932年）
『諸外国に於ける関税改正の現況・商務書記官若松虎雄君講述』（日本経済連盟会・日本工業倶楽部、1931年）

(d) 人絹、綿業、繊維関係

『日濠新親善号』（大阪毎日新聞社、1936年）
吉本重洋『経済的に観た人絹の知識』（協同出版社、1936年）
『英国綿業の衰退と其対策』（全国産業団体連合会事務局、1934年）
『日本経済年報』第56輯（東洋経済新報社出版部、1939年）
『濠洲極東親善使節レーサム閣下復命書の抄訳』（日濠協会、1935年）
『人絹計表』（日本人絹連合会、1936年）
日本化学繊維協会『日本化学繊維産業史』（日本化学繊維協会、1974年）
『英国政府綿業調査委員会報告書』（日本経済連盟会調査課、1930年）
『日本絹人絹織物史』（日本絹人繊織物工業会内日本絹人絹織物史刊行会、1959年）
『日本絹人絹布輸出組合聯合会輸出統制規程』（日本絹人絹布輸出組合聯合会、1936年）
日本繊維産業史刊行委員会編『日本繊維産業史（各論篇）』（繊維年鑑刊行会、1958年）
毎日新聞社編『崩れ行く英帝国二十年史』（毎日新聞社、1943年）
『綿と化繊の産業構造——日本経済構造の分析——』（三菱経済研究所、1956年）
渡辺喜作『綿糸布の基礎知識』（極東商事株式会社、1950年）

(e) 日本南下論および大東亜共栄圏関連

石原廣一郎『新日本建設』（立命館出版部、1934年）
石丸藤太『日英必戦論』（春秋社、1933年）
同『戦雲動く太平洋』（春秋社、1933年）
同『大英国民に与ふ』（春秋社、1936年）
同『日英戦争論』（春秋社、1937年）

(f) 豪州事情

池田林儀『濠洲』（興亜研究室、1942年）
泉信介『濠洲史』（人文閣、1942年）
市川泰治郎『濠洲経済史研究』（象山閣、1944年）
伊藤敬『現代濠洲論』（三省堂、1943年）
伊東敬『経済倶楽部講演・濠洲及び北阿問題』（東洋経済新報社、1943年）
伊藤孝一『経済倶楽部講演・戦時下の濠洲事情』（東洋経済新報社、1944年）

井上昇三『動く濠洲』（宝雲舎、1942年）
上野巳世次『濠洲』（六興出版部、1944年）
『濠洲ノ政治経済概要』（欧亜局第二課、1935年）
岡倉古志郎『濠洲の社会と経済』（電通出版部、1943年）
C. E. カウレー他『濠洲』（生活社、1942年）
小林織之助『東印度及濠洲の点描』（統正社、1942年）
佐藤貢『濠洲及新西蘭の農畜産業』（欧亜通信社、1943年）
末広一雄『濠洲及印度探検記』（日本講演協会、1943年）
台湾銀行調査部『濠洲連邦の産業概要』（1942年）
イリーナア・ダーク他『濠洲』（有光社、1942年）
土屋元作『濠洲及新西蘭』（朝日新聞社、1916年）
土屋元作『濠洲』（博文館、1943年）
A. F. トーマス『濠洲』（三洋社、1941年）
長倉矯介『濠洲及び南太平洋』（日本書房、1943年）
南方産業調査会『濠洲』（南進社、1942年）
南方経済懇談会『濠洲及新西蘭の貿易』（1942年）
西川忠一郎『最近の濠洲事情』（三洋堂書店、1942年）
日本拓殖協会『濠洲』（越後屋書房、1943年）
『濠洲』（日本棉花、1942年）
白仁泰『濠洲事情』（立命館出版部、1942年）
H. L. ハリス著／太平洋貿易研究所訳『豪州の政治経済構造』（1942年）
ジェフリー・ブレイニー著／加藤めぐみ・鎌田真弓訳『オーストラリア歴史物語』（明石書店、2000年）
斑目文雄『濠洲侵略史』（欧文社、1942年）
松永外雄『濠洲印象記』（羽田書店、1942年）
松本悟朗『印度と濠洲』（聖紀書房、1942年）
満川亀太郎『太平洋及び濠洲』（平凡社、1933年）
宮田峯一『豪州』（育成社弘道閣、1941年）
森正三『濠洲記』（大同書院、1943年）
渡辺忠吾『濠洲殖民論』（光丘書房、1942年）

(g) 日本商社、海運会社、羊毛工業会社関連

天野雅敏・井川一宏『兼松資料目録：神戸大学経済経営研究所所蔵』（神戸大学経済経営研究所、1992年）

市川大祐「三菱商事在オーストラリア支店の活動について――羊毛取引を中心に――」
　（『三菱史料館論集』第11号、財団法人三菱経済研究所、2010年2月）
『岩井百年史』（岩井産業株式会社、1964年）
大倉財閥研究会編『大倉財閥の研究』（近藤出版社、1982年）
『大阪商船株式会社五十年史』（大阪商船株式会社、1934年）
兼松商店調査部『濠洲』（国際日本協会、1943年）
株式会社兼松商店『濠洲事情解説輯』（全17輯、1941～1942年）
『兼松商店回顧六十年』（兼松商店株式会社、1950年）
『KG100　兼松商店株式会社創業100周年記念誌』（1990年）
木山実『近代日本と三井物産』（ミネルヴァ書房、2009年）
各年度『濠洲羊毛年報梗概』（豪州兼松商店）
神戸大学経済経営研究所編『兼松商店史料』1-2巻（兼松資料叢書、2006年）
平井好一『海運物語』（国際海運新聞社、1959年）
中外産業調査会編纂『中堅財閥の新研究・関東篇』（中外産業調査会、1937年）
『創立二十年記念東洋紡績株式会社要覧』（東洋紡績株式会社、1934年）
西川文太郎『兼松濠洲翁』（神戸新聞印刷所、1928年）
『日本綿花株式会社五十年史』（日綿実業株式会社、1943年）
『日本毛織三十年史』（日本毛織株式会社、1931年）
『日本毛織六十年史』（日本毛織株式会社、1957年）
『日本毛織百年史』（日本毛織株式会社、1997年）
『濠洲航路案内』（日本郵船、1931年）
『七十年史』（日本郵船株式会社、1956年）
『三井事業史』本篇第三巻上（三井文庫、1980年）
『三井事業史』本篇第三巻中（三井文庫、1994年）
『三菱商事社史』上巻（三菱商事株式会社、1986年）
山下新日本汽船株式会社社史編集委員会『社史・合併より十五年』（山下新日本汽船株
　式会社、1980年）

（h）高島屋飯田株式会社および高島屋関連
末田智樹「明治・大正・昭和初期における百貨店の設立過程と企業家活動（1）（2）（3）
　――高島屋の経営発展と飯田家同族会の役割――」（中部大学人文学部『研究論集』
　Vol. 18、19、20、2007年7月、2008年1月、7月）
末田智樹『日本百貨店成立史――企業家の革新と経営組織の確立』（ミネルヴァ書房、
　2010年）

『貳拾周年記念高島屋飯田株式会社』(高島屋飯田株式会社、1936年)

『高島屋百年史』(高島屋本店、1941年)

高島屋135年史編集委員会『高島屋135年史』(高島屋、1968年)

高島屋150年史編集委員会『高島屋150年史』(高島屋、1982年)

武居奈緒子「高島屋飯田貿易店沿革」(奈良産業大学『産業と経済』第20巻第1号、2005年3月)

同「貿易商社の発生史的研究——明治・大正期の高島屋飯田を中心として——」(奈良産業大学『産業と経済』第20巻第2号、2005年6月)

図表一覧

序章
- 表序-1 日豪貿易額の推移（1） 2
- 表序-2 日豪貿易額の推移（2） 3
- 表序-3 日本の総輸出入と対豪貿易額 5
- 表序-4 豪州の羊毛輸出額（1） 8
- 表序-5 豪州の羊毛輸出額（2） 8

第1章
- 表1-1 日本の豪州輸入品目および金額 20
- 表1-2 日本の小麦輸入総額に占める豪州小麦輸入金額の推移 21
- 表1-3 日本の羊毛輸入総額に占める豪州羊毛輸入金額の推移 21
- 表1-4 日本の豪州輸出品目および金額 22
- 表1-5 日本人絹織物の主要国輸出額 24
- 表1-6 日本綿織物の主要国輸出額 24
- 表1-7 日本絹織物の主要国輸出額 24
- 表1-8 世界主要人絹糸生産国別人絹生産高 26
- 表1-9 各国の日本人絹製品に対する輸入制限措置 27

第2章
- 表2-1 日本羊毛工業会々員（1930年7月26日現在） 92
- 表2-2 豪州の羊毛在荷高 120
- 表2-3 日本の品目別豪州輸出額 131
- 表2-4 日本の品目別豪州輸入額 131
- 表2-5 羊毛輸入額の推移 132
- 表2-6 国別羊毛輸入額の推移 132
- 表2-7 日本の対アルゼンチン・対南阿の輸出・輸入額 133
- 表2-8 豪州の日本・英国からの人絹・綿布輸入量 135

第3章
- 表3-1 豪州羊毛の各国バイヤーと日本商社（1933年7月-1938年6月） 168

表3-2 シドニー市場の第1競売室席順（Large Lots：大口物）と羊毛買付量（1920-21羊毛年度） 174

表3-3 シドニー市場の第2競売室席順（Star Lots：小口物）と羊毛買付量（1920-21羊毛年度） 175

表3-4 ブリスベン市場の第1競売室席順（Large Lots：大口物）と羊毛買付量（1920-21羊毛年度） 176

表3-5 ブリスベン市場の第2競売室席順（Star Lots：小口物）（1920-21羊毛年度） 176

表3-6 シドニー市場の第1競売室席順（Large Lots：大口物）と羊毛買付量（1924-25羊毛年度） 177

表3-7 シドニー市場の第2競売室席順（Star Lots：小口物）と羊毛買付量（1924-25羊毛年度） 178

表3-8 ブリスベン市場の第1競売室席順（Large Lots：大口物）と羊毛買付量（1924-25羊毛年度） 179

表3-9 ブリスベン市場の第2競売室席順（Star lots：小口物）と羊毛買付量（1924-25羊毛年度） 180

表3-10 シドニー市場の第1競売室席順（Large Lots：大口物）と羊毛買付量（1930-31羊毛年度） 180

表3-11 シドニー市場の第2競売場席順（Star lots：小口物）と羊毛買付量（1930-31羊毛年度） 181

表3-12 ブリスベン市場の第1競売室席順（Large Lots：大口物）と羊毛買付量（1930-31羊毛年度） 182

表3-13 ブリスベン市場の第2競売室席順（Star Lots：小口物）と羊毛買付量（1930-31羊毛年度） 183

表3-14 メルボルン市場の競売室席順（Big Lots：大口物）と羊毛買付量（1931-32羊毛年度） 184

表3-15 シドニー市場の第1競売室席順（Large Lots：大口物）と羊毛買付量（1935-36羊毛年度） 185

表3-16 シドニー市場の第2競売室席順（Star Lots：大口物）と羊毛買付量（1935-36羊毛年度） 185

表3-17 ブリスベン市場の第1競売室席順（Large Lots：大口物）と羊毛買付量（1935-36羊毛年度） 186

表3-18 ブリスベン市場の第2競売室席順（Star lots：小口物）と羊毛購買付（1935-36羊毛年度） 186

表3-19 メルボルン市場の競売室席順（Big Lots：大口物）と羊毛買付量（1933-34

羊毛年度）187
表3-20　シドニー市場の第1競売室席順（Large Lots：大口物）と羊毛買付量（1938-39羊毛年度）188
表3-21　シドニー市場の第2競売室席順（Star Lots：大口物）と羊毛買付量（1938-39羊毛年度）189
表3-22　ブリスベン市場の第1競売室席順（Large Lots：大口物）と羊毛買付量（1938-39羊毛年度）190
表3-23　ブリスベン市場の第2競売室席順（Star Lots：小口物）と羊毛買付量（1938-39羊毛年度）191
表3-24　メルボルン市場の競売室席順（Big Lots：大口物）と羊毛買付量（1938-39羊毛年度）192
表3-25　メルボルン市場の競売室席順（Star Lots：小口物）と羊毛買付量（1938-39羊毛年度）193
表3-26　南オーストラリア市場の競売室席順（Big Lots：大口物）と羊毛買付量（1938-39羊毛年度）193
表3-27　南オーストラリア市場の競売室席順（Star Lots：小口物）と羊毛買付量（1938-39羊毛年度）194
表3-28　タスマニア市場の競売室席順と羊毛買付量（1938-39羊毛年度）194

第4章
表4-1　豪州航路概要（1937年6月末現在）208
表4-2　豪州羊毛の日本輸入商社と輸入量の推移　210
表4-3　日本商社の市場別豪州羊毛買付量（1933年6月〜1938年6月）212
表4-4　豪州羊毛の輸入港別割合（1930年度：1929.10〜1930.9）214
表4-5　豪州羊毛の輸入港別割合（1931年度：1930.10〜1931.9）215
表4-6　豪州羊毛の輸入商社と輸入港（1932年度：1931.10〜1932.9）216
表4-7　豪州羊毛の輸入商社と輸入港（1933年度：1932.10〜1933.9）217
表4-8　豪州羊毛の輸入商社と輸入港（1934年度：1933.10〜1934.9）217
表4-9　豪州羊毛の輸入商社と輸入港（1935年度：1934.10〜1935.9）218
表4-10　日本商社の豪州羊毛輸入の輸入港比率（1935年度：1934.10〜1935.9）219
表4-11　豪州羊毛の海運会社別輸入量と輸入港（1934年度：1933.10〜1934.9）221
表4-12　豪州羊毛の海運会社別輸入量と輸入港（1935年度：1934.10〜1935.9）221
表4-13　日本商社の海運会社別豪州羊毛輸入量（1934年度：1933.10〜1934.9）222
表4-14　日本商社の海運会社別豪州羊毛輸入量（1935年度：1934.10〜1935.9）222

表4-15　羊毛工業会社の海運会社別豪州羊毛輸入量（1931年度：1930.10〜1931.9）　224
表4-16　羊毛工業会社の海運会社別豪州羊毛輸入量（1935年度：1934.10〜1935.9）　225
表4-17　南オーストラリア州の日本関係代理店・代理人等（1939年）　226
表4-18　主要羊毛工業会社社一覧（1934年12月末現在）　228
表4-19　日本毛織・昭和毛糸・共立モスリンの羊毛輸入量　229
表4-20　豪州羊毛輸入量と羊毛工業会社（1929年度〜1935年度）　230
表4-21　商社別豪州羊毛輸入量と羊毛工業会社（1931年度：1930.10〜1931.9）　233
表4-22　商社別豪州羊毛輸入量と羊毛工業会社（1935年度：1934.10〜1935.9）　236

第5章
表5-1　高島屋飯田合名会社丸之内店の営業内容　246
表5-2　高島屋飯田合名会社丸之内店の特約販売・同代理店、輸入特約販売・同代理店　247
表5-3　高島屋飯田株式会社創立時役員（1916年当時）　248
表5-4　高島屋飯田株式会社の本支店・出張所（1916年・創立時）　249
表5-5　高島屋飯田株式会社の対豪貿易　253
表5-6　高島屋飯田株式会社の海外各店勤務店員在勤手当表　254
表5-7　高島屋飯田株式会社主要株主（1937年2月末）　264
表5-8　高島屋飯田株式会社の東京・大阪店各部門別決算（第21回：1926年下半期）　266
表5-9　高島屋飯田株式会社各部門別決算（第21回東京店分：1926年下半期）　266
表5-10　高島屋飯田株式会社各部門別決算（第21回大阪店分：1926年下半期）　267
表5-11　高島屋飯田株式会社各部門別決算（第22回東京店分：1927年上半期）　270
表5-12　高島屋飯田株式会社各部門別決算（第22回大阪店分：1927年上半期）　271
表5-13　高島屋飯田株式会社各部門別決算（第24回：1928年上半期）　273
表5-14　高島屋飯田株式会社各部門別決算（第25回：1928年下半期）　275
表5-15　高島屋飯田株式会社各部門別決算（第26回：1929年上半期）　277
表5-16　高島屋飯田株式会社各部門別決算（第27回：1929年下半期）　278
表5-17　高島屋飯田株式会社各部門別決算（第28回：1930年上半期）　280
表5-18　高島屋飯田株式会社各部門別決算（第29回：1930年下半期）　282
表5-19　高島屋飯田株式会社各部門別決算（第30回：1931年上半期）　284
表5-20　高島屋飯田株式会社各部門別決算（第31回：1931年下半期）　286
表5-21　高島屋飯田株式会社各部門別決算（第32回：1932年上半期）　287
表5-22　高島屋飯田株式会社各部門別決算（第33回：1932年下半期）　289
表5-23　高島屋飯田株式会社の東京・大阪・名古屋支店各部門別決算（第34回：

1933年上半期) 291
表5-24 高島屋飯田株式会社貸借対照表 (1933年下半期) 293
表5-25 高島屋飯田株式会社損益計算書 (1933年下半期) 294
表5-26 高島屋飯田株式会社利益処分案 (1933年下半期) 295
表5-27 高島屋飯田株式会社貸借対照表 (1939年下半期) 299
表5-28 高島屋飯田株式会社損益計算書 (1939年下半期) 299
表5-29 高島屋飯田株式会社利益処分案 (1939年下半期) 300
表5-30 高島屋飯田株式会社の営業品目 (1939年7月現在) 301
表5-31 高島屋飯田株式会社の経営工場 (1939年7月現在) 303
表5-32 高島屋飯田株式会社の傍系工場 (1939年7月現在) 304
表5-33 高島屋飯田株式会社の特約製造家 (国内) (1939年7月現在) 305
表5-34 高島屋飯田株式会社営業所一覧 (1939年7月現在) 306
表5-35 高島屋飯田株式会社の特約製造家 (海外) (1939年7月現在) 306
表5-36 高島屋飯田の市場別羊毛買付量 (1931-32羊毛年度) 311
表5-37 高島屋飯田の羊毛購入依頼者 (1931-32羊毛年度) 311
表5-38 高島屋飯田の豪州羊毛輸入量と羊毛工業会社 312
表5-39 日豪通商交渉妥結後の羊毛割当と各社買付量 (1937.1-1937.3) 333

あとがき

　私が日豪貿易史研究を開始したのは、2005年4月から1年間にわたりアデレード大学客員研究員として研究機会を得たことが契機となっている。当初の研究計画では、豪州における日本研究の現状を調査する予定であった。ところが、オーストラリア国立公文書館（National Archives of Australia）のアデレード分館で史料調査を行っているうちに、豪州各地の国立公文書館分館に日本関係の経済史・経営史関係史料があることを確認した。私は早速、キャンベラの本館、シドニー、ブリスベンの分館にも足を運んだ。なかでも、シドニー分館にはオーストラリア連邦政府の接収資料として三井物産、横浜正金銀行など膨大な日本経済・経営史料が所蔵されており、私は高島屋飯田関係文書を中心に史料調査を行うことになった。高島屋飯田関係文書には日本商社の羊毛購入量などをしめすものが多く含まれており、日本商社の豪州羊毛輸入の全体像を概観するには絶好の史料であった。しかし、段ボール44箱にも及ぶ高島屋飯田関係文書は個人としてすべてを閲覧して写真撮影するのは容易ではなく、短期間で終了することはできなかった。私のアデレード大学客員研究員としての在外研究は2006年3月末にいったん終了し、その後はカナダのバンクーバーで半年余り日加貿易関係史料の収集を行った後、2006年12月から2007年2月末まで再びオーストラリア各地で史料収集を行った。

　2007年4月、私は明治大学での講義を再開するとともに、NAAで収集した史料の整理と論稿の作成に取り掛かるとともに、シドニー分館での調査を2008年3月、9月、2010年9月、2013年1月にも行い、高島屋飯田関係史料などを写真に収めた。また、2008年11月に日豪貿易史に関する最初の論稿を発表し、それ以降も継続的に発表してきた。本書はこうした論稿をもとにして再構成したものであるが、本書を出版するにあたっては、旧論稿を全面的に加筆・

改稿した。本書を構成している旧論稿は以下のとおりである。

序　論　書き下ろし
第1章　「豪州保護関税政策と日豪貿易（1）――1936年豪州貿易転換政策をめぐって――」（『政経論叢』第77巻第1・2号、2008年11月）
第2章　「豪州保護関税政策と日豪貿易（2）――1936年豪州貿易転換政策をめぐって――」（『政経論叢』第77巻第5・6号、2009年3月）
第3章　「日豪貿易と日本商社――日豪貿易商社の系譜と1930年代前半の羊毛買付――」（『政経論叢』第79巻第1・2号、2009年3月）
第4章　「1930年代前半における日本商社の豪州羊毛輸入――海運会社と羊毛工業会社との関連を中心に――」（『政経論叢』第79巻第3・4号、2011年3月）
　　　　「1930年代の豪州における日本商社の羊毛買付」（『オーストラリア研究』第24号、2011年3月）
第5章　「1930年代における高島屋飯田株式会社の経営と日豪貿易」（金子光男編『ウエスタン・インパクト』東京堂出版、2011年）
　　　　「高島屋飯田株式会社の豪州羊毛買付――1920年代から1930年代に至る豪州羊毛市場の競売室席順の考察を中心に――」（『政経論叢』第80巻第1・2号、2012年1月）
　　　　「戦前期日豪羊毛貿易における諸問題――高島屋飯田株式会社の書簡類の分析を中心に――」（『政経論叢』第81巻第1・2号、2012年12月）
おわりに　書き下ろし

　本書出版の大きな推進力となったのは、大学院時代からの指導教授であった加藤隆先生の助言によるものである。2009年8月、私は加藤先生を囲んで研究室仲間たちと研究談義をするなかで、加藤先生から在外研究の成果として日豪羊毛貿易史について一冊の本にまとめるよう助言をいただいた。私はその頃に

は日豪通商関係について論文を発表していたが、先生の助言によって出版を前提として日豪貿易史研究に改めて取り組み始めた。ところが、その矢先の2009年10月19日、加藤先生は突然帰らぬ人となった。加藤先生からは大学院在学中から30数年にわたって日米生糸貿易史研究、地方金融史研究で御指導をいただいた。また、学会、史料調査でアメリカ、日本全国を御一緒させていただき、研究者として教育者として多くのことを学ばせていただいた。日豪羊毛貿易史出版の助言は、加藤先生の私に対する遺言となってしまった。

　出版を前提とした執筆を開始して感じたことは、これまでの私の研究生活において、多くの先生方からいただいた指導・助言が多くの局面で生きているということであった。すでに故人となっておられる方々もいるが、この出版に際して、私の30数年にわたる研究生活を振り返るとともに、指導・支援してきてくれた多くの先生たちに謝辞を述べたい。私の貿易史に関する最初の研究は、加藤先生、阪田安雄先生（当時、University of California, Los Angeles、のちに大阪学院大学教授）とともに開始した日米生糸貿易史研究である。この研究では、アメリカUCLA調査において阪田先生をはじめ明治大学政治経済学部の橋本彰先生、中邨章先生に多くの便宜を賜った。さらに、明治大学就職後、中邨章先生には新宿区史、北区史、墨田区史など多くの自治体史編纂に誘っていただいた。大学院博士前期には木村礎先生（元明治大学学長、明治大学文学部）のゼミに参加させていただき、史料調査に同行させていただいたほか修士論文の副査もしていただいた。修士論文のテーマは「結城織物業と地方銀行」であったが、私の研究生活において、生糸、羊毛、織物といった繊維産業および地方銀行との関わりが始まったのはこのときからである。また、大学院博士後期課程から渡辺隆喜先生（明治大学文学部）にも指導をしていただき、埼玉県の多くの地方自治体史編纂事業にも参加することができた。とくに入間市史編纂では埼玉県立文書館で行政文書整理の仕事をいただき、経済史に限らず行政文書全般を読む機会に恵まれた。また、八潮市史では１年間にわたり嘱託職員として市史編纂事業に携わることができたことも研究の幅を広げる意味で貴重であった。さらに、明治大学では百年史編纂事業の一員に加えていただき、

木村、渡辺の両先生をはじめ由井常彦先生、海野福寿先生、浅田毅衛先生、中村雄二郎先生、後藤総一郎先生、宮川康先生から経済史、経営史など歴史研究全般に関して多くの示唆を受けた。

　1988年4月から新潟県の長岡短期大学に職を得て、専任教員として初めて教壇に立った。地方短大のおかれた厳しい条件のなかで戸惑うことも多かったが、当時の中山信一学長からは地方短大と地域社会の関係の重要性を教えられた。さらに、長岡市史編纂事業にも関係することができ、関東地方以外の地方経済関係の史料にも接することができた。同時に、多くの問題を抱えた地方中小企業に関する経済調査にも参画できたことは歴史と現代というテーマを考える絶好の機会となった。また、長岡では安達紙器工業株式会社の社史編纂に携わるという経験も得た。長岡では、安達紙器の安達昭社長、内山歯車の内山弘社長をはじめとして地域経済・地域社会のさまざまな人々と公私にわたって親交を深めることができた。

　2000年4月から母校の明治大学政治経済学部の教員となった。地方短大に慣れていた私にとって多くの学生を抱えた明治大学は新たなカルチャーショックを受けることになったが、大学院時代に一緒に学んだ経済史、経営史研究の先輩・仲間たちが明治大学の各学部で教員として活躍されていたのは心強かった。商学部の横井勝彦先生、熊沢喜章先生、若林幸男先生、経営学部の安部悦生先生、佐々木聡先生、国際日本学部の白戸伸一先生からは現在でも多くの助言をいただいている。さらに、2005年から2年間にわたって在外研究の機会を与えていただいた明治大学に感謝したい。アデレード大学では1年間にわたり客員研究員として調査にあたったが、Purnendra Jain先生には同大学留学において多大な便宜を賜った。また、カナダのバンクーバーでは明治大学大学院時代の同期である林時輝氏にさまざまな便宜を賜った。これらの人々の援助によって、在外研究生活は充実したものとなった。帰国後は政治経済学部の金子光男先生を代表とする政治経済学部100周年記念事業研究会に経済史スタッフの柳澤治先生、須藤功先生、藏本忍先生、赤津正彦先生らとともに参加する機会に恵まれ、この研究会で日豪貿易史について多くの助言をいただいた。また、

2010年にオーストラリア学会で研究発表をした際には、天野雅敏先生（神戸大学）から貴重な質問をいただいたほか、神戸大学でのセミナーに誘っていただいた。さらに、日豪貿易史研究開始以来、NAAシドニー分館のスタッフの方々には多大な便宜を賜った。とくに、Andrew Jones氏には資料閲覧において日本からのリクエストを円滑に取計らっていただいた。すべての人々の名前を掲げることが出来ないのは残念だが、私の研究生活においてさまざまな支援をいただいた方々に心から御礼を述べたい。

　最後に、在外研究の2年間にわたってオーストラリアとカナダの両国での生活をともにしてくれた妻と子供たちに感謝したい。3人の子供達とともに過ごした両国での海外生活は思った以上に苦労を伴ったが、日本に持ち帰った両国での楽しき思い出は、両国での苦労をはるかに超えたものとなった。とくに、1年数カ月にわたって過ごしたオーストラリアでは、子供達を通して日本とは大きく異なる幼稚園、小学校生活を体験することができた。慣れない異国での生活は、子供たちにとっても驚愕の日々であったかと思う。42度の夏も初めて体験した。透き通るような真っ青な空の下で過ごしたアデレードでの素晴らしき日々は、我が家の大きな宝となっている。

　なお、本書の出版にあたっては、明治大学社会科学研究所叢書に加えていただき出版助成をいただいた。出版を引き受けていただいた日本経済評論社の栗原哲也社長と編集者の谷口京延氏にも心から御礼を述べたい。本書の出版計画から3年以上の年月が経過してしまったが、出版が実現でき加藤隆先生との約束をやっと果たせた思いである。本書を加藤先生の墓前にささげたいと思う。

　　　2013年1月

　　　　　　　　　　　　　　　　　　　　　　　　　　　　秋谷　紀男

索　引

●事項（日豪貿易、羊毛等の頻出事項等は除く）

【あ行】

愛知県屑物商組合連合会 …………… 117
浅井毛織工場 ……………………… 301
アデレード（Adelaide） ………… 96,161,165-170,209,211-213,258,305,319
脂付羊毛 ……………………………… 19
アメリカン・ドル・ブロック ………… 13
アルザス機械製造株式会社 ………… 158
アルゼンチン …………… 115,131,133,327-329
伊丹製絨所 …… 115,219,223,226,229,232,234,238-239
一般税率 ……………………… 41,347-348
岩井商店 ……… 158-160,170,183,190,192,209-213,216-219,222-223,232-237,333-334,349
運賃ダンピング税 …………………… 32
英国産業連盟 ………………………… 43
英帝国（British Empire） …………… 39
英特恵税率 ……………………… 41-43
英連邦（British Commonwealth of Nations）………………………………… 39
大倉組 ……………………………… 149
大倉組商会 ………………………… 161
大蔵省 ……………………………… 300
大倉商事 …… 17,161-162,169,173-194,209,211-213,220,234-237,307-310,333-334,349
オークランド（Auckland） ………… 258
大阪毛糸紡績会社 …………………… 150
大阪化粧刷毛工業組合 ……………… 116
大阪港 ……………………… 214-220
大阪商船 ……… 96,204-208,220-225,227,349
大阪セルロイド生地卸商業組合 …… 116
大阪セルロイド組合連盟 …………… 116
大阪セルロイド同業組合 …………… 116
大阪羊毛輸入統制協会 ……………… 117
オタワ会議 ………… 10,29,39-41,134,347
オタワ協定 ………… 43-46,61-62,71-75,90
オルバリー（Albury） ……… 161,165,258,319

【か行】

カーキ・ドリル（Khaki Drill） ……… 3,4
海軍省 ……………………………… 245
加藤合名 …………………………… 115
カナダ ……………………… 81-82,136
鐘紡 ……………………… 115,227,325
兼松商店 ……… 6,16-17,96,100,149-152,166,172-194,209-213,216-219,222-223,232-238,306-310,312,316,332-334,349
為替ダンピング税 …………………… 32
為替調節関税率法（Customs Tariff（Exchange Adjustment）Act） ……………… 41
為替補償税 ……………………… 12,54
玩具 ……………………………… 21,130
関西紡毛工業組合 ………………… 100
関税定率法 …………………… 28-29
関東大震災 ……………………… 152,163
生糸 ……………………………… 20,130
北独乙ロイド社（Nord Deutcher Lloyd）………………………………… 202
絹及人絹織物輸出連合会 …………… 330
絹織物 …………………………… 20,130
共立モスリン ……… 219,224-226,230,232-239,311,349
錦華毛糸株式会社 ………………… 159
錦華紡績 ………………………… 228
金属貿易雇用者協会（Metal Trade Employers' Association） ………………… 35
金融恐慌 ……………………… 4,152
金輸出再禁止 ………………………… 4
クインーンズランド州 ……………… 165
倉敷紡績 ………………………… 228
クレープ・デ・シン（Crepe de Chine） ……… 2
ケブラチョ ……………………… 157
豪州産業保護法（The Australian Industry Preservation Act） …………………… 31
豪州東洋使節団（The Australian Eastern Mis-

sion) ……………………………… 11, 46
豪州答礼使親善節団 ……………… 17, 54-55
合同毛織 ………………………………… 229
神戸港 …………………………………… 214-220
ゴールバーン (Goulburn) ………………… 165
コットン・クレープ (Cotton Crape) ……… 3
コットン・ダック (Cotton Duck) ………… 3
コットン・ツゥイード (Cotton Tweed) ‥ 3-4

[さ行]

産業保護関税率法 (Customs Tariff (Industries Preservation) Act) ………………… 31
山陽皮革株式会社 …………………………… 304
シーティング (Sheeting) ……………………… 3, 4
ジーロン (Geelong) …… 161, 165-170, 211-213, 256
シドニー (Sydney) …… 120, 165-170, 211-213, 258-259
シドニー市場の第1競売室席順 (大口物)
　……………… 173-174, 178, 182, 187, 306-308, 332
シドニー市場の第2競売室席順 (小口物)
　……………… 173, 175, 179, 183, 188, 307-309, 332
シドニー商業会議所年次総会 ……………… 135
支那航業汽船会社 (China Navigation Co. Ltd.)
　………………………………………………… 202
商工省 ……………………………………… 101
上毛モスリン株式会社 …………………… 159
昭和恐慌 ………………………… 4, 154, 157
昭和毛糸 …… 219, 222-224, 228, 230, 232-235, 311
ジョーゼット (Georzette) ……………… 2, 157
人絹 ……………………………… 25, 133, 347
人絹織物 ……………… 20-21, 25, 27, 45, 130
人絹織物工業改善委員会 ……………… 101
人絹布 …………………… 132, 134, 136, 321,
人絹連合会 ………………………………… 91
新肉類協定 ………………………………… 113
新興毛織 …… 115, 223-226, 229, 232-238, 311, 349
スウィントン (W. Swinton) 事件 ……… 332
スターリング・ブロック ……………… 13, 40
ステーブル・ファイバー ……… 98, 101, 104-105, 115, 117-118, 132, 139, 350
スムート・ホーリー関税法 (Smoot-Hawley Tariff Act) ………………………… 12
全豪牧羊者会議 (Australian Wool-grower's Council) …………………………… 108, 113

全豪羊毛販売業者協議会 (National Council of Wool Selling Brokers of Australia) …… 110
千住製絨所 ………………………………… 96

[た行]

対豪州通商商議対策協議会 ………………… 54
対豪通商擁護法 ……… 10, 116-117, 126, 130
大日本毛織工業組合連合会 ……………… 116
大日本人造繊維紡織工業会 ……………… 101
太平洋貿易 ………………………………… 115
タウンズビル (Townsville) ……………… 204
高島屋 …………………………… 241-244
高島屋飯田 …… 6, 16-17, 96, 100, 155-157, 167, 172-194, 209-213, 216-220, 222-223, 227, 232-238, 306-334
高島屋飯田株式会社 ……………… 246-248
――大阪支店 ………………………… 336, 338
――京都支店 ………………………… 248-249
――神戸支店 …………… 262, 321, 343-345
――シドニー出張所 …… 247-248, 255-259, 261-262, 265, 267-268, 271-272, 319, 326, 336, 338-341, 344-345
――出張所主任権限規定 …………… 255-257
――小店員心得 …………………………… 255
――食費規定 …………………………… 255
――店規 ………………………………… 252, 254
――天津支店 ………………………… 248-249
――補店 ………………………………… 252, 255
――本店営業部 ……………………… 248-249
――本店本部 ……… 248-249, 320, 338-345
――メルボルン出張所 ……… 265, 319, 326, 339-341
――横浜支店 ………………………… 248-249
高島屋飯田合名会社 …………… 156, 244-246
高島屋飯田合名会社東京店 ………………… 246
高島屋飯田新七東店 ………………………… 243
高島屋飯田新七丸之内店 …………………… 243
高島屋飯田新七横浜貿易店 ………………… 243
タスマニア市場 …………………… 192, 194
タスマニア州 …………………… 165, 211-213
ダンピング税 ………………………………… 32
中央毛糸紡績株式会社 ……… 158, 219, 226, 229, 232, 234-235, 239
中間税率 …………………………… 41-42, 347
チリ ………………………………………… 141

索　引　371

通告文要領 …………………………… 146-147
通商擁護法 ………… 17, 104-105, 107-108, 110-112, 114, 127
帝国人造株式会社 …………………………… 304
帝国製麻 ……………………………… 243, 247
逓信省 ………………………………… 245, 300
鉄道省 ………………………………… 245, 300
天満織物 ………………………………… 245
東亜紡織株式会社 ……………………………… 159
東京屑物商組合 ……………………………… 117
東京商工会議所 ……………………………… 100
東京石鹸製造同業組合 ……………………… 116
東京モスリン株式会社 …… 96, 115, 219-220, 223-226, 232-239
東豪社（Eastern & Australian S. S. Co. Ltd.）
……… 202-203, 207, 214, 220-223, 226, 238, 349
陶磁器 ……………………………………… 21
東洋特殊鋼株式会社 ………………………… 304
東洋紡績 ……………………………… 115, 228
東洋モスリン株式会社 ………… 115, 226, 229, 234-237, 239
特恵税率 …………………………… 29, 41, 347-349
富岡光学機械製造所 ………………………… 304

［な行］

名古屋屑物商組合 …………………………… 117
名古屋港 ……………………………… 214-220
南下政策 ……………………………… 39, 348
西オーストラリア州 ………………………… 165
西オーストラリア州羊毛買付人組合（The West Australian Wool Buyers' Association）… 165
日豪会商 ……………………………… 58-61, 78
日豪協会 ……………… 57, 77, 87, 94, 101, 104
日豪線（JAL） ………… 203, 206, 208, 214, 238
日豪貿易協定 ……………………………… 135, 350
日清製粉会社 ………………………………… 96
日本絹人絹糸布輸出組合連合会 …………… 91
日本脅威論 ……………………………… 65, 69, 348
日本経済連盟会 …………………………… 92, 99-100
日本毛織株式会社 ……… 115, 218-220, 223-226, 228-230, 232-236, 238-239, 245, 269, 280, 309-314, 316-319, 328, 349
日本毛織物輸出組合 ……………………… 93, 134
日本工業倶楽部 ……………………………… 92, 96
日本商工会議所 ……………………………… 95

日本ステンレス株式会社 …………………… 304
日本セルロイド玩具容器工業組合 ………… 116
日本セルロイド刷毛工業組合 ……………… 116
日本セルロイド腕環工業組合 ……………… 116
日本ファイバー製造株式会社 ……………… 304
日本綿織物工業組合連合会 ………………… 102
日本綿花 ……… 17, 160-161, 175, 177-186, 188-194, 209-213, 220, 232-238, 307-308, 333-334, 349
日本郵船 ……… 96, 201-204, 220-225, 227, 349
日本輸出セルロイド櫛工業組合 …………… 116
日本羊毛工業会 …………… 92, 98, 102, 114, 122
日本羊毛同盟会 ……………………………… 115
日本羊毛輸入同業会 ………………………… 152
──関東部 ……………………………… 323, 343
──本部 ……………………………… 323-324, 343
日本羅紗商協会 ……………………………… 97
ニューカッスル（Newcastle） ………… 165, 205
ニュー・サウス・ウェールズ州 ……… 28, 165
ニュー・サウス・ウェールズ州・クイーンズランド州羊毛買付人組合（The New South Wales and Queensland Wool Buyers' Association）
……………………………………… 165, 171
ニュー・サウス・ウェールズ州小売業組合（N. S. W. Retail Traders' Union） …………… 35
ニュー・サウス・ウェールズ州牧羊業者協会（Grazier's Association of N. S. W.） ……… 35
ニュージーランド ……………………… 131, 137
沼津毛織 ……………………………… 115, 235
野澤組 ………………………………………… 115

［は行］

パース（Perth） ……………………… 165, 305
羽二重 ………………………… 26, 156, 248, 257
パラグアイ …………………………………… 141
バララット（Ballarat） ……………………… 165
反動恐慌 ……………………………… 162, 252-253
販売税法（Sales Tax Act） ………………… 36
ビクトリア州 ……………………………… 28, 165
ビクトリア州・南オーストラリア州羊毛買付人組合（The Victorian and South Australian Wool Buyers' Association） ………… 165, 171
富士絹 ………………………………… 2, 157, 257
藤田組 ………………………………………… 161
富士紡績 ……………………………………… 228

372

プライメージ税 …………… 25, 35, 42, 69-70
ブリスベン（Brisbane） ……… 98, 120, 137, 165-170, 211-213, 258, 305
ブリスベン市場の第1競売室席順（大口物）
　　　………… 173, 177, 181, 184, 189, 307, 310, 333
ブリスベン市場の第2競売室席順（小口物）
　　　…… 174, 177, 180-181, 183-184, 186, 189, 307, 310, 333
「貿易調節及通商擁護ニ関スル件」…… 81, 88, 136
貿易転換政策（Trade Diversion Policy）… 11, 17, 295, 323, 348
紡績連合会 ……………………………… 91
ポートランド（Portland） ……………… 165
牧羊者組合連合会（Grower's Federal Council）
　　　……………………………………… 108, 113
保護貿易主義 …………………………… 10
ホバート（Hobart） ……………………… 165

［ま行］

マッケナ関税（Makenna Duties） ……… 38, 71
丸紅 ……………………………………… 263
丸紅飯田株式会社 ……………………… 263
マンチェスター商業会議所 ………… 38, 64, 348
マンチェスター綿業連盟 ………………… 38
三井物産 ……… 6, 17, 96, 100, 153-154, 166, 172-194, 209-212, 216-219, 222-223, 227, 232-238, 307-310, 312, 333-334, 349
　——シドニー支店 …………………… 308, 341
　——メルボルン出張所 …… 308-309, 341, 345
三菱商事 ……… 6, 17, 96, 162-160, 168, 172-194, 209-213, 216-219, 222-223, 227, 232-238, 307-310, 319, 333, 349
南オーストラリア市場の競売室席順（大口物）
　　　……………………………………… 191-193
南オーストラリア州 …………………… 165
宮川モスリン ………… 115, 223-226, 234-235, 239
メリノ …………………………………… 132

メルボルン（Melbourne） …… 29, 96, 161, 164-170, 211-213, 258
メルボルン市場の競売室席順（大口物）… 187, 190
メルボルン市場の競売室席順（小口物）… 190-191
綿織物 ………………………… 20, 23, 25, 45, 130
綿花同業会 ……………………………… 91
綿布 ………………………………… 132, 134, 136

［や行］

矢野上甲 ………………………………… 227
山下汽船 ……………………… 206-209, 220-227
輸出綿工連 ……………………………… 91
輸出綿糸布同業会 ……………………… 91
輸入税法（Import Duties Act） ………… 38
羊毛売方問屋（Wool Selling Broker） …… 172
羊毛売方問屋協会（Wool Selling Broker's Association） ……………………………… 172
羊毛買付問屋（Wool Buying Broker） …… 172
羊毛買付人組合 …………………… 165, 166
羊毛の分散買付 ………………………… 118
羊毛輸入同業会 ………………………… 117
羊毛輸入統制官民協議会 …………… 128-129
横浜港 …………………………… 214-220
横浜正金銀行 …………………… 4, 96, 163
横浜正金銀行シドニー支店 ………… 271-272
四日市港 ……………………… 215-220, 239

［ら行］

ランカシャー（Lancashire） …………… 38, 348
ランカシャー遣豪使節団 ……………… 112
陸軍省 …………………………………… 245
陸軍被服廠 ………………………… 155, 244
リンク制 ………………………………… 164
ローンセストン（Lounceston） ………… 165

●人名（研究者、著述家は除く）

［あ行］

浅井栄太郎 ……………………………… 251

浅田振作 ………………………………… 51
アボット（S. P. Abbott） ………………… 65, 85
天羽英二 ………………………………… 86

索　引

有田八郎 …………………………… 69, 104-105
有田鐐五郎 ………………………………… 91
飯田慶三 ………………………………… 263
飯田新七（初代）………………………… 241
飯田新七（四代）………… 242, 244, 251, 263
飯田新太郎 ……………………………… 251
飯田忠三郎 ……………………………… 244
飯田藤二郎 …… 155, 243, 244, 251, 257, 262-263
飯田虎雄 ………………………………… 263
飯田直次郎 ………………… 244, 251, 263-264
飯田太三郎 ……………………………… 155, 243
飯田政之助 ………………………… 244, 251, 263
石原廣一郎 ……………………………… 65, 67, 79
石原直道 ………………………………… 251
石丸藤太 ………………………………… 66, 79
磯兼退三 ……………………………… 155, 249
岩井梅太郎 ……………………………… 158
岩井勝次郎 ……………………………… 158
岩井商店 …… 158-160, 170, 183, 190, 192, 209-213, 333-334, 349
岩井豊治 ………………………………… 158
岩田弘太郎 ……………………………… 252
内田康哉 ………………………………… 37
梅浦健吉 ………………………………… 240
大倉喜八郎 ……………………………… 161
大澤銈三郎 ……………………………… 155, 243
大田有二 ………………………… 244, 251, 264
岡島芳太郎 …… 156, 256-259, 267-269, 271, 286, 313, 326, 337-338, 340-345
小川郷太郎 ……………………………… 105
小野傳治郎 ………………………… 250-251, 264

[か行]

カーティン（J. J. Curtin） ………… 85, 120
藤山茂久爾 ……………………………… 337
加藤曠之助 ……………………………… 272, 338
兼松房次郎 ……………………………… 149
ガレット通商条約大臣（H. S. Gullett）… 54, 60, 93, 96, 102, 110-111, 114, 119-120, 123-129, 144
河崎助太郎 ……………………………… 315
川西清兵衛 ………………………… 114, 314-315
北村喜兵衛 ……………………………… 244-245
北村寅之助 ……………………………… 149, 151
喜多村三木造 …………………………… 252
キング（W. L. Mackenzie King）……… 81

楠本吉次郎 ……………………………… 118
来栖三郎 ………………………………… 49, 56
後藤忠治郎 ………………………… 251, 264
小寺源吾 ………………………………… 101
小西音夫 ………………………………… 158, 159

[さ行]

斎藤良清 ………………………… 251, 264
斎藤実 …………………………………… 50
阪谷芳郎 ………………………………… 93, 96
佐野常樹 ………………………………… 160
重光葵 …………………………………… 52
首藤安人 ………………………… 54, 99, 139
スカリン（J. H. Scullin）……………… 41

[た行]

竹田量之助 ………………… 243, 250, 263-264
多々良房吉 ……………………………… 336
太刀川又八郎 …………………………… 206
谷江長 …………………………………… 239
谷口吉彦 ………………………………… 118
玉井菊雄 ………………………………… 337
出淵勝次 ……………………………… 54-57, 63
トムソン（Sir Ernest Thompson）…… 65
豊田薫三 ………………………………… 54

[な行]

永田秀次郎 ……………………………… 105

[は行]

ハーカーズ（R. J. Harkers）………… 135
ヒューズ首相（W. M. Hughes）……… 30
廣田弘毅 ………………………… 47, 57, 63, 70
深沢弥一郎 ……………………………… 158
福田正治 ………………………………… 252
北條富蔵 ………………………… 259, 337

[ま行]

松本武雄 ………………………………… 155, 241
村井倉松（シドニー総領事）…… 37, 41, 82, 95, 102, 123-127, 321
村瀬良平 ………………………… 258, 326
モーア（A. C. Moore）………… 46, 48-49, 75

[や行]

山下亀三郎 …………………………… 206
山中政三郎 …………………………… 251

[ら行]

ライオンズ首相（J. A. Lyons）……… 41, 93, 96-97, 103, 109, 112, 114, 119, 129

レーサム（J. G. Latham）…… 11, 41, 45-46, 48-51, 54, 75-76, 93-94, 96-97, 100, 138
ロイド（E. E. L. Lloyd）……………… 48, 75

[わ行]

若松虎雄 …………………………… 25, 116
和田久次郎 …………………………… 251

●外国会社名

Bennett & Gilman …………………… 182
Berch & Co. ………………………… 181
Biggin & Ayrton ……… 166-167, 170, 188, 309
Caulliez, Henry …………… 173-174, 179
Com. D'Imprt. De Laines ……………… 168
Dawson & Co. ……………………… 156
Dreyfus & Co. Ltd. ………………… 160
Dreyfus Doyle & Co. Ltd. …………… 160
F. W. Hughes Pty. Ltd. ……………… 159
Flipo, Pierre & Co. (Flipo & Co., P.) …… 177, 181-182
Fred Hill …………………………… 184
H. Dawson Sons & Co. ……………… 160
Hincheliff, Holt & Co. ……………… 177

J. H. Butler & Co. Ltd. ……………… 156
J. Sanderson & Co. ………………… 160, 167
J. W. McGregor & Co. ……… 166, 170, 191
Kreglinger & Fernau Ltd. ……………… 161
Martin & Co. Ltd., W. P. · 174-175, 177-178, 308
Masurel Fils ………………………… 173
Port Phillip Mills Pty. Ltd. …………… 159
Shepherd, James …………………… 173
Simonius Vischer & Co. ……………… 167
W. P. Martin & Co. ………………… 167, 173
Wattinne, Henri …………………… 173-174
Wenz & Co. Ltd. …………… 168, 174, 187
Wm. Haughton & Co. (Haughton & Co., Wm.)
…… 166, 170, 175, 177, 183-184, 187, 190-191, 309-310

【著者略歴】

秋谷紀男（あきや・のりお）

1957年生まれ。明治大学大学院政治経済学研究科博士後期課程単位取得退学。明治大学政治経済学部教授。アデレード大学客員研究員（2005年4月～2006年3月）。

主要著書：『日米生糸貿易史料』第一巻（共編著、近藤出版社）、『金融』（共編著、東京堂出版）、『日本産業革命期における地方の政治と経済』（共著、東京堂出版）、『尾佐竹猛研究』（共著、日本経済評論社）、『三木武夫研究』（共著、日本経済評論社）など。

戦前期日豪通商問題と日豪貿易
――1930年代の日豪羊毛貿易を中心に――

2013年3月28日　第1刷発行　　　　定価（本体8500円＋税）

著　者　秋　谷　紀　男
発行者　栗　原　哲　也
発行所　株式会社　日本経済評論社
〒101-0051　東京都千代田区神田神保町3-2
電話　03-3230-1661　FAX　03-3265-2993
info8188@nikkeihyo.co.jp
URL：http://www.nikkeihyo.co.jp

装幀＊渡辺美知子　　　　印刷＊文昇堂・製本＊高地製本所

乱丁・落丁本はお取替えいたします。　　　　Printed in Japan
Ⓒ AKIYA Norio 2013　　　　ISBN978-4-8188-2251-1

・本書の複製権・翻訳権・上映権・譲渡権・公衆送信権（送信可能化権を含む）は、㈱日本経済評論社が保有します。

・JCOPY　〈(社)出版者著作権管理機構　委託出版物〉
本書の無断複写は著作権法上での例外を除き禁じられています。複写される場合は、そのつど事前に、(社)出版者著作権管理機構（電話03-3513-6969、FAX03-3513-6979、e-mail: info@jcopy.or.jp）の許諾を得てください。

上山和雄著
北米における総合商社の活動
――1896～1941年の三井物産――

A5判　七五〇〇円

日清戦争後から太平洋戦争開戦まで、三井物産は米国を中心にどのような商品を、いかなる組織によってどのように集荷・輸送・販売したかを解明。

上山和雄・吉川　容編著
戦前期北米の日本商社
――在米接収史料による研究――

A5判　五四〇〇円

三井物産、三菱商事、大倉組、堀越商会ほかの北米第一線での取引、商社間競争、本支店間の協力と軋轢を、米国国立公文書館所蔵の第一級史料を駆使して鮮明に描き出す。

麻島昭一著
戦前期三井物産の機械取引

A5判　五六〇〇円

日本資本主義の発展に大きく貢献した総合商社の代表的存在である三井物産の機械取引に着目し、具体的な取引先、取引内容を検証し、機械需要者への対応を解明。

麻島昭一著
戦前期三井物産の財務

A5判　五四〇〇円

総合商社の営業活動を支える外国為替、海上保険、運輸などの補助事業は本業というべき貿易業務といかなる関係をもっていたか。組織、人員配置、資金需給など多方面から考察。

石田高生著
オーストラリアの金融・経済の発展

A5判　四八〇〇円

オーストラリアの貨幣・為替・金融システムの発展過程を通して資本主義経済における金融構造・金融機関の役割と特質について新たな視点から検証する。

（価格は税抜）　　　日本経済評論社